U0029229

FERNS OF TAIWAN

蕨類觀察圖鑑2

進 階 珍 稀 篇

郭城孟 著

目錄

如何使用本書？

《蕨類觀察圖鑑1＆2》共介紹台灣650多種蕨類的資料與圖片，其中《蕨類觀察圖鑑2：進階珍稀篇》收錄《蕨類觀察圖鑑1》介紹過的種類之外的其他320多種，包括許多珍貴稀有甚至瀕危的物種。本書延續《蕨類觀察圖鑑1》的系統架構，根據演化先後的脈絡依序出現，並於每科的起首頁，重點提示該科的基本資料。每科之下，再以較容易觀察到的形態與生態特徵，進一步區分屬、群。

屬、群之下的每一單種都有生態照，多數另附有特徵照，加上簡易的圖說，期使讀者易於看圖辨識。除了圖片外，並有詳盡的文字說明，包括外觀特徵、生長習性與分布概況等，單種頁面的右上方皆附有孢子囊群（及孢膜）之外形與生長位置簡圖，以及葉片分裂方式與分裂程度簡圖，關於該種蕨類主要分布地點的生態帶、地形和生長環境，也都有簡單的標示。

在《蕨類觀察圖鑑1》的基礎上，本書針對每一種類都作了一些附註，或是指出該種蕨類在分布的生態帶所具有的指標性意義，或是它為適應環境而發展出的特殊生存機制，或是近似種類之間的比較……，讓讀者能更深入了解台灣的蕨類植物。

查詢法

本書列舉以下3種查詢方法，讀者可以視需要，選擇適當的方法運用。

一、目次查詢法

已知蕨類的科名、屬名（或群名）時，可直接從目次查詢出各科、屬（或群）的起首頁頁碼，縮小查詢範圍，再逐頁查詢。

❶ 找到該種蕨類所屬的科名

❷ 找到該種蕨類的屬名（或群名）起首頁頁碼

❸ 翻至該屬（或群）起首頁逐頁查詢

在描述蕨類時，常會使用一些固定的辭彙，「蕨類各部位的構造名稱圖解」（見28頁）提示了較一般性的部位及構造名稱，書末的「名詞解釋」（見364頁）則進一步整理相關的專有名詞，兩者相互參照，當更能掌握書中的內容。

讀者在使用本書時，除了可選擇傳統的目次查詢法與中名（學名）檢索法外，本書特別設計了科與屬、群的檢索表，提供讀者按部就班，查索到該種蕨類所屬的屬、群，一方面也可藉此了解蕨類的演化脈絡與分類關係。

要特別提的是，蕨類植物的分類系統一直都是意見分歧，有廣義的科、屬系統，也有很狹義的科、屬系統。本書所採用的分類系統，是根據形態、化石、化學成分、發生學、解剖學以及細胞遺傳等多樣化證據所建構，也是目前在世界上比較保守的分類系統；也正由於它是不只根據形態特徵而產生的科與屬，所以各科、屬之成員其形態上的異質性也比較高。對於初入門想認識蕨類的朋友，可能比較難了解整個科或屬的概念，因為變化實在太大了，所以本書各屬之下常會分「群」，將形態特徵比較相像的置於同一群；這種「形態群」是入門者較易掌握的分類單位，不過「群」在正統的分類學上是沒有正式地位的。

二、中名（學名）檢索法

假設讀者平時想要查詢已知中名（或學名）的某一種蕨類資料，或在野外已從其他同好口中得知某一種蕨類的中名（或學名）時，可以從書末的「中名索引」（或「學名索引」）查出該種蕨類所屬的頁碼。

373

奧瓦葦

Lepisorus obscure-venulosus (Hayata) Ching

●特徵：根莖匍匐狀，被卵形，中間細胞色深不透明，周圍細胞透明之鱗片；葉柄長3~6cm，深褐色至黑色；葉片披針形，長15~35cm，寬2~3cm，單葉，末端長尾狀漸尖，基部楔形，多少下延，最寬處在近基部；葉脈網狀，不明顯；孢子囊群圓形，位在中脈兩側，稍下陷，幼時具盾形鱗片狀側絲。

●習性：著生於霧林帶成熟森林之樹幹上或岩壁上。

●分布：台灣特有種，中海拔地區可見。

【附註】本種屬於瓦葦屬中根莖具雙色鱗片且鱗片中央深色部分之細胞不透明的一群，此群瓦葦最特別的種類是擬笈瓦葦（①P.206），其根莖明顯較細，直徑約1~1.5mm，葉緣常隨著孢子囊群的外緣而呈現波浪狀，不過本種是屬於根莖直徑較粗的一群，達2~3mm，此外，本種葉片最寬處在中段以下，寬約3cm，基部急縮。

160

❶ 從中名（或學名）索引查出該種蕨類所屬頁碼

❷ 翻至該頁頁碼，找到該種蕨類的介紹。

三、檢索表查詢法

讀者可依「蕨類植物科檢索表」所提示之判斷特徵，檢索到可能之大類，再至分類表進行檢索，找到最接近之科，然後依上面提供的頁碼，翻至科名頁，再由科名頁（或次頁）的「屬、群檢索表」，找出最接近的屬（或群），依之後提供的（屬或群）起首頁頁碼，逐頁作特徵比對，即可找到該種蕨類的介紹資料。

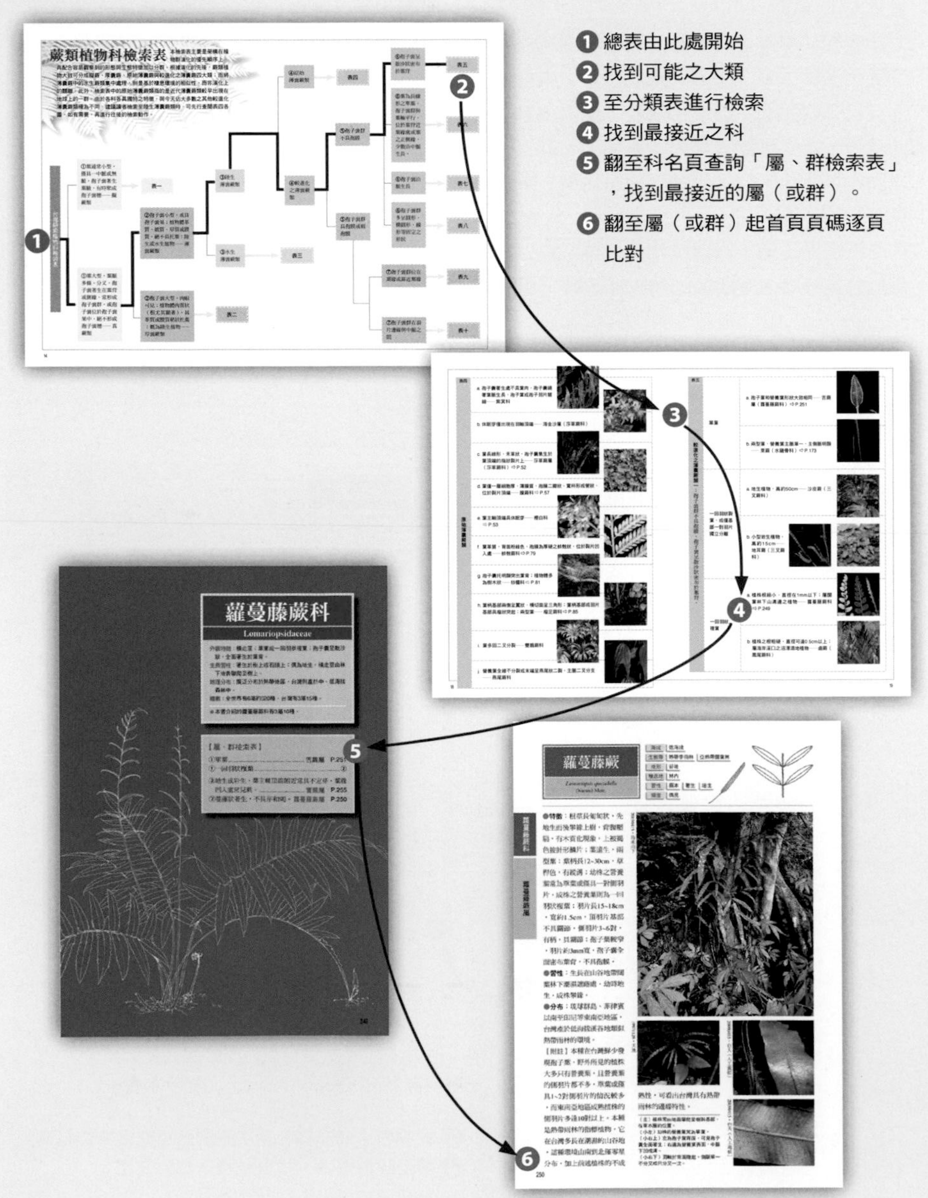

格式介紹（科名頁）

●科的中名

●科的拉丁文名

●**科檔案**：歸納整理該科重點資料，包括外觀特徵、生長習性、地理分布與種數，並說明本書收錄的種數。

●**該科代表種類之手繪線圖**

●**屬、群檢索表**：在該科之下，就容易觀察到的形態與生態特徵，進一步加以區分屬、群。每一屬、群之後的頁碼為該屬、群的起首頁。（若某一屬、群之後沒有顯示頁碼，則表示本書未收錄該屬、群之種類。）

格式介紹（單種內頁）

●生態習性表：分海拔高度、生態帶、地形、棲息地、生長習性、出現頻度等6個部分，扼要整理該種蕨類的生態習性，方便快速檢視。（完整說明詳見後頁）

●孢子囊集生的形狀或各類孢膜的圖示（完整說明詳見12~13頁）

●學名

●中名

●葉的分裂方式與分裂程度圖示（完整說明詳見10~11頁）

蘭嶼鐵角蕨

Asplenium serricula Fée

海拔	低海拔	
生態帶	熱帶闊葉林	
地形	山溝	谷地
棲息地	林內	
習性	著生	岩生
頻度	稀有	

鐵角蕨科

鐵角蕨屬・鐵角蕨群

●特徵：莖短直立狀，葉叢生莖頂；葉柄長10~18cm，草稈色；葉片橢圓形，長30~50cm，寬10~20cm，肉質狀，一回羽狀複葉；羽片長披針形，長5~8cm，寬約1cm，基部為不等邊之斜楔形，具短柄，頂羽片與側羽片同形且約略等大，邊緣鋸齒狀；葉脈游離，羽片側脈單一不分叉，僅最基部上側側脈分叉一次，孢膜長3~6mm，位於側脈朝前一側，開口朝向羽軸。

●習性：生長在熱帶森林之林下樹幹或岩石上。

●分布：菲律賓以南的東南亞地區，西及印度南方與斯里蘭卡，台灣僅見於恆春半島及蘭嶼。

【附註】本種無論從大小、形態、葉片質地、葉柄及葉軸顏色、脈型以及孢膜的生長方式，都與鈍齒鐵角蕨（①P.270）近似，最大的不同點是本種具頂羽片，而鈍齒鐵角蕨則無。

（主）著生樹幹較下位之分叉處。
（小上）葉片橢圓形，一回羽狀複葉，每一側羽片長度約略相等。
（小下）孢膜線形，開口朝向羽軸，羽片基部不等邊，葉軸草稈色。

228

●檢索書眉：分上下兩段，上段色塊是科名，下段色塊則是屬名（及群名），是快速查詢的簡便工具。

●攝影紀錄：說明圖片的拍攝日期、地點；若圖片中的蕨類為人工栽植，則在地點後以括弧註明。另外，若有註明植物名稱者，表示該圖片為近似種。

●圖片：至少提供一張主體清楚、可供辨識的生態照片作為主圖（極少數種類因十分罕見，僅能以標本照呈現）；若有需要，另輔以生態場景、局部特徵等小圖，並盡可能提供近似種具辨識關鍵的生態圖片。

●特徵：關於該種蕨類各部位構造的詳細描述，包括莖的生長形態，葉的大小，葉片的質地、外形與分裂程度，羽片、裂片的大小及外形，葉緣的形狀，葉脈的形態，植株是否被覆毛或鱗片，以及孢子囊的分布狀況、孢子囊群與孢膜的形狀等。

●圖說：提示圖片呈現的重點。每一則圖說前以「主」、「小上」、「小下」等標示其與圖片的對應關係。

●習性：主要說明該種蕨類的生長習性與棲地環境。

●分布：說明該種蕨類在全世界分布的情形，以及其在台灣的海拔分布。

●附註：說明該種蕨類之於分布的生態帶所具有的指標性意義，或是它為適應環境而發展出的特殊生存機制，或是近似種類間的比較……。若提到的近似種已在《蕨類觀察圖鑑1：基礎常見篇》中介紹過，則以「（①P.XX）」標示其在該書所屬的頁數。

生態習性表

這個部分將與台灣蕨類植物分布有關的諸多因素，依低、中、高海拔之各種生態帶，各生態帶內之各種地形環境，各地形環境可能出現之棲地形態，以及蕨類可能的生長方式與可見度，製作成簡表，清楚顯示蕨類的各種生長環境與習性。

● 海拔：簡示該種蕨類的垂直分布高度

低海拔 北部海拔500m，南部海拔700m以下的亞熱帶、熱帶環境，包含海岸。

中海拔 北部海拔500m，南部海拔700m以上至2500m，包含暖溫帶闊葉林及針闊葉混生林。

高海拔 海拔2500m以上，包含各種針葉林及高山寒原。

● 生態帶：簡示該種蕨類分布的生態帶

海岸 主要包括海邊珊瑚礁、岩岸以及海岸林。

熱帶闊葉林 北回歸線以南海拔200m以下山地，以及北回歸線以北低海拔山谷地帶。

亞熱帶闊葉林 分布在北部海拔500m以下，南部200至700m一帶，以樟樹及楠木為主的森林。

東北季風林 冬天較易受東北季風影響之處，只分布在台灣南、北兩端。

暖溫帶闊葉林 約在北部海拔500m，南部海拔700m以上至1800m處，主要是以殼斗科及樟科林木為主的森林。

針闊葉混生林 約在海拔1800至2500m處，上述之暖溫帶闊葉林摻雜著針葉樹，尤其是檜木。

松林 分布在海拔1000至3000m較乾旱、土壤較貧瘠或是坡度較陡的地區。

箭竹草原 海拔2500至3500m面積較大也較常見，咸信是針葉林火災跡地。

針葉林 常為僅由單一針葉樹種所建構之純林，分布在海拔2500至3500m。

高山寒原 海拔3500m以上地區，樹木無法在此生長，僅見灌木或草本植物。

● 地形：簡示各生態帶中可能的地貌變化

平野 視野開闊、平坦的地形。

山溝 森林中的水路，通常不寬、遮蔽度較高。

谷地 兩山之間的谷地，較寬闊、遮蔽度較低，常有溪流流經其間。

山坡 指一座小山的坡面，通常環境較偏中性，不太乾也不太濕。

山頂 小山的頂部，較易受環境因子的影響。

稜線 指的是山脈的主稜及支稜，通常是較乾或排水較好的環境。

峭壁 常是陡峭之岩壁，由於環境特殊，出現的蕨類也較特殊。

● 棲息地：簡示地形之中蕨類的生長空間

林內 生長在森林裡面。

灌叢下 生長在灌木叢之下，通常出現於高山寒原的生態帶內。

林緣 森林邊緣，其環境條件介於林內與林外之間，蕨類種類也與林內或林外不同。

空曠地 森林外陽光直接曝曬的空曠環境。

溪畔 較空曠地區的溪邊，如谷地或空曠地。

濕地 如溪邊或水域邊長時間浸水之地。

水域 如池塘、充水水田、水庫等具有大量水體的環境。

路邊 產業道路或林道邊，可能是平地或土坡。

建物 都市環境建築物的一部分，如排水孔、擋土牆、磚牆、水溝邊等。

● 習性：簡示蕨類在棲息地的生長方式

藤本 通常生長在林內或林緣樹幹上，莖或葉由下往上爬升。

著生 生長在林內樹幹上，且侷限在某一定域。

岩生 生長在岩石上或岩縫中，可能在林內，也有可能在峭壁巨岩環境。

地生 長在土地上，在林內或林外都有可能。

水生 生長在具有較大量水體的水域環境。

● 頻度：簡示蕨類在生存環境的適應性

常見 在某一海拔或某一生態帶或某一特定環境經常可見。

偶見 在某一海拔或某一生態帶或某一特定環境偶爾可見。

稀有 零星分布在某一海拔或某一生態帶或某一特定環境。

瀕危 僅在某一海拔或某一生態帶或某一特定環境具有少數個體。

滅絕 在某一海拔或某一生態帶或某一特定環境曾經出現的瀕危種，過去50年都未曾再發現。

【備註】某些蕨類的垂直分布包含中、低海拔，但生態帶只出現「暖溫帶闊葉林」，這是因為台灣北部低海拔山區緯度較高且冬天受東北季風的影響較大，有些中海拔的植物會長在這些低海拔山區的山頂稜線一帶，特稱為「北降現象」。

葉的分裂方式與分裂程度

一般而言，葉子是蕨類最顯著的觀察重點，其中葉片的分裂方式與分裂程度更是外觀形態上重要而常用的辨識特徵之一：陸生的真蕨類（大葉類）變化最大，但有其脈絡可循；擬蕨類（小葉類）的變化最小，都是不分裂的單葉；而具有孢子囊果的水生蕨類則各自擁有不同形態的葉子，例如：田字草由四片小葉組成的葉片，滿江紅上下分裂的葉片以及槐葉蘋三枚輪生的單葉（這三者皆收錄於《蕨類觀察圖鑑1》）。因此本書在擬蕨

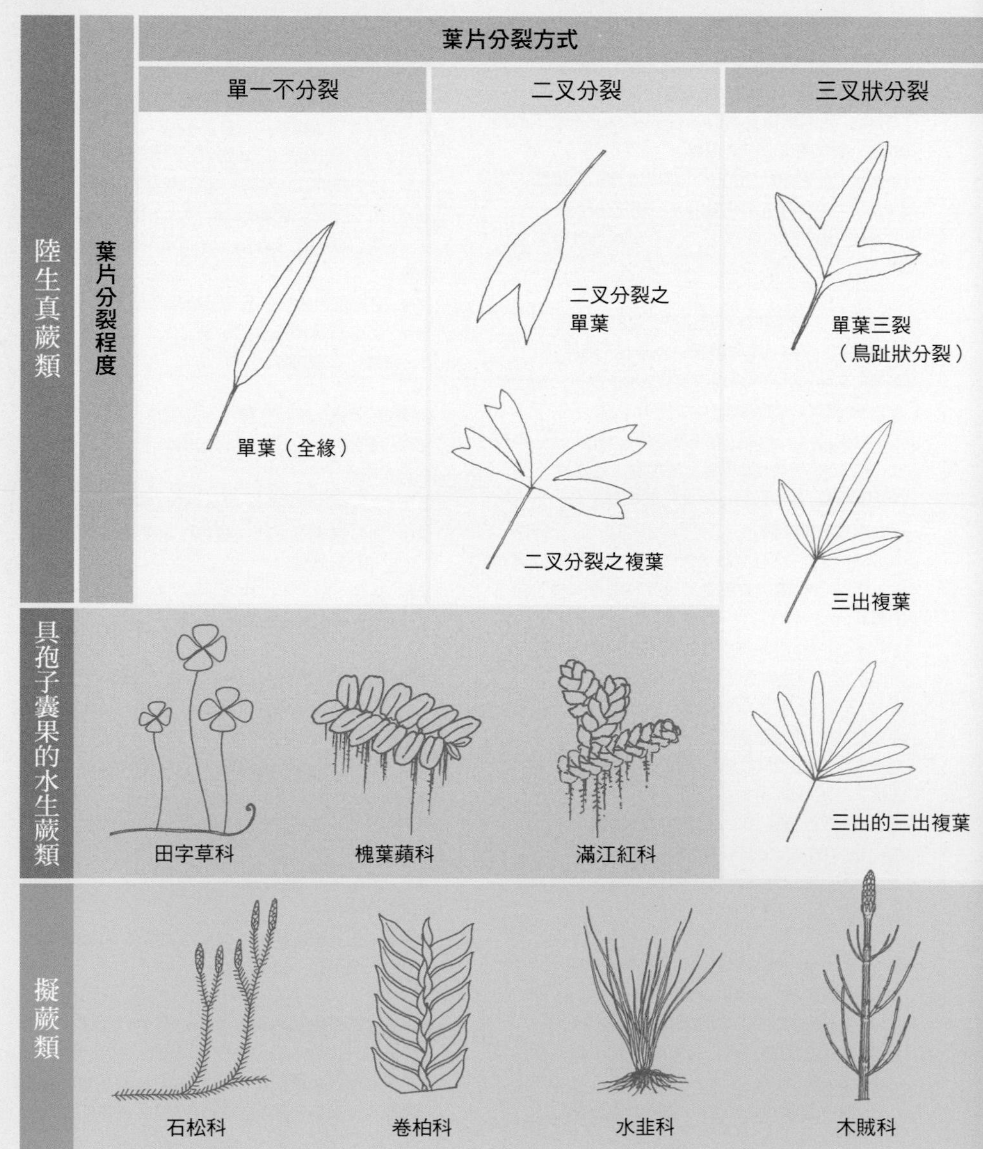

類及水生蕨類的部分，採取每一科使用一個簡單易懂、具有該科特徵的圖例作為表徵，而最複雜的陸生真蕨類則依下列葉的分裂方式及分裂程度之圖示，提供讀者快速檢視。

【備註】

即便是同一種蕨類，其葉的分裂方式與分裂程度也可能有所不同，原則上此小圖提示的是每種蕨類成熟葉的典型，或是分裂程度最多的情況；至於詳細的文字說明則可參見該種的特徵描述。

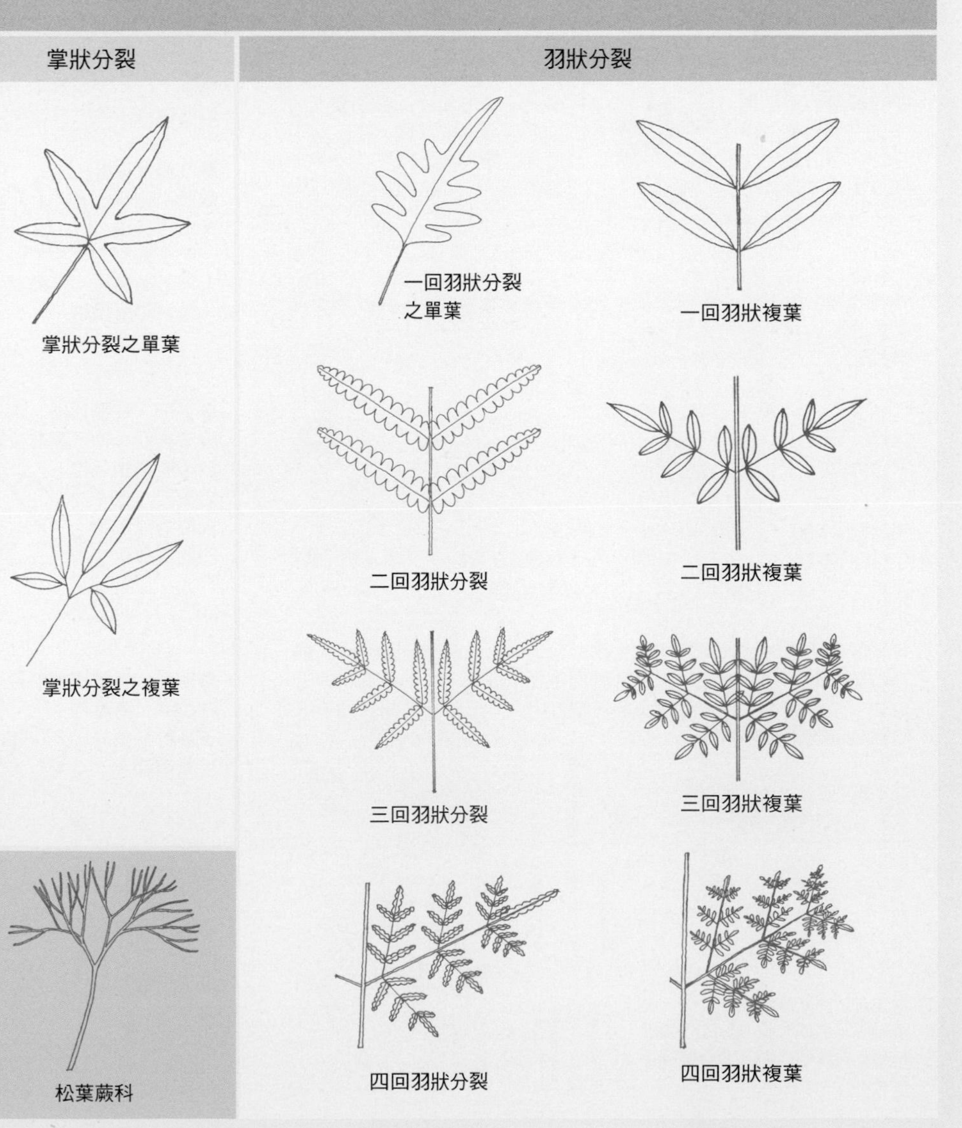

孢子囊集生的形狀與各類孢膜

在區分族群龐大、外觀變化繁複的陸生真蕨類各類群時，孢子囊集生的形狀及孢膜的有無是非常重要的依據，概略可分成無孢膜及有孢膜兩大部分。

無孢膜的部分較單純，包含不形成孢子囊群的孢子囊繞脈生長或呈散沙狀；孢子囊群無固定形狀或長度的沿脈生長、沿葉軸或與葉軸平行的長線形；以及有固定形狀的圓形、橢圓形及線形。

有孢膜的部分較複雜，分「下位孢膜」與「上位孢膜」：前者孢膜位於孢子囊群之下，後者孢膜位於孢子囊群之上，且後者的變化與所

無孢膜

●**孢子囊繞脈生長**：孢子囊繞著小脈生長，不形成固定形狀之孢子囊群，孢子囊著生處無葉肉。

●**孢子囊散沙狀**：孢子囊如散沙狀密布葉背，不形成固定形狀之孢子囊群。

●**孢子囊沿脈生長**：孢子囊沿葉脈生長，其外形視葉脈之形態而定。

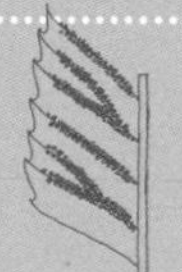

葉脈游離，孢子囊沿游離脈生長。

葉脈呈網狀，孢子囊沿網狀脈生長。

●**孢子囊群圓形**：孢子囊群有固定形狀，呈圓形生長。

圓形孢子囊群長在小脈上

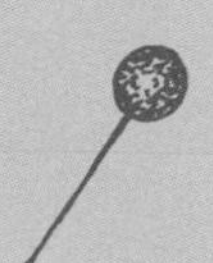

圓形孢子囊群長在小脈頂端

●**孢子囊沿葉軸或與葉軸平行生長**：孢子囊群長線形，同一個體不同葉片其孢子囊群之長短可能不一樣，沿著長線形葉片之葉軸或兩側邊緣生長。

孢子囊沿葉軸生長：長線形孢子囊群沿葉軸生長，連續或斷裂。

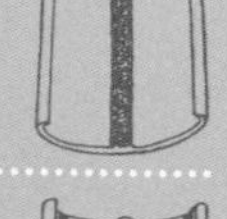

孢子囊靠近葉緣且與葉軸平行生長：長線形孢子囊群沿著葉緣或貼近葉緣生長。

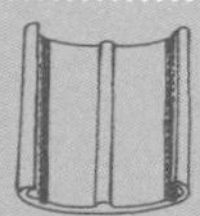

孢子囊位於葉緣與葉軸之間，與葉軸平行生長：長線形孢子囊群在葉緣與葉軸之間，並與葉軸平行。

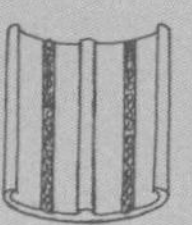

●**孢子囊群橢圓形**：孢子囊群有固定形狀，橢圓形，長在小脈上。

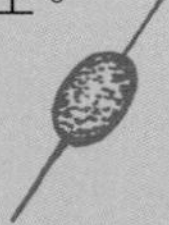

●**孢子囊群線形**：孢子囊群有固定形狀，線形，長在小脈上。

孢膜下位：孢膜自孢子囊群基部由下往上長出。

●**二瓣狀或蚌殼狀**：孢膜分上下二瓣，孢子囊群上下表面各一，蚌殼狀，位於小脈頂端。

●**管形，在脈頂端**：孢膜窄杯狀，孢子囊群位於小脈頂端且突出葉緣，孢子囊群長在孢膜內側基部。

●**碗形，在脈頂端**：孢膜碗狀，內藏孢子囊群，位於小脈頂端。

●**鱗片狀或苞片狀**：孢膜鱗片狀，常為圓形孢子囊群遮蓋。

屬分類群也較前者為多。下位孢膜有二瓣狀或蚌殼狀、管狀、鱗片狀、淺碟狀、碗狀及壺狀；上位孢膜則有魚鱗形、寬杯形、腎形、圓腎形、盾形、線形、J形及馬蹄形等。

【備註】

在觀察、辨識蕨類時，必須先找到具有「典型」孢子囊群特徵的葉子，意即這片葉子要能清楚顯示是否具有孢膜，及孢膜的形態和生長位置；如果已經確定沒有孢膜，就必須要能看出孢子囊集生的形狀和長在什麼位置。因此，如果看到的是孢子囊已經開裂的葉子，就很難確定它是否具有孢膜，也無法判斷它是屬於哪一個分類群。

有孢膜

孢膜上位：孢子囊群具固定形狀，長在脈頂端或脈上，孢膜自上方全部遮蓋。

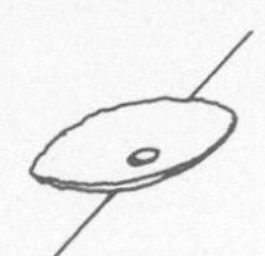

●**淺碟形**：孢膜為淺碟形，常為圓形孢子囊群遮蓋。

●**魚鱗形，在脈頂端**：孢膜如魚鱗般圓形，僅以一點著生於小脈頂端。

●**寬杯形，在脈頂端**：孢膜寬杯形，以基部一點或同時與基部兩側著生於小脈頂端。

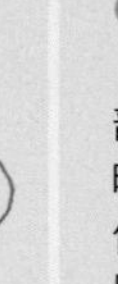

●**橫長形，在脈頂端**：孢膜橫長形，位於小脈頂端，且至少與二條脈相連結。

●**假孢膜**：孢膜是由葉緣反捲所形成的。

●**管形，在脈頂端**：孢膜窄杯狀，在葉緣內側，以基部一點及兩側著生於小脈頂端。

●**腎形，在脈頂端**：孢膜腎臟形或是略偏圓腎形，以基部一點著生於小脈頂端。

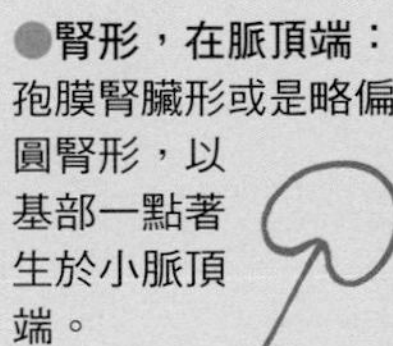

●**站立之壺形**：孢膜形似站立之壺形，頂端具圓形開口，位於小脈之上。

●**口袋形，脈上生**：孢膜為橫長之口袋形，以其長軸著生在小脈上。

●**圓腎形，脈上生**：孢膜為一側具有缺刻之圓形，以中心一點著生在小脈上。

●**盾形，長在小脈上或脈頂端**：孢膜為無缺刻之圓形，以中間一點著生。

●**球形**：孢膜為封閉之球形，自頂端線狀開裂，位於小脈上。

●**線形，脈上生**：孢膜條狀，偶爾略偏橢圓形，以其長軸著生在小脈上，開口朝向一側。

線形面對面，脈上生：鄰近二條小脈各具有一面對面開口的線形孢膜。

線形背靠背，脈上生：同一條小脈具有背靠背、開口各自朝外的二條線形孢膜。

香腸形：線形孢膜如香腸狀拱起。

●**J形或馬蹄形**：線形孢膜一端常跨越所著生之小脈，形成J形或馬蹄形。

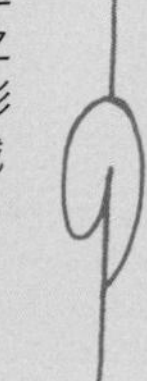

蕨類植物科檢索表

本檢索表主要是架構在植物群演化的優先順序上，再配合容易觀察到的形態與生態特徵加以分群。根據演化的先後，蕨類植物大致可分成擬蕨、厚囊蕨、原始薄囊蕨與較進化之薄囊蕨四大類；而將薄囊蕨中的水生蕨類集中處理，則是基於棲息環境的相似性，而非演化上的關聯。此外，檢索表中的原始薄囊蕨類指的是近代薄囊蕨類較早出現在地球上的一群，由於各科各具獨特之特徵，與今天佔大多數之其他較進化薄囊蕨類極為不同，建議讀者檢索至陸生薄囊蕨類時，可先行查閱表四各圖，如有需要，再進行往後的檢索動作。

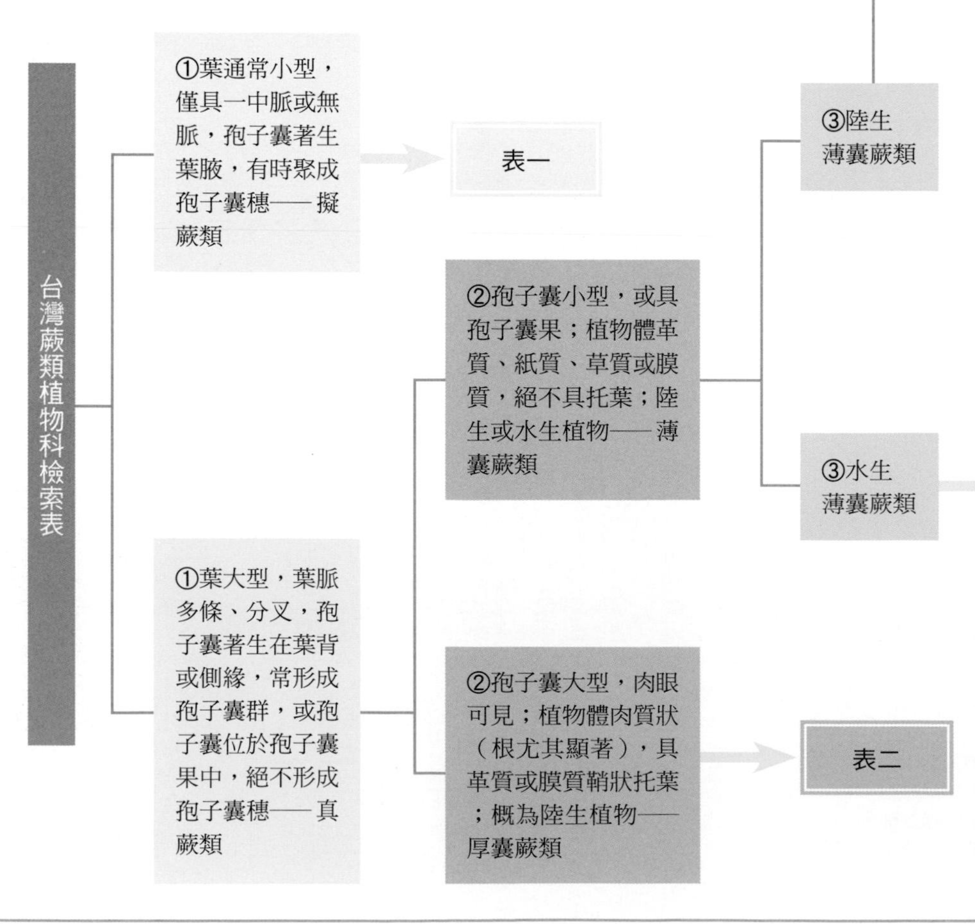

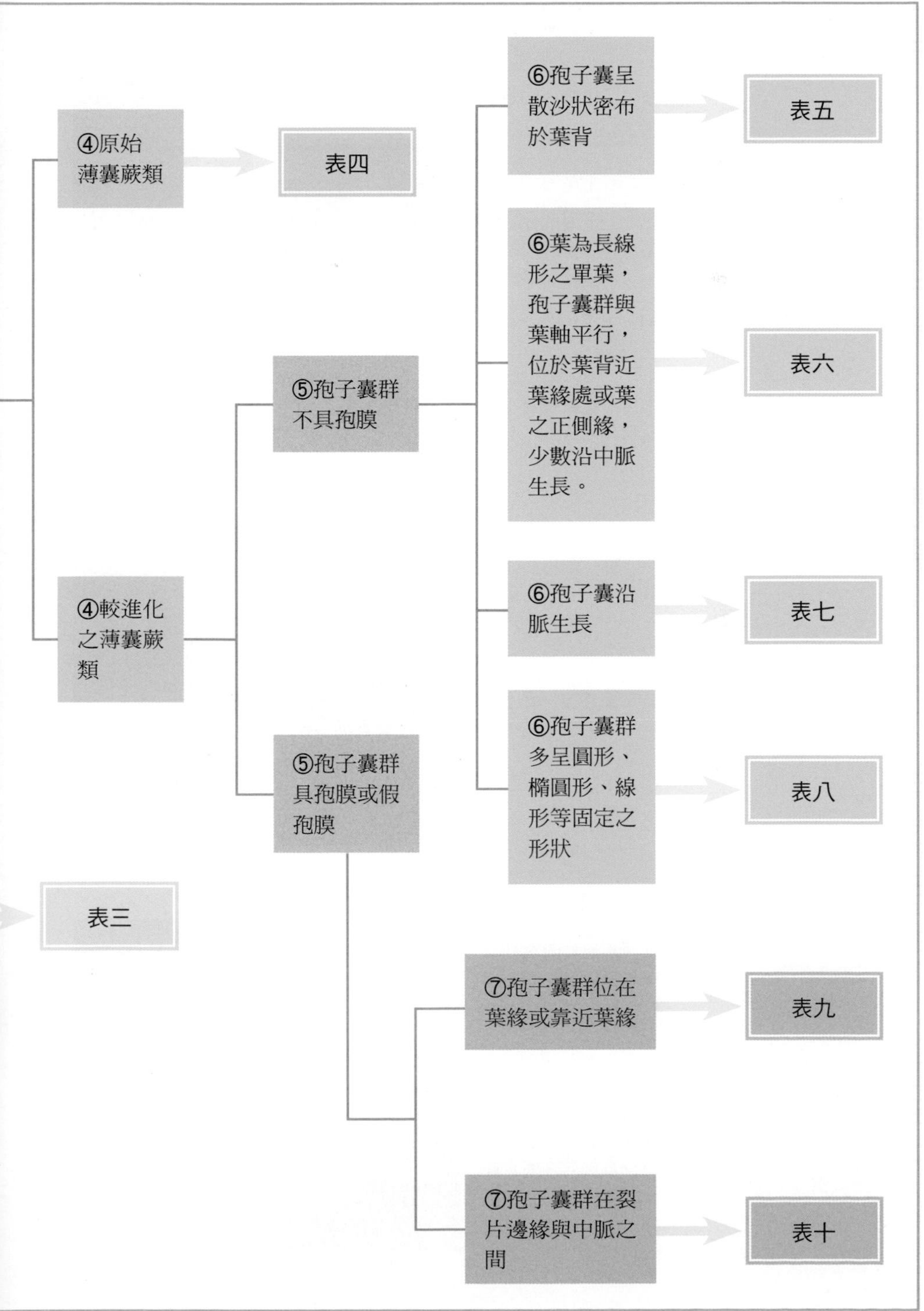
④原始薄囊蕨類
表四
④較進化之薄囊蕨類
⑤孢子囊群不具孢膜
⑤孢子囊群具孢膜或假孢膜
⑥孢子囊呈散沙狀密布於葉背
表五
⑥葉為長線形之單葉，孢子囊群與葉軸平行，位於葉背近葉緣處或葉之正側緣，少數沿中脈生長。
表六
⑥孢子囊沿脈生長
表七
⑥孢子囊群多呈圓形、橢圓形、線形等固定之形狀
表八
表三
⑦孢子囊群位在葉緣或靠近葉緣
表九
⑦孢子囊群在裂片邊緣與中脈之間
表十

表一

擬蕨類：葉通常小型，僅具一中脈或無脈，孢子囊著生葉腋，有時聚成孢子囊穗。

a. 葉螺旋排列或於正面呈三行排列—— 石松科 ⇨ P.29

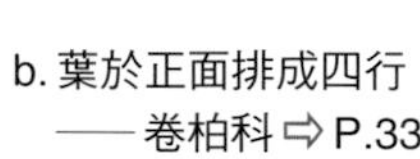

b. 葉於正面排成四行 —— 卷柏科 ⇨ P.33

c. 水生，葉長線形，叢生於基部塊莖上—— 水韭科

d. 枝、葉均輪生，小葉基部癒合成鞘狀—— 木賊科

e. 莖二叉分枝，地上莖稀被鱗毛狀之小葉，小葉無脈，腋生之孢子囊具三個突起—— 松葉蕨科

表二

厚囊蕨類：孢子囊大型，肉眼可見；植物體肉質狀（根尤其顯著），具革質或膜質鞘狀托葉；概為陸生植物。

a. 葉柄基部具膜質托葉，孢子囊枝自葉主軸伸出，與葉不在同一平面上——瓶爾小草科 ⇨ P.43

b. 葉柄基部具肥厚、略木質化之大型托葉，羽片及葉柄基部具膨大之葉枕——合囊蕨科

表三

水生薄囊蕨類			
	植物之根部著土	a. 葉片四裂成「田」字形── 田字草科	
		b. 葉一回羽狀複葉，具顯著之頂羽片，羽片邊緣呈鋸齒狀── 毛蕨（金星蕨科）	
		c. 夏綠型之兩型葉植物，葉軸堅硬，孢子葉極度皺縮，孢子囊著生部位僅具葉脈不具葉肉── 分株紫萁（紫萁科）⇨ P.50	
		d. 葉質地柔軟、肉質，孢子葉具反捲之葉緣，較營養葉窄── 水蕨（鳳尾蕨科）⇨ P.113	
	植物體漂浮水面，絕不著土	a. 葉片長小於0.1cm，互生── 滿江紅科	
		b. 浮水葉對生，橢圓形，大於0.5cm── 槐葉蘋科	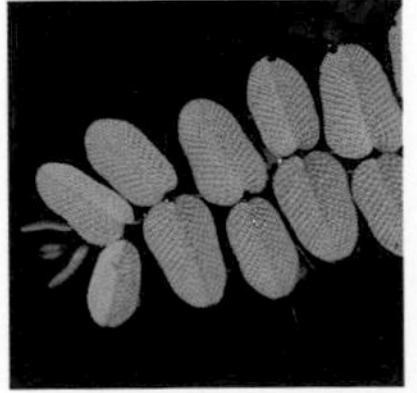

表四

原始薄囊蕨類

a. 孢子囊著生處不具葉肉，孢子囊繞著葉脈生長，孢子葉或孢子羽片皺縮—— 紫萁科

b. 休眠芽僅出現在羽軸頂端—— 海金沙屬（莎草蕨科）

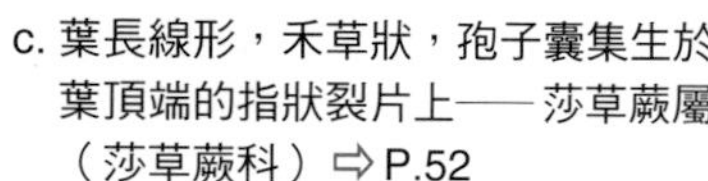

c. 葉長線形，禾草狀，孢子囊集生於葉頂端的指狀裂片上—— 莎草蕨屬（莎草蕨科）⇨ P.52

d. 葉僅一層細胞厚，薄膜質，孢膜二瓣狀、寬杯形或管狀，位於裂片頂端—— 膜蕨科 ⇨ P.57

e. 葉主軸頂端具休眠芽—— 裡白科 ⇨ P.53

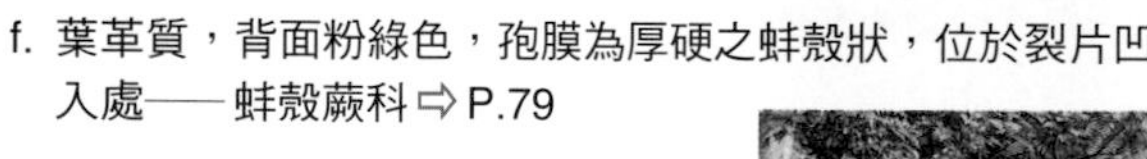

f. 葉革質，背面粉綠色，孢膜為厚硬之蚌殼狀，位於裂片凹入處—— 蚌殼蕨科 ⇨ P.79

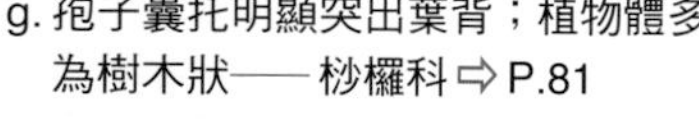

g. 孢子囊托明顯突出葉背；植物體多為樹木狀—— 桫欏科 ⇨ P.81

h. 葉柄基部兩側呈翼狀，橫切面呈三角形；葉柄基部或羽片基部具瘤狀突起；兩型葉—— 瘤足蕨科 ⇨ P.85

i. 葉多回二叉分裂—— 雙扇蕨科

j. 營養葉全緣不分裂或末端呈燕尾狀二裂，主脈二叉分支—— 燕尾蕨科

表五

較進化之薄囊蕨類一：孢子囊群不具孢膜，孢子囊呈散沙狀密布於葉背。

表五		
單葉	a. 孢子葉和營養葉形狀大致相同—— 舌蕨屬（蘿蔓藤蕨科）⇨ P.251	
	b. 兩型葉，營養葉主脈單一，主側脈明顯—— 萊蕨（水龍骨科）⇨ P.173	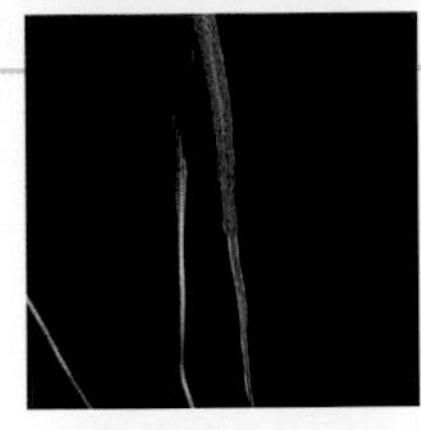
一回羽狀裂葉，或僅基部一對羽片獨立分離	a. 地生植物，高約50cm—— 沙皮蕨（三叉蕨科）	
	b. 小型岩生植物，高約15cm—— 地耳蕨（三叉蕨科）	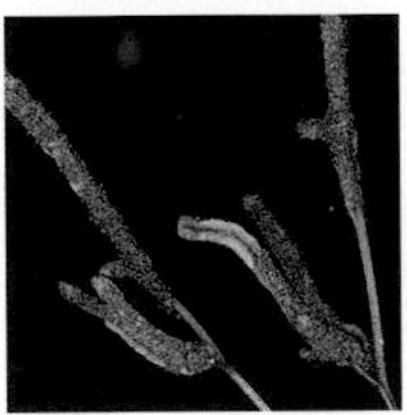 
一回羽狀複葉	a. 植株根細小，直徑在1mm以下；屬闊葉林下山溝邊之植物—— 蘿蔓藤蕨科 ⇨ P.249	
	b. 植株之根粗硬，直徑可達0.5cm以上；屬海岸溪口之沼澤濕地植物—— 鹵蕨（鳳尾蕨科）	

表六

<table>
<tr><td rowspan="5">較進化之薄囊蕨類二：孢子囊群不具孢膜，葉為長線形之單葉，孢子囊群與葉軸平行，位於葉背近葉緣處或是葉之正側緣，少數沿中脈生長。</td><td rowspan="3">植株不具星狀毛</td><td>a. 葉橫切面線形，孢子囊沿葉邊緣生長── 書帶蕨屬（書帶蕨科）</td><td>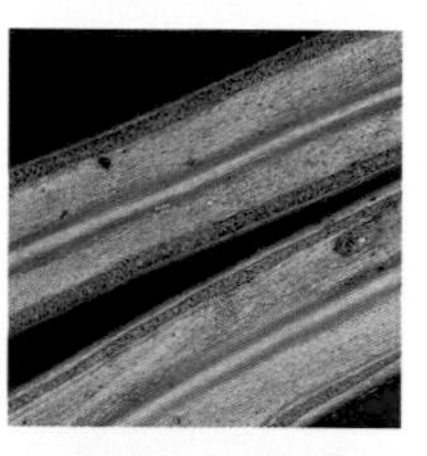</td></tr>
<tr><td>b. 葉橫切面線形，孢子囊沿中脈生長── 一條線蕨屬（書帶蕨科）⇨ P.147</td><td>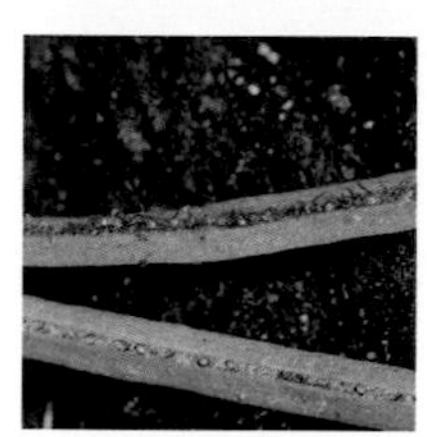</td></tr>
<tr><td>c. 葉橫切面橢圓形，孢子囊沿中脈兩側生長── 二條線蕨屬（水龍骨科）</td><td>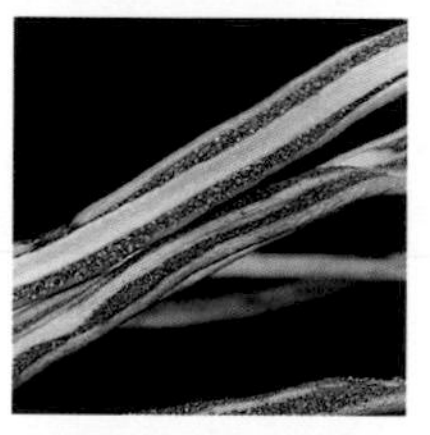</td></tr>
<tr><td rowspan="2">植株具星狀毛</td><td>a. 孢子囊位在葉中脈兩側之溝槽中── 革舌蕨（禾葉蕨科）⇨ P.186</td><td></td></tr>
<tr><td>b. 孢子囊位於葉背，並由略為反捲之葉緣所保護── 捲葉蕨（水龍骨科）⇨ P.163</td><td></td></tr>
</table>

表七			
較進化之薄囊蕨類三：孢子囊群不具孢膜，孢子囊沿脈生長。	單葉全緣	a. 葉厚，匙形，表面光滑無毛—— 車前蕨屬（書帶蕨科）⇨ P.146	
		b. 葉心形至長心形，葉背密布毛和鱗片—— 澤瀉蕨（鳳尾蕨科）	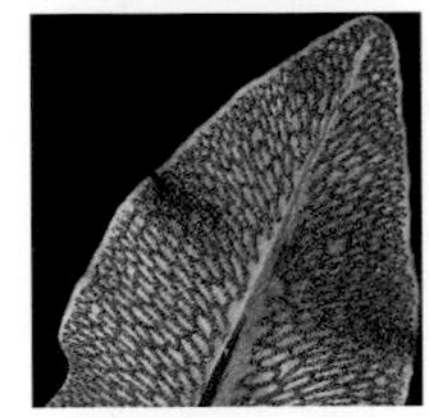
	葉為一回羽狀裂葉，至多僅基部一至數對羽片獨立—— 溪邊蕨、聖蕨屬（金星蕨科）		
	葉為一回羽狀複葉，莖直立，具明顯主幹—— 蘇鐵蕨（烏毛蕨科）		
	葉至少為一回羽狀複葉，不具挺空之直立莖—— 金毛裸蕨、粉葉蕨、翠蕨、鳳丫蕨屬（鳳尾蕨科⇨ P.111）		

<table>
<tr><td rowspan="8">表八

較進化之薄囊蕨類四：孢子囊群不具孢膜，孢子囊群多呈圓形、橢圓形、線形等固定形狀。</td><td colspan="3">葉脈網狀，網眼中具游離小脈；單葉、一回羽狀或掌狀裂葉── 水龍骨科 ⇨ P.149</td></tr>
<tr><td colspan="3">羽軸兩側各具一排網眼，網眼中無游離小脈；三回羽狀裂葉，末裂片間具與葉表垂直之突刺── 黃腺羽蕨（三叉蕨科）⇨ P.321</td></tr>
<tr><td colspan="3">葉具癒合脈形成之網眼── 星毛蕨、新月蕨屬（金星蕨科）⇨ P.219</td></tr>
<tr><td rowspan="5">葉脈游離，不具網眼</td><td rowspan="3">葉柄密布毛</td><td>a. 單葉，葉（尤其是葉柄）上的毛多為平射狀褐色多細胞毛── 禾葉蕨科 ⇨ P.185</td></tr>
<tr><td>b. 單葉、一回羽狀複葉至二回羽狀裂葉，葉柄、葉軸甚至葉片上，密被針狀單細胞毛── 卵果蕨、紫柄蕨、鉤毛蕨、方桿蕨、茯蕨屬（金星蕨科 ⇨ P.197）</td></tr>
<tr><td>c. 葉二至三回羽狀複葉，植株具多細胞毛── 姬蕨（碗蕨科）</td></tr>
<tr><td rowspan="2">葉柄無毛，或僅具稀落之毛</td><td>最下羽片基部與葉柄交接處具有關節── 羽節蕨屬（蹄蓋蕨科）⇨ P.362</td></tr>
<tr><td>植株不具關節</td></tr>
</table>

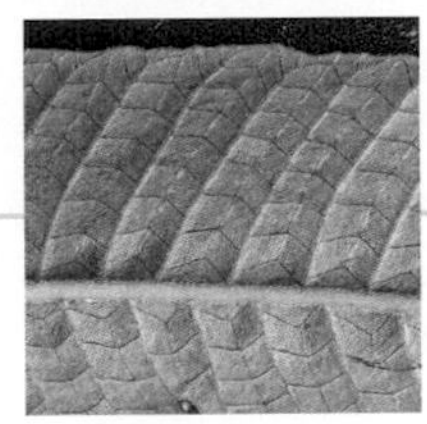

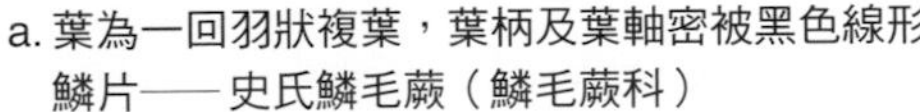

a. 葉為一回羽狀複葉，葉柄及葉軸密被黑色線形鱗片—— 史氏鱗毛蕨（鱗毛蕨科）

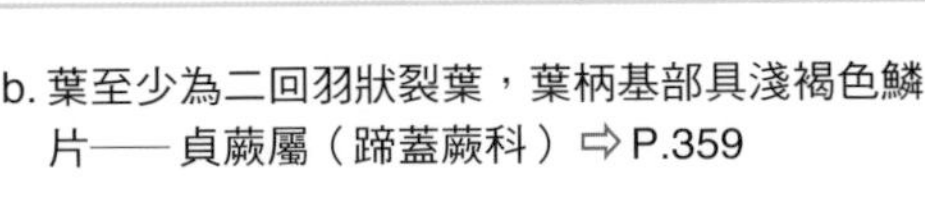

b. 葉至少為二回羽狀裂葉，葉柄基部具淺褐色鱗片—— 貞蕨屬（蹄蓋蕨科）⇨ P.359

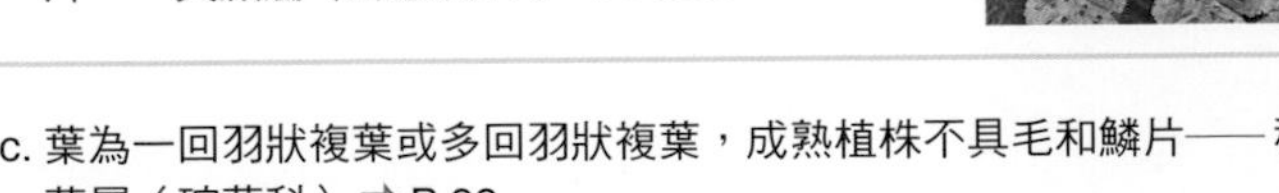

c. 葉為一回羽狀複葉或多回羽狀複葉，成熟植株不具毛和鱗片—— 稀子蕨屬（碗蕨科）⇨ P.99

<table>
<tr><td rowspan="6">表九

較進化之薄囊蕨類五：孢子囊群位在葉緣或靠近葉緣，具孢膜或假孢膜。</td><td rowspan="3">假孢膜開口朝內</td><td colspan="2">a. 兩型葉，孢子葉之羽片兩側強烈反捲，呈豆莢狀── 莢果蕨屬（蹄蓋蕨科）</td></tr>
<tr><td colspan="2">b. 植株（尤其是莖及葉柄基部）僅具毛或為2～3列細胞寬之毛狀窄鱗片── 蕨屬、曲軸蕨屬、栗蕨屬、細葉姬蕨（碗蕨科 ⇨ P.89）</td></tr>
<tr><td colspan="2">c. 植株具扁平、多列細胞寬之典型鱗片── 鳳尾蕨科 ⇨ P.111</td></tr>
<tr><td rowspan="3">孢膜開口朝外</td><td colspan="2">孢膜與至少兩條脈相連── 鱗始蕨科 ⇨ P.101</td></tr>
<tr><td rowspan="2">孢膜僅與一條脈相連</td><td>孢膜腎形或圓腎形</td></tr>
<tr><td>孢膜管狀、杯狀、鱗片狀或碗狀</td></tr>
</table>

a. 根莖長，植物體呈纏繞藤本狀，葉散生；葉柄基部具關節—— 藤蕨屬（篠蕨科）

b. 莖短而直立，葉呈叢生狀，並有向四周延伸之匍匐莖；羽片基部具關節—— 腎蕨科

a. 莖及葉柄基部具毛狀窄鱗片，其餘部分光滑無毛；葉卵狀披針形；葉柄基部不具關節—— 達邊蕨屬（鱗始蕨科）⇨ P.104

b. 根莖及葉柄基部具寬大之鱗片，其餘部分光滑無毛；葉片通常為五角形；葉柄基部具關節—— 骨碎補科 ⇨ P.243

c. 植株僅具毛不具鱗片，葉柄及葉片部分尤其顯著；葉柄基部不具關節—— 碗蕨屬、鱗蓋蕨屬（碗蕨科）⇨ P.91

表十			
較進化之薄囊蕨類六：孢子囊群具孢膜，孢膜位在裂片邊緣與中脈之間。	孢膜線形	孢膜與羽軸或小羽軸平行—— 烏毛蕨科 ⇨ P.237	
		孢膜與末裂片之主脈斜交	
	孢膜鱗片狀、圓形、圓腎形或球形	單葉—— 篠蕨屬（篠蕨科）	
		複葉	羽軸表面有溝，且與葉軸之溝相通
			羽軸表面無溝，或有溝但不與葉軸之溝相通

a. 鱗片窗格狀，孢膜僅生於葉脈一側── 鐵角蕨科 ⇨ P.221

b. 鱗片細胞不透明，孢膜常呈J形、馬蹄形、背靠背雙蓋形或是香腸形── 蹄蓋蕨科 ⇨ P.323

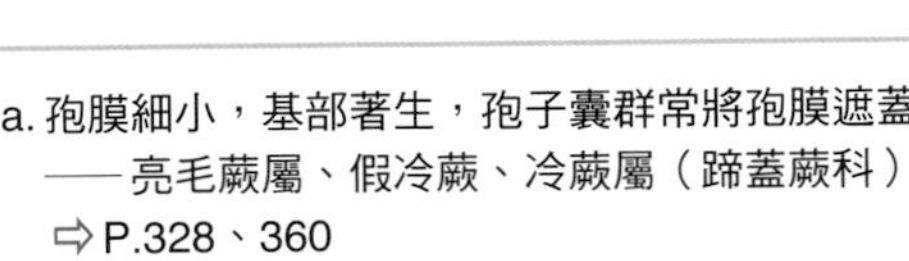

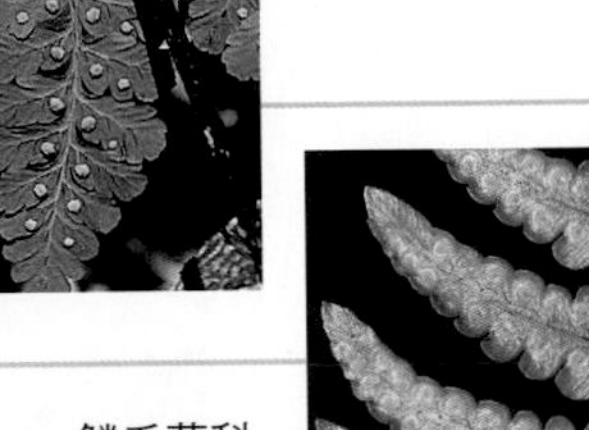

a. 孢膜細小，基部著生，孢子囊群常將孢膜遮蓋── 亮毛蕨屬、假冷蕨、冷蕨屬（蹄蓋蕨科）⇨ P.328、360

b. 孢膜較大，位於孢子囊群上方，或將孢子囊群全面遮蓋── 鱗毛蕨科 ⇨ P.261

植株具單細胞針狀毛；葉片草質至紙質	a. 葉片二回羽狀中裂或深裂，披針形、卵圓形至橢圓形── 金星蕨科 ⇨ P.197
	b. 葉片三回羽狀分裂，卵形至三角形，葉柄基部膨大，上面覆滿紅棕色鱗片── 腫足蕨屬（蹄蓋蕨科）
植株具多細胞毛，在羽軸表面尤其顯著；葉片草質至紙質	a. 羽軸表面具多細胞肋毛；最基部羽片之最基部朝下小羽片通常較長── 三叉蕨科 ⇨ P.307
	b. 羽軸表面具蠕蟲狀毛；最基部羽片之基部兩側等長── 蹄蓋蕨科擬蹄蓋蕨屬假鱗毛蕨群 ⇨ P.354

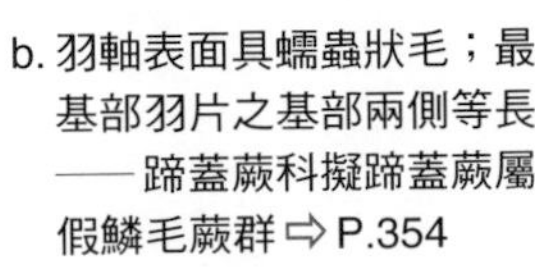

植株完全不具毛，但密布鱗片；葉片革質至厚革質── 鱗毛蕨屬、耳蕨屬（鱗毛蕨科 ⇨ P.261）

蕨類各部位的構造名稱圖解

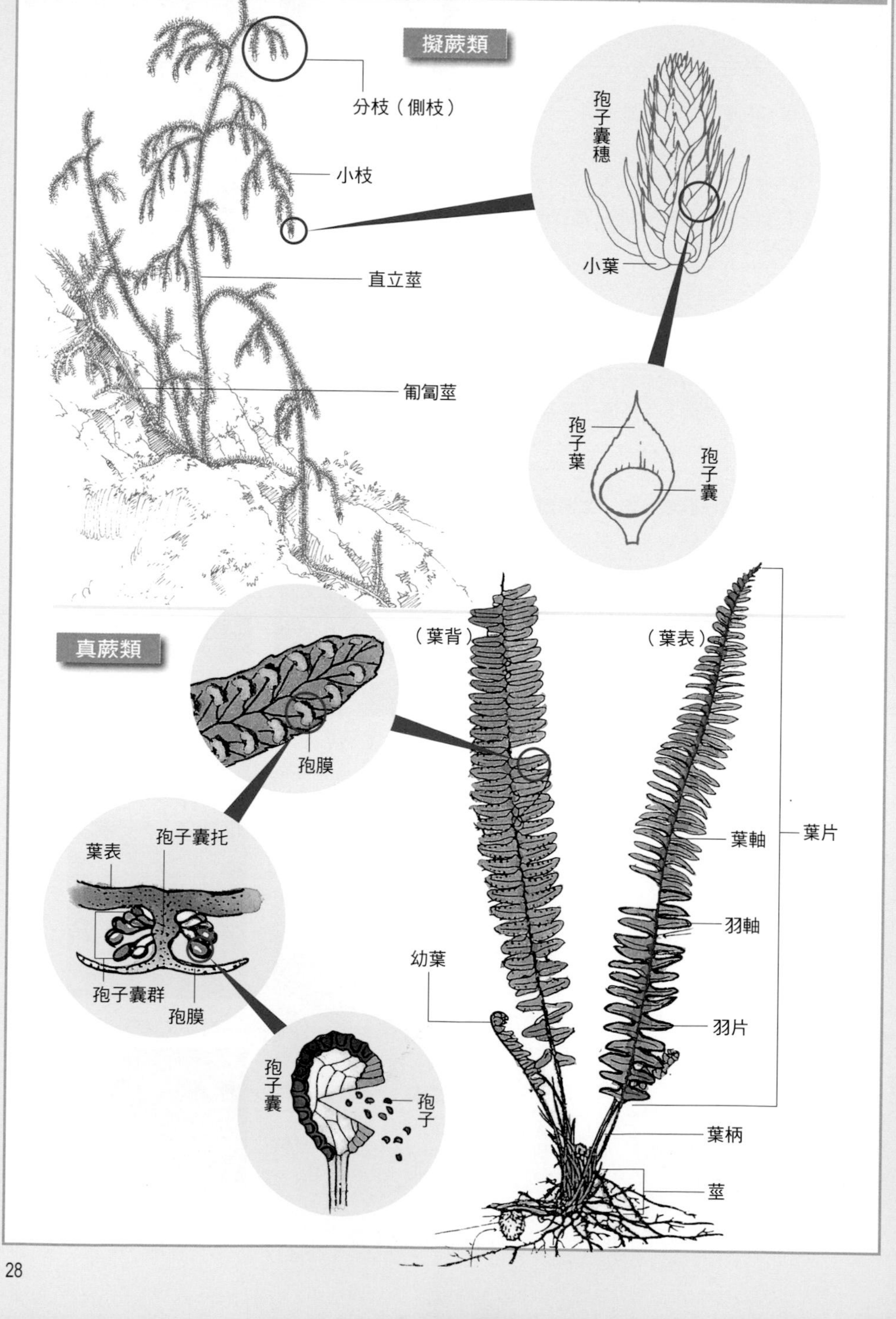

擬蕨類

分枝（側枝）

小枝

直立莖

匍匐莖

孢子囊穗

小葉

孢子葉

孢子囊

真蕨類

孢膜

葉表

孢子囊托

孢子囊群

孢膜

孢子囊

孢子

（葉背）

（葉表）

葉軸

葉片

羽軸

幼葉

羽片

葉柄

莖

石松科

Lycopodiaceae

外觀特徵：葉小型，單脈，多呈螺旋狀排列；莖二叉分支；孢子囊長在葉腋；孢子葉多集生在枝條頂端，有的會聚集成橢圓形之孢子囊穗，其外觀與顏色有時會和營養葉極為不同。

生長習性：著生或地生，有些具懸垂性或攀緣性；許多稀有種類都與較成熟的森林有關。

地理分布：遍布世界，遍布台灣全島。

種數：全世界有4屬約300種，台灣有3屬22種。

● 本書介紹的石松科有2屬3種。

【屬、群檢索表】

①具有相等之二叉分枝，無明顯主莖。 .... ②
①具不對等之二叉分枝，主莖明顯。 .... ③

②地生型，植株直立，孢子葉與營養葉混生。 ....石杉屬石杉群
②著生型，植株下垂，孢子葉位於枝條末端。 .... 石杉屬馬尾杉群　P.30

③孢子囊穗下垂...過山龍屬
③孢子囊穗直立 .... ④

④莖藤狀；葉鱗片狀，約僅0.2~0.3cm，具長尾尖。 ....石松屬藤石松群
④莖不呈藤狀；葉卵圓形、線形、披針形等，不具尾尖。 .... ⑤

⑤小葉對生，枝條扁平具背腹性。 ....石松屬扁枝石松群
⑤小葉螺旋排列，枝條圓形。 .... 石松屬石松群　P.32

杉葉馬尾杉

Huperzia cunninghamioides (Hayata) Holub

海拔	低海拔	中海拔
生態帶	亞熱帶闊葉林	暖溫帶闊葉林
地形	谷地	山坡
棲息地	林內	
習性	著生	
頻度	瀕危	

●**特徵**：莖多少呈下垂狀，一至二回二叉分支，植株長60~75cm，莖連葉寬約25~30mm；小葉披針形，全緣，約12mm長，2mm寬，莖基部小葉貼伏莖上，其餘小葉斜上向外生長，枝條末端的小葉較小；孢子葉與營養葉同形，不形成緊密的孢子囊穗。

●**習性**：著生在成熟闊葉林高位樹幹上。

●**分布**：日本琉球群島曾有一次採集紀錄，台灣則散見於北部及東部之中、低海拔山區。

【附註】本種是以台灣為分布中心，所以非常具有台灣特色，由於都生長在幾近原始的成熟林之樹幹高處，因此保護成熟林是保護這種植物的基本要件。

19851229・老佛山

20020123・福山

19880517・台大植物系蔭棚（人工栽植）

（主）主要著生在樹幹上，植株下垂。
（小左）孢子葉位在枝條末端，外形和營養葉相似。
（小右）莖基部之小葉貼伏。

小垂枝馬尾杉

Huperzia salvinioides
(Hert.) Holub

海拔	低海拔
生態帶	熱帶闊葉林
地形	谷地
棲息地	林內
習性	著生
頻度	瀕危

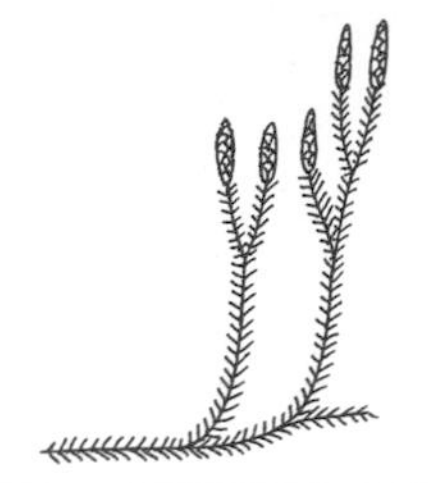

●特徵：植株下垂，長可達50cm以上，莖數回二叉分支；營養葉小葉開展，長7~10mm，寬3~5mm，寬卵形，基部略圓，具極短之柄；孢子葉明顯較營養葉小，長僅1mm，鬆散地長在枝條末端，不形成圓球形、橢圓形或圓柱形孢子囊穗，孢子囊枝數回二叉分支，長達10cm以上。

●習性：生長在闊葉林樹冠層，懸垂著生樹幹上。

●分布：菲律賓及琉球群島，台灣僅見於南部低海拔山區，罕見。

【附註】台灣的著生型石松科植物一般在野外都很難看到，究其成因概為成熟闊葉林消失或劣化，因為只有年代久遠的森林，著生型石松才有機會著床生長，所以說「有森林就好」的觀念，要轉變成「有好品質的森林才好」，而著生型石松就是指標。

20030301・老佛山

20051018・老佛山

（主）生長在樹幹上，植株懸垂。
（小）營養葉寬卵形，孢子葉明顯較小，貼伏枝條末端，呈鬆散之穗狀。

日本石松

Lycopodium japonicum
Thunb. *ex* Murray

海拔	中海拔
生態帶	針闊葉混生林
地形	山坡
棲息地	林緣
習性	地生
頻度	偶見

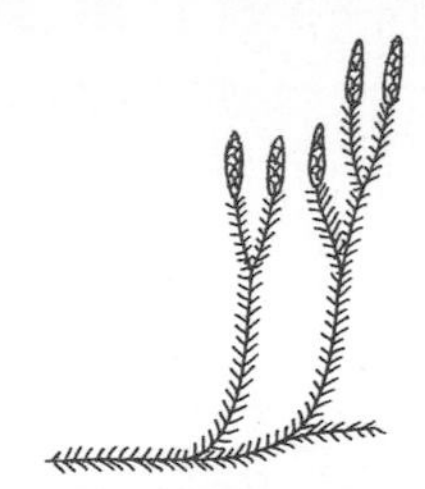

●**特徵**：莖分匍匐莖與直立莖，匍匐莖蔓生地表，並向上長出不對稱二叉分枝之直立莖；直立莖小葉平展或斜生，質地薄，排列較疏鬆；孢子囊穗圓柱狀，具柄，5~6個為一組，長在一直立之長總梗上。

●**習性**：地生，生長在林緣邊坡略空曠處，蔓生。

●**分布**：亞洲熱帶、亞熱帶高山，在台灣較常見於中海拔檜木林帶之次生林。

【附註】本種與假石松（①P.41）非常相似，後者生長在空曠地，在箭竹草原尤其常見，除了生長環境不同外，後者的小葉排列較緊密且斜上貼伏小枝上，總梗上的孢子囊穗也較少，但兩者極有可能僅是生育地不同的生態型而已。

19980623・梅峰

19981223・梅峰

19990913・梅峰

（主）生長在較空曠的森林邊緣，可見孢子囊穗數個一組生長在一總梗上，造型宛如歐洲中古世紀的燭台。
（中）孢子囊穗具柄，每組5~6個，長在一長總梗上。
（小）小葉鬆散且開展地長在枝條上。

卷柏科

Selaginellaceae

外觀特徵：枝條正面具四排小葉，小葉無柄，單脈，中葉和側葉形態不同。植物體扁平，具有背腹性。孢子囊著生葉腋，孢子葉集生於枝條末端，形成長方柱狀的四面體形或扁平狀的孢子囊穗。

生長習性：地生或長在岩石上，主莖匍匐或直立生長，常成群出現。

地理分布：主要分布在熱帶、亞熱帶地區，台灣則遍布全島，從低海拔至2500公尺左右。

種數：全世界只有1屬約750種，台灣有17種。

● 本書介紹的卷柏科有1屬8種。

【屬、群檢索表】

密葉卷柏

Selaginella involvens (Sw.) Spring

海拔	中海拔		
生態帶	暖溫帶闊葉林		
地形	山坡		
棲息地	林緣	路邊	
習性	著生	岩生	地生
頻度	偶見		

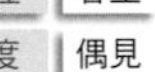

●**特徵**：直立之地上莖高約40cm，下半部不分支，上半部三回羽狀分支，基部側枝較長；主莖柄狀部分之小葉卵形，貼伏莖上，螺旋排列，往上則為闊卵形；分枝上的葉明顯二型，枝連葉寬3~4mm，側葉橫長形，末端鈍，基部歪斜，全緣，長1.5~2mm，寬1mm，中葉橢圓形，全緣，末端尖，中脈兩側具凹溝，長1mm，寬0.3mm；孢子葉同形，孢子囊穗四角柱形，長約3~10mm。

●**習性**：生長在雲霧環境林緣、路邊之開闊地，常長在多岩石的土坡上。

●**分布**：印度北部、喜馬拉雅山東部至中國南部、韓國、日本至東南亞的高山，台灣則散布於全島的中海拔山區。

【附註】本種與異葉卷柏（①P.52）可說是不同海拔的生態等價種，本種分布於台灣暖溫帶山區，後者則分布於亞熱帶。二者的生態習性類似，都在林緣開闊地，且都長在多岩石的土坡上，偶可見著生於樹幹或岩石上，二者的形態乍看之下也幾乎雷同。最容易分辨的差異是在小枝上的中葉，本種中葉為兩側對稱之橢圓形，中脈兩邊具深縱溝，而後者中葉兩側極度不對稱，呈基部歪斜之心形，末端尾尖且指向外側。

20010305・台大（人工栽植）

20080120・阿里山塔山

19990213・烏來雲仙樂園

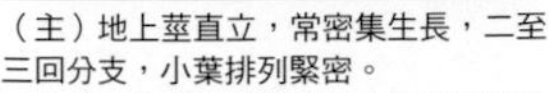

（主）地上莖直立，常密集生長，二至三回分支，小葉排列緊密。
（小上）背面只見闊卵形之側葉交錯排列，小葉中脈兩側具凹溝。
（小下）枝條正面可見四行小葉，側葉較寬，中葉較狹長，中脈兩側具凹溝。

日本卷柏

Selaginella nipponica
Franch. & Sav.

海拔	中海拔	
生態帶	暖溫帶闊葉林	
地形	山坡	
棲息地	空曠地	
習性	岩生	地生
頻度	稀有	

●**特徵**：植株高約8~15cm，營養枝匍匐狀，多少具根支體；小枝連葉寬4~5mm，側葉闊卵形，長1.5~3mm，寬1~1.5mm，中葉披針形，長1~1.5mm，寬0.6~0.7mm；孢子葉側葉與中葉形狀相似，大小也略同，位於直立枝上，排列疏鬆，且成熟孢子葉末端朝上；孢子囊穗不轉置，長約10~40mm，寬約2~4mm，具1~2次分叉。

●**習性**：生長在開闊草生地或向陽地區的岩壁上。

●**分布**：日本及中國，台灣零星見於中部中海拔地區。

【**附註**】本種最重要的特徵在孢子囊穗不轉置，即孢子囊穗正面孢子葉之中葉、側葉如同營養枝之正面一樣皆排成四行。孢子囊穗轉置與否，對具有壓扁狀孢子囊穗的卷柏來說，是很重要的分類依據。本群植物在台灣至少3種，即日本卷柏、擬日本卷柏及山地卷柏（P.36、37）。

19860329・鳳凰山

20030312・溪頭

20030301・老佛山

（主）喜生長在多霧環境的擋土牆岩縫或岩面上，營養枝匍匐，孢子枝直立。
（小左）孢子葉排列鬆散。
（小右）孢子葉中葉與側葉外形近似，孢子囊長在葉腋，黃色的是大孢子囊，紅色的則是小孢子囊。

擬日本卷柏

Selaginella pseudonipponica Tagawa

海拔	低海拔	中海拔
生態帶	亞熱帶闊葉林	暖溫帶闊葉林
地形	山坡	
棲息地	空曠地	
習性	岩生	地生
頻度	偶見	

20000127・研海林道

19960606・太元山

20000127・研海林道

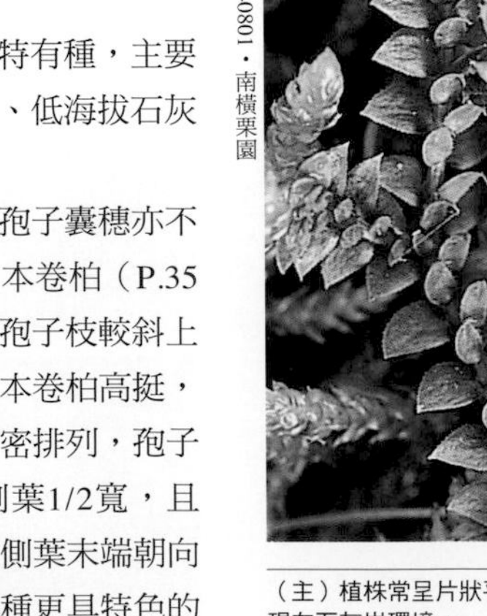

20040801・南橫栗園

（主）植株常呈片狀平鋪地面，主要出現在石灰岩環境。
（小上）野外常見植物體呈紅色。
（小中）孢子葉排列緊密程度與營養葉相似。
（小下）中葉與側葉的葉緣明顯可見長緣毛。

●**特徵**：營養枝匍匐狀，孢子枝多少直立，具根支體，小葉在莖上排列緊密；營養枝連葉寬3mm，小葉兩型，具長緣毛，側葉闊卵形，末端尖，基部圓，長2mm，寬1.5~2mm，孢子葉兩型，形狀與營養葉近似，有時略小，孢子囊穗具背腹性，不轉置，即孢子枝和營養枝小葉排列的背腹性相同，長約5~6mm或可達10mm以上，具1~2次分叉。

●**習性**：生長在向陽之岩石地區，植株多少呈紅色，屬石灰岩植物。

●**分布**：台灣特有種，主要出現在東部中、低海拔石灰岩地區。

【附註】本種孢子囊穗亦不轉置，近似日本卷柏（P.35），但本種的孢子枝較斜上生長，不似日本卷柏高挺，孢子葉也較緊密排列，孢子葉中葉約僅側葉1/2寬，且成熟孢子葉的側葉末端朝向兩側。不過本種更具特色的是葉緣具長緣毛，且侷限生長在石灰岩環境。

山地卷柏

Selaginella tama-montana Seriz.

海拔	高海拔	
生態帶	針葉林	
地形	山坡	
棲息地	林緣	空曠地
習性	岩生	
頻度	瀕危	

●特徵：營養枝匍匐，連小葉寬約2~3mm；小葉葉緣具刺；側葉闊卵形，兩側不對稱，末端略尖，長1.5~2mm，寬約1mm；中葉卵形或披針狀卵形，末端銳尖，長1~1.5mm，寬0.4~0.6mm。孢子枝匍匐，孢子葉的中葉、側葉與營養葉的中葉、側葉同形，等大；孢子囊穗長約5~10mm，寬約1~2mm；明顯具背腹性，不轉置（P.35），節間也約略等長。

●習性：生長在高山向陽之岩石地區。

●分布：日本本州中部，台灣見於高海拔山區，罕見。

【附註】本種外觀及習性與擬日本卷柏極為近似，但本種之孢子囊穗貼近地面且節間緊密、葉緣為刺狀而非緣毛，明顯可以區別。本種是台灣目前已知海拔分布最高的卷柏科植物，主要分布在針葉林帶，如冷杉林或鐵杉林，生長在森林的破空處（forest gap）。以玉山命名的玉山卷柏（①P.57）反而分布在海拔較低處，主要生長在海拔約2000公尺的針闊葉混生林內。

（主）孢子枝上孢子葉之排列方式與營養葉一致，正面皆明顯可見排成四行。
（小左）小葉邊緣具刺。
（小右）背面只見二排小葉；可見生長在葉腋的大、小孢子囊，黃色的是大孢子囊，紅色的則是小孢子囊。

20060518・梅峰（人工栽植）

20060518・梅峰（人工栽植）

20060518・梅峰（人工栽植）

小笠原卷柏

Selaginella boninensis Bak.

海拔	低海拔
生態帶	熱帶闊葉林
地形	山坡
棲息地	林緣
習性	地生
頻度	稀有

19881016・八律溪

20030521・牡丹

20040129・出風山

●**特徵**：植株具根支體，貼伏地面，側枝於主莖兩側互生；小枝連葉寬7~8mm；營養葉兩型，側葉橢圓形，末端略尖，長4mm，寬1.5mm，中葉卵形，末端尖，長2mm，寬1mm；孢子葉兩型，在枝條末端集生成孢子囊穗，孢子囊穗壓扁狀，孢子葉的排列具轉置現象，即孢子枝和營養枝小葉排列的背腹性相反。

●**習性**：地生，生長在林緣半遮蔭處。

●**分布**：小笠原群島、菲律賓呂宋島、越南，台灣南部低海拔成熟林邊緣可見。

【**附註**】本種主要分布在南部地區，尤其是屏東、台東一帶，屬於季節性乾旱的熱帶森林的一分子，常被發現生長在河谷兩側山坡地半遮蔭的小徑旁。

（主）主莖匍匐，側枝頂端具壓扁狀的孢子囊穗。
（小上）營養枝均平貼地面生長。
（小下）孢子囊穗壓扁狀，其孢子葉排列方式和同一枝條上的營養葉背腹性相反。

琉球卷柏

Selaginella luchuensis Koidz.

海拔	低海拔	
生態帶	海岸	
地形	山坡	
棲息地	林緣	
習性	岩生	地生
頻度	瀕危	

●**特徵**：營養枝匍匐生長，枝連葉寬約3~4mm；小葉兩型，葉緣均具軟骨邊及長緣毛，側葉橢圓狀卵形，兩側不對稱，末端尖，長1.5~2mm，寬約1mm；中葉卵形，末端尾尖，長1~1.2mm，寬0.4~0.5mm；孢子囊穗位在小枝頂端，壓扁狀，長約1.5~2cm，孢子葉的排列具轉置現象，即孢子枝和營養枝小葉排列的背腹性相反。

●**習性**：生長在半遮蔭之滴水岩壁或土壁上。

●**分布**：琉球群島，台灣產於東部臨海低海拔山區。

【附註】台灣有一群維管束植物，在全世界僅分布於琉球群島與台灣，或是以此範圍為分布中心，而這群植物在台灣的產地多侷限在東部，琉球卷柏、大羽新月蕨（①P.252）、變葉新月蕨（P.220）等即為此一分布型的蕨類，而開花植物也不乏相同情形的案例，例如雙子葉植物的小花蛇根草、龜山島的原生蒲葵林等均屬之。

20060204・台東八仙洞

20060204・台東八仙洞

20060204・台東八仙洞

20060204・台東八仙洞

（主）植株常平鋪在岩石表面。
（小左上）滴水岩壁是琉球卷柏的生育環境。
（小左下）孢子囊穗壓扁狀，孢子葉密集排列。
（小右）小枝及枝頂孢子囊穗可見二者之小葉呈轉置現象。

緣毛卷柏

Selaginella ciliaris (Retz.) Spring

海拔	低海拔
生態帶	亞熱帶闊葉林
地形	平野
棲息地	空曠地　路邊
習性	地生
頻度	稀有

●**特徵**：植株小型，高僅3~4cm，主莖自基部即行分叉，具根支體；小枝連葉寬3~4mm，營養葉兩型，具長緣毛，側葉卵形，兩側不對稱，末端略尖，長2~2.5mm，寬1mm，中葉水滴形，長1.5mm，寬0.5mm，末端多少呈尾尖；孢子葉兩型，在枝條末端集生成孢子囊穗，孢子囊穗具背腹性，長約6~7mm，寬約3mm，孢子葉的排列具轉置現象，即孢子枝和營養枝小葉排列的背腹性相反。

●**習性**：地生，生長在低海拔開闊處之土堤上。

●**分布**：中國南部、印度、馬來西亞、澳洲北部，台灣在低海拔地區零星可見。

【**附註**】由於濕潤的森林蕨類比較多，許多人都認為蕨類只生長在潮濕的環境，可能是前述的想法使得本種很少被注意，因為它常長在乍看之下不應有蕨類處——丘陵地區農村田埂的土堤上，而且是完全開闊、經常遭受人為干擾的環境。

20011013・新竹南埔

20010118・嘉義市富國重劃區

20080906・新竹南埔

20080906・新竹南埔

（主）多生長在土堤立面或陡坡上，陽光直射處。
（小左）主莖自基部即行分叉，故植株常呈叢生狀。
（小右上）孢子囊穗之孢子葉緊密排列，著生在小枝頂端，具轉置現象。
（小右下）小枝及孢子囊穗的背面，可見小枝之小葉排成二行，孢子囊穗的孢子葉排成四行。

姬卷柏

Selaginella heterostachys Bak.

海拔	低海拔	中海拔
生態帶	暖溫帶闊葉林	
地形	山坡	
棲息地	林緣	
習性	岩生	地生
頻度	偶見	

●**特徵**：具有匍匐莖及直立莖，匍匐莖較寬，小枝連葉寬可達6mm；直立莖高可達10~20cm，不具根支體，小枝連葉寬3~4mm，側葉長3~5mm，寬1~1.5mm，卵形，末端尖，基部歪斜，具緣毛，中葉長1mm，寬0.3mm，披針狀卵形，末端尖，基部圓，具緣毛；孢子囊穗具背腹性，長約9~10mm，有的可達20mm以上，孢子葉的排列具轉置現象，即孢子枝和營養枝小葉排列的背腹性相反。

●**習性**：岩生或地生，長在林緣半開闊地潮濕處。

●**分布**：日本、中國南部、越南北部，台灣中、低海拔山區可見。

【**附註**】卷柏植物體的外形常隨季節而有所不同，姬卷柏為其代表，在營養期植株呈匍匐狀，只能看到平貼地面生長的枝條，可是在繁殖期匍匐枝較不顯著，反而是挺空的直立莖非常顯眼，不同時期的外形就像是兩種截然不同的種類，這也是一地物種調查最好四季都做的原因。

19880614・烏來雲仙樂園

19990213・烏來雲仙樂園

19980414・春陽

19981114・春陽

（主）生長在滲水的岩石坡面上，營養枝平鋪地面，孢子枝較顯著，直立生長。
（中）在營養期植株均平貼地面生長。
（小左）小枝末端背面，孢子葉中葉與側葉尖端指向不同，一朝前，一朝側。
（小右）小枝末端正面，可見枝頂壓扁狀之孢子囊穗，小葉排列具轉置現象。

NOTE

瓶爾小草科

Ophioglossaceae

外觀特徵：根狀如蘭花之根，肥厚肉質；莖短直立狀、肉質；葉片通常亦為肉質狀，幼葉不捲旋，孢子囊枝以一定的角度著生在營養葉上。

生長習性：絕大多數為地生型植物，少數著生於樹幹，或為濕地植物。

地理分布：分布世界各地，但不常見；台灣於低、中、高海拔地區及蘭嶼均有發現，數量不多，且各種均有其侷限分布性。

種數：全世界有3屬約80種，台灣有3屬10種。

● 本書介紹的瓶爾小草科有2屬5種。

【屬、群檢索表】

①單葉全緣或呈1～2次二叉分裂，孢子囊枝單一不分叉，孢子囊陷入孢子囊枝之中。...瓶爾小草屬　P.46

①葉羽狀分裂至複葉或三出複葉，孢子囊枝分叉，孢子囊凸出孢子囊枝之外。.....................②

②葉羽狀分裂至複葉，末裂片寬短；孢子囊枝羽狀分叉。...陰地蕨屬　P.44

②葉為三出複葉，末裂片狹長；孢子囊枝單一不分叉。...七指蕨屬

陰地蕨

Botrychium ternatum (Thunb.) Sw.

海拔	高海拔
生態帶	箭竹草原
地形	山坡
棲息地	空曠地
習性	地生
頻度	稀有

●**特徵**：莖短直立狀，葉柄長6~15cm，葉片長3~10cm，三出狀的三回羽狀複葉；末裂片卵狀橢圓形，長3~5mm；孢子囊枝由葉柄近基部處叉出，長可達15~30cm。

●**習性**：地生，生長在有雲霧之開闊地。

●**分布**：日本、韓國、中國西南方至印度北部，台灣產於高海拔開闊草原。

19990923・太平西溪

【**附註**】台灣有4種陰地蕨屬植物，有趣的是每種各代表一種生態帶，由高而低依次為：扇羽陰地蕨代表海拔3500公尺以上高山寒原地區的灌叢帶，而本種代表的是2500至3500公尺的針葉林破空處，阿里山蕨萁（①P.68）則代表海拔1800至2500公尺針闊葉混生林的檜木林帶，因為是霧林帶，偶亦見其生長在樹幹上，而台灣陰地蕨（①P.67）則是700至1800公尺暖溫帶闊葉林帶的代表。

20081220・李棟山

（主）陰地蕨的生長習性為高海拔的開闊草生地。
（小）孢子囊枝從營養葉的葉柄近基部處叉出，這是本種最主要的辨識特徵。

扇羽陰地蕨

Botrychium lunaria (L.) Sw.

海拔	高海拔
生態帶	高山寒原
地形	山坡｜山頂｜稜線
棲息地	灌叢下
習性	地生
頻度	稀有

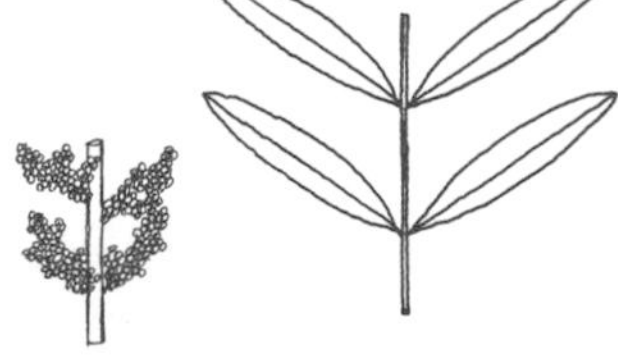

●特徵：莖短直立狀，葉柄長3~8cm，葉片長2~6cm，寬1.5~2.5cm；一回羽狀複葉，羽片3~6對或更多，扇形，幾乎無柄；孢子囊枝由葉片與葉柄交接處叉出，長可達12~20cm。

●習性：地生，生長在灌叢下遮蔭處之碎石坡。

●分布：泛北極圈之北歐、亞洲和北美一帶，台灣可見於高海拔高山寒原灌叢帶。

【附註】扇羽陰地蕨在台灣現身的最大意義，是突顯以泛北極圈為分布中心的寒帶植物，在熱帶、亞熱帶交界的台灣也有它們棲息的空間，台灣這個高山型海島其生物多樣性之所以精彩，就在它有這種地理位置以及夠高的山、夠細膩的生態環境。

19980625・合歡山莊

20070720・武陵合歡

（主）孢子囊枝圓錐狀分枝，自葉片與葉柄交接處以一斜角叉出。
（小）孢子囊大型，肉眼可見，成熟時如張口般開裂。

瓶爾小草

Ophioglossum petiolatum Hook.

海拔	低海拔
生態帶	亞熱帶闊葉林
地形	平野
棲息地	空曠地
習性	地生
頻度	偶見

●**特徵**：莖短直立狀，葉柄長3~10cm，葉片披針形至卵狀披針形，全緣，長3~5cm，寬1~3cm；網眼長形，內常有游離小脈；孢子囊穗狀排列，深陷肉質之孢子囊枝；孢子囊枝由葉柄與葉片交界處附近之葉柄上叉出，長可達5~10cm。

●**習性**：地生，生長在開闊的草生地。

●**分布**：泛熱帶至溫帶地區，台灣低海拔短草地常見。

【附註】本種喜生長在低海拔開闊的短草地，每一個短直立莖都會生長許多橫向發展且肥厚多肉的根，且每一條根都有潛力長出不定芽，從而長出一新植株，因此在自然狀態下每一片短草地即使不至於密生，數量也不會太少，但近年常見連根挖掘的毀滅式採集，所以有減少的趨勢。瓶爾小草俗稱一葉草，是一種民間藥，蹲在草地上尋覓瓶爾小草的採藥者，已成為校園或公園生活地景不可或缺的一環。

19990915・台中科博館

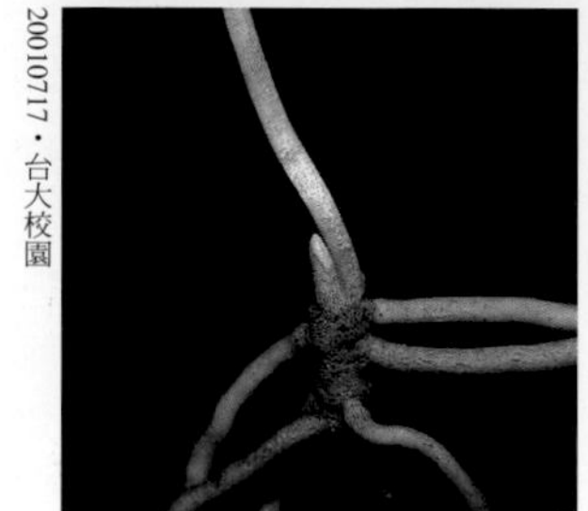

20010717・台大校園

19981223・春陽（人工栽植）

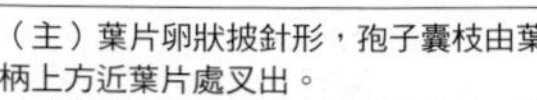

（主）葉片卵狀披針形，孢子囊枝由葉柄上方近葉片處叉出。
（小左）莖短直立狀，幼葉不捲旋，為褐色膜質托葉所保護，根肉質狀。
（小右）孢子囊穗狀排列但深陷肥厚的孢子囊枝內，成熟後各自橫向開裂。

鈍頭瓶爾小草

Ophioglossum austroasiaticum Nishida

海拔	高海拔
生態帶	箭竹草原
地形	山坡
棲息地	空曠地
習性	地生
頻度	稀有

●**特徵**：莖短直立狀，葉柄長約6~8cm；葉片全緣，闊卵形，長4~8cm，寬約4cm，末端鈍尖或圓，基部略圓；葉脈網狀，網格細小，網眼內具有游離小脈；孢子囊枝由葉片基部叉出，長可達10~25cm。

●**習性**：地生，生長在開闊的草生地或坡地上。

●**分布**：東南亞高山地區，台灣高海拔3000公尺左右零星可見。

【**附註**】台灣有4種瓶爾小草，以本種海拔分布最高，屬於海拔2500至3500公尺針葉林帶開闊地的植物，其餘三種概為低海拔植物，北部是瓶爾小草的主要勢力範圍，但全台低地都可見其蹤，狹葉瓶爾小草（①P.70）主要出現在東部花蓮一帶，而網脈瓶爾小草僅見於蘭嶼。這四種瓶爾小草葉形由窄而寬依次為：長橢圓至狹長披針形的狹葉瓶爾小草，披針形至卵狀披針形的瓶爾小草，闊卵形、基部略呈圓形的鈍頭瓶爾小草，最後是闊卵形、基部心形的網脈瓶爾小草（*O. reticulatum* L.），其葉片較薄，網脈清晰可見。

19990923・太平西溪

20040801・埡口山莊

20040801・埡口山莊

網脈瓶爾小草・19930327・蘭嶼紅頭溪

（主）生長於高海拔開闊之短草地，葉片闊卵形，孢子囊枝自葉片基部叉出。
（小左上）也可生長在碎石坡的半遮蔭處，葉片有時較偏卵形，末端圓鈍。
（小右）孢子囊穗狀排列且陷入孢子囊枝內，是瓶爾小草屬的共同特徵。
（小左下）在蘭嶼道路邊坡上的網脈瓶爾小草。

NOTE

紫萁科

Osmundaceae

外觀特徵：莖粗短、直立；葉叢生於莖頂，一至二回羽狀複葉；葉柄基部呈翼狀；羽片和葉軸之間具有關節；孢子羽片沒有葉肉，孢子囊繞著葉脈生長；植株不具鱗片，但幼葉通常被覆棕色綿毛；葉脈游離。

生長習性：概為地生型植物，少數種類生長於濕地環境。

地理分布：廣泛分布於世界各地，溫帶地區種類較多，台灣則零星分布於全島。

種數：全世界有3屬約18種，台灣有1屬4種。

● 本書介紹的紫萁科有1屬1種。

【屬、群檢索表】

分株紫萁

Osmunda cinnamomea L.

海拔	中海拔
生態帶	暖溫帶闊葉林
地形	谷地
棲息地	濕地
習性	地生
頻度	瀕危

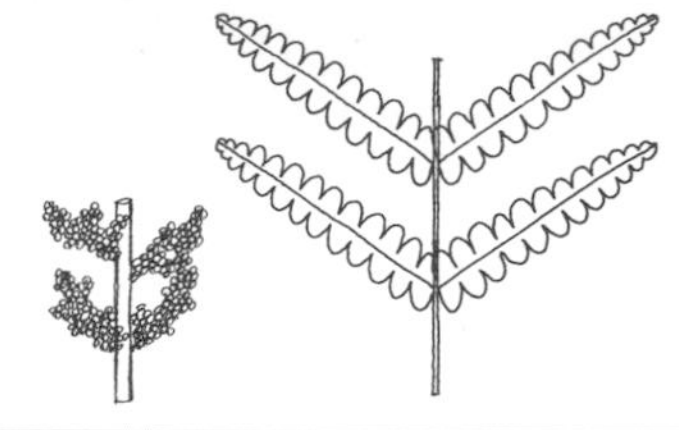

●**特徵**：植株高60~100cm，莖短而直立，葉叢生莖頂，兩型葉，全株幼時具早凋之褐色絨毛；營養葉二回羽狀深裂，柄長20~30cm，葉片長40~70cm，寬17~25cm，倒披針形；羽片無柄，披針形；末裂片全緣，葉脈游離；孢子葉全部不具綠色葉肉，小脈四周密布孢子囊。

●**習性**：地生，冬天落葉之沼澤濕地植物。

●**分布**：日本、韓國、中國，台灣目前僅見於宜蘭草埤，數量稀少，有滅絕之虞。

【**附註**】台灣多高山，中海拔霧林又多雨，所以容易形成溫帶型山地池沼，主要特徵物種為泥炭苔，即俗稱水苔的苔蘚植物，因此池子多偏酸性，分株紫萁就是這種環境的植物，生產台灣水韭（①P.60）的夢幻湖也是屬於同一性質的山地沼澤。

（主）葉叢生，兩型，孢子葉直立，不具綠色葉片。
（小左）孢子囊成熟時綠色，長孢子囊的位置不具葉肉。
（小右）營養葉二回羽狀深裂，中央為萎凋之孢子葉。

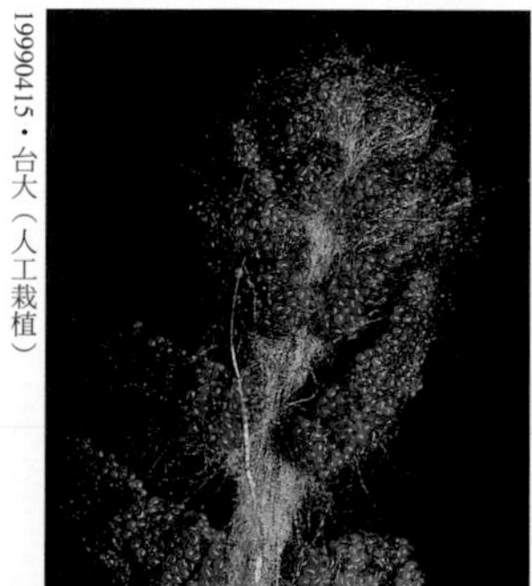

19990415・台大（人工栽植）

19980808・草埤

20070324・烏石坑（人工栽植）

莎草蕨科

Schizaeaceae

外觀特徵：有橄欖球形、幾近無柄、頂生環帶的孢子囊。植物體之葉軸可無限生長，羽軸頂端具有休眠芽；或是植物體呈禾草狀，頂端具指狀之附屬物。
生長習性：地生型植物，有些種類葉為攀緣性，蔓生。
地理分布：分布於熱帶至暖溫帶，台灣全島低海拔可見，少數種類非常稀有。
種數：全世界有4屬約170種，台灣有2屬4種。

● 本書介紹的莎草蕨科有1屬1種。

【屬、群檢索表】

①蔓生之攀緣性植物 ....海金沙屬
①地生，禾草狀。 ....莎草蕨屬　P.52

莎草蕨

Schizaea digitata (L.) Sw.

海拔	低海拔
生態帶	熱帶闊葉林
地形	山坡
棲息地	林內
習性	地生
頻度	稀有

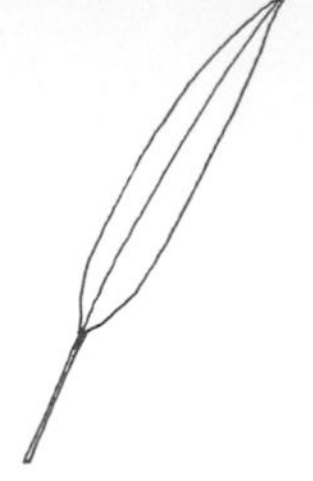

●**特徵**：根莖短橫走狀，葉近叢生；葉柄長約2.5~5cm葉片線形，單一不分叉，長15~35cm，寬2~4mm，中脈明顯；孢子葉頂端具8~10枚叢生之指狀附屬物，附屬物長18~30mm，孢子囊在附屬物的背面排成二行，不具孢膜。

●**習性**：地生，生長在林下遮蔭空曠處。

●**分布**：廣泛分布於熱帶非洲及亞洲，北達中國南部及琉球群島，台灣僅見於墾丁國家公園東部臨海山區。

【**附註**】很顯然地，莎草蕨在全世界的分布中心是舊世界的熱帶地區，而由莎草蕨只長在恆春半島東岸一處侷限的空間，大略可推測台灣是其分布的北緣。有趣的是，台灣不乏類似莎草蕨這樣的稀有蕨類——分布中心在熱帶，尤其是東南亞熱帶，但在台灣只被發現過一兩次，如許多禾葉蕨科的種類，以及曲軸蕨（P.97）等均屬之，而且這些蕨類大多出現在台灣的南部或東部，原因可能是台灣這座高山型海島具有高聳的南向和東南向山坡，在生態意義上，有點像棒球捕手的手套，雖有可能接到從東南亞投過來的球，不過因球須越過浩瀚的太平洋，所以能安然進入手套內的似乎不多。

19800207・南仁山

（主）短橫走莖上的叢生葉，葉扭曲向上生長，葉頂端指狀附屬物是孢子囊著生的位置。

裡白科

Gleicheniaceae

外觀特徵：地下莖長橫走狀；葉軸頂端有休眠芽；最末分枝之羽片呈現一回或二回羽狀深裂的形態；葉脈游離；孢子囊群著生脈上，屬齊熟型，無孢膜。

生長習性：常成叢出現，生長在開闊地；部分種類生長在森林邊緣或森林裡，並形成攀緣性植物。

地理分布：分布於熱帶地區，台灣全島中、低海拔可見。

種數：全世界有5屬約130種，台灣有2屬7種。

● 本書介紹的裡白科有2屬2種。

【屬、群檢索表】

①休眠芽只出現在葉主軸頂端，末回分枝呈二回羽狀深裂。......................................裡白屬　P.54

①休眠芽出現在葉主軸及側軸頂端，末回分枝為一回羽狀深裂。..............................芒萁屬　P.55

鱗芽裡白

Diplopterygium laevissimum
(H. Christ) Nakai

海拔	中海拔
生態帶	暖溫帶闊葉林　針闊葉混生林
地形	山坡　山頂　稜線
棲息地	林緣
習性	地生
頻度	稀有

●**特徵**：根莖橫走，具褐色披針形全緣之鱗片；葉柄光滑，長30~45cm；葉為三回羽狀深裂至複葉，羽片披針形，長30~65cm，寬15~27cm，幼葉背面具短毛或星狀毛；基部小羽片明顯較短，末裂片斜向羽軸；休眠芽上覆卵形全緣之淺褐色鱗片，不具托葉狀苞片；圓形孢子囊群通常由4~5枚孢子囊集生而成。

●**習性**：地生，生長在林緣半開闊地。

●**分布**：日本、韓國、中國、越南、菲律賓，台灣見於中海拔成熟度較高的林區。

【附註】在台灣本種主要分布在針闊葉混生林帶比較濕潤的環境，但個體不多，且侷限在北部地區。台灣有一些稀有蕨類就像本種一樣，其分布中心在東亞的溫帶地區，台灣是其分布南緣，所以數量稀少，加上台灣是座高山型海島，它的北向坡面自然較容易接收北方飛來的孢子，所以此類稀有蕨類主要產在台灣北部。

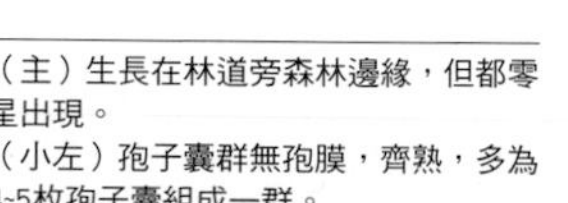
（主）生長在林道旁森林邊緣，但都零星出現。
（小左）孢子囊群無孢膜，齊熟，多為4~5枚孢子囊組成一群。
（小右）主軸頂端具休眠芽，休眠芽只有鱗片保護，不具托葉狀苞片。

20060318・拉拉山

20060318・拉拉山

20050731・巴福越嶺古道

台灣芒萁

Dicranopteris taiwanensis
Ching & Chiu

海拔	中海拔	
生態帶	暖溫帶闊葉林	
地形	山坡	
棲息地	林內	林緣
習性	藤本	地生
頻度	稀有	

●特徵：根莖長而橫走，質地堅硬；葉長可達數公尺，葉柄直徑約5~6mm，末羽片羽狀深裂，葉背略呈灰綠色，長12~18cm，寬4~8cm，末回分枝基部具輔助小羽片，左右分枝不對等分叉；休眠芽具毛，托葉狀苞片早凋；小脈呈三至四回不等邊二叉分支；孢子囊群由10~20枚孢子囊所組成。

●習性：地生，生長在較開闊之林緣或林內，植株呈攀緣性藤本狀。

●分布：東南亞地區，台灣產於中海拔闊葉林地區。

【附註】裡白科植物的孢子囊群屬齊熟型，也就是一個孢子囊群裡的所有孢子囊，甚至同一葉片、同一棵蕨的所有孢子囊，都在同一段時間成熟，同時散播出孢子，如遇不好的時機，整批孢子可能無一倖存，就孢子散播及存活機率而言，孢子囊齊熟顯然並非好的生存策略，理論上這樣的蕨類應該被演化的洪流所淹沒，不過它們在台灣卻不算少，就像稀有蕨類的種數在台灣也不算少，因為台灣可以提供這些物種各式各樣的生存環境。

20031109・九份二山

20031202・九份二山

19890906・太魯閣迴頭灣→蓮花池

20040212・延平林道

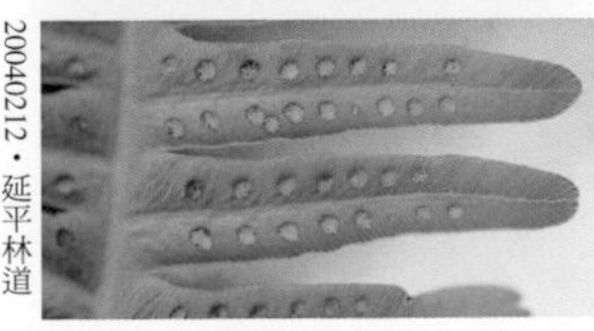

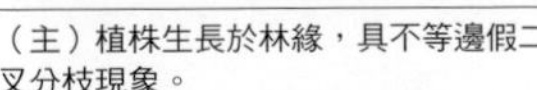

（主）植株生長於林緣，具不等邊假二叉分枝現象。
（小左）頂芽之托葉狀苞片早凋，常僅見鱗片。
（小右上）最末分枝可見兩片下撇之輔助小羽片。
（小右下）孢子囊10枚以上組成一群，無孢膜，齊熟。

NOTE

膜蕨科

Hymenophyllaceae

外觀特徵：葉片很薄，除脈以外僅具一層細胞。有些種類在真脈之間還具有假脈。孢子囊群生於葉緣、脈的末端，由管狀或二瓣狀孢膜所保護。

生長習性：常生長在空氣濕度幾近百分之百的環境，霧林或闊葉林林下陰濕的角落是它們的最愛，著生、岩生或地生都有可能。

地理分布：分布於熱帶至暖溫帶潮濕且多腐植質的闊葉林，台灣主要分布在低海拔溪谷地以及中海拔霧林帶之森林內。

種數：全世界有8屬約600種，台灣有5屬35種。

● 本書介紹的膜蕨科有5屬23種。

【屬、群檢索表】

①孢膜二瓣狀，且裂至基部。 ....②
①孢膜管狀，至多僅先端二瓣裂。 ....⑤

②葉全緣 ....③
②葉緣鋸齒狀 ....④

③植株光滑無毛........................膜蕨屬蕗蕨群 P.63
③葉背脈上密布黃褐色多細胞毛 ....
....膜蕨屬假蕗蕨群 P.66

④孢子囊托為孢膜被覆 ....膜蕨屬膜蕨群 P.67
④孢子囊托突出孢膜 ....膜蕨屬厚壁蕨群 P.68

⑤葉叢生 ....⑥
⑤葉遠生，具長橫走莖。 ....⑩

⑥葉一回羽狀複葉..........................厚葉蕨屬厚葉蕨群
⑥葉至少二回羽狀複葉 ....⑦

⑦植株高度不及5cm，著生。 ....
....厚葉蕨屬長片蕨群 P.74
⑦植株高度至少10cm以上，地生。 ....⑧

⑧末裂片不為線形，且具一至多叉之游離脈。 ....
................................厚葉蕨屬線片長筒蕨群 P.77
⑧末裂片線形，僅具單脈。 ....⑨

⑨葉柄無多細胞毛......... 厚葉蕨屬球桿毛蕨群 P.76
⑨葉柄具亮褐色緻密之多細胞毛 ....
....厚葉蕨屬毛桿蕨群 P.75

⑩葉為不分裂的單葉 ....單葉假脈蕨屬 P.59
⑩葉為羽狀或掌狀分裂之單葉，或呈羽狀複葉。 ⑪

⑪葉片呈掌狀分裂，葉柄較葉片長。 ....
.... 細口團扇蕨屬 P.62
⑪葉片呈扇形，或為羽狀複葉，葉片較葉柄長。 ⑫

⑫葉片扇形.....................................假脈蕨屬團扇蕨群
⑫葉片三裂、羽狀分裂至複葉。 ....⑬

⑬葉具特化之邊緣細胞或假脈..................................⑭
⑬葉無特化之邊緣細胞，也不具假脈。 ....⑮

⑭葉具假脈......................... 假脈蕨屬假脈蕨群 P.72
⑭葉不具假脈 ....假脈蕨屬厚邊蕨群

⑮葉覆長棕色毛................. 假脈蕨屬毛葉蕨群 P.70
⑮葉不具長棕色毛..⑯

⑯莖粗，徑可達1.5mm ...... 厚葉蕨屬厚莖蕨群 P.78
⑯莖直徑約1mm..................... 假脈蕨屬瓶蕨群 P.71

短柄單葉假脈蕨

Trichomanes motleyi
v. d. Bosch

海拔	低海拔
生態帶	熱帶闊葉林
地形	山溝 谷地
棲息地	林內
習性	岩生 地生
頻度	瀕危

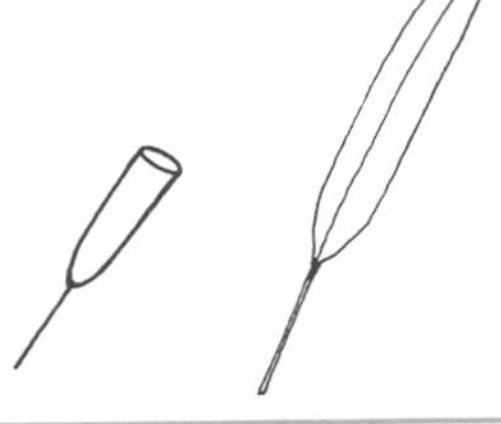

19971128・天池

20070123・中研院（標本）

●**特徵**：根莖橫走，被深褐色毛；葉圓形至倒卵形，幾乎無柄，基部圓形或楔形，先端內凹，全緣，不呈波浪狀，長3~5mm；營養葉之主脈較短，於葉中段即扇形分叉，近葉緣處之真脈間可見假脈；孢子葉倒卵形，基部楔形，先端內凹，凹處有一杯狀孢膜，杯口喇叭狀。

●**習性**：生長在林下溝谷潮濕環境，位於具腐植質之岩石上或溝邊土坡上。

●**分布**：東南亞及太平洋島嶼，北達琉球群島，台灣產於南部低海拔地區，非常罕見。

【附註】膜蕨科植物因為葉子只有一層細胞厚，所以僅能生長在極端潮濕的環境，主要分布在熱帶、亞熱帶雨林地區，其生長環境的空氣濕度幾近百分之百，全世界的蕨類，甚至全世界的植物，也只有它們具有這種奇怪的特性，在演化的過程理論上也是要被淘太的一群，不過台灣卻擁有30多種，大多數種類都很稀有，本種即為一例。

（主）生長在熱帶森林之潮濕溝谷地立面土坡上，常成群出現自成群落。
（小）葉頂端凹入處具有一開口喇叭狀之杯狀孢膜。

盾型單葉假脈蕨

Trichomanes tahitense Nadeaud

海拔	低海拔	
生態帶	熱帶闊葉林	亞熱帶闊葉林
地形	山溝	谷地
棲息地	林內	溪畔
習性	岩生	地生
頻度	稀有	

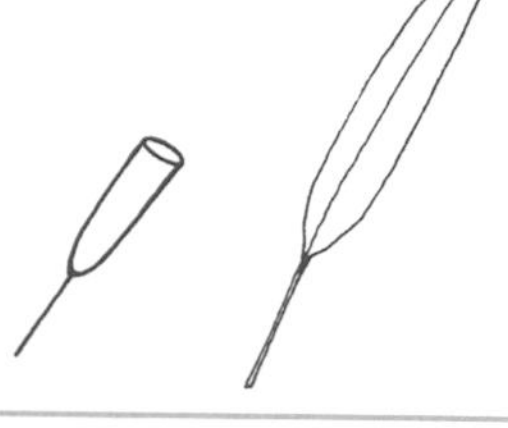

19850915・八律溪

20050721・烏來內洞

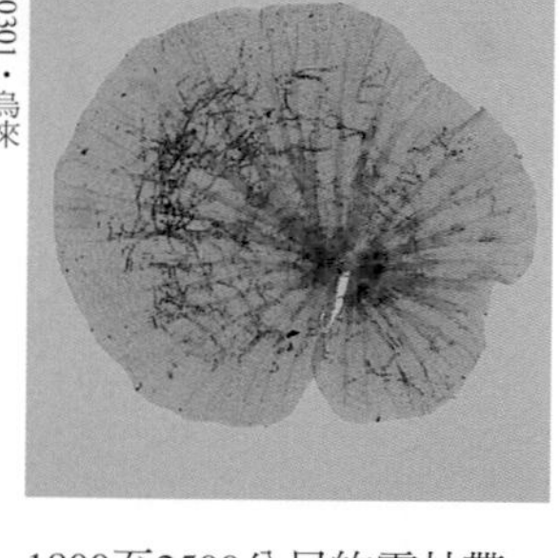

20060301・烏來

●**特徵**：根莖長橫走狀，被深褐色短毛；葉片多少呈圓形，直徑約10~15mm或更大，無柄，盾狀著生，著生點靠近葉片中央，或稍偏離中央，表面平坦，中央多少下陷，全緣或略呈波浪狀；主脈放射狀，假脈位於近葉緣之真脈間；孢膜杯狀，長約2~3mm，杯口喇叭狀。

●**習性**：生長在林下潮濕溝谷邊，具腐植質之巨岩或土坡上，也發現生長在森林樹幹的樹頭上。

●**分布**：主要分布於東南亞及太平洋島嶼，北達琉球群島，台灣產於低海拔森林內之溝谷地。

【**附註**】台灣有兩種膜蕨科蕨類的生育環境，一是熱帶、亞熱帶低海拔潮濕森林下的溝谷地，另一則是中海拔1800至2500公尺的霧林帶，雖然二者的森林樹種截然不同，可是空氣濕度都幾近百分之百，不過在兩種環境的膜蕨科植物種類也各自不同，單葉假脈蕨屬只出現在低海拔。

（主）乍看近似平鋪地面的苔蘚類植物，常自成群落。
（小左）喇叭狀的孢膜，可見生長其中的孢子囊群。
（小右）葉形常呈盾狀著生之圓形，具放射狀的主脈。

叉脈單葉假脈蕨

Trichomanes bimarginatum v. d. Bosch

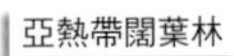

海拔	低海拔	
生態帶	熱帶闊葉林	亞熱帶闊葉林
地形	山溝	谷地
棲息地	林內	溪畔
習性	岩生	地生
頻度	瀕危	

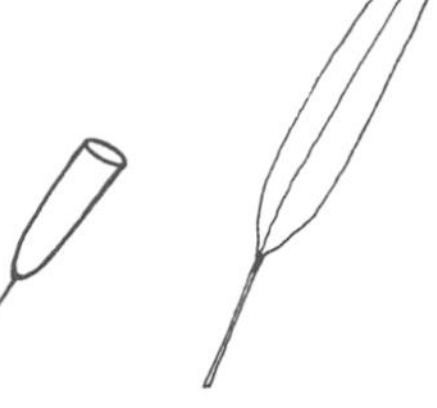

20061111・蘭嶼

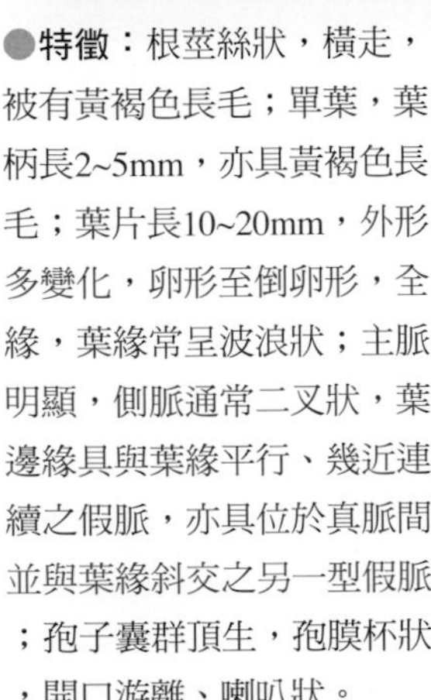

●**特徵**：根莖絲狀，橫走，被有黃褐色長毛；單葉，葉柄長2~5mm，亦具黃褐色長毛；葉片長10~20mm，外形多變化，卵形至倒卵形，全緣，葉緣常呈波浪狀；主脈明顯，側脈通常二叉狀，葉邊緣具與葉緣平行、幾近連續之假脈，亦具位於真脈間並與葉緣斜交之另一型假脈；孢子囊群頂生，孢膜杯狀，開口游離、喇叭狀。

●**習性**：林下溪谷地區潮濕環境，生長在具腐植質及苔蘚植物之巨岩或土坡上，植株常自成一群落，呈片狀生長。

●**分布**：熱帶亞洲地區及太平洋島嶼，台灣產在低海拔潮濕的森林內，非常罕見。

20061005・竹山大鞍林道

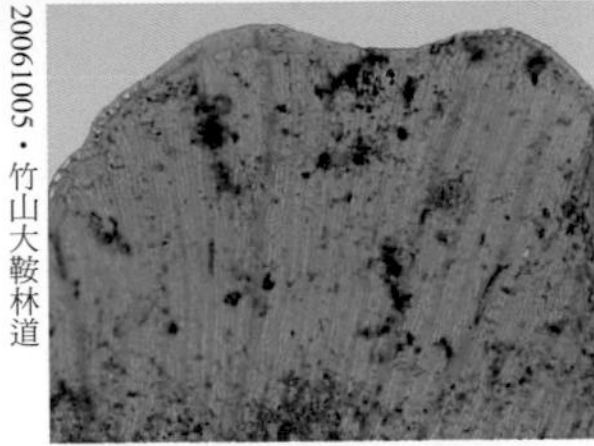

20061005・竹山大鞍林道

【附註】單葉假脈蕨是一群小型蕨類，蕨葉大小就如指甲一般，都長在低海拔成熟林的溝谷地，這樣的環境在台灣歷經近半世紀的發展後幾乎蕩然無存，加上個體非常小，因此被發現的機率很低。近年來一般人日益了解森林可以減緩二氧化碳增加，讓地球增溫現象趨緩，可是人類更需要「精緻」的森林，這種森林除了前述功能外，還能提供類似單葉假脈蕨等稀有生物的生存空間，或許這樣人類的心靈深處才有辦法找到平衡點。

（主）單葉，外形多變，常自成單一物種之群落。
（小左）主脈明顯且基部具柄，孢膜杯狀。
（小右）真脈間及近邊緣處可見假脈。

細口團扇蕨

Sphaerocionium nitidulum (v. d. B.) K. Iwats.

海拔	中海拔	
生態帶	暖溫帶闊葉林	
地形	谷地	山坡
棲息地	林內	溪畔
習性	岩生	地生
頻度	稀有	

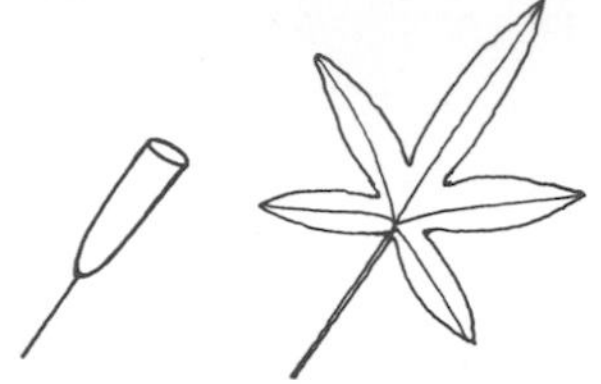

●**特徵**：根莖橫走，與葉柄同具散生的長軟毛；葉柄細長，約2~4cm；葉片1~2cm長，近似掌狀深裂，乾後呈深褐色；裂片指狀，1~2mm寬，光滑無毛，末裂片僅具單脈，不具假脈；孢子囊群陷於裂片頂端凹入處；孢膜杯狀，但開口為二唇狀，孢子囊托多少突出孢膜之外。

●**習性**：生長在雲霧地區林下潮濕環境，見於具腐植質之巨岩或土坡上。

●**分布**：東南亞一帶，台灣產於中海拔雲霧帶之闊葉林下。

【**附註**】台灣的膜蕨科植物大半植株甚小，而且數量非常稀少，主要的原因是它們對生育環境之挑選非常嚴謹。因為葉子很薄無法生存在空氣濕度較低或變動較大的地方，所以小型膜蕨科植物的出現，除了是空氣濕度甚高的指標外，更具意義的是作為生態品質的指標，一個容許稀有生物生存的空間，其實也意味著當地生態環境的演化已經到了某一成熟的階段，是一分工細膩的生物社會。

20060404・玫瑰西魔山

20060404・玫瑰西魔山

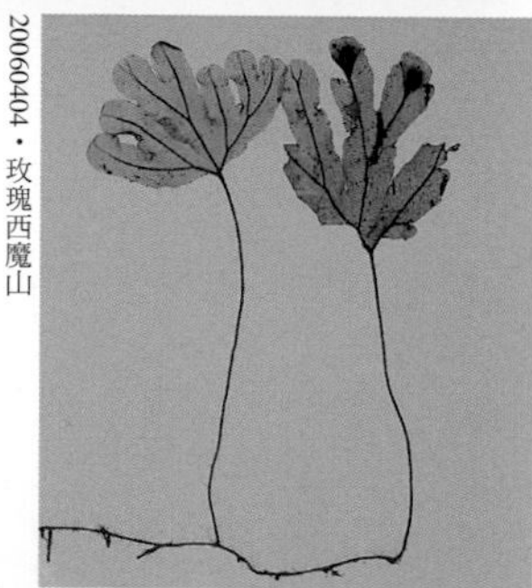

20060404・玫瑰西魔山

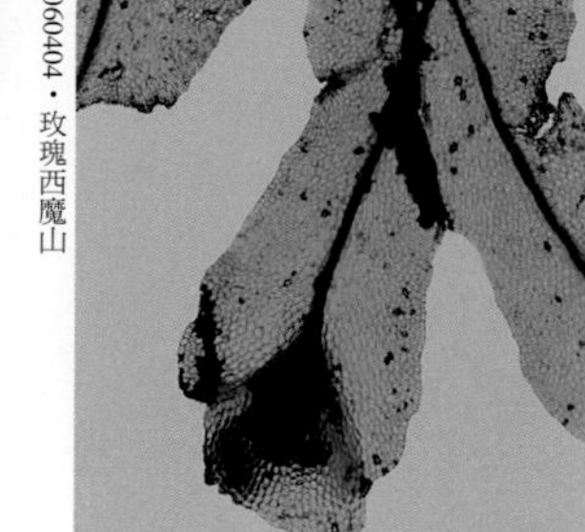

20060404・玫瑰西魔山

（主）葉片近似掌狀分裂，裂片深裂幾近底部，杯狀孢膜位於裂片頂端。
（小左）葉子常成群生長在巨岩上。
（小右上）葉柄細長，常為葉片之兩倍長。
（小右下）孢膜側看寬杯狀，頂端呈二唇狀開裂。

蕗蕨

Hymenophyllum badium
Hook. & Grev.

海拔	中海拔		
生態帶	暖溫帶闊葉林		
地形	山溝	谷地	山坡
棲息地	林內	溪畔	
習性	著生	岩生	地生
頻度	偶見		

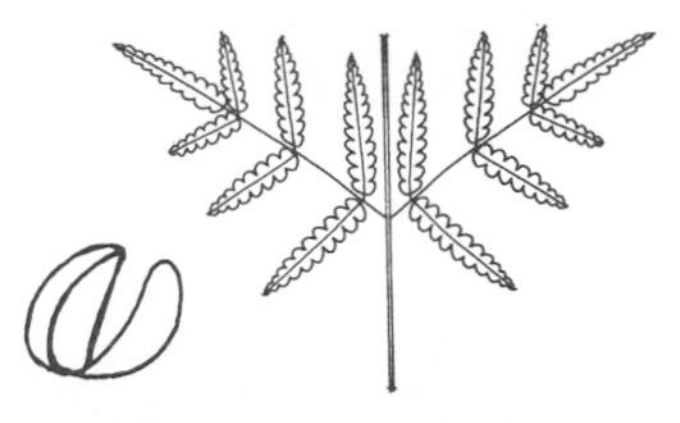

●**特徵**：根莖長橫走狀，葉遠生，間距1~2cm；葉柄最長可達10cm，具翅，往上與葉軸之翅相連，往下延伸至葉柄基部，翅寬約2mm，平坦、全緣，有時稍呈波浪狀或至極端皺摺；葉片長12~30cm，最寬達17cm，三至四回羽狀分裂，羽片約10對，最末裂片1~2mm寬，先端鈍；孢膜二瓣狀，深裂至基部，各瓣圓形或扁圓形，上緣全緣或不規則淺裂，孢子囊托頭狀，隱藏於孢膜之內。

●**習性**：生長在林下潮濕陰暗環境之土坡、樹幹上，或具腐植質之岩壁。

●**分布**：印度北部、中國西南部及南部，往南至中南半島及東南亞，台灣見於中海拔山區。

【附註】蕗蕨群可細分成兩類，一為孢子囊托頭形，孢膜通常寬大於長，軸翅較寬，通常可達2mm，另一為孢子囊托短柱形，孢膜長大於寬，軸翅較窄，最寬僅達1.5mm，本種即為前者代表，形態變化很大，軸翅可由平展至皺縮狀，看起來像是完全不同的種類。

19860329・鳳凰山

19860329・鳳凰山

19950819・五指山

（主）生長在潮濕岩壁上，葉片下垂。
（小左）葉軸之翅顯著，平展。
（小右）有時葉軸之翅呈皺縮狀，孢膜寬大於長是本種的重要特徵。

萊氏蕗蕨

Hymenophyllum wrightii
v. d. Bosch

海拔	中海拔	
生態帶	針闊葉混生林	
地形	山坡	
棲息地	林內	
習性	著生	岩生
頻度	稀有	

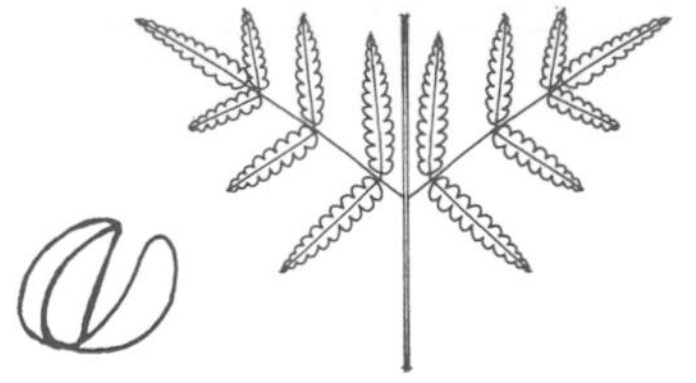

●**特徵**：根莖為長匍匐之細絲狀，葉遠生；葉柄長0.8~2.5cm，基部具褐色多細胞毛，往上漸顯光滑，除了近葉片處具翅外，其餘部分均無翅；葉片長約1.5~3.5cm，有時可達5cm，葉片三角狀卵形至披針形，二至三回羽狀分裂；葉軸及羽軸有窄翅，翅全緣、波浪狀；葉片及脈上無毛，或疏被半透明之短毛；最末裂片全緣，先端通常內凹；孢子囊群位於裂片頂端，孢膜二瓣狀，深裂至基部，各瓣略呈圓形，全緣；孢子囊托棒狀，隱藏於孢膜之內。

●**習性**：生長在雲霧帶森林之樹幹或岩石上，常成群呈片狀出現。

●**分布**：西伯利亞東部海岸地區、韓國南部、日本、加拿大西海岸島嶼，台灣零星分布於中海拔霧林帶山區。

【**附註**】本種的外形與習性非常類似長毛假蕗蕨（P.66），二者都是小型蕨類，一般葉片長不過5cm，都自成獨立的小群落，也都生長在霧林帶，不過本種的葉片光滑無毛，而後者的葉背脈上密生黃褐色長毛。本種的地理分布非常特殊，以太平洋北部海岸溫暖潮濕林區為其分布中心，台灣為其分布的南界。

20020716・台大（人工栽植）

20041121・烏來大保克山

20060619・雪山→三六九山莊

（主）裂片或軸翅常反捲至背面。
（小左）植株常成群出現，呈片狀。
（小右）末裂片胖短，孢膜近圓形，位於末裂片頂端。

菲律賓蕗蕨

Hymenophyllum fimbriatum J. Smith

海拔	中海拔	
生態帶	暖溫帶闊葉林	
地形	山坡	
棲息地	林內	
習性	著生	岩生
頻度	稀有	

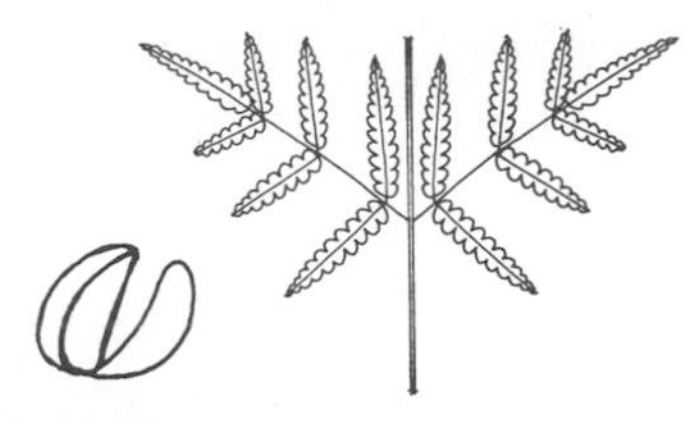

●**特徵**：根莖長橫走狀，葉間距約2cm；葉柄長2~6cm，具顯著之皺摺狀翅，直至近基部處；葉片長7~14cm，寬3~5cm，卵形至卵狀披針形，三回羽狀分裂，葉軸及其他各回分枝均具皺摺狀翅；最末裂片寬度小於1mm，邊緣皺摺狀，先端圓鈍，偶亦見凹陷，葉緣具不規則分布之鋸齒；孢子囊群主要位於裂片末梢，孢膜二瓣狀，深裂至基部，各瓣呈圓形，先端不規則齒裂，孢子囊托圓柱形，藏於孢膜之內。

●**習性**：生長在林下潮濕環境富含腐植質之岩石或樹幹上。

●**分布**：菲律賓，台灣產於本島南北兩端及東部之雲霧帶闊葉林中。

【附註】南洋蕗蕨（*H. productum* Kunze）、爪哇蕗蕨（*H. javanicum* Sprengel）與菲律賓蕗蕨，三者非常近似，都以東南亞為分布中心，習性也近似，這三種蕨類的外形及大小雖大略與細葉蕗蕨（①P.93）相同，不過它們的孢膜都不是全緣，南洋蕗蕨與爪哇蕗蕨的孢膜卵形，頂端具少數淺齒裂，菲

20060201・都蘭山

20050425・姑子崙山

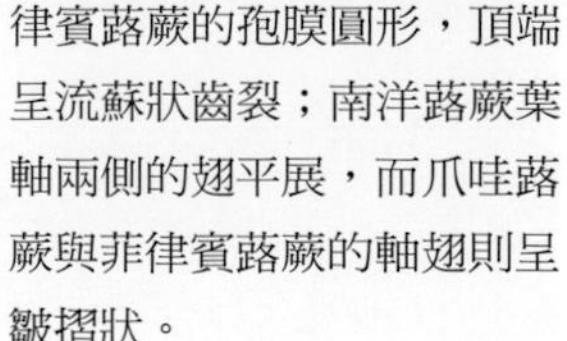

律賓蕗蕨的孢膜圓形，頂端呈流蘇狀齒裂；南洋蕗蕨葉軸兩側的翅平展，而爪哇蕗蕨與菲律賓蕗蕨的軸翅則呈皺摺狀。

20050425・姑子崙山

20060201・都蘭山

（主）生長在富含腐植土的環境。
（小左）葉軸、羽軸、小羽軸均具皺摺狀之翅。
（小右上）葉柄兩側具皺摺狀的翼片（翅）。
（小右下）孢膜位於裂片頂端，二瓣狀，圓形，頂端具流蘇狀齒裂。

長毛假蕗蕨

Hymenophyllum oligosorum Makino

海拔	中海拔	
生態帶	針闊葉混生林	
地形	山坡	
棲息地	林內	
習性	著生	岩生
頻度	稀有	

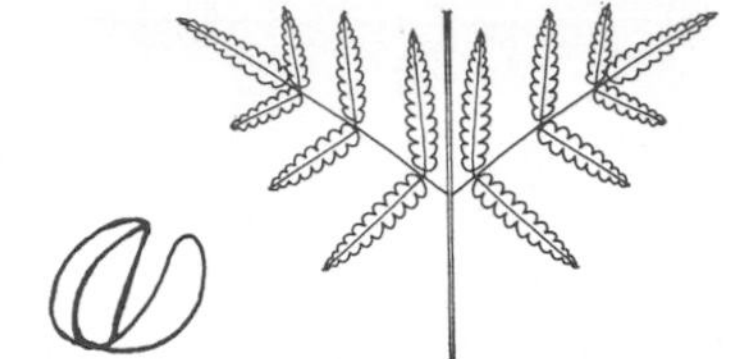

●**特徵**：根莖細長，幾乎無毛，莖頂被黃褐色多細胞長毛；葉柄短，約5~10mm，僅與葉片相接處有翅；葉片卵形至披針形，長1~5cm，二至三回羽狀分裂，最下羽片通常短縮；葉軸有翅，翅全緣平直；葉柄、葉軸及葉脈的背面有宿存之淡黃褐色長毛；孢子囊群位於裂片頂端，集生在葉片之上半部；孢膜二瓣狀，深裂至基部，各瓣卵形或圓形，全緣；孢子囊托隱藏於孢膜之內，短棒狀。

●**習性**：生長在雲霧環境之樹幹或岩石上。

●**分布**：日本、韓國，台灣見於中海拔霧林帶山區。

【附註】本種在形態上非常特殊，屬於假蕗蕨群，有別於其他孢膜二瓣狀的種類，其特徵為：末裂片全緣，色澤呈橄欖綠但乾後呈褐色，葉背之脈上密布黃褐色多細胞毛，細胞壁較厚如同厚壁蕨群。台灣除了本種之外，可能還有另外一種，二者之孢子囊群在葉片的分布位置不同。

20041121・烏來

（主）孢子囊群集生於葉片之上半部是本種的主要特徵。

寬片膜蕨

Hymenophyllum simonsianum Hook.

海拔	中海拔
生態帶	針闊葉混生林
地形	山坡
棲息地	林內
習性	著生　岩生
頻度	稀有

●**特徵**：根莖細絲狀，長而橫走，疏被黃褐色多細胞毛，葉間距約1~2.5cm；葉柄上部有翅，亦帶有黃褐色多細胞毛；葉片二回羽狀分裂，長5~9cm，寬1.8~2.5cm，外形多變，通常為披針形，但有時在中央或中上段最寬；葉軸有翅，邊緣波浪狀或稍呈皺摺狀；葉軸、葉脈的背面帶有線形多細胞毛及短棍棒狀毛；最末裂片先端鈍，具齒緣；孢膜二瓣狀，深裂至基部，各瓣略呈卵狀披針形，先端具齒；孢子囊托隱藏於孢膜之內。

●**習性**：生長在林下潮濕環境之岩石或樹幹上。

●**分布**：喜馬拉雅山東部至中國西南部，台灣產於海拔2000公尺左右的霧林帶。

【**附註**】本群植物台灣僅有2種── 本種與華東膜蕨（①P.94），共同點是葉緣與孢膜都有鋸齒緣、二瓣狀孢膜深裂至基部，及孢子囊托不伸出孢膜外，這兩者都是中海拔霧林帶的植物，但本種較稀少，特徵是：同側上下羽片不會重疊，裂片較寬，可是孢膜較窄，略呈卵狀披針形而非如後者的圓形。

20080823・浸水營

20080823・浸水營

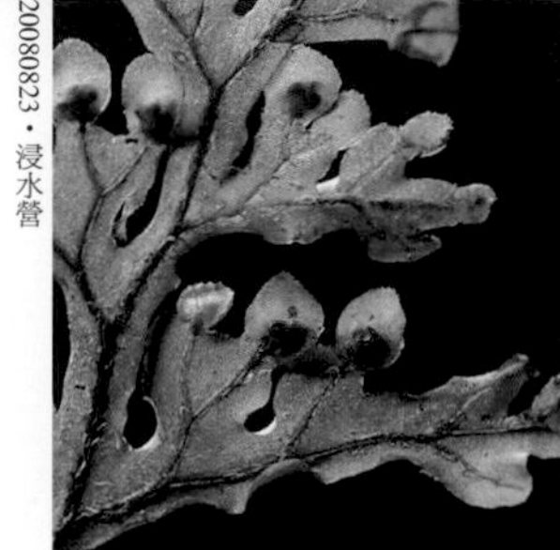

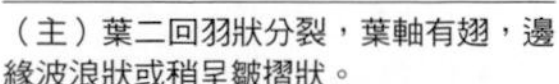

（主）葉二回羽狀分裂，葉軸有翅，邊緣波浪狀或稍呈皺摺狀。
（小）葉軸及脈的背面具線形多細胞毛及短棍棒狀毛。

爪哇厚壁蕨

Hymenophyllum blandum Raciborski

海拔	低海拔		
生態帶	熱帶闊葉林	亞熱帶闊葉林	
地形	山溝	谷地	
棲息地	林內	溪畔	
習性	著生	岩生	地生
頻度	稀有		

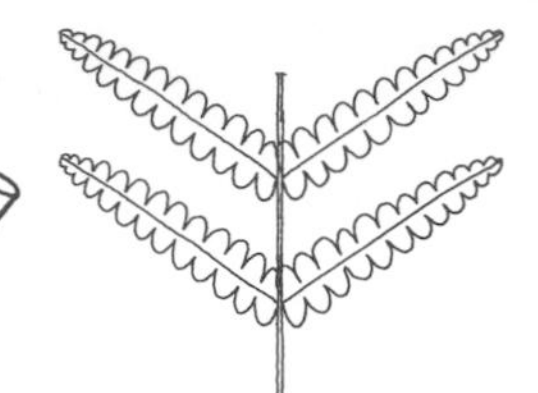

20050425・姑子崙山

●**特徵**：根莖細絲狀，與葉柄及葉軸皆疏具黃色多細胞毛；葉長可達4cm，葉柄細，較葉片長，葉柄及葉軸無翅；葉片一至二回羽狀分裂，羽片不分裂，或具一次分叉，或呈三裂，裂片長條形，邊緣齒狀；孢子囊群生長在上部羽片近基部處，位於較短裂片的頂端，孢膜基部杯狀，上部二瓣深裂，先端具齒緣，孢子囊托外露。

●**習性**：生長在林下潮濕環境，具腐植質之岩石、樹幹或土坡上。

●**分布**：東南亞熱帶雨林，台灣產於低海拔地區。

【**附註**】厚壁蕨群顧名思義，是因為本群蕨類的細胞壁比較厚而得名，台灣目前已知有3種，其共同特徵是孢子囊托外露，孢膜基部杯狀而上部二瓣狀，孢子囊群位在羽片基部之短裂片頂端，裂片邊緣齒狀。這群植物在全世界的分布中心是東南亞，所以在台灣南部較潮濕類似熱帶雨林的環境，較可能找到它們的蹤跡，由此也可想像台灣南部淺山地帶林下的山溝谷地是很重要的生態環境。

20050425・姑子崙山

（主）生長在闊葉霧林的岩石立面，常與苔蘚混生。
（小）裂片長條形，邊緣齒狀。

南洋厚壁蕨

Hymenophyllum holochilum (v. d. Bosch) C. Chr.

海拔	低海拔		
生態帶	熱帶闊葉林	亞熱帶闊葉林	
地形	山溝	谷地	
棲息地	林內	溪畔	
習性	著生	岩生	地生
頻度	稀有		

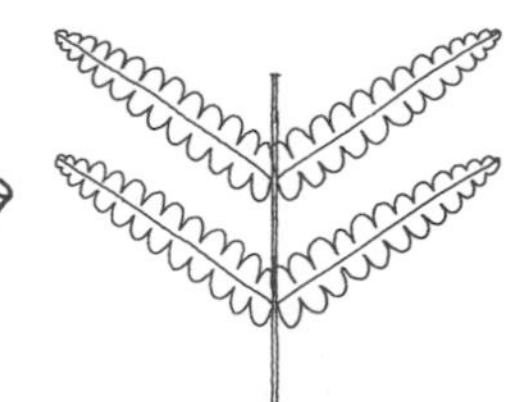

●**特徵**：根莖細長而橫走，與葉柄、葉軸、羽軸及脈上同具黃褐色多細胞毛，莖頂及幼葉尤其顯著；葉柄長1.5~2.5cm，葉片長6~8cm，披針形，二回羽狀深裂，葉軸具窄翅，翅緣平、不具齒，裂片具齒緣；孢子囊群常僅著生於上部羽片，孢膜基部杯狀，上部二瓣裂，各瓣橢圓形至倒卵形，全緣或近全緣，孢子囊托外露。

●**習性**：生長在林下極潮濕的環境，多見於具腐植質的岩石、樹幹或土坡上。

●**分布**：東南亞熱帶雨林，台灣低海拔山區零星可見。

【附註】厚壁蕨群的分種特徵非常細緻，要看葉軸有無翅，翅是全緣還是齒緣，軸翅平展亦或極度皺縮而呈立體狀。此外，本群之孢膜也有極大的變異性，全緣亦或齒緣，有的種類孢膜上被毛，有的則否，如果能更徹底的搜索，相信會在台灣發現本群其他種類。

20050925・大桶山

20050925・大桶山

20020119・鶯仔嘴

（主）植物體常成群出現，生長在小山溝的土坡壁面或樹幹上，葉下垂。
（小左）葉片披針形，基部羽片稍短。
（小右）裂片長條狀，具齒緣；孢膜上部橢圓形，全緣，表面無毛。

毛葉蕨

Crepidomanes pallidum
(Blume) K. Iwats.

海拔	中海拔
生態帶	暖溫帶闊葉林 針闊葉混生林
地形	山坡
棲息地	林內
習性	著生 岩生
頻度	稀有

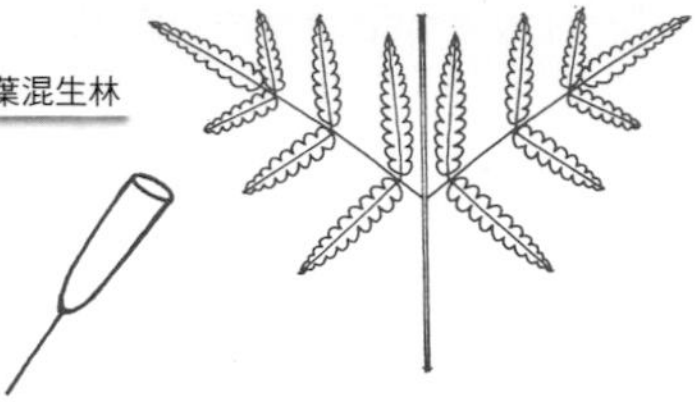

●特徵：根莖細長橫走狀，疏生黃色長毛，葉散生其上；葉柄長3~7cm，無翅；葉片二至三回羽狀分裂，卵形，長5~15cm，寬1.2~3cm，具類似葉柄及根莖上的毛；葉軸有翅；羽軸寬，略厚，疏被毛；孢子囊群生於羽片基部朝上的裂片頂端，孢膜管狀，突出部分截形或具不顯著之二瓣裂；孢子囊托外露。

●習性：著生或岩生，生長在林下潮濕環境。

●分布：斯里蘭卡、中南半島、海南島、東南亞及太平洋島嶼，台灣產於針闊葉混生林下巨岩環境。

【附註】假脈蕨屬中的毛葉蕨群、厚邊蕨群、瓶蕨群、假脈蕨群、團扇蕨群等親緣關係都很近，其孢膜都是管形或錐形，頂端截形或稍呈二瓣狀，都具有長匍匐狀的根莖，且大多長在樹幹基部、巨岩立面或較陡的土坡上，鮮少是真正森林下層的地生植物，其中毛葉蕨群的特徵是葉較厚，葉背白色，葉表密被毛，是其他膜蕨科成員所不具備的，本群植物全東亞地區僅此一種。

（主）生長在針闊葉混生林巨岩立面，稍稀疏之成片生長。
（小）孢膜位於羽片基部朝上之裂片頂端，葉表密布黃色長毛。

20030528・新港山

20050425・姑子崙山

大葉瓶蕨

Crepidomanes maximum (Blume) K. Iwats.

海拔	低海拔	
生態帶	熱帶闊葉林	亞熱帶闊葉林
地形	山溝	谷地 山坡
棲息地	林內	
習性	地生	
頻度	偶見	

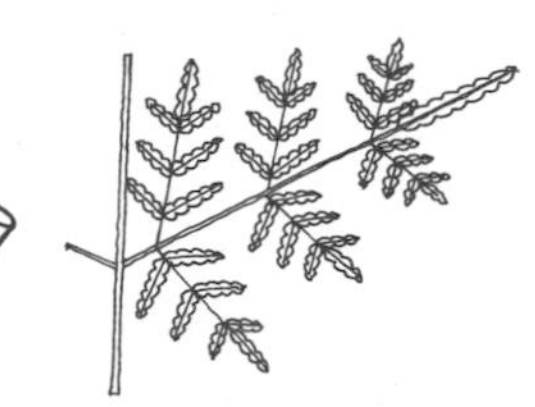

●**特徵**：根莖橫走，被覆深褐色多細胞毛，葉散生其上，間距約1~2cm；葉柄圓柱狀，長6~15cm，至近基部皆有翅，基部亦有如根莖上之褐色多細胞毛；葉片三角狀卵形，長可達40cm，四回羽狀分裂至複葉；最末裂片狹線形，僅具一條脈；孢子囊群生於裂片頂端；孢膜管狀，開口處呈擴大狀，截形；孢子囊托長而外露。

●**習性**：地生，生長在林下富含腐植質之潮濕環境。

●**分布**：印度、中國南部、中南半島、琉球群島，往南至東南亞及太平洋島嶼，台灣低海拔地區可見。

【附註】本種是瓶蕨群裡葉片分裂度較高的，且小羽片翅寬不及末裂片的寬度，同群其他種類則相反。四回羽狀複葉及小羽片翅較窄的特徵也出現在僅產於琉球群島及南九州的琉球瓶蕨（*C. liukiuense* (Yabe) K. Iwats.），未來也有可能在台灣發現，後者葉片橢圓狀披針形，最寬處不在基部，植株高約20cm，而最重要的特徵是孢膜頂端為外開之二瓣狀。

20070402・南仁山

20020208・平溪

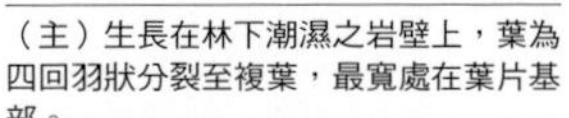

20061118・孝子山

（主）生長在林下潮濕之岩壁上，葉為四回羽狀分裂至複葉，最寬處在葉片基部。
（中）小羽片之翅較末裂片窄是本種重要的辨識特徵，末裂片僅具單一小脈，孢膜管狀，截頭。
（小）葉柄與葉軸都可見窄翅。

闊邊假脈蕨

Crepidomanes latemarginale
(Eaton) Copel.

海拔	低海拔	
生態帶	熱帶闊葉林	亞熱帶闊葉林
地形	山溝	谷地
棲息地	林內	
習性	岩生	地生
頻度	稀有	

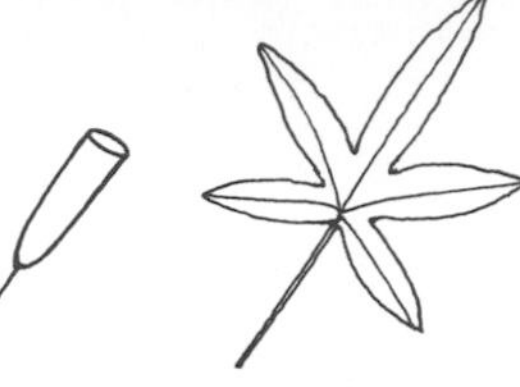

●特徵：小型蕨類，植株高5~15mm；根莖橫走，被褐色毛，葉間距長；葉無柄或具短柄，葉片二叉至掌狀分裂，最末裂片長條形，寬約1mm，先端鈍或銳尖，亞邊緣假脈連續或有時間斷，葉緣與葉脈間亦具許多假脈；葉脈背面有許多褐色、棍棒狀或二枚細胞的腺毛；孢膜倒圓錐狀，生於裂片頂端，陷於葉肉中，開口呈擴大狀；孢子囊托外露。

●習性：地生或岩生，生長在林下潮濕環境的土溝邊。

●分布：印度、馬來半島、中國南部、日本小笠原群島，台灣產於南北兩端低海拔地區。

【附註】本種最主要的特徵在於它的葉緣有一條與葉緣平行且連續的假脈，不過具有此一特徵的蕨類在台灣不只一種，野外尚曾發現亞邊緣假脈呈不連續的現象，亞邊緣假脈與主脈間有的有斜生短假脈，有的則無，也有裂片較寬短的，前述這些特徵在特定的族群都很安定，沒有太大變異，所以本種與其他相關種類之釐清，尚待更多野地觀察。

20090210・坪頂古圳

20060319・錦山

20060319・錦山

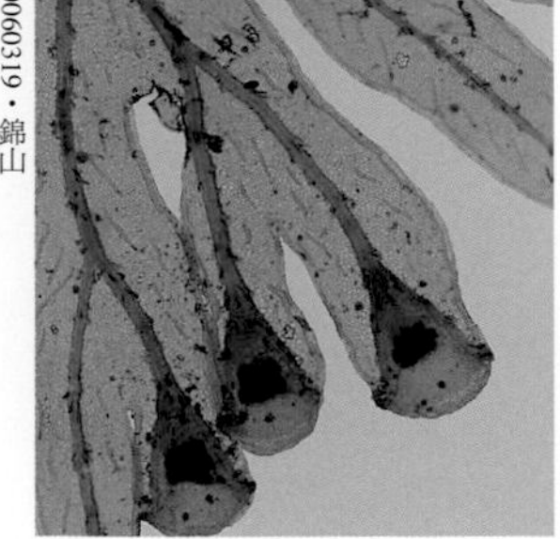

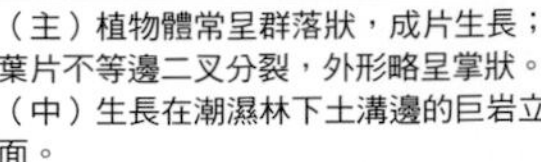

（主）植物體常呈群落狀，成片生長；葉片不等邊二叉分裂，外形略呈掌狀。
（中）生長在潮濕林下土溝邊的巨岩立面。
（小）裂片邊緣具連續性假脈，葉緣與裂片中脈間也散布著短而斜生的假脈。

變葉假脈蕨

Crepidomanes palmifolium (Hayata) DeVol

海拔	中海拔		
生態帶	針闊葉混生林		
地形	山溝	谷地	山坡
棲息地	林內		
習性	岩生	地生	
頻度	稀有		

膜蕨科

假脈蕨屬・假脈蕨群

1988126・樂樂

2007603・北大武山

●**特徵**：根莖長橫走，被深褐色多細胞毛，葉遠生，間距約5mm；葉幾乎無柄，葉片長可達15mm，外形多變，卵圓形至三角形，不規則深裂，基部弧形或楔形，最末裂片先端銳尖；不具與葉緣平行之假脈；葉脈分叉，真脈間散生短條狀假脈；葉脈背面有褐色毛，葉表乾燥時易呈摺疊狀；孢膜倒圓錐狀，開口呈二瓣裂，各瓣三角狀，前端尖；孢子囊托長而外露。

●**習性**：生長在林下潮濕環境之土坡岩壁上。

●**分布**：台灣特有種，產於阿里山一帶。

【附註】根據細胞構造及成因，假脈可以分成三類：一是由葉片癒合形成，如合囊蕨科的回脈，屬厚角細胞；一是由比較特殊的矽晶異形細胞（外形細長且細胞壁矽化加厚）構成，主要出現在鳳尾蕨屬；一是由葉脈退化殘留而成，主要出現在膜蕨科的種類，這也是最常被提起的一種假脈，這類假脈的結構和真脈近似，都是由厚壁細胞所組成，差別在於其不具傳導功能，所以被認為是真脈退化殘存的痕跡。

（主）常混生在苔蘚叢中，本身亦極似苔蘚植物。
（小）末裂片先端銳尖是本種的重要辨識特徵。

長片蕨

Cephalomanes cumingii (Presl) K. Iwats.

海拔	低海拔	
生態帶	熱帶闊葉林	
地形	谷地	山坡
棲息地	林內	
習性	著生	
頻度	稀有	

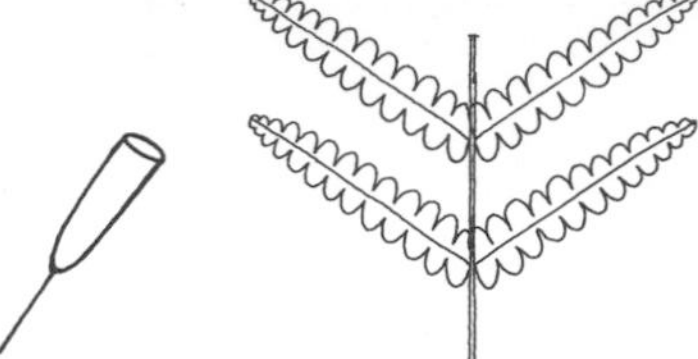

●**特徵**：莖短而直立，葉叢生，植株高3~12cm；根莖及葉柄上被有深褐色多細胞硬毛；葉片卵形或披針形，二回羽狀深裂至複葉，葉軸有翅，最末裂片長條形，全緣或稍呈波浪狀；孢子囊群生於羽片近基部朝上之短裂片頂端，沿葉軸兩側排列；孢膜管狀，開口喇叭狀；孢子囊托外露。

●**習性**：著生樹幹，生長在低海拔潮濕環境之林內。

●**分布**：菲律賓、西里伯島、摩鹿加群島與新幾內亞，台灣產於東南部低海拔地區，蘭嶼也可看到。

【**附註**】長片蕨群最特殊之處是在它葉肉細胞的排列方式，葉肉中央的細胞為橫長形，與末裂片之中脈垂直相交，此一特徵未見於膜蕨科其他成員。在野外長片蕨喜歡生長在樹蕨的樹幹上，樹蕨氣生根的基質為許多著生植物的最愛，因為排水良好又能保濕，一般人都熟悉可用來養蘭花，但較不為人知的是幾種稀有蕨類也選擇長在這種環境，例如本種和松葉蕨（①P.64）。

20060210・蘭嶼東清溪

20060210・蘭嶼青蛇山

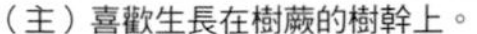

（主）喜歡生長在樹蕨的樹幹上。
（小）孢膜位在羽片近基部朝上短裂片頂端，開口喇叭狀。

毛桿蕨

Cephalomanes apiifolium
(Presl) K. Iwats.

海拔	低海拔	
生態帶	熱帶闊葉林	亞熱帶闊葉林
地形	山溝	谷地
棲息地	林內	
習性	地生	
頻度	稀有	

●**特徵**：莖直立或斜上，葉叢生；葉柄長8~12cm，褐色，被深褐色水平射出之堅硬剛毛，剛毛長可達5mm或更長，葉軸具窄翅，亦有水平射出之剛毛；四回羽狀分裂，葉片長8~30cm；羽片平展，長6~9cm，基部羽片通常短縮；最末裂片長條形，每一裂片僅一條脈；孢子囊群生於末回小羽片基部前側裂片頂端；孢膜管狀，開口處截形，孢子囊托長而外露。

●**習性**：地生，生長在林下遮陰土坡富含腐植質之潮濕環境。

●**分布**：東南亞及太平洋島嶼，北達日本南部，台灣在低海拔山區零星可見。

【附註】葉柄密被褐色、剛硬的射出狀長毛，加上莖短、葉叢生其上，這是毛桿蕨群的主要特徵，近代的蕨類學者認為膜蕨科依其莖的形態可分成兩大群，一是莖短直立、葉叢生其上或是較粗較短之橫走莖、葉近生者，另一群則是根莖細長橫走、葉遠生，毛桿蕨是前者的代表，因此在野外觀察膜蕨，應注意葉近生或遠生，也需注意莖是長橫走狀還是短橫走狀。

20040211・利嘉林道

20070110・浸水營

20070110・浸水營

（主）生長在低海拔山溝谷地邊坡，葉叢生。
（中）孢膜管狀，截頭，孢子囊托突出孢膜外；末裂片僅具一脈。
（小）葉柄上具褐色、射出狀的多細胞剛毛。

球桿毛蕨

Cephalomanes thysanostomum (Makino) K. Iwats.

海拔	低海拔
生態帶	熱帶闊葉林
地形	山溝　谷地
棲息地	林內
習性	地生
頻度	稀有

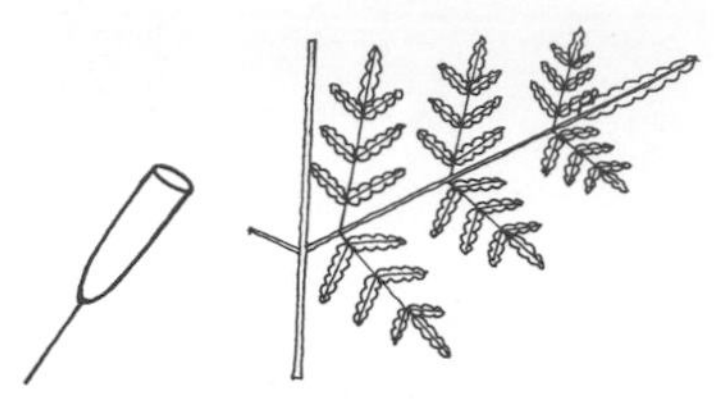

膜蕨科

厚葉蕨屬・球桿毛蕨群

●**特徵**：莖短而直立，葉叢生；葉柄長7~20cm，葉片四回羽狀分裂，卵形或闊披針形，長8~20cm，葉脈背面具球桿狀毛，葉軸具窄翅；側羽片5~6cm長，基部羽片較為短縮；最末裂片長條形，寬約0.5mm；孢膜管狀，具翅，開口處不呈擴大狀，孢子囊托外露。

●**習性**：地生，生長在林下遮蔭潮濕溝谷地的土坡上。

●**分布**：菲律賓、琉球，台灣見於恆春半島與蘭嶼。

【**附註**】本種與大葉瓶蕨（P.71）非常相似，除了葉子大小及質地相近外，兩者都是四回羽狀分裂，也都生長在林下遮蔭、潮濕、富含腐植質的土溝邊坡上，但本種葉叢生且脈上密布球桿狀毛，而大葉瓶蕨葉遠生且脈上無毛。

日本南部的琉球群島、台灣南部的蘭嶼、恆春半島，以及菲律賓北部的呂宋島，是一個自然的地理區塊，極可能是東南亞植物地理區北邊的一個小單元，台灣有幾種植物屬於此一分布型，本種即為其代表。

19860128・萬里得山→南仁山

19801002・南仁山

19801002・南仁山

（主）生長在遮蔭林下土溝之邊坡上。
（小左）葉為四回羽狀分裂，基部一對羽片略短縮。
（小右）孢膜管狀，長在末回小羽片基部前側裂片頂端。

線片長筒蕨

Cephalomanes obscurum
(Blume) K. Iwats.

海拔	低海拔	
生態帶	熱帶闊葉林	亞熱帶闊葉林
地形	山溝	谷地
棲息地	林內	
習性	地生	
頻度	偶見	

●**特徵**：莖短直立狀，被深褐色多細胞硬毛；葉叢生，葉柄長5~12cm，具與根莖上相同的深褐色具光澤之多細胞毛；葉片卵形，質地硬，三回羽狀分裂，基部羽片有時短縮；孢子囊群位於小羽片基部朝上裂片的頂端，孢膜管狀，向下彎曲約90°，開口處二唇裂，邊緣多少有缺刻，孢子囊托長，伸出孢膜外面。

●**習性**：地生，生長在林下遮蔭潮濕環境的土溝邊。

●**分布**：以東南亞及太平洋島嶼為中心，北達日本南部，往西經中國南部、中南半島及喜馬拉雅山低海拔地區，台灣低海拔山區偶見。

【附註】許多以東南亞熱帶雨林為分布中心的蕨類，在台灣多出現在恆春半島及蘭嶼兩地的林下潮濕環境的山溝邊坡上，因台灣南部地區多屬季節性乾旱的熱帶森林，只有溝谷地比較像熱帶雨林的環境，這種環境有時會向北延伸，呈零星分布狀態，所以有些東南亞熱帶雨林的蕨類偶也出現在北部低海拔林下極潮濕溫暖的山溝裡，不過整體而言愈往北部種類與數量都逐漸減少。台灣低海拔的山溝雖然在地圖上泰半無法顯現，可是它們是台灣稀有蕨類重要的生存環境，都會區近郊有些彎曲的小巷弄，以前都是此類小山溝。

1990227・浸水營

20090203・陽明山

（主）生長在低海拔山區林下土溝邊潮濕環境。
（小）孢膜管狀，開口朝下。

膜蕨科
厚葉蕨屬・線片長筒蕨群

窗格狀厚莖蕨

Cephalomanes clathratum (Tagawa) K. Iwats.

海拔	中海拔
生態帶	暖溫帶闊葉林
地形	山頂　稜線
棲息地	林內
習性	地生
頻度	瀕危

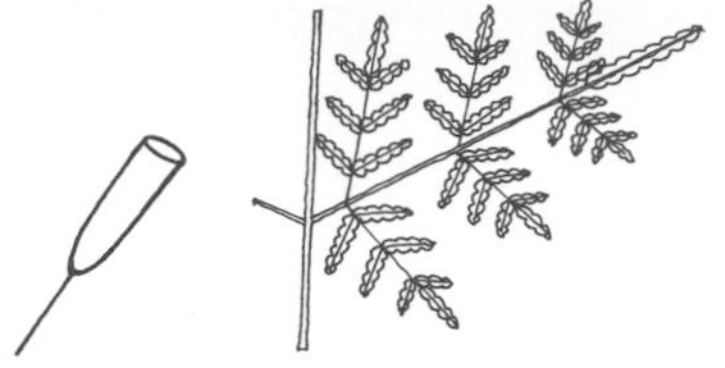

●**特徵**：根莖短匍匐狀，莖直徑約1.5mm，具紅褐色毛，葉近叢生，柄長2~5cm，僅上段具翅；葉片披針形，長5~10cm，寬2~4cm，四回羽狀分裂；最末裂片狹線形，僅具一條脈；葉片細胞側壁加厚，上下兩側透明，形成窗格狀的花紋，這也是它種小名的由來；孢子囊群生於裂片末端；孢膜管狀，頂端截形，孢子囊托外露。

●**習性**：生長在山脊附近的闊葉霧林下；地生，偶亦見長在潮濕環境之樹幹基部。

●**分布**：菲律賓呂宋島，台灣見於中海拔霧林帶。

【附註】厚莖蕨群與長片蕨群、毛桿蕨群、厚葉蕨群、球桿毛蕨群、長筒蕨群之親緣關係相近，其共同特點是孢膜管狀、孢子囊托外露，葉子在膜蕨科植物當中屬於較中大型之羽狀裂葉，且不具假脈，莖一般都呈短直立狀，唯一的例外即為本群，莖呈短匍匐狀，但與細長橫走莖的種類相較，本群算是較短較粗的。本群植物的特徵尚有：葉細裂，細胞較大且呈褐色、凸鏡狀。

20050425．姑子崙山

20050425．姑子崙山

20050425．姑子崙山

（主）生長在闊葉霧林下潮濕的土坡上。
（小左）葉為四回羽狀分裂，末裂片狹長形。
（小右）葉柄上段具極窄的翅。

蚌殼蕨科

Dicksoniaceae

外觀特徵：根莖粗大橫走，半埋於地下，與葉柄基部都密布金黃色至褐色的毛；葉大型，長可達二至三公尺，三回羽狀深裂，葉脈游離；孢子囊群著生於相鄰兩末裂片的凹入處，位於脈的末端，且就在葉緣的位置；孢膜蚌殼狀，將孢子囊群包被在內。

生長習性：常生長在林內較突出的巨岩上，或石塊較多的山坡地。

地理分布：分布於熱帶至亞熱帶山區，台灣產於低海拔地區。

種數：全世界有5屬35～40種，台灣有1屬2種。

● 本書介紹的蚌殼蕨科有1屬1種。

【屬、群檢索表】

金狗毛蕨

Cibotium barometz (L.) J. Sm.

海拔	低海拔
生態帶	亞熱帶闊葉林
地形	山坡
棲息地	林內　林緣
習性	地生
頻度	稀有

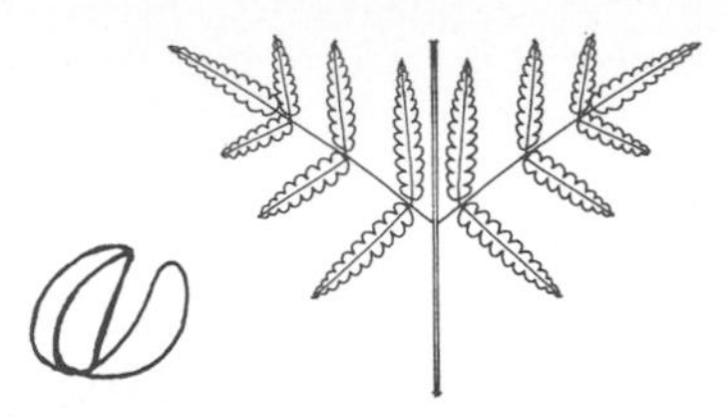

●**特徵**：根莖粗，短橫走狀，密被暗褐色多細胞毛，葉叢生；葉柄長可達100cm，綠色，兩側具線形氣孔帶，柄基部被覆與莖相同之暗褐色毛；葉片長150~300cm，寬100~150cm，三回羽狀深裂，革質；羽片具柄，中段羽片長40~80cm，寬10~30cm；小羽片長7~13cm，羽狀深裂，窄披針形，末裂片具齒緣，葉脈游離，孢子囊群著生於小羽片的缺刻底部，每一末裂片上孢子囊群數對，孢膜蚌殼狀，革質，開口朝向葉背。

●**習性**：地生，主要生長在林緣半遮蔭處。

●**分布**：印度、中國南部及東南亞，台灣則產於南投縣低海拔，尤以日月潭環湖山區為其分布中心。

【附註】本種的分布型態非常奇特，以全台灣而言，它算是稀有植物，可是在局部地區卻頗為常見，在生態學上特稱為地區性常見（locally abundant），例如在日月潭環湖公路邊坡，常可發現其蹤跡，且數量頗多，可說是代表日月潭的特殊景致之一。

19970622・鳳凰谷

19880406・日月潭

20051009・小出山

19880406・日月潭

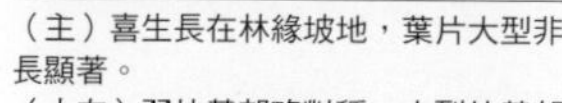

（主）喜生長在林緣坡地，葉片大型非長顯著。
（小左）羽片基部略對稱，末裂片基部具3~4對蚌殼狀孢膜。
（小右上）開裂的「蚌殼」，革質的孢膜內可見許多孢子囊。
（小右下）葉柄基部和莖頂密布暗褐色多細胞毛。

桫欏科

Cyatheaceae

外觀特徵：莖一般非常顯著，粗大且直立，少數種類的莖較不明顯，斜上生長。樹幹通常單一不分叉，表面密布厚層的氣生根。葉大型，二至三回羽狀複葉，集生莖頂，葉柄基部密布鱗片。葉脈游離。孢子囊群長在突出葉面的孢子囊托上，圓形，脈上生。

生長習性：全部為地生型，生長在林下或開闊地。

地理分布：多分布於熱帶雨林區的高山上，台灣主要分布在低海拔地區。

種數：全世界有1屬600～650種，台灣有7種。

● 本書介紹的桫欏科有1屬2種。

【屬、群檢索表】

韓氏桫欏

Cyathea hancockii Copel.

海拔	低海拔	中海拔
生態帶	東北季風林	暖溫帶闊葉林	針闊葉混生林
地形	山坡	
棲息地	林內	
習性	地生	
頻度	稀有	

●**特徵**：莖短而斜上，無直立之主莖，葉叢生；葉柄褐色，長36~42cm，具光澤；葉片披針形，二回羽狀複葉至三回羽狀分裂；羽片長12~17cm，羽軸有翅，表面有褐色剛毛，背面具帽形鱗片；小羽片長約7cm，邊緣呈鋸齒狀，小羽軸表面有剛毛，背面具小型鱗片；葉脈游離，單叉；孢子囊群位在小脈中段，不具孢膜。

●**習性**：地生，生長在林下富含腐植質之土壤上。

●**分布**：日本南部、中國長江流域以南，台灣北部中海拔山區可見。

【**附註**】本種的主要分布區是在東亞，在台灣的數量並不多，而這些零星分布的個體都被發現生長在台灣北部多雲霧潮濕、富含腐植土的環境，所以本種存在於台灣更加強台灣具有一生態上「北坡」之概念，就像面向北方的棒球捕手，捕捉零星來自北方的物種。

20030604・七星山小油坑

19890707・陽明山後山公園

20030604・七星山小油坑

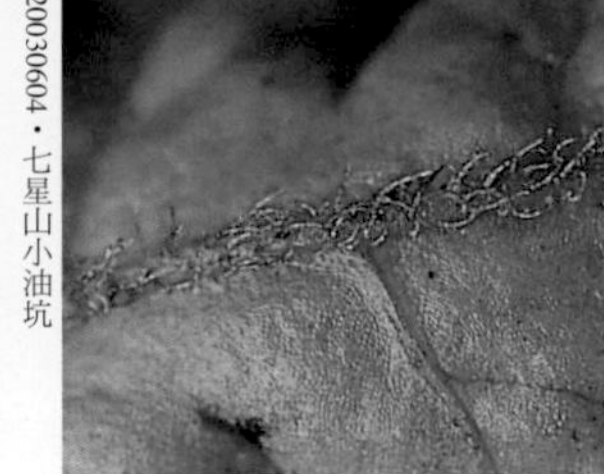

20030604・七星山小油坑

（主）植株狀似鱗毛蕨，無挺空直立之主莖。
（中）葉片披針形，二回羽狀複葉至三回羽狀分裂。
（小左）羽軸及小羽軸背面密布帽形鱗片。
（小右）小羽軸表面具白至褐色剛毛。

南洋桫欏

Cyathea loheri D. Christ

海拔	中海拔
生態帶	暖溫帶闊葉林
地形	谷地　山坡
棲息地	空曠地
習性	地生
頻度	稀有

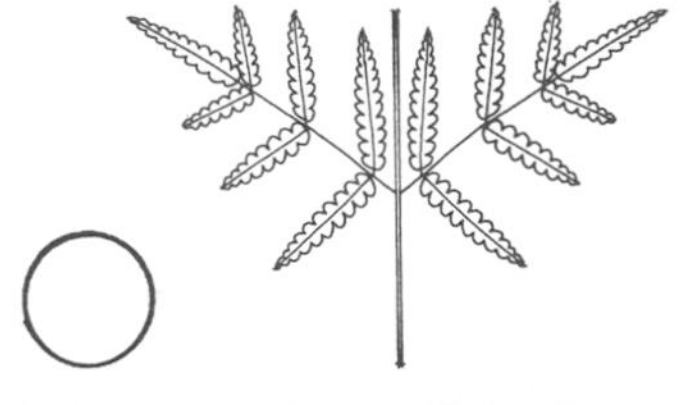

桫欏科

桫欏屬

20030526・新店（人工栽植）

●特徵：挺空直立莖高可達5m或更高，直徑約6~15cm，老葉脫落，不形成樹裙；葉柄褐色，密布淡褐色鱗片，柄上多少具瘤狀突起；葉片橢圓形，三回羽狀深裂至複葉，長110~180cm，寬50~70cm；葉軸和羽軸背面密生小型不規則鱗片和大型披針形鱗片；羽片長約35cm，寬10~15cm，基部羽片較短；小羽片長5~7cm，寬約1.2cm，無柄，小羽軸及末裂片中軸密覆帽形鱗片；末裂片全緣，邊緣多少反捲；葉脈單叉；孢子囊群圓、大型，孢膜杯狀至球形。

●習性：地生，生長在潮濕環境的向陽性喬木。

20050424・浸水營

20040102・浸水營

●分布：菲律賓、北婆羅洲，台灣見於浸水營地區。

【附註】本種的外形、習性和筆筒樹（①P.108）非常類似，二者都有高挺直立的主幹，莖頂密生淡褐色鱗片，也都生長在潮濕、向陽的破壞地，從世界地理分布來看，筆筒樹屬於亞熱帶雨林，所以在台灣有筆筒樹的地方，大概就是亞熱帶潮濕的環境，而南洋桫欏則屬於熱帶雨林高山雲霧帶闊葉林，所以台灣最大宗南洋桫欏產地的浸水營，在生態定位上即是該種環境。

（主）基部羽片明顯較短，外形略呈橢圓狀。
（小左）葉柄基部和捲曲的幼葉密布淡褐色鱗片。
（小右）小羽軸可見帽形鱗片，球形的孢子囊群緊靠小羽軸側邊。

NOTE

瘤足蕨科

Plagiogyriaceae

外觀特徵：植株無毛無鱗片；莖短而直立，少數種類具橫走莖；葉柄基部常向兩側展延形成翼狀，通常宿存，並具瘤狀之通氣組織；一回羽狀深裂或複葉，葉兩型，葉脈游離。

生長習性：地生型，喜歡生長在腐植質較豐富的森林下。

地理分布：分布在熱帶、亞熱帶高海拔森林下層，台灣主要分布在海拔1800～2500公尺降水豐富的檜木林帶。

種數：全世界有1屬40～70種，台灣有7種。

● 本書介紹的瘤足蕨科有1屬2種。

【屬、群檢索表】

華中瘤足蕨

Plagiogyria euphlebia
(Kunze) Mettenius

海拔	中海拔	
生態帶	暖溫帶闊葉林	針闊葉混生林
地形	山坡	
棲息地	林內	
習性	地生	
頻度	常見	

●**特徵**：莖短直立狀或斜生，上覆老葉留下的葉柄基部；葉柄長10~20cm，基部具瘤狀氣孔帶，下段橫切呈三角形；葉一回羽狀複葉，兩型；營養葉片長30~75cm，寬20~25cm，葉背和葉表同色，中下段羽片具柄，頂羽片基部有1~2枚裂片；側羽片長8~20cm，寬1.2~1.8cm，線形至披針形，邊緣鋸齒狀，頂端漸尖，基部圓形；孢子葉柄長20~50cm，葉片長50~80cm，羽片長6.5~12cm，窄線形。

●**習性**：地生，生長在林下富含腐植質之遮蔭環境。

●**分布**：日本、韓國、中國、菲律賓、喜馬拉雅山區至中南半島，台灣見於中海拔地區。

【附註】台灣的瘤足蕨屬植物多分布在檜木林帶，本種是該屬植物分布海拔最低的，可往下分布至暖溫帶闊葉林，北部地區則可分布至更低海拔，位在多雲霧的山頭或山脊線上，本種也是同屬中數量最多者，所以尚稱常見。最主要的特徵是其葉片中段及基部的羽片都具有短柄，而且頂羽片顯著。

19980710・鴛鴦湖

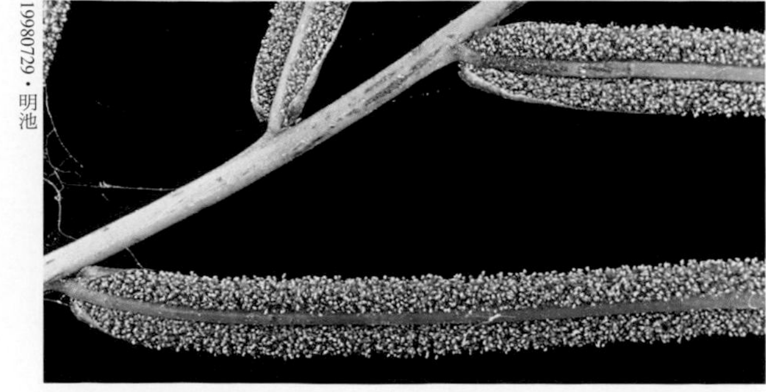
19980729・明池

20030604・小油坑→七星山

20010717・台大植物系蔭棚（人工栽植）

20010717・台大植物系蔭棚（人工栽植）

（左頁主）孢子葉直立，營養葉則往外側平展。
（左頁小）孢子囊像散沙般全面著生在孢子葉葉背。
（右頁主）常見於中海拔闊葉林下富含腐植土地區。
（右頁小上）中下段羽片明顯具柄。
（右頁小下）葉柄基部朝外一側具白色瘤狀氣孔帶。

瘤足蕨科的矮種

瘤足蕨科植物有一特別的現象，而此一現象不曾在其他科出現過，那就是「矮種（dwarf species）」的存在。所謂「矮種」是指一群個體與原種相較，所有形態特徵都一樣，只是植株明顯小約一半或更小。這種侏儒植物也會正常生長並產生孢子葉，但數量通常很少，常混雜在原種的族群中，而且除了體型外與原種並無明顯差異，目前暫不認為是一個新種。台灣的瘤足蕨科植物大部分都有矮種出現，除了小泉氏瘤足蕨（①P.115）和華東瘤足蕨（P.88）因其本身族群與個體數量均偏少，尚未發現，但這不意味著它們就不具有。由於矮種的個體數量不多，且多出現在原種的族群中，故應是偶發性的，形成的原因目前並不清楚，所以也無法推測矮種與原種間的關係，不過很顯然的，這是瘤足蕨科植物值得深入探究的題材。

華東瘤足蕨

Plagiogyria japonica Nakai

海拔	中海拔
生態帶	暖溫帶闊葉林　針闊葉混生林
地形	山坡
棲息地	林內
習性	地生
頻度	瀕危

●**特徵**：莖短直立狀，葉叢生莖頂；營養葉柄長約10~25cm，基部略膨大，具氣孔帶；葉片一回羽狀複葉，長32~42cm，寬10~16cm，葉背和葉表同色，葉軸下半部不具翅，基部數對羽片具短柄，中上段羽片則以較寬闊的基部與葉軸相連，但其基部多少縊縮，羽片鐮刀形，具齒緣，頂羽片與側羽片同形，並與相鄰的側羽片略連合；孢子葉柄長約40cm，葉片長70~80cm，羽片長約10cm，中下段羽片具柄，上段羽片無柄。

●**習性**：地生，生長在林下遮蔭環境。

●**分布**：日本、韓國、中國，台灣見於中海拔地區。

【附註】本種在台灣的數量非常稀少，在野外也呈零星分布的狀態，從營養葉的外形來看，其頂羽片單一不分裂、基部羽片具柄這兩個特徵比較近似華中瘤足蕨（P.86），而較呈鐮刀形的羽片及羽片基部與葉軸的連結方式則較近似瘤足蕨（①P.118），更有趣的是出現華東瘤足蕨的地方，同時也可發現華中瘤足蕨和瘤足蕨，或許華東瘤足蕨就是這兩種蕨類的天然雜交種。

（主）頂羽片顯著，僅近基部數對羽片具極短之柄，中上段羽片則以較寬闊的基部與葉軸相連。
（小）孢子葉直立，營養葉往外開展。

20031228・阿玉山

20040618・新店獅仔頭山

碗蕨科

Dennstaedtiaceae

外觀特徵：根莖橫走，多數上覆多細胞毛，稀為莖斜上生長，且植物體不具鱗片。一至多回羽狀複葉，多數種類具游離脈；孢子囊群靠近葉緣，在一條脈的末端，孢膜為杯狀或碗狀，或在多條脈末端，為由葉緣反捲的假孢膜所保護；也有少數種類不具孢膜。

生長習性：地生，極少數種類的葉子呈蔓生之藤叢狀，或長在岩縫中。

地理分布：分布於熱帶至暖溫帶地區，台灣主要產於中、低海拔。

種數：全世界約有12屬180種，台灣有7屬26種。

● 本書介紹的碗蕨科有4屬10種。

【屬、群檢索表】

①孢子囊群線形，沿裂片邊緣生長，被反捲之葉緣所包被。......②
①孢子囊群圓形或近圓形，位在葉脈末端。.....④

②葉軸呈「之」字形曲折...............曲軸蕨屬 P.97
②葉軸不彎曲......③

③羽片無柄......栗蕨屬
③羽片有柄......蕨屬

④孢子囊群不具孢膜，或具由葉緣反捲之齒狀假孢膜。......⑤
④孢子囊群具真正的孢膜......⑥

⑤植株光滑無毛，葉軸偶可見一至數個不定芽。......稀子蕨屬 P.99
⑤植株被毛，葉之各級軸均不具芽。......姬蕨屬 P.98

⑥孢膜碗狀，正邊緣生，開口彎向葉背。......碗蕨屬
⑥孢膜杯形，開口朝向葉緣，與葉緣稍有距離。......鱗蓋蕨屬 P.91

光葉鱗蓋蕨

Microlepia calvescens
(Wall. *ex* Hook.) Presl

海拔	低海拔	
生態帶	熱帶闊葉林	
地形	山坡	
棲息地	林內	林緣
習性	地生	
頻度	偶見	

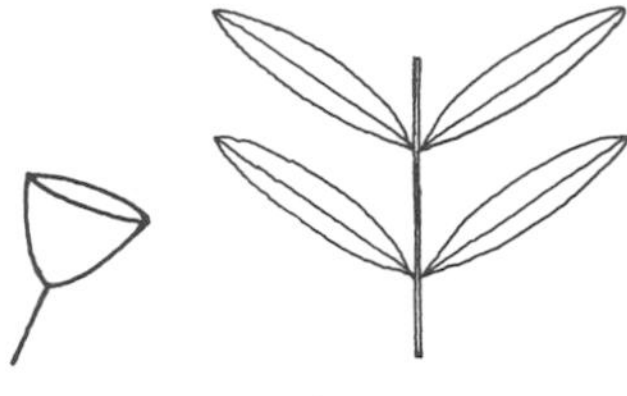

20081011・大雪山

●特徵：根莖匍匐狀；葉柄長25~50cm，基部被毛；葉片披針形，長50~70cm，寬10~18cm，一回羽狀複葉；葉軸背面具短毛；羽片長5~8cm，寬0.6~2cm，僅在葉脈背面具毛，基部上側具耳狀突起；孢膜口袋形，成熟後會鼓起呈杯狀，著生在葉脈末端近裂片缺口處，表面無毛。

●習性：地生，生長在林緣半遮蔭環境或林下空曠處。

●分布：中國南部、中南半島、印度，台灣見於低海拔地區。

20060816・金瓜石

20060816・金瓜石

【附註】本種與台北鱗蓋蕨（①P.131）是一對生態等價種，本種多分布在南部低海拔，屬於季節性乾旱之熱帶森林植物，而後者多分布在北部低海拔，尤其是台北一帶，屬於亞熱帶山坡地森林的植物。雖然分布的屬性不同，但二者的生態習性卻很相似，都在半遮蔭的森林邊緣，或在較空曠的林下。台灣的生態等價種有不同海拔的，如涼溫帶的赤楊與亞熱帶的山黃麻，二者均為潮濕破壞地的指標植物，而本種與台北鱗蓋蕨則屬同海拔不同緯度的生態等價種。

（主）在林緣或半遮蔭的步道旁可見其身影。
（小左）葉表光滑無毛，羽片略呈鐮刀形，基部兩側不對稱，上側具小突起。
（小右）葉背僅脈上具短毛，其他部分與孢膜均無毛，孢膜靠近裂片凹入處。

團羽鱗蓋蕨

Microlepia obtusiloba
Hayata

海拔	中海拔
生態帶	暖溫帶闊葉林
地形	山坡
棲息地	林內
習性	地生
頻度	常見

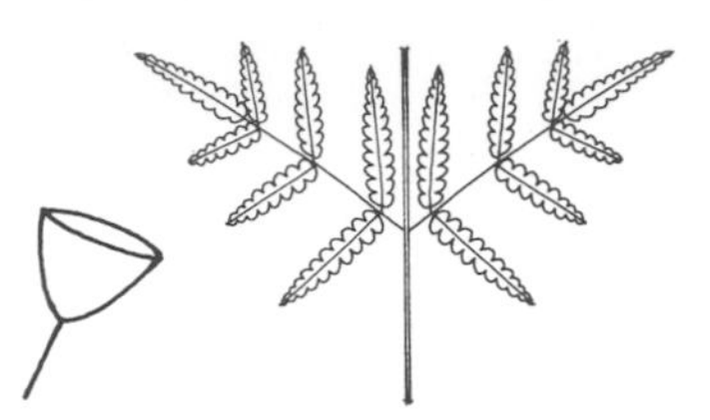

20040618・新店獅仔頭山

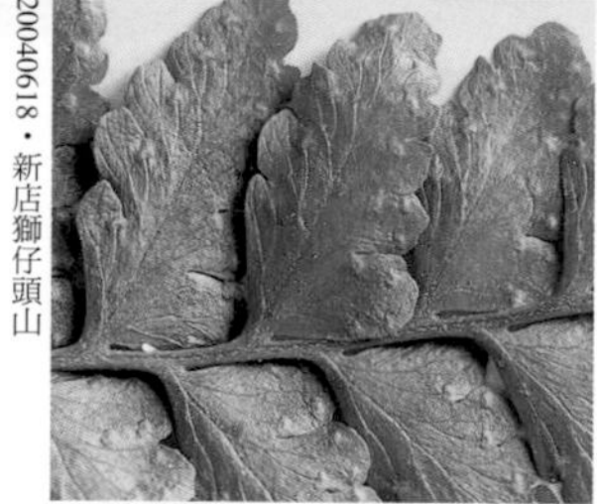

20040618・新店獅仔頭山

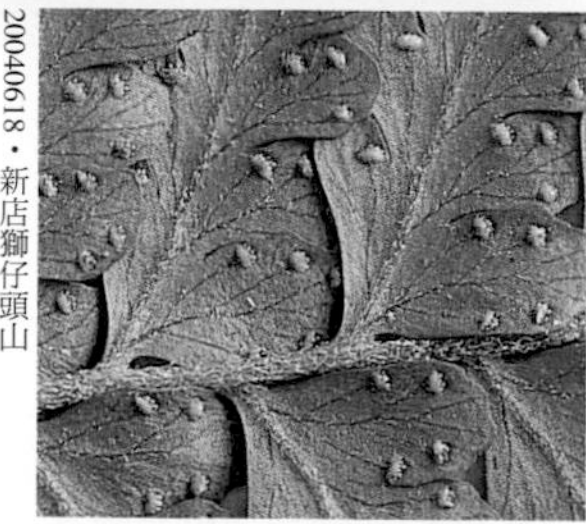

20040618・新店獅仔頭山

●**特徵**：根莖匍匐狀，被黑褐色短毛；葉柄長20~40cm；葉片披針形，長30~80cm，寬20~35cm，二回羽狀複葉至三回羽狀分裂，薄草質；羽片長12~15cm，寬2~2.5cm；小羽片橢圓形，先端鈍形或圓形，基部呈兩側不對稱之楔形，無柄，周邊具圓齒；葉脈呈羽狀分裂且達葉緣，背面被絨毛；孢膜寬杯狀，具毛。

●**習性**：地生，生長在土壤肥沃、較濕潤的森林內。

●**分布**：中國西南部、中南半島及日本南部，台灣中海拔地區可見。

【附註】本種屬於海拔500至1500公尺暖溫帶闊葉林的植物，性喜溫暖潮濕、富含腐植土的林下，在台北近郊還算常見，原因是台灣北部地區冬季易受東北季風的影響，在較低海拔處會呈現溫度下降的現象，且多雨潮濕也多腐植質，脊樑山脈較高海拔的植物在台灣北部會下降至較低海拔，致使台北近郊具有暖溫帶山林的味道，本種即是伴隨而來的物種，陽明山國家公園可以在海拔4、500公尺處賞櫻花及杜鵑花，也是相同的原因。

（主）葉為二回羽狀複葉至三回羽狀分裂。
（小左）小羽片基部不對稱，基部縊縮，柄不明顯。
（小右）羽軸及葉脈的背面均具毛。

亞粗毛鱗蓋蕨

Microlepia substrigosa Tagawa

海拔	中海拔
生態帶	暖溫帶闊葉林
地形	山坡
棲息地	林內　林緣
習性	地生
頻度	稀有

●特徵：根莖匍匐狀，具毛；葉柄長20~60cm；葉片寬披針形，長80~110cm，寬25~35cm，三回羽狀複葉至四回羽狀分裂，草質，葉軸背面具短毛；羽片披針形，長12~20cm，基部較寬，約3.5~4cm；最末裂片略具齒緣，葉脈在葉背明顯突起；孢膜杯狀，具毛，亞邊緣生，開口朝向裂片縫隙。

●習性：地生，生長在富含腐植質之林地。

●分布：中國、琉球群島一帶，台灣產於海拔約1000公尺的天然闊葉林下。

【附註】本種外形近似粗毛鱗蓋蕨（①P.133），二者葉背的葉脈突出葉面。粗毛鱗蓋蕨主要分布在熱帶、亞熱帶地區，所以在台灣只分布在低海拔，其習性也較適應開闊的環境，至於本種則屬於暖溫帶植物，且多見於成熟森林林下土壤肥沃處。本種葉子約為粗毛鱗蓋蕨的1.5~2倍大小，三回羽狀複葉有別於粗毛鱗蓋蕨的二回羽狀複葉，再者本種的孢膜離葉緣較遠，而粗毛鱗蓋蕨的孢膜緊貼葉緣。

中華鱗蓋蕨（*M. sinostrigosa* Ching）亦產於台灣，與本種非常相似，兩者的孢膜皆為亞邊緣生，不過本種的葉至少為三回羽狀複葉，長可達1.5m，中華鱗蓋蕨的葉則為二回羽狀複葉至三回羽狀裂葉，長不及1m。

20031207・騰龍古道

20031202・面天山

（主）生長在林下較開闊處或林緣半遮蔭環境，葉為三回羽狀複葉，羽片基部朝上小羽片先行分出且分裂度最大。
（小）羽軸背面具毛，小羽片基部甚為歪斜，孢膜不緊貼裂片緣。

嫩鱗蓋蕨

Microlepia tenera Christ

海拔	中海拔
生態帶	暖溫帶闊葉林
地形	山坡
棲息地	林內　林緣
習性	地生
頻度	稀有

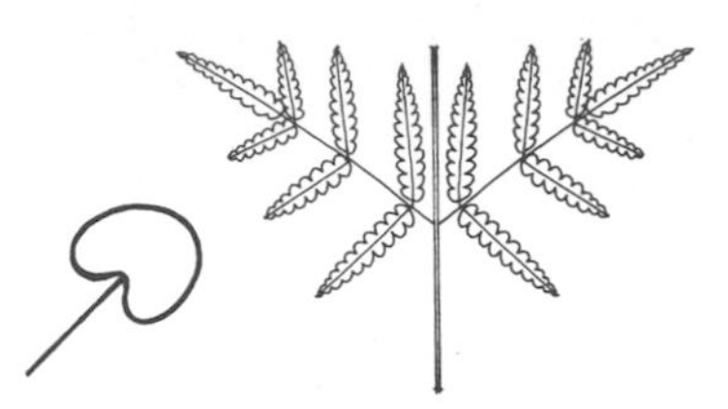

20050915・瑞太古道

●**特徵**：根莖長而匍匐，被毛；葉柄長25~35cm，呈略帶棕紅的草稈色；葉片披針形，長30~40cm，寬30~35cm，三回羽狀分裂，草質；小羽片無柄，頂端及邊緣裂片之頂部圓鈍；孢膜腎形、半圓形至圓形，基部著生，無毛，位在缺刻內緣，亞邊緣生或更接近小羽軸，開口朝向小羽片末端。

●**習性**：地生，生長在林下或林緣半遮陰處。

●**分布**：中國西南部，台灣產於中海拔地區。

【**附註**】本種的地理分布主要在中國西南部，此一分布型與現今生長在暖溫帶闊葉林的一些裸子植物幾乎一模一樣，例如紅豆杉、穗花杉、粗榧、台灣杉、杉木類等，所以嫩鱗蓋蕨應該是在冰河期某一段時間，與暖溫帶樟殼林及其相關的裸子植物一起進入台灣。後來台灣低海拔氣溫升高，這些喜歡冷涼氣候的物種就逐漸移居台灣較高海拔，而中國南方較缺乏高山，因此形成中國西南與台灣之特殊的不連續分布狀態。

本種形態上最具特色的就是它的孢膜，台產其他同屬植物的孢膜都是杯形，兩側邊都與葉面連結，而本種則為腎形，且僅以基部一點著生葉面。

20050915・瑞太古道

（主）葉披針形，生長在林緣坡地上。
（小）孢膜腎形，僅基部著生葉面上。

毛果鱗蓋蕨

Microlepia trichocarpa Hayata

海拔	中海拔
生態帶	暖溫帶闊葉林
地形	山坡
棲息地	林內　林緣
習性	地生
頻度	稀有

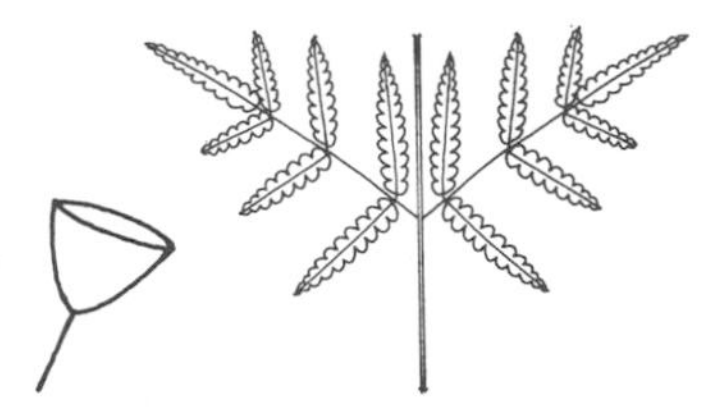

20050424・浸水營

●**特徵**：根莖匍匐狀，具毛；葉柄長25~30cm，密生白色長毛；葉片披針形，長35~55cm，寬10~20cm，三回羽狀裂葉，厚草質，亦密生白色長毛；小羽片淺裂至深裂，以較寬的基部著生於羽軸上；孢膜杯狀，密生長毛，亞邊緣生，開口朝向小羽片的裂片縫隙。

●**習性**：地生，生長在林下空曠處或半遮蔭的林緣。

●**分布**：台灣特有種，產於中海拔地區。

【附註】生長在暖溫帶闊葉林裡的植物，無論是樟殼林、裸子植物，亦或蕨類，咸信是在較溫暖的冰河期進入台灣的，由於年代久遠，加上台灣多高山的島嶼特性所產生的隔離機制，種化較快速的類群就會演化出特有種，例如台灣穗花杉、台灣粗榧、巒大杉、台灣杉等，而蕨類也不乏類似例證，本種即為其一。

20050424・浸水營

20050424・浸水營

20050425・浸水營

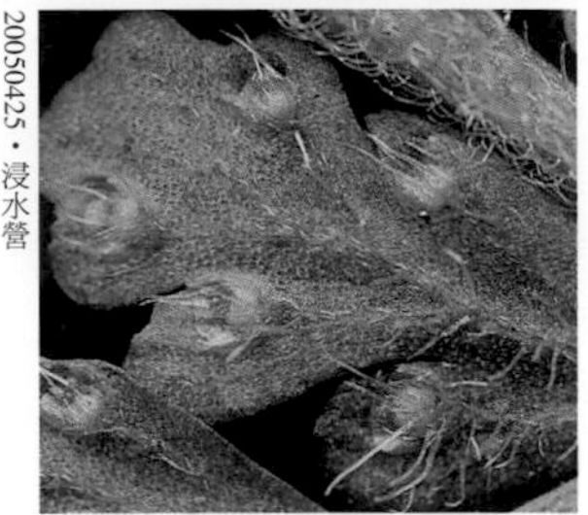

（主）外觀近似低海拔常見的粗毛鱗蓋蕨，但葉較柔軟且多毛。
（小左）生長在林道邊坡半遮蔭環境。
（小右上）全株密布長毛，葉軸及羽軸尤其顯著。
（小右下）孢膜上具有比孢膜長的白色長毛。

針毛鱗蓋蕨

Microlepia rhomboidea
(Wall. *ex* Kunze) Prantl

海拔	低海拔
生態帶	熱帶闊葉林
地形	山坡
棲息地	林內
習性	地生
頻度	稀有

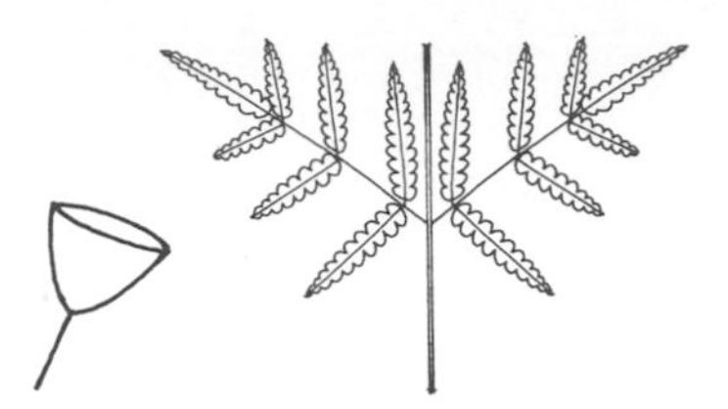

20030122・曾文水庫

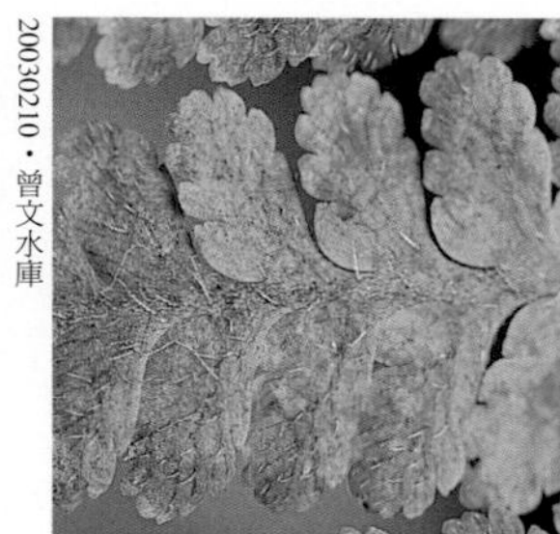

20030210・曾文水庫

20040101・連雲瀑布

20030209・曾文水庫

●**特徵**：根莖匍匐狀；葉柄長20~45cm；葉片卵形，長30~85cm，寬20~29cm，三回羽狀深裂至複葉，草質，葉軸上下兩面被毛；羽片長5~13cm，寬1~5cm，具長約4~5mm之短柄；小羽片長5~25mm，寬3~10mm；最末裂片周緣具圓齒，背面密布毛；孢膜杯狀，著生在裂片凹入處，亞邊緣生，開口朝向小羽片末端。

●**習性**：地生，生長在林下遮蔭處。

●**分布**：中國西南部、喜馬拉雅山東部、印度、斯里蘭卡、中南半島、馬來半島，台灣產於南部低海拔山區。

【附註】鱗蓋蕨屬植物的質地大致可分成兩類，一是草質，另一為硬紙質，前者大都生長在林內或林緣，植株對空氣濕度變化比較敏感，缺水時會呈現垂頭喪氣狀，此類的代表如本種或熱帶鱗蓋蕨（①P.134），後者大多生長在較開闊的環境，最具代表性的即為粗毛鱗蓋蕨，植株較耐旱，頗適合當庭園植物。

（主）葉片卵形，外形似熱帶鱗蓋蕨，但本種的毛極多。
（小上）末裂片邊緣具圓齒。
（小中）孢膜亞邊緣生。
（小下）葉背密布長毛，小羽片以寬闊的基部著生羽軸上。

曲軸蕨

Paesia radula (Bak.) C. Chr.

海拔	中海拔	
生態帶	暖溫帶闊葉林	
地形	山坡	
棲息地	林緣	空曠地
習性	地生	
頻度	瀕危	

●**特徵**：根莖長匍匐狀，覆剛毛；葉柄長10~45cm，柄基亦具硬剛毛，上段粗糙；葉片披針形，長20~60cm，寬10~25cm，三回羽狀複葉，質地較硬，葉軸呈之字形折曲；羽片具柄，小羽片柄不顯著；孢子囊群位在末裂片兩側，由反捲的假孢膜保護，孢膜雙層，除假孢膜外尚有一隱藏的真孢膜。

●**習性**：地生，生長在多霧地區的林緣或空曠處。

●**分布**：太平洋西邊之東南亞島嶼，台灣僅見於鬼湖一帶。

【附註】曲軸蕨屬、蕨屬、栗蕨屬是台灣的碗蕨科植物中具有葉緣反捲的假孢膜的類群，很特別的是，曲軸蕨屬和蕨屬不只有覆蓋在孢子囊群上的假孢膜，而且還擁有膜質的真孢膜，位在孢子囊群和葉肉之間，也就是說由裡而外依序是：葉肉、膜質的真孢膜、孢子囊群、和葉肉質地一樣的假孢膜。全世界同時具有兩種孢膜的種類也只有這兩屬，而台灣都有，但是蕨屬的膜質真孢膜呈殘破狀，不像曲軸蕨那麼完整而明顯。

20090401・台大植物標本館

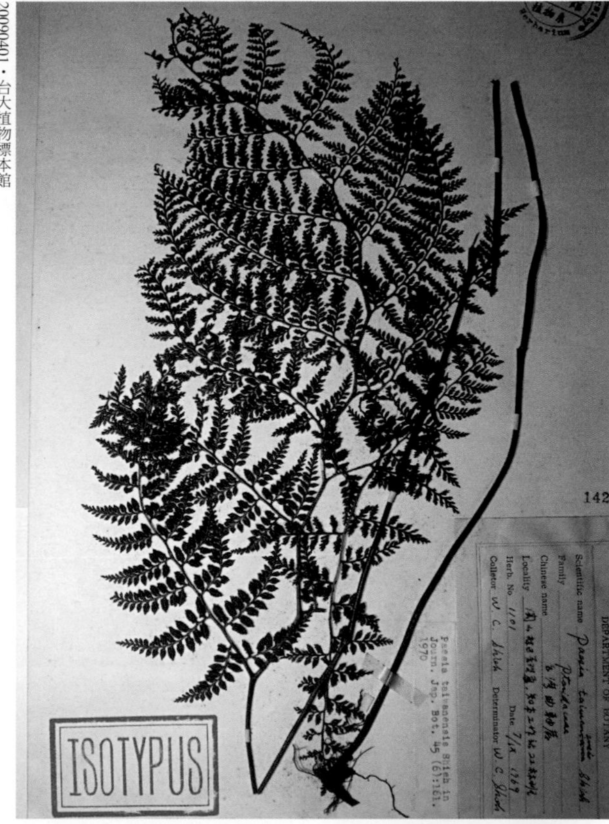

葉軸呈之字形折曲的蕨類在台灣只有3種，除曲軸蕨外，另外兩種為彎柄假複葉耳蕨（①P.320）和微彎假複葉耳蕨（P.269），三者都是生長在暖溫帶闊葉林海拔高度的稀有蕨類。

20090401・台大植物標本館

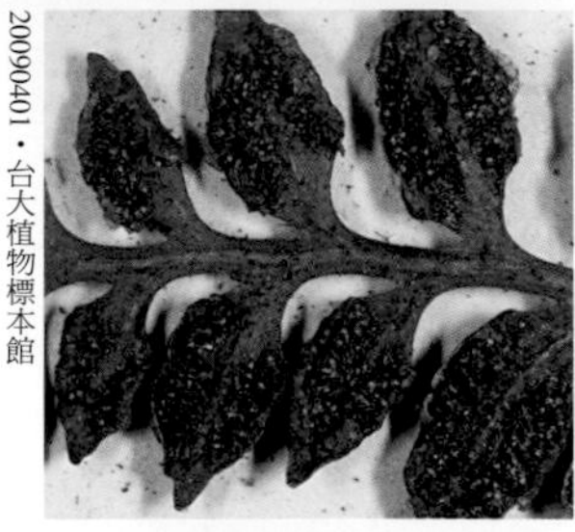

（主）存放於台大植物標本館之標本，可見葉軸呈之字形折曲。
（小）孢子囊群位在裂片兩側，具葉緣反捲之假孢膜保護，開口相對。

細葉姬蕨

Hypolepis tenuifolia (Forst.) Bernh.

海拔	中海拔
生態帶	暖溫帶闊葉林
地形	山坡
棲息地	林緣　空曠地
習性	地生
頻度	偶見

碗蕨科

姬蕨屬

●**特徵**：根莖長匍匐狀，有毛但不具鱗片；葉柄長50~65cm，成熟時呈褐色，具毛；葉片三角形，長70~100cm，寬35~55cm，三回羽狀複葉至四回羽狀分裂，密生具黏性的腺毛；裂片鋸齒緣；孢子囊群長在小脈頂端，位於裂片缺刻處側面，局部為反捲之葉緣遮蓋。

●**習性**：地生，生長在林緣較開闊環境。

●**分布**：中國西南部，台灣產於中海拔山區。

【附註】碗蕨科的蕨、栗蕨與姬蕨三屬的葉子在發育過程中，常呈基部一對羽片已完全開展，與地面平行，但其餘的部分仍呈捲旋狀，其他科的蕨類並無此一特徵。台灣姬蕨屬植物應不只姬蕨（①P.138）與本種2種，其觀察重點在孢子囊群有無葉緣反捲的假孢膜保護，假孢膜有無特化的情形，亦即仍維持綠色的葉片狀還是已經特化成透明的薄片，再來要觀察其葉片各部是否具腺毛，孢子囊群是否有毛，腺毛的顏色是透明的還是褐色的，總之，細葉姬蕨只是一個代名詞而已，它背後代表需要更多的野外觀察與研究，方可解決細葉姬蕨的問題。

1980729・烘子坪

1990425・大同→清水山

1980408・特富野

20050402・絹絲瀑布

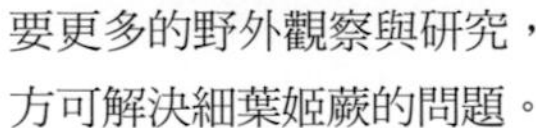

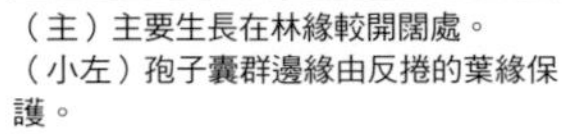

（主）主要生長在林緣較開闊處。
（小左）孢子囊群邊緣由反捲的葉緣保護。
（小右上）基部羽片已全部開展，但其他部分仍保留幼葉時期的捲旋狀。
（小右下）幼葉的葉柄綠色，柄上可見平射狀的腺毛。

岩穴蕨

Monachosorum maximowiczii (Bak.) Hayata

海拔	中海拔
生態帶	針闊葉混生林
地形	山坡
棲息地	林內
習性	著生　岩生　地生
頻度	稀有

●**特徵**：莖短而斜生，不具毛和鱗片；葉叢生，葉柄長5~10cm，褐色，無毛；葉片線狀披針形，長15~30cm，寬2~3cm，一回羽狀複葉，草質至紙質；葉軸末端延長，頂端具不定芽；羽片密生，基部上側具耳狀突起，邊緣粗齒狀；孢子囊群小，卵形至圓形，不具孢膜，著生小脈頂端近葉緣處；幼葉上具黃褐色短棍棒狀毛。

●**習性**：生長在雲霧潮濕環境之林下空曠處或巨岩上或巨木基部。

●**分布**：日本、中國，台灣見於中海拔2000至2500公尺霧林帶。

【附註】岩穴蕨與稀子蕨（①P.140）都是全株無毛、無鱗片，此一特性與瘤足蕨相同，可是它們的孢子囊群無孢膜又頂生脈上，這是碗蕨科的特色，但如細看其孢子囊的著生點，又有點像是沿脈生長，與鳳尾蕨科的翠蕨（①P.154）有那麼一點相似。稀子蕨屬家族全球只有3種，也有學者將其獨立為稀子蕨科，不過比較重要的是，這三者的主要分布中心是喜馬拉雅山東部、台灣、日本所包含的範圍，而此一範圍也是200萬至1萬年前冰河期之際全球最大的避難所，所以台灣何其有幸能同時擁有岩穴蕨及稀子蕨。

本種非常類似鱗芽裡白（P.54），皆以東亞的溫帶地區為主要分布範圍，在台灣則都分布在東北季風的影響區域——雲霧非常盛行的北、宜、桃、竹諸縣交界的山脊一帶，本區同時也是台灣唯一山毛櫸落葉純林的分布場域，如更進一步調查，相信可再發現更多以東亞為分布中心的稀有蕨類。

19971018・拉拉山

20050708・南湖溪

20050708・南湖溪

（主）生長在霧林內空曠處樹幹基部。
（小左）葉軸末端延長，頂端具有不定芽。
（小右）孢子囊群圓形，無孢膜，位於靠近葉緣之脈頂。

NOTE

鱗始蕨科

Lindsaeaceae

外觀特徵：根莖匍匐狀，其上與葉柄基部被覆極窄鱗片；羽片或末裂片為扇形、楔形或兩側極不對稱形；孢子囊群靠近羽片邊緣，具孢膜，大部分種類至少和兩條脈有關，開口向外。

生長習性：地生，少數會攀爬至樹幹基部。

地理分布：分布在熱帶至亞熱帶地區，台灣產於低海拔山區。

種數：全世界有6屬約200種，台灣有3屬18種。

● 本書介紹的鱗始蕨科有3屬9種。

【屬、群檢索表】

①最末裂片多為扇形或兩側極不對稱形；每一裂片可見至少與兩條脈有關之孢膜。……………………鱗始蕨屬　P.105

①最末裂片楔形或長披針形；有的種類其孢膜僅與一條脈有關。……………………②

②所有孢膜均僅具一條小脈……… 達邊蕨屬　P.104

②同一葉片至少可見具二至三條小脈之孢膜………………… 烏蕨屬　P.102

闊片烏蕨

Sphenomeris biflora (Kaulf.) Tagawa

海拔	低海拔	
生態帶	海岸	
地形	山坡	
棲息地	林緣	空曠地
習性	岩生	地生
頻度	常見	

●**特徵**：根莖短匍匐狀，密生褐色窄鱗片；葉柄長7~12cm，基部具窄鱗片；葉片較葉柄長，厚革質，三角形至卵圓形，長10~30cm，寬7~20cm，二至三回羽狀複葉，基部羽片最長；末裂片呈寬楔形，葉脈1~2次分叉；孢膜著生於末裂片近葉緣處，與1~3條脈相連，開口朝外。

●**習性**：主要生長在海岸丘陵地區的滲水岩縫。

●**分布**：中國南部海岸、日本南部、菲律賓及鄰近之太平洋島嶼，台灣海邊岩岸環境常見。

【**附註**】本種是台灣少數幾種海岸蕨類之一，台灣的海邊蕨類通常只生長在岩岸環境，位於岩石遮蔭處或岩壁的岩縫中，而且當地都偶會滲水，可能是台灣海邊岩岸多砂岩，而砂岩較能保水的關係。除本種外，傅氏鳳尾蕨、全緣貫眾（①P.186、351）也都是喜歡砂岩的海邊蕨類，而海岸擬茀蕨（①P.216）以及一種一回羽狀複葉的鐵線蕨海岸生活型，就偏好高位珊瑚礁的海岸地區。

19940404・蘭嶼測候所

20030503・鼻頭角

20061011・金瓜石

20061011・金瓜石

（主）葉片闊卵形，常呈下垂狀。
（小左）葉片肥厚，孢子囊群彷彿是藏在葉緣的凹洞中。
（小右上）末裂片緣具窄邊。
（小右下）葉柄基部具1~3排細胞寬的窄鱗片。

小烏蕨

Sphenomeris gracilis
(Tagawa) Kurata

海拔	低海拔	
生態帶	東北季風林	
地形	山溝	谷地
棲息地	溪畔	
習性	岩生	
頻度	稀有	

●特徵：株高不及15cm的小型蕨類；根莖橫走，直徑約1.5mm，密布褐色、長度小於1mm、上半段僅一列細胞之窄鱗片；葉柄長1.5~6cm，四稜，草稈色，基部具與莖相同之鱗片；葉片薄革質，長三角形，長2.5~8cm，寬1.5~3.5cm，二至三回羽狀複葉；羽片3~6對，最基部一對最長；末裂片窄楔形，長1.5~2.5mm，寬約1mm，頂端鋸齒狀，葉脈單一，偶見分叉；孢膜著生於末裂片近葉緣處，與1~2條脈相連，開口朝外。

●習性：生長在林下山溪的岩石上。

●分布：琉球群島，台灣見於北部東北季風影響所及之低海拔山溪。

【附註】本種為典型的溪生蕨類（《蕨類觀察入門》P.54），外形似烏蕨（①P.142）的幼株，但植株雖小卻都長著孢子囊群，此外本種葉片質地薄，末裂片窄楔形且排列較疏鬆，莖也較細，其直徑約僅1.5mm，葉柄橫切面四方形等特徵，都可與烏蕨區分。不過，在小烏蕨生長的溪溝附近坡地可以看到像烏蕨具有比較細的裂片、但葉柄橫切面卻呈四方形的蕨類，它是烏蕨與小烏蕨的雜交種。

20040605・台北內雙溪

20090214・新山夢湖

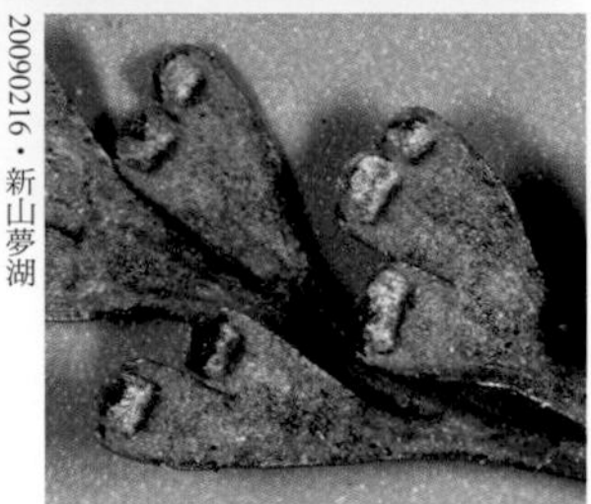

20090216・新山夢湖

（主）生長在溪中多苔蘚及腐植質的岩石上。
（小左）本種的特徵是植株小型，末裂片較窄也較稀疏。
（小右）孢膜膜質，靠近裂片頂端。

達邊蕨

Tapeinidium pinnatum (Cav.) C. Chr.

海拔	低海拔	
生態帶	熱帶闊葉林	
地形	谷地	山坡
棲息地	林內	
習性	地生	
頻度	稀有	

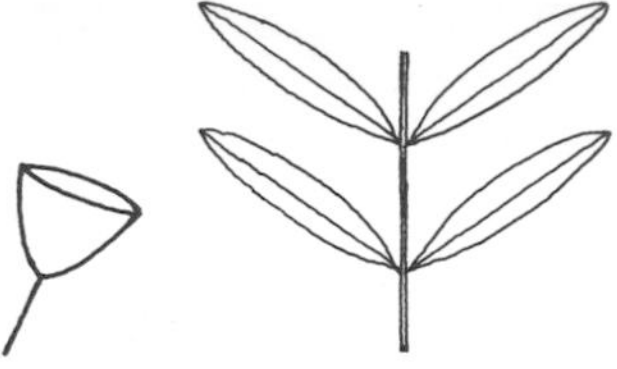

●**特徵**：植株高約40~50cm，根莖短匍匐狀，密被褐色窄鱗片；葉柄長7~20cm，基部顏色較深；葉片長15~40cm，寬8~15cm，長橢圓形至闊卵形，革質，一回羽狀複葉，葉軸背面具突起的稜脊；羽片線形，長7~15cm，寬0.2~0.8cm，邊緣鋸齒狀，下部羽片較長，葉脈游離；孢子囊群著生於上側之側脈，孢膜杯形，基部及兩側與葉面癒合，開口朝向葉緣。

●**習性**：地生，生長在林下遮蔭處。

●**分布**：印度南部、泰國、馬來半島、琉球群島、菲律賓、婆羅洲及印尼等地，台灣僅見於蘭嶼及恆春半島南仁山區。

1985080６・南仁湖下方

19800207・南仁山

【附註】達邊蕨屬是一群以東南亞為分布中心的蕨類，所以在台灣僅見於恆春半島及蘭嶼應是很合理的事，達邊蕨屬植物至少在莖頂及葉柄基部具有極窄的鱗片，這是鱗始蕨科的特徵，其與鱗始蕨屬的不同在後者的羽片或小羽片主軸的一側經常不具葉片，且孢膜經常與多條脈有關，而達邊蕨屬則不具前述兩種特徵。達邊蕨屬植物的外形都很近似，除了羽狀複葉的分裂程度不一外，其分類重點在葉軸的背面是否有角狀突起，以及葉軸是否深褐色發亮，而葉柄的橫切面是否為方形也是觀察重點，去東南亞賞蕨，達邊蕨屬是值得細看的一群。

（主）葉為一回羽狀複葉，羽片線形，基部羽片最長。
（小）生長在林下溝邊富含腐植質的環境。

箭葉鱗始蕨

Lindsaea ensifolia Sw.

海拔	低海拔	
生態帶	熱帶闊葉林	亞熱帶闊葉林
地形	山坡	
棲息地	林緣	空曠地
習性	地生	
頻度	稀有	

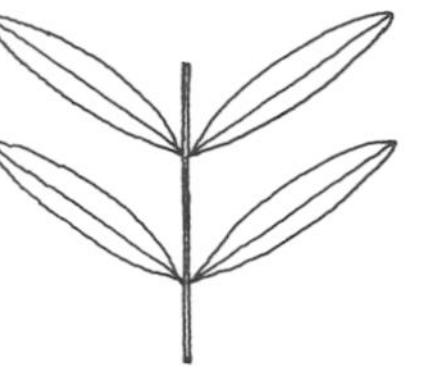

20030123・南投蓮花池

20030123・南投蓮花池

20010412・金門太武山

●**特徵**：根莖短匍匐狀，被覆窄鱗片，葉叢生；葉柄長5~10cm；葉片披針形，長15~20cm，寬8~12cm，一回羽狀複葉，側羽片約2~3對，頂羽片與側羽片同形；羽片長菱形，長約5~6cm，中脈明顯，中脈兩側具1~2排網眼；孢子囊群靠近葉緣且延著葉緣連續生長，孢膜長形，開口朝外。

●**習性**：地生，生長在林緣較開闊環境。

●**分布**：泛熱帶分布，台灣低海拔山區零星可見。

【**附註**】鱗始蕨屬的羽片或小羽片外形可大致分成三類，其一是最具鱗始蕨特色的一邊缺如，即羽軸或小羽軸的一側不具葉片，其次是以本種為代表的羽軸明顯且其兩側均具葉片，最後也最奇特的是有一群其羽軸或小羽軸均不明顯，羽片或小羽片的外形為扇形或楔形，細葉鱗始蕨（P.110）即屬之。

（主）生長在在森林破空處或較開闊的草生地上。
（小左）頂羽片與側羽片同形是本種的特徵。
（小右）羽軸兩側各有1~2排網眼，網眼內無游離小脈。

異葉鱗始蕨

Lindsaea heterophylla Dry.

海拔	低海拔	
生態帶	熱帶闊葉林	亞熱帶闊葉林
地形	山坡	
棲息地	林緣	
習性	地生	
頻度	稀有	

●**特徵**：根莖短匍匐狀，被覆褐色窄鱗片，葉叢生；葉柄長5~10cm，橫切面方形；葉片披針形至卵形，長15~20cm，寬8~12cm，一至二回羽狀複葉；羽片長菱形，長約5~6cm，具明顯中脈，基部多少羽裂，小羽片呈扇形，葉脈游離，網眼僅出現在中脈兩邊各一排；孢子囊群不連續，著生羽片周緣，孢膜開口朝外。

●**習性**：地生，長在林緣較開闊的草生地，常與箭葉鱗始蕨（P.105）及海島鱗始蕨（①P.148）共同出現。

●**分布**：東南亞一帶，台灣低海拔山區可見。

【附註】本種由葉片的分裂狀況，例如羽片的外形近似箭葉鱗始蕨，可是卻不具後者極具特色的獨立頂羽片及不分裂的基部羽片，加上近葉片頂端的羽片基部兩側不對稱，以及葉子外形多變，推測本種可能是一天然雜交種。其父母種之一即是箭葉鱗始蕨，另一父母種尚待釐清，也有可能不只一種，但由本種的外形推估，至少需具備二回羽狀複葉及末回羽片主脈一側的葉片缺如或呈扇形等兩項必要條件，因為這些特徵也反應在本種身上，所以在野外巧遇本種時，記得同時觀察鄰近地區可能的父母種。

19810408・澳底

20030123・南投蓮花池

20030123・南投蓮花池

（主）葉為一至二回羽狀複葉，下段羽片基部多少羽裂。
（小上）上段羽片呈長菱形。
（小下）基部數對羽片的基部常羽裂形成扇形的小羽片。

網脈鱗始蕨

Lindsaea cultrata (Willd.) Sw.

海拔	低海拔		
生態帶	熱帶闊葉林		
地形	山溝	谷地	山坡
棲息地	林內	溪畔	
習性	地生		
頻度	稀有		

20060206・蘭嶼天池

20061128・蘭嶼天池

●**特徵**：根莖短匍匐狀，被覆窄鱗片，葉叢生其上；葉柄長10~30cm，橫切面方形，草稈色，基部亦具與根莖相同的窄鱗片；葉草質，二回羽狀複葉，頂羽片與側羽片同形；羽片1~2對，長10~14cm，寬1~2cm；小羽片倒三角形至扁扇形，邊緣具數淺裂，裂片裂入至小羽片1/3處，中脈一側葉片缺如；葉脈網狀，網眼內無游離小脈；孢子囊群著生於小脈頂端的接合脈上，靠近葉緣，但與葉緣有一段距離，孢膜橫長形，全緣，開口朝外。

●**習性**：地生，生長在林下遮蔭且潮濕的環境。

●**分布**：中國南部、中南半島、馬來半島、菲律賓、爪哇，台灣僅見於蘭嶼。

【**附註**】由地層資料可以發現，早期植物的葉脈多為簡單的游離脈，也就是說，葉脈演化的方向是由簡單的游離脈逐漸變成連結脈，甚至形成更複雜的網脈，不過雖然都是網狀脈，其外形也有諸多差異。整體而言，相同的分類群其脈相大致相同，但也有例外的情形，例如金星蕨科的小毛蕨脈型同時也出現在蹄蓋蕨科的過溝菜蕨（①P.387）。至於鱗始蕨屬的脈型，是屬於由多次二叉的游離脈逐漸演變成相鄰葉脈相互癒合形成簡單的網眼，這種脈相的特色是網眼中無游離小脈，網眼外側仍可見保持游離狀態的葉脈，是蕨類植物的網脈中最簡單的類型。

（主）生長在成熟林下潮濕遮蔭處，側羽片1~2對，頂羽片與側羽片同形。
（小）小羽片倒三角形至扇形，其中脈一側的葉片缺如。

方柄鱗始蕨

Lindsaea lucida Blum.

海拔	低海拔		
生態帶	熱帶闊葉林		
地形	山溝	谷地	山坡
棲息地	林內		
習性	地生		
頻度	稀有		

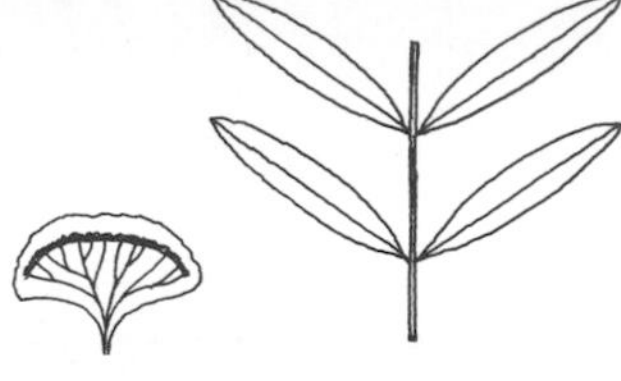

●**特徵**：根莖短匍匐狀，被覆窄鱗片，葉叢生其上；葉柄長2~5cm，橫切面方形；葉片線形，長可達30cm，寬1~2cm，一回羽狀複葉；羽片倒三角形至扇形，長0.5~1cm，寬0.3~0.6cm，具短柄，表面光滑；葉脈游離，中脈一側不具葉片；孢子囊群不連續，著生在小脈頂端近葉緣處，沿葉緣排成線形；孢膜向外開裂。

●**習性**：生長在林下山溝的土坡上。

●**分布**：以東南亞為分布中心，北達喜馬拉雅山麓、中國南部及琉球群島一帶，台灣僅見於恆春半島低海拔山區。

19850915・八律溪

【附註】本種亦屬於來自東南亞的蕨類，台灣不是其分布中心，所以數量較少，這些以東南亞為其分布中心在台灣則屬稀有蕨類的植物，在台灣的分布狀況依緯度可細分成三圈：第一圈為恆春半島及鄰近地區、台東大武及蘭嶼，由於緯度較低較靠近熱帶，此類物種的種數自然較多；第二圈在嘉義曾文水庫附近至花蓮北回歸線以南一帶，數量較第一圈少，不過仍可見到為數不少來自南方的稀客；第三圈則進入北部的山溝谷一帶，可能是此處仍較溫暖潮濕。由此可知擁有許多稀有蕨類是台灣南部蕨類的特色，但因多為偶發性的種類，所以要勤於野外觀察才有機會看到。

（主）生長在林下山溝土坡上。

攀緣鱗始蕨

Lindsaea merrillii Copel. subsp. *yaeyamensis* (Tagawa) Kramer

海拔	低海拔		
生態帶	熱帶闊葉林		
地形	山溝	谷地	山坡
棲息地	林內		
習性	著生	地生	
頻度	偶見		

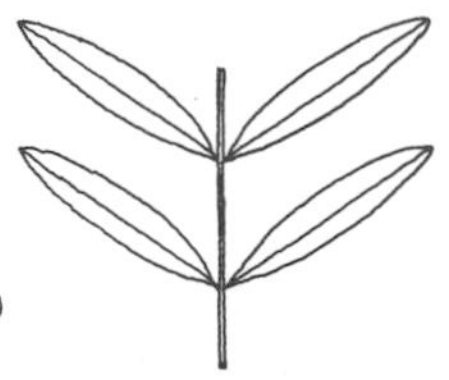

19850806・南仁湖下方

20060615・蘭嶼天池

20060616・蘭嶼天池

●**特徵**：根莖長匍匐狀，被覆紅褐色鱗片；葉柄短，很少超過5cm；葉片線形，兩端較窄，長20~50cm，寬2~4cm，草質，一回羽狀複葉；羽片呈歪斜的倒三角形或寬扇形，長1~2cm，寬0.5~1cm，多少具短柄；葉脈游離，孢子囊群不連續，著生在葉緣內側，孢膜向外開裂。

●**習性**：生長在林下遮蔭潮濕環境，植株地生或攀緣於樹幹較低位之處。

●**分布**：琉球群島，台灣產於南部地區如大武、恆春半島、蘭嶼等地，以及宜蘭和陽明山國家公園等地，屬於南北分布類型。

【**附註**】本種具有非常特殊的生活習性，主要生長在熱帶雨林的低位，低位意即有時生長在地面，有時則由地面攀緣至樹幹基部，但從未見其攀緣至樹幹較高位的位置，可能是台灣南部多季節性乾旱的熱帶森林，該種森林中、高位的微環境對本種而言太乾了── 從較偏膜質的葉子可知本種只能生長在較潮濕的環境，但它攀緣性的生長習性似乎也透露出，熱帶雨林的地被可能又太潮濕了，樹幹基部才是較適合的位置。

（主）沿著樹幹向上攀緣。
（小左）有時亦可見到生長在地面的個體。
（小右）羽片呈極端歪斜的倒三角形，孢子囊群侷限在裂片內。

細葉鱗始蕨

Lindsaea kawabatae
Kurata

海拔	低海拔	
生態帶	熱帶闊葉林	
地形	谷地	山坡
棲息地	林內	
習性	地生	
頻度	稀有	

●**特徵**：根莖短匍匐狀，被覆窄鱗片，葉叢生其上；葉柄長10~15cm，葉片長三角形，表面光滑無毛，長15~25cm，寬7~12cm，三回羽狀複葉，基部羽片最長，約5~7cm，寬約2~3cm；末裂片細小，窄扇形，葉脈游離，不具中脈，孢子囊群位在小脈頂端的橫向連接脈上，孢膜邊緣多少不規則齒裂，靠近葉緣。

●**習性**：地生，生長在林下遮蔭環境。

●**分布**：屋久島，台灣目前僅見於恆春半島。

【附註】本種在全世界只出現在日本九州南部的屋久島與台灣南部的恆春半島，且兩地的數量都很少，可說是世界級的稀有植物。台灣有些稀有植物之所以稀有，是因其分布中心在東南亞或其他地方，台灣恰位其分布邊緣而顯得稀有，所以稀有與否全依視野而定，雖然稀有物種尚留存許多論點等待釐清，但台灣因其地理位置而擁有許多稀有蕨類卻是不爭的事實，單就此點來說稀有物種就值得保護，而由此也可看出台灣環境的細膩度。

19860128・萬里得山→南仁山

20051101・南仁山

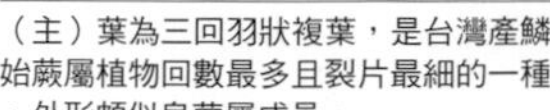

（主）葉為三回羽狀複葉，是台灣產鱗始蕨屬植物回數最多且裂片最細的一種，外形頗似烏蕨屬成員。
（小）末裂片窄扇形，孢膜沿裂片上緣生長並形成弧形，與烏蕨有所不同。

鳳尾蕨科

Pteridaceae

外觀特徵：葉形變化極大，單葉至多回羽狀複葉，少數種類葉子呈五角狀；葉脈游離，少數種類具網眼，但內無游離小脈；大多數種類的孢子囊群均位於裂片邊緣，由葉緣特化、反捲之假孢膜所包被，也有一些種類其孢子囊沿脈生長或是散生於葉背，且無孢膜保護，無具真正孢膜的種類。

生長習性：多數地生型，偶爾著生岩縫、珊瑚礁縫，少部分種類為水生。

地理分布：以熱帶為中心，廣泛分布世界各地，台灣則全島均可見其蹤跡。

種數：全世界有34屬700～850種，台灣有12屬68種。

● 本書介紹的鳳尾蕨科有7屬32種。

【屬、群檢索表】

①水生或濕生；孢子囊散沙狀全面著生葉背，或位在由葉緣反捲之假孢膜中。........................ ②

①陸生；孢子囊位在由葉緣反捲之假孢膜內或沿脈生長。.. ③

②三回羽狀複葉；孢子囊群位在由葉緣反捲的假孢膜中。.. 水蕨屬 P.113

②一回羽狀複葉；孢子囊全面著生葉背。 鹵蕨屬

③羽片或末回小羽片扇形，中脈不顯著；葉之各級主軸紫褐色至黑色，有光澤。 鐵線蕨屬 P.119

③各級分裂之末回葉片中脈顯著；少數種類至多葉柄及葉軸深色發亮。.................................... ④

④孢子囊群裸露，不具保護構造。........................ ⑤

④具由葉緣反捲之假孢膜.................................... ⑨

⑤末裂片小，致使孢子囊群幾乎佔據整個末裂片的背面。.. ⑥

⑤末裂片較大型，可見孢子囊沿脈生長。......... ⑦

⑥植株高約50cm以上，二回羽狀深裂至複葉，最末裂片具多條脈。................................ 粉葉蕨屬

⑥植株大小約5cm，三回羽狀深裂，最末裂片常僅具2～4條脈。.. 翠蕨屬

⑦全緣不分裂之單葉.................................. 澤瀉蕨屬

⑦羽狀複葉... ⑧

⑧一回羽狀複葉，羽片心形至卵形。........................ .... 金毛裸蕨屬 P.117

⑧一至二回羽狀複葉，羽片長橢圓狀披針形。..... .... 鳳丫蕨屬 P.118

⑨葉柄及葉軸深色發亮；30cm以下之小型植物。.. .... 碎米蕨屬 P.116

⑨至多僅葉柄基部呈深色，且通常不具光澤；小型至中、大型植物。... ⑩

⑩孢子葉之末裂片較寬；假孢膜位於葉緣。.......... .... 鳳尾蕨屬 P.129

⑩孢子葉之末裂片狹窄；假孢膜面對面生長，幾乎蓋滿葉背。.. ⑪

⑪孢子囊群位在葉緣反捲處的連結脈上.................. .... 金粉蕨屬 P.114

⑪孢子囊群位在葉脈頂端，無連結脈。..... 珠蕨屬

水蕨

Ceratopteris thalictroides
(L.) Brongniart

海拔	低海拔
生態帶	熱帶闊葉林　亞熱帶闊葉林
地形	平野
棲息地	濕地　水域
習性	水生
頻度	偶見

●**特徵**：植株肉質，莖短而直立；葉叢生，兩型；營養葉柄長10~35cm，葉片橢圓形至披針形，長10~40cm，寬5~12cm，二至三回羽狀複葉；小羽片凹裂處常有不定芽；孢子葉比營養葉長，裂片則較窄；孢子囊著生在裂片背面，由裂片兩側邊緣反捲所形成的假孢膜保護。

●**習性**：根部著土之水生植物，生長在向陽開闊的淺水池，沉水或挺水皆可見。

●**分布**：廣泛分布於全世界熱帶地區，台灣全島低海拔濕地零星可見。

【附註】本種在裂片凹入處具有不定芽，所以一片葉子在逐漸老化腐朽時反而會促進不定芽發育成長，最後形成許多新的植株，這是本種在演化過程所產生的獨特的繁殖策略。本種最特殊的形態特徵是孢子囊幾乎無柄，環帶的位置與細胞數目都不固定，此特徵在近代蕨類中不但很不尋常而且是唯一的（近代蕨類的孢子囊都具長柄，且囊上具一垂直的不完全環帶），有的分類學者將其獨立自成「水蕨科」一科，從分子生物學的角度水蕨與莎草蕨科有密切的親緣關係，形態上則與鳳尾蕨科一樣具有葉緣反捲的假孢膜。

19940408・蘭嶼紅頭村

19951215・台大（人工栽植）

19950831・高雄田寮

20041015・台大（人工栽植）

（主）著土型的濕地或水生植物，葉兩形，左為營養葉，右葉裂片較窄，是孢子葉。
（小左）孢子葉背面，裂片狹長，兩側具由葉緣反捲所形成的假孢膜。
（小右上）水位上升時，植株沒入水中，成為沉水植物。
（小右下）裂片凹入處具不定芽。

高山金粉蕨

Onychium lucidum
(Don) Sprengel

海拔	高海拔	
生態帶	箭竹草原	針葉林
地形	山坡	
棲息地	林緣	空曠地
習性	地生	
頻度	偶見	

20040801・向陽

20040801・向陽

●**特徵**：根莖匍匐狀，被褐色闊披針形鱗片，葉遠生；葉柄長10~25cm，草稈色，基部黑色；葉片寬卵形，長10~25cm，寬15~20cm，三至四回羽狀複葉；末裂片狹披針形，長5~8mm，寬1~1.5mm；孢膜長1~3mm，每一小裂片上的假孢膜成對，面對面排列，開口朝向末裂片中脈。

●**習性**：地生，生長在林緣略遮蔭環境。

●**分布**：喜馬拉雅山東部一帶，台灣產於針葉林帶開闊地稍遮蔭處。

【附註】台產3種金粉蕨的習性很相似，都生長在稍遮蔭或半遮蔭的開闊環境，外形也大致相似，多回羽狀複葉且末裂片細長，不過它們分別屬於不同的森林生態帶。本種分布的海拔最高（2500至3000公尺），是台灣高山針葉林帶的代表種；其次是日本金粉蕨（①P.155），主要分布在亞熱帶的森林地區，所以在北部低海拔較常見；金粉蕨則是本屬中最漂亮者，但數量也最少，屬於季節性乾旱熱帶森林地帶的物種，零星分布在南部地區。由這3種金粉蕨在台灣的分布狀況，可大略看出台灣蕨類的一種配置模式，即同屬或同科的物種會在不同的生態環境配置不同的種類，此模式也見於瓶爾小草科的陰地蕨屬（P.44）。

（主）生長在高山針葉林帶空曠但稍遮蔭的環境。
（小）假孢膜在末裂片中脈兩側成對出現，開口朝向中脈。

金粉蕨

Onychium siliculosum
(Desv.) C. Chr.

海拔	低海拔
生態帶	熱帶闊葉林
地形	山坡
棲息地	林緣
習性	地生
頻度	稀有

19790702・六龜→扇平

20040101・連雲瀑布

20040101・連雲瀑布

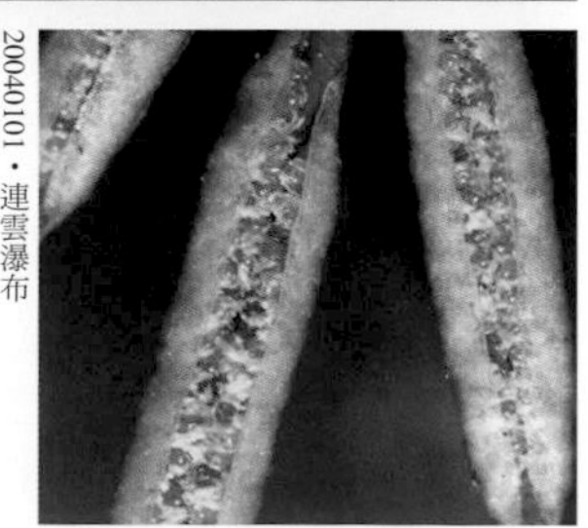

●**特徵**：根莖短，斜臥，被窄鱗片，葉叢生其上；葉柄長20~40cm，淡褐色，基部被覆與莖相同的鱗片；葉片卵狀披針形，長約20~60cm，寬約15~45cm，四回羽狀複葉；靠近基部的羽片及小羽片有柄；孢子葉較長，頂生的末裂片明顯較其他裂片長；孢子囊群間有金黃色粉末，由成對開口朝向末裂片中脈的假孢膜所包覆，孢膜長達1~2cm。

●**習性**：地生，生長在林緣半遮陰環境。

●**分布**：主要分布在東南亞地區，北達印度北部至台灣南部沿線地區，台灣只出現在南部低海拔地區。

【附註】本種是具有景觀價值的原生蕨類，因其著生於葉背的金黃色孢子囊群非常討喜，株高約50~60cm，葉片的分裂程度也頗為細緻，可比擬園藝上常見的文竹或武竹。且本種的質地厚實，比一般的蕨類耐乾旱，這是鐵線蕨類無法相比的，在應用上建議不妨做成類似鐵線蕨的小盆栽，也可當作較精緻的小庭院的前景。

（主）生長在林緣半遮蔭處，孢子葉裂片較細長。
（小左）孢子葉的末裂片明顯具柄，頂端的末裂片最長。
（小右）孢子囊群由裂片兩側向內反捲的假孢膜所被覆。

細葉碎米蕨

Cheilanthes chusana Hook.

海拔	低海拔
生態帶	亞熱帶闊葉林
地形	山坡
棲息地	林緣
習性	岩生
頻度	常見

2000209・綠水

19980408・特富野古道

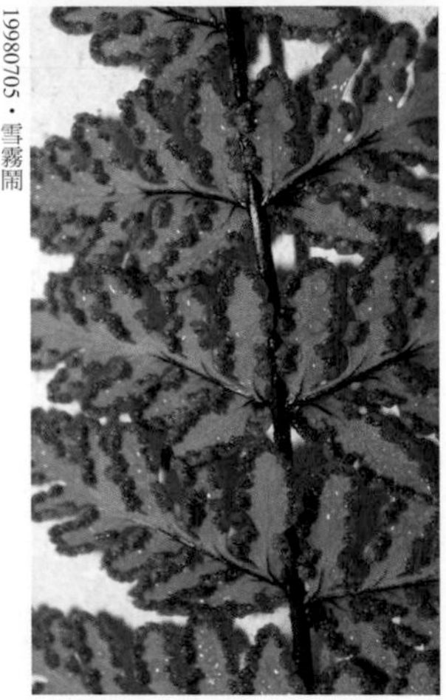

19980705・雪霧鬧

●**特徵**：莖短而直立，覆褐色窄鱗片，葉叢生其上；葉柄長1.5~5cm，暗紫褐色，基部具鱗片，兩側具向上隆起之脊；葉片線狀披針形至倒披針形或橢圓狀卵形，長13~25cm，寬3~7cm，二回羽狀複葉，草質；葉軸深褐色，表面兩側隆起，與葉柄之隆起相連，隆起的脊上具有鱗片；羽片長1~2cm，寬約1cm，小羽片頂端圓鈍，通常以較寬闊的基部著生於羽軸上，邊緣具圓齒；孢子囊群橢圓形，著生在小脈頂端，離生或偶亦呈連結狀，由葉緣反捲所形成的假孢膜包覆。

●**習性**：生長在林緣開闊稍遮陰環境之岩壁上。

●**分布**：日本、韓國、中國、中南半島以及菲律賓，台灣產於低海拔岩石環境。

【附註】碎米蕨屬是一群典型的岩生型蕨類，其習性如同書帶蕨科的車前蕨屬（P.146），不過後者都生長在潮濕的森林下方，屬於下位著生，而碎米蕨屬的植物則都生長在林緣較空曠處。本屬蕨類可大略分為兩群，一群葉背具白粉，主要分布在涼溫帶及暖溫帶多雲霧的環境；另一群其葉背不具白粉，主要分布於較低海拔，偶亦出現在暖溫帶，不過後者的環境較不具備經常性雲霧的特性，本種即屬於後者。

（主）常見生長在林緣空曠稍遮蔭處的岩壁上。
（小）久旱不雨其羽片常呈卷縮狀，水分充足的情況下會再展平。

金毛裸蕨

Paraceterach vestita
(Hook.) R. Tryon

海拔	中海拔	高海拔
生態帶	針闊葉混生林	針葉林
地形	山坡	
棲息地	林緣	
習性	岩生	
頻度	稀有	

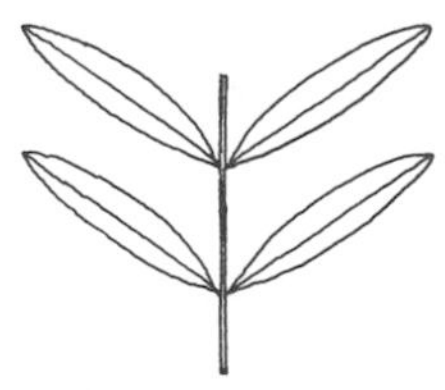

19880729・對關

●**特徵**：根莖短匍匐狀，密被黃色細鱗片，葉叢生其上；葉柄長10~15cm，紅褐色，具毛及鱗片；葉片窄披針形，長15~30cm，寬3~7cm，一回羽狀複葉，葉軸具毛及鱗片；頂羽片和側羽片同形，羽片基部心形，末端略尖，全緣，具短柄，背面密被淡色多細胞長毛；葉脈游離，側脈多回分歧，偶連結成狹長網眼；孢子囊沿脈生長，不具孢膜。

●**習性**：生長向陽岩壁的岩縫中。

●**分布**：喜馬拉雅山及其鄰近地區，台灣產於海拔2000至3000公尺的岩石環境。

【附註】台灣生長在海拔1800至2500公尺的蕨類植物，可見許多種類均同時分布在喜馬拉雅山及其鄰近地區，除本種外，例如形狀怪異又鼎鼎大名的稀子蕨、魚鱗蕨、柄囊蕨（①P.140、317、318）等都是，可能是這兩地之間，除了喜馬拉雅山與台灣的脊樑山脈之外，並無太高的山，加上蕨類的傳播體（孢子）僅有一個細胞，利用氣流就可以傳播到很遠的地方，不過更有可能是冰河期之際，隨著古老物種進入台灣低海拔，再由於間冰期的增溫現象，又跟隨古老物種由低海拔往上播遷至較高海拔。由蕨類地理分布的觀點來看，台灣中、高海拔的生態環境其實非常「喜馬拉雅山」。

20061210・梅峰（人工栽植）

（主）生長在林緣開闊稍遮蔭之岩石環境，葉叢生，一回羽狀複葉。
（小）羽片具短柄，基部心形，沿脈生長之孢子囊隱藏在絨毛之間。

高山鳳丫蕨

Coniogramme procera
Fée

海拔	中海拔	
生態帶	針闊葉混生林	
地形	谷地	山坡
棲息地	林內	林緣
習性	地生	
頻度	稀有	

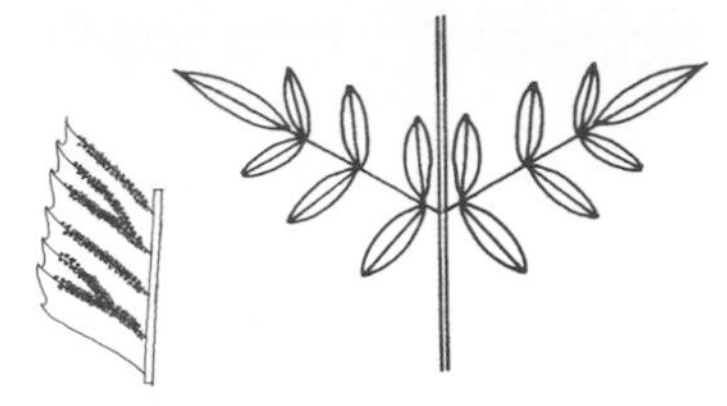

20080120・阿里山

●**特徵**：根莖匍匐狀，疏被黃色披針形鱗片；葉柄長20~60cm；葉片闊卵狀披針形至卵狀三角形，長30~70cm，寬20~50cm，二回羽狀複葉；羽片長20~30cm，寬8~12cm，基部羽片之小羽片可達10對以上；小羽片披針形，長4~6cm，寬1.5~2.5cm，具短柄，末端尾狀，葉緣鈍鋸齒緣；葉脈游離，自近中脈處二叉分出；孢子囊沿脈生長。

●**習性**：地生，生長在下坡、谷地等較潮濕的半遮蔭環境。

●**分布**：喜馬拉雅山區往東至中國鄰近山區，台灣只產於阿里山一帶。

【**附註**】台灣產4種鳳丫蕨，唯一葉脈連結成網眼的是日本鳳丫蕨（①P.166），其餘種類葉脈均為游離脈；唯一葉緣全緣的是全緣鳳丫蕨（①P.164），其餘均具鋸齒緣；以最基部一對羽片之小羽片對數來看，最多的就是本種，約為10對左右，其餘均只2~5對。

本種是台灣海拔分布最高的鳳丫蕨，生長在針闊葉混淆林的檜木林帶，位於開闊谷地邊坡，該地經常雲霧裊繞，其餘3種均在暖溫帶闊葉林，有時亦見生長在柳杉造林地。

20050123・特富野古道

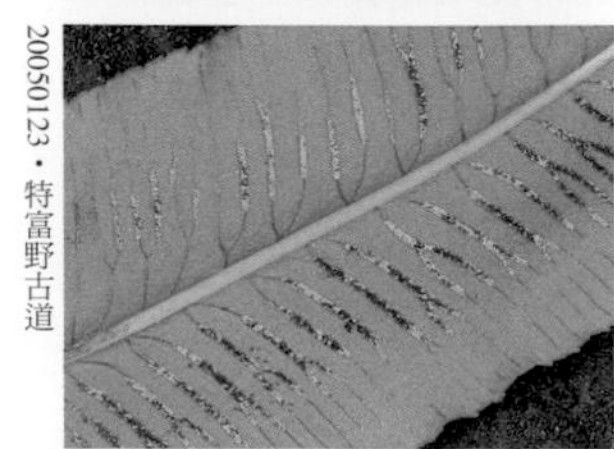

20050123・特富野古道

（主）葉為二回羽狀複葉，基部羽片之小羽片可達10對以上。
（小上）小羽片具短柄，基部心形。
（小下）葉脈游離，孢子囊沿脈生長。

對葉鐵線蕨

Adiantum capillus-junonis Rupr.

海拔	中海拔
生態帶	暖溫帶闊葉林
地形	山坡
棲息地	林緣
習性	岩生
頻度	瀕危

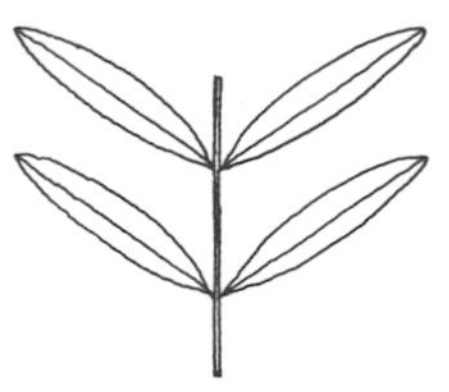

19880729・父子斷崖

●**特徵**：莖短直立狀，密被線形或線狀披針形的褐色鱗片，葉叢生；葉柄長約4cm，黑褐色，略具光澤；葉片窄披針形至線形，長8~15cm，寬2.5~3.5cm，薄紙質，一回羽狀複葉，葉軸表面光滑無毛，頂端具不定芽；羽片圓扇形，左右略對稱，孢子囊群位在羽片邊緣，每一羽片具2~3枚假孢膜。

●**習性**：長在潮濕岩壁上。

●**分布**：中國、韓國及日本，台灣產於中海拔山區，非常罕見。

19860518・觀高→下東埔

19850518・英國皇家植物園標本館

【**附註**】首次報導台灣產對葉鐵線蕨，是在A. Henry於1896年發表的一篇科學文章，根據的是G. Playfair及他本人在台灣所採的標本，G. Playfair在1888~1889年間是英國駐台代理領事（辦公室在今之高雄），而A. Henry在1892~1895年間在打狗（今高雄）海關服務，他們所採的對葉鐵線蕨今天仍存放在德國柏林植物園標本館、英國皇家植物園標本館及法國自然科學博物館，1895年之後直到1980年將近一個世紀，台灣未再有任何相關的採集紀錄，自1980年迄今也只有2~3次發現小族群的訊息，據悉本種是屬於石灰岩環境的植物，在日本、韓國、台灣都很稀少，分布中心推測是在中國。

（主）葉軸常呈鞭狀，頂端具不定芽。
（小左）葉為一回羽狀複葉，羽片圓扇形，對生。
（小右）Playfair所採的標本，藏於英國皇家植物園標本館（Kew）。

翅柄鐵線蕨

Adiantum soboliferum
Wall. *ex* Hook.

海拔	低海拔	
生態帶	熱帶闊葉林	
地形	山坡	
棲息地	林內	林緣
習性	地生	
頻度	稀有	

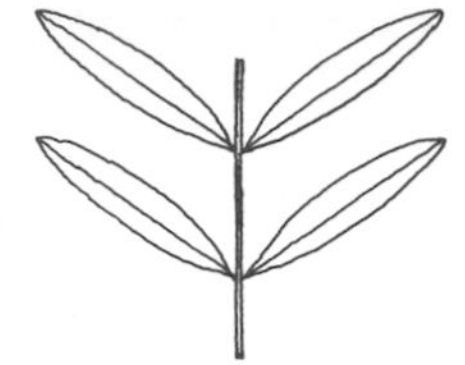

19850210・曾文水庫

●**特徵**：莖短直立狀，被覆鱗片，葉叢生其上；葉柄長8~20cm，亮黑色，兩側具翅；葉片線形至窄披針形，長12~25cm，寬2~3.5cm，一回羽狀複葉，葉軸背面密被毛，兩側具翅，有時上段延長，末端具不定芽；羽片長方形，長2~3cm，寬1~2cm，無毛，上緣多少淺裂，基部羽片之柄最長，約1~1.5cm；每一羽片具5~9枚假孢膜。

●**習性**：地生，生長在林下或林緣半遮蔭環境。

●**分布**：亞、非舊世界熱帶地區，北達中國南部至台灣一線，台灣主要產於南部低海拔地區。

【**附註**】一回羽狀複葉的鐵線蕨都具有「走路」的習性，屬於走蕨（walking fern）一群，它們的葉軸常會伸長形成鞭狀，且在靠近頂端的地方發育出不定芽，不定芽觸地之後可產生新的植株，野外有時可見綿延數代的植株。有這種習性的鐵線蕨，在台灣除了本種外，尚有半月形鐵線蕨、鞭葉鐵線蕨（①P.169、170）、馬來鐵線蕨、梅山口鐵線蕨、愛氏鐵線蕨（P.121~123）、對葉鐵線蕨（P.119）等。

20081029・台北植物園（人工栽植）

（主）生長在林下或林緣半遮蔭環境的土坡上，葉為一回羽狀複葉。
（小）葉軸兩側可見窄翅，羽片明顯具柄。

馬來鐵線蕨

Adiantum malesianum
Ghatak

海拔	低海拔	
生態帶	熱帶闊葉林	
地形	山坡	
棲息地	林緣	
習性	岩生	地生
頻度	偶見	

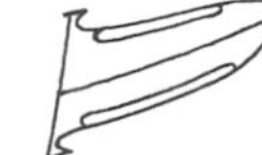

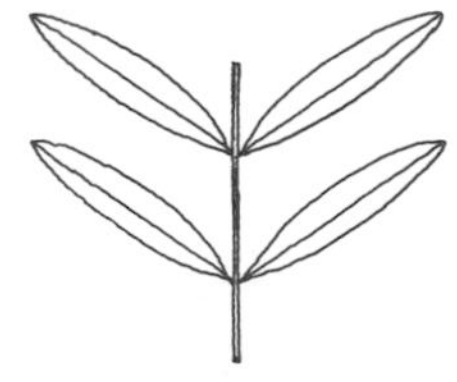

●**特徵**：莖短而直立，密被黑褐色鱗片，葉叢生其上；葉柄長5~10cm，黑褐色，被有深紅色硬毛；葉片狹長披針形，長10~25cm，寬2~5cm，一回羽狀複葉；葉軸及葉片密被毛，葉軸上段延伸形成鞭狀，頂端具不定芽；羽片扇形至斜三角形或斜長方形，最基部一對羽片呈半圓形或寬扇形；假孢膜腎形至圓腎形，每一羽片多枚。

●**習性**：生長在林緣之岩壁或土坡上。

●**分布**：主要在東南亞一帶，北達中國南部及台灣南部，台灣產於南部低海拔岩石環境。

【附註】台灣一回羽狀複葉且葉軸形成鞭狀的鐵線蕨共有7種，其中翅柄鐵線蕨葉軸兩側有翅、對葉鐵線蕨羽片近圓形且對生，二者特徵顯著，馬來鐵線蕨與鞭葉鐵線蕨葉脈之間的葉肉兩面密被毛，其餘3種葉肉兩面都無毛；馬來鐵線蕨葉柄較長，最基部一對羽片呈半圓形，不過最重要的是葉軸背面密被毛，而鞭葉鐵線蕨葉軸背面光滑無毛；最後3種的半月形鐵線蕨其羽片柄最長，可達1cm，其餘兩種的羽片柄都短，不超過0.3cm，這兩種之中愛氏鐵線蕨葉柄及葉軸均無毛，梅山口鐵線蕨葉柄及葉軸中下段則具稀疏的毛。

20040714・龍崎

20040210・南橫

20070706・太魯閣

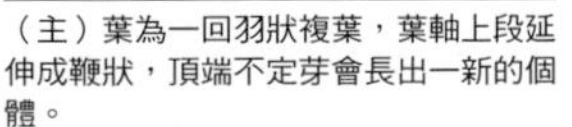

（主）葉為一回羽狀複葉，葉軸上段延伸成鞭狀，頂端不定芽會長出一新的個體。

（小上）最基部一對羽片呈半圓形相對，與其他羽片明顯不同。

（小下）中段羽片呈斜三角形或斜長方形，每一羽片具多枚假孢膜。

梅山口鐵線蕨

Adiantum meishanianum
F. S. Hsu *ex* Y. C. Liu & W. L. Chiou

海拔	低海拔
生態帶	熱帶闊葉林
地形	山坡
棲息地	林緣
習性	岩生　地生
頻度	稀有

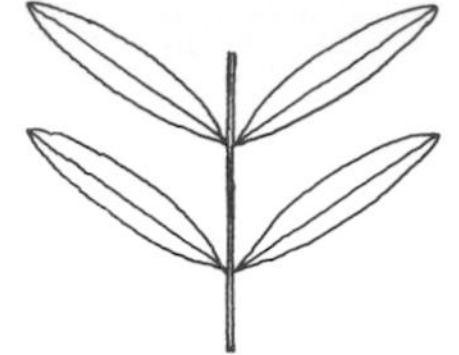

●特徵：莖直立，被覆線形雙色鱗片，鱗片中央黑色，邊緣褐色；葉柄長10~20cm，黑褐色，具光澤，疏被毛；葉片線形至狹長披針形，長10~50cm，寬3~6cm，一回羽狀複葉，葉軸疏被毛或無毛，有時形成鞭狀，頂端具不定芽；最基部一對羽片最大且向下轉折，明顯具柄，柄長約2mm；羽片扇形、斜三角形至斜長方形，上緣多少裂入形成數個裂片；假孢膜位在裂片頂端，腎形至圓腎形。

●習性：生長在開闊林緣稍遮蔭環境之岩壁上。

●分布：台灣特有種，在高雄梅山口一帶可見。

【附註】本種極有可能是雜交種，其父母種推測是馬來鐵線蕨（P.121）和半月形鐵線蕨（①P.169），因為無論從羽片形狀、羽柄長度，以及葉肉、葉柄、葉軸、羽片柄等之毛被物分布狀況，本種的形態特徵皆在前述父母種的兩者之間，加上台灣南部地區馬來鐵線蕨與半月形鐵線蕨雖然不是很常見，但也不是那麼少見，常呈小族群零星分布狀，且生長習

20050204・梅山口

性也大致相似，兩種相遇是有可能的。

20050204・梅山口

（主）外形頗似馬來鐵線蕨，一樣是一回羽狀複葉，且具有鞭狀的不定芽。
（小）羽片斜三角形至斜長方形，明顯具柄，羽片近羽柄具毛。

愛氏鐵線蕨

Adiantum edgeworthii Hook.

海拔	中海拔
生態帶	暖溫帶闊葉林
地形	山坡
棲息地	林緣
習性	岩生
頻度	偶見

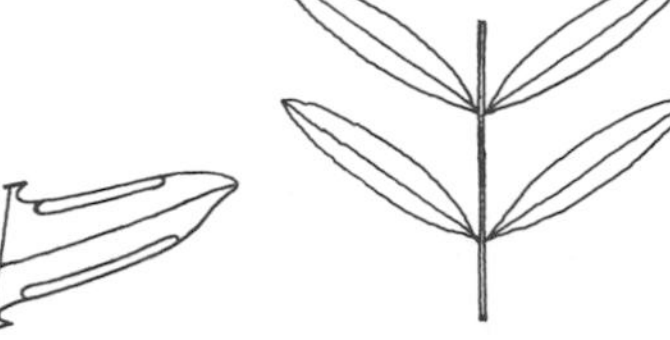

●**特徵**：莖短直立狀，被覆黑色鱗片，葉叢生莖頂；葉柄長4~10cm，深褐色，有光澤；葉片線狀披針形，長6~23cm，寬2~3cm，一回羽狀複葉，葉軸表面光滑無毛或近乎無毛，部分葉片的葉軸末端延長，呈鞭狀，頂端具不定芽；羽片具柄，呈歪斜的長方形或斜三角形，長1~1.5cm，寬0.5~0.8cm，基部楔形，上緣截形或淺齒裂，表面光滑，基部羽片多少反折；孢子囊群著生在羽片上緣，每一羽片具2~5枚假孢膜。

●**習性**：生長在林緣半遮蔭開闊環境之岩石坡上。

●**分布**：喜馬拉雅山及其鄰近地區，北達中國及日本九州一帶，南限為中南半島北部及菲律賓一帶，台灣產於中海拔山區。

【**附註**】台產7種一回羽狀複葉的鐵線蕨走蕨，其於台灣的分布中心概為中、南部地區，且幾乎都與岩石環境有關，除本種的海拔分布較高（中海拔）外，其餘均在低海拔。台灣低海拔中部地區有3個月的旱季，南部地區的旱季更長達6個月，一回羽狀複葉的鐵線蕨走蕨與旱季、岩石地的關係應該是很顯著的。走蕨是一種無性繁殖的生存機制，利用頂端的不定芽繁殖下一代，比起需要水分的有性繁殖，在特殊的環境下似乎更有保障。由鐵線蕨走蕨的地域性分布狀況，大略也可看出台灣南部蕨類的發展脈絡與北部地區有所不同。

19851102・觀高→下東埔

19890415・玉山國家公園

（主）生長在路邊斜坡上，葉片下垂。
（小）葉為一回羽狀複葉，基部羽片多少反折。

毛葉鐵線蕨

Adiantum hispidulum Sw.

海拔	中海拔
生態帶	暖溫帶闊葉林
地形	谷地 山坡
棲息地	林緣
習性	岩生 地生
頻度	偶見

●**特徵**：莖短直立狀，密被黑褐色線形至披針形鱗片，葉叢生；葉柄長6~18cm，亮紫黑色，基部具褐色披針形鱗片，上部為線形鱗片；葉片卵圓形，不等邊二至三回二叉分支，外形狀似掌狀複葉；中間羽片較長，約10~15cm或20cm以上，奇數一回羽狀複葉，兩側較短，最外側羽片長約4~6cm；末回小羽片扇形，具短柄，表面被毛；葉脈游離，多回分叉；假孢膜腎形至圓形，被毛，每一末回小羽片具5~8枚。

●**習性**：生長在林緣半遮蔭環境的多岩石坡面。

●**分布**：以舊世界熱帶及亞熱帶為其分布中心，北以中國及台灣南部一線為界，南達紐西蘭，台灣主要產於中、南部中海拔之岩石地區。

【**附註**】台產3種外形為掌狀複葉的鐵線蕨，葉片的分裂方式可分為兩類，一類為葉片僅二叉分支一次，每一分枝的上側具有2~6枚一回羽狀複葉的羽片，如灰背鐵線蕨，另一類為葉片二至三回二叉分支，且在第一回分枝的上下兩側均具有一回羽狀複葉的羽片，本種與扇葉鐵線蕨（①P.171）即屬後者。區分本種與扇葉鐵線蕨的重點特徵為，本種的小羽片及假孢膜均具毛，而扇葉鐵線蕨則無，二者的生長習性也有所不同，本種較偏中海拔岩石環境，而扇葉鐵線蕨較偏低海拔次生林的土壤環境。

19980408・特富野

20020720・天溪園

20020720・天溪園

（主）羽片呈鳥足狀排列，側羽片明顯較短。
（小上）末回小羽片扇形，具短柄，表面被毛。
（小下）假孢膜圓腎形，上面具長毛。

灰背鐵線蕨

Adiantum myriosorum Bak.

海拔	中海拔	
生態帶	針闊葉混生林	
地形	山坡	
棲息地	林緣	
習性	岩生	地生
頻度	稀有	

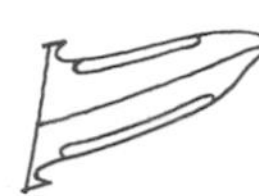

鳳尾蕨科

鐵線蕨屬

●**特徵**：莖直立狀或斜上生長，先端被覆褐色寬披針形鱗片，葉叢生；葉柄長12~30cm，亮黑褐色，基部被褐色披針形鱗片；葉片闊扇形，長15~35cm，寬24~40cm，二叉分支，每一分枝的上側生出2~6枚一回羽狀複葉之羽片；表面光滑無毛；最長羽片長10~15cm，寬1.5~3cm；末回小羽片斜長三角形，長0.8~1.2cm，寬0.4~0.6cm，葉脈游離；每一末回小羽片約具2~6枚假孢膜。

●**習性**：生長在滴水岩壁或潮濕土壁上。

●**分布**：中國西南部，台灣在雲霧帶中海拔山區零星可見。

【**附註**】本種的最近緣種應為掌葉鐵線蕨（*A. pedatum* L.），該種主要以太平洋較高緯度的東西兩岸為其分布中心，例如北美、日本、韓國以及中國東北部、北部至西南部一帶，推測也有可能產於台灣，其外形與本種非常近似，可說是幾乎一模一樣，不同點在於本種葉背較偏灰白，而掌葉鐵線蕨呈現的是綠色；本種營養葉葉緣具尖齒，有別於掌葉鐵線蕨的鈍齒緣；本種末回小羽片上緣淺裂，而掌葉鐵線蕨裂入達1/3~1/2；再者本種的假孢膜上緣呈馬鞍狀凹陷或更深陷，而掌葉鐵線蕨則呈淺凹陷狀。

20050731・巴福越嶺古道

20050731・巴福越嶺古道

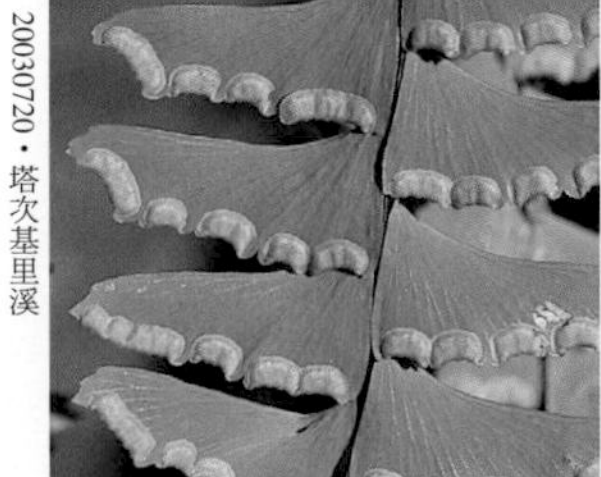

20030720・塔次基里溪

（主）葉片闊扇形，呈掌狀分裂。
（小上）生長在潮濕的土壁上。
（小下）末回小羽片呈斜長三角形，上緣可見反捲的假孢膜，假孢膜上緣呈馬鞍狀。

月牙鐵線蕨

Adiantum formosanum Tagawa

海拔	高海拔
生態帶	高山寒原
地形	山坡
棲息地	空曠地
習性	岩生
頻度	稀有

20040902・和平林道

20040902・和平林道

●**特徵**：根莖短匍匐狀，具鱗片，葉叢生其上；葉柄長5~12cm，黑褐色，光滑無毛；葉片呈卵狀三角形，長4~8cm，二至三回羽狀複葉；末回小羽片具短柄，斜扇形，全緣，上緣多少瓣裂，通常具2枚假孢膜。

●**習性**：生長在向陽開闊地半遮蔭之岩縫中。

●**分布**：台灣特有種，主要分布在高海拔地區。

【**附註**】台產二至三回羽狀複葉的鐵線蕨，除了長尾鐵線蕨（①P.172）較特殊，因其小羽片背面具深褐色針狀長剛毛，有別於其他種類，大致上可區分為兩群，一群是末回小羽片呈兩側不對稱的斜扇形，且上緣有不同程度的分裂，另一群則是末回小羽片基部楔形，呈兩側對稱的扇形、倒卵形或倒三角形，前者的代表即是本種與鐵線蕨（①P.173），後者的代表則為台灣鐵線蕨與單蓋鐵線蕨（P.128）。

（主）生長在向陽開闊岩石環境半遮蔭的岩縫中，葉為二至三回羽狀複葉。
（小）末回小羽片斜扇形，通常具2枚橫長形假孢膜。

台灣鐵線蕨

Adiantum taiwanianum Tagawa

海拔	高海拔	
生態帶	針葉林	高山寒原
地形	山坡	
棲息地	林緣	空曠地
習性	岩生	
頻度	稀有	

19851029・塔塔加→排雲

●**特徵**：莖短直立狀或斜上生長，被深褐色鱗片，葉叢生其上；葉柄長3~8cm，亮黑褐色；葉片披針形或卵狀披針形，長3~8cm，寬1.5~5cm，革質，無毛，二至三回羽狀複葉；末回小羽片倒三角形至倒卵形，長2~3mm，寬1.5~3mm，基部楔形，具短柄，葉脈游離；假孢膜圓腎形，每一末回小羽片通常僅具一枚。

●**習性**：生長在空曠但遮蔭且偶會滲水的岩縫中。

●**分布**：台灣特有種，分布於高海拔地區。

【附註】台灣在地質史上仍是一處年輕的島嶼，故地形極為陡峭，加上高山環境水土保持不易，稍有土壤化育即為沖刷力極大的瞬間降水或是強力的高山陣風帶走，所以台灣高山多岩壁，無論是海拔3500公尺以上的高山寒原地區或是2500至3500公尺的高山針葉林帶，陡峭的岩壁是一常見的景觀，也是台灣高山蕨類重要的生育場所之一，該處常出現與高山灌叢下或高山針葉林內極為不同的蕨類，月牙鐵線蕨與本種就是高山陡峭岩壁地形的指標植物。

20040814・南橫

19900101・碧綠隧道→關原

（主）葉為二至三回羽狀複葉，末回小羽片約僅2對。
（小上）孢子囊群長在末回小羽片上緣形成凹陷，通常每一末回小羽片僅具一枚孢膜。
（小下）生長在開闊環境但遮蔭、滲水的岩縫中。

單蓋鐵線蕨

Adiantum monochlamys
Eaton

海拔	中海拔
生態帶	暖溫帶闊葉林
地形	谷地
棲息地	林緣
習性	岩生
頻度	稀有

●**特徵**：根莖短匍匐狀，被3~4mm長、紫褐色線形鱗片，葉叢生其上；葉柄長10~20cm，亮深褐色；葉片狹長卵狀三角形、披針形或卵狀披針形，長10~25cm，寬4~8cm，亞革質，二至三回羽狀複葉，葉軸紫褐色，具光澤，光滑無毛；末回小羽片倒三角形或倒卵形，長5~10mm，寬4~12mm，具短柄；假孢膜於每一末回小羽片僅具一枚，圓腎形，位於末回小羽片上緣，形成凹刻。

●**習性**：生長在林緣半遮蔭環境之滴水岩壁上。

●**分布**：中國、南韓及日本，台灣僅見於新竹、苗栗一帶。

【附註】單蓋鐵線蕨過往的採集紀錄不多，最早的紀錄是在1941年由日本人下澤伊八郎在新竹李棟山地區所採得，當時任教台北帝大並擔任植物標本館館長的正宗嚴敬認為與原種有所差異，而在1943年發表成一新的變種，並以下澤做為變種名，即*A. monochlamys* Eaton var. *simozawai* Masamune。但此後單蓋鐵線蕨不再出現於國人眼前，直至1973年於苗栗楊梅山再次被發現，可能是土地開發的關係，往後數十年這兩地也都未再發現它的蹤跡，直至最近才又在新竹山區重現其蹤。有一些稀有蕨類僅產於竹苗中、低海拔山區，而且數十年來僅有個位數的發現紀錄，除本種外，水龍骨科的捲葉蕨（P.163）、鳳尾蕨科的三腳鳳尾蕨（P.137）等情形也類似。探究其因，一方面是由於這些地方大多已被開發，原生環境不復存在，另一方面則歸因於竹苗地區過往的採集及調查工作偏少，也就較少有機會去發現它們。

20070624・鴛鴦谷

20081116・鴛鴦谷

（主）葉為狹長卵狀三角形，二至三回羽狀複葉，生長在林緣半遮蔭環境的滴水岩壁上。
（小）假孢膜圓腎形，每一末回小羽片僅具一枚。

闊葉鳳尾蕨

Pteris pellucidifolia Hayata

海拔	中海拔
生態帶	暖溫帶闊葉林
地形	山坡
棲息地	林內
習性	地生
頻度	稀有

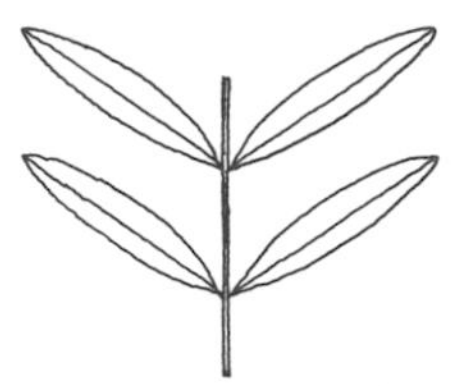

●**特徵**：根莖短匍匐狀，葉叢生其上；葉兩型，營養葉柄長10~25cm，葉片闊卵形，長28~35cm，寬15~30cm，一回羽狀複葉，側羽片至少3~6對，基部數對羽片二叉；羽片長披針形，長10~20cm，寬2.7~3.5cm，中上段鋸齒緣，且具芒刺；孢子葉較窄長，羽片也較細長，寬0.8~1cm；葉脈游離，不具假脈；假孢膜長線形，位於羽片兩側。

●**習性**：生長在林下遮陰環境富含腐植質的土坡上。

●**分布**：喜馬拉雅山東部、中國西南部、中南半島，台灣中海拔山區可見。

【**附註**】本種乍看之下似大葉鳳尾蕨（①P.175），但是本種的側羽片較多，可達6~8對，下側數對羽片基部常呈二叉，且營養羽片寬度可達2.5~3.5cm，而後者的側羽片常為2~5對，僅最下羽片基部分二叉，營養葉的羽片寬度通常在1.5~2cm之間。

台灣野外可能不產日本鳳尾蕨（*P. nipponica* Shieh），而過去採自台灣野外且被鑑定成日本鳳尾蕨的可能就是本種，不過在花市或園藝店倒是常見日本鳳尾蕨的園藝品種，其羽軸兩側泛白，僅羽片邊緣呈綠色。日本鳳尾蕨的主要辨識特徵在其羽片先端呈銳尖，而不形成如本種或大葉鳳尾蕨之尾尖。

20060525・蕨妙天地（人工栽植）

20070205・新竹下宇老

20070205・新竹下宇老

白脈鳳尾蕨・20071111・台大（人工栽植）

（主）營養葉羽片寬至少2cm以上，孢子葉羽片相對較細長。
（小左）羽片末端明顯具齒緣。
（小右上）假孢膜位於羽片兩側，呈長條形，邊緣可見不規則齒裂。
（小右下）園藝界的白脈鳳尾蕨是日本鳳尾蕨的栽培變種。

長葉鳳尾蕨

Pteris longipinna Hayata

海拔	中海拔	
生態帶	暖溫帶闊葉林	
地形	山坡	
棲息地	林內	林緣
習性	岩生	地生
頻度	偶見	

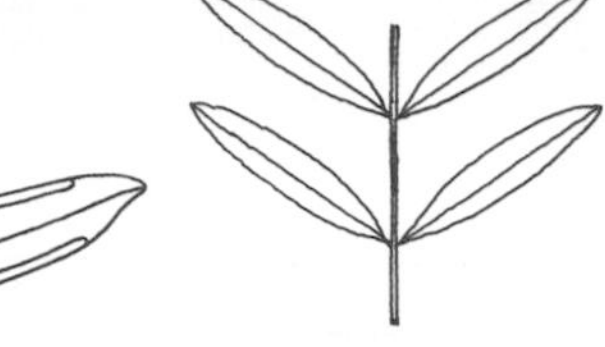

鳳尾蕨科

鳳尾蕨屬

●**特徵**：莖短而斜生，莖頂被覆線狀披針形鱗片，葉叢生其上；葉柄長35~45cm，淺褐色或稻稈色，基部具與莖頂相同之鱗片；葉片闊橢圓形，長30~45cm，寬8~18cm，一回羽狀複葉，上部羽片基部與葉軸連合，且多少下延；基部2~3對羽片二叉；側羽片4~6對，羽片長線形，長10~20cm，寬0.8~1.5cm，末端漸尖，全緣，無柄，羽片背面的中脈突起，具游離脈，側脈單一或分叉，幾與中脈垂直，葉肉不具假脈；假孢膜長線形，位於羽片兩側。

●**習性**：岩生或地生，長在多岩石偏乾的林下地被層。

●**分布**：台灣特有種，分布在中、南部中海拔地區。

【**附註**】本種在全世界僅產於台灣，但數量不少，生長在中、南部地區暖溫帶的成熟闊葉林內。台灣典型暖溫帶闊葉林最具代表性的蕨類是台灣鱗毛蕨（①P.330），分析它們的生態習性可發現，台灣鱗毛蕨多生長在緩坡，腐植質較豐富的地區，而本種多在多岩石、偏乾的環境。由本種的生長習性可以看出，微棲地的多樣性是造就台灣生物多樣性的主因之一，加上大部分台灣的蕨類都強烈依附在其所屬的微棲地，所以就環境的詮釋面來說，台灣蕨類的可閱讀性極高。

19990123・司馬庫斯

19980408・特富野

20070205・高台古道

（主）本種常被發現生長在林下多岩石的土坡環境。
（小上）長線形假孢膜位於羽片兩側。
（小下）羽片全緣是本種的重要特徵；葉脈游離，側脈單一或分叉一次。

爪哇鳳尾蕨

Pteris venusta Kunze

海拔	低海拔	
生態帶	熱帶闊葉林	
地形	山坡	
棲息地	林內	林緣
習性	地生	
頻度	稀有	

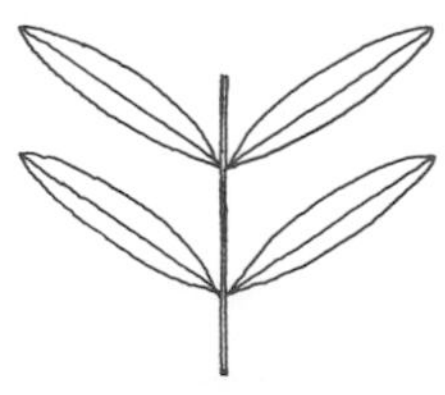

●**特徵**：莖短而斜上生長，被有鱗片，葉叢生其上；葉柄草稈色或褐色，無毛，長30~40cm；葉片闊卵形，長35~45cm，寬20~30cm，一回羽狀複葉，側羽片3~4對，最基部一對羽片偶亦見分叉；羽片窄披針形，長15~20cm，寬2~3.5cm，末端尾尖狀，全緣，具軟骨邊，上部羽片多少下延；葉脈游離，側脈單一或於近羽軸處單叉；假孢膜長線形，位於羽片兩側。

●**習性**：地生，生長在林緣或林下較開闊的環境。

●**分布**：主要在中南半島與東南亞一帶，北達喜馬拉雅山區東部及中國西南部，台灣產於西南部低海拔地區。

【**附註**】本種只見於台灣西南一隅，如台南、高雄一帶，發現地點都在較開闊的林下，尤其是荒廢的麻竹林，且其鄰近地區的森林屬性概為季節性乾旱的熱帶森林，加上本種在台灣的稀有性，以及罕見分叉的羽片（分布邊緣個體的特性），推測本種的原鄉是中南半島及東南亞地區的季節性乾旱森林，北回歸線以南應是其分布北限，本種也見證促成台灣蕨類多樣性諸多來源的一種可能性。

20031221・大願山

20061009・美濃

20061009・美濃

（主）生長在較空曠的林下，葉為一回羽狀複葉，側羽片約僅3對。
（小左）羽片全緣。
（小右）長線形假孢膜位於羽片兩側。

岩鳳尾蕨

Pteris deltodon Bak.

海拔	中海拔
生態帶	暖溫帶闊葉林
地形	山坡
棲息地	林緣
習性	岩生
頻度	偶見

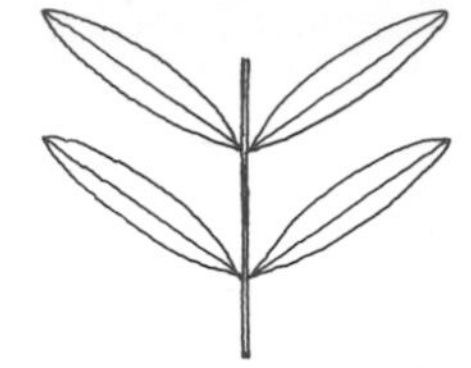

鳳尾蕨科

鳳尾蕨屬

20061118・孝子山

19981203・山風→佳心

19980819・瓦拉米

●**特徵**：莖短而直立，被覆黑色細鱗片，葉叢生其上；葉柄長10~20cm，草稈色，基部褐色；葉片闊卵形至三角狀卵形，長10~20cm，寬4~7cm，厚革質，三出複葉或一回羽狀複葉；頂羽片披針形，長5~8cm，寬1~2.5cm，側羽片1~2對，卵圓形，約為頂羽片之1/2~1/3長，粗鋸齒緣；葉脈游離，羽片側脈單一，至多單叉，不具假脈；假孢膜長線形，位於羽片邊緣。

●**習性**：生長在林緣半遮蔭的岩石環境。

●**分布**：中國、中南半島以及日本，台灣產於中海拔山區。

【**附註**】本種的分布中心在中國西南的四川、雲南、廣西一帶，往南延伸至越南、寮國北部，往東可達台灣及琉球群島。本種在其分布中心是常見的石灰岩植物，這可解釋在台灣為何它主要分布在花蓮及鄰近地區，因為當地多石灰岩，這也可解釋在台灣為何植株多偏小型，且多三出複葉而非羽狀複葉，因為是在其分布的邊緣，本種出現在台灣可略窺台灣蕨類多樣性的些許真相。

（主）台灣大多數的植株都呈現三出葉的外形，中間羽片最大，側羽片較小。
（小上）假孢膜沿羽片邊緣生長。
（小下）生長在林緣半遮蔭環境的巨岩立面。

鳳尾蕨

Pteris multifida Poir.

海拔	低海拔	
生態帶	亞熱帶闊葉林	
地形	平野	山坡
棲息地	路邊	建物
習性	岩生	地生
頻度	常見	

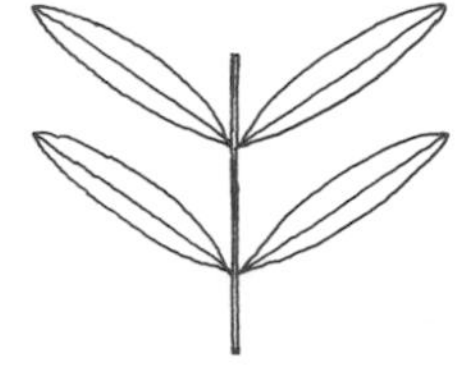

20061011・金瓜石

20061011・金瓜石

20081225・天母

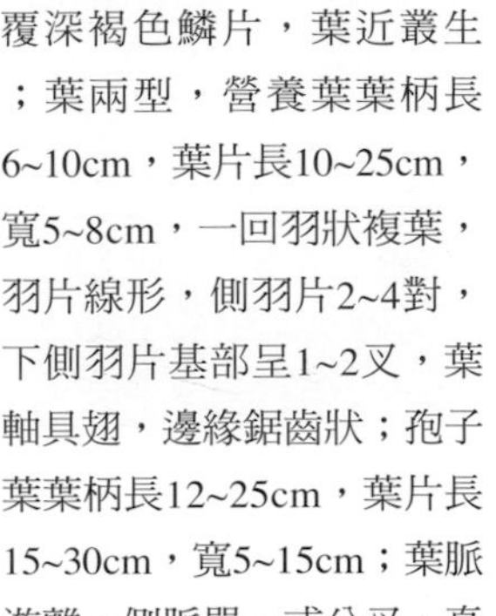

●**特徵**：根莖短而橫走，被覆深褐色鱗片，葉近叢生；葉兩型，營養葉葉柄長6~10cm，葉片長10~25cm，寬5~8cm，一回羽狀複葉，羽片線形，側羽片2~4對，下側羽片基部呈1~2叉，葉軸具翅，邊緣鋸齒狀；孢子葉葉柄長12~25cm，葉片長15~30cm，寬5~15cm；葉脈游離，側脈單一或分叉，真脈之間多少具假脈；假孢膜長線形，位於羽片兩側。

●**習性**：生長在都市或近郊人造物之磚牆縫隙或水泥溝渠上。

●**分布**：遍布中國長江流域，往南分布至越南、菲律賓一帶，往東亦見於韓國與日本，台灣全島低海拔地區常見。

【**附註**】岩鳳尾蕨與本種主要都以中國為分布中心，前者分布的環境自然度較高，海拔也較高，天然的石灰岩環境是它的最愛，而本種其實也是石灰岩植物，但是其分布範圍較偏人類生存的環境，例如城牆、水井邊、牆壁縫隙或磚縫，灌溉溝渠的水泥壁面等，最奇特的是本種從未被發現產於自然環境，就像貓、狗跟人類的關係一樣，已經習慣人為環境。一如其原分布及生長條件，岩鳳尾蕨在台灣只分布在海拔稍高也較天然的石灰岩環境，而本種則遍布全台灣低海拔，都市環境或近郊地區的人造物上都可見其蹤跡，由本案例可知，絕大多數的蕨類對其生長環境都很專一，而且不因不同的地域而有所改變。

（主）常出現在都市或近郊的水泥牆壁或駁坎縫中。

（小上）葉緣呈鋸齒狀。

（小下）葉軸明顯有翅是本種最具代表性的特徵。

栗柄鳳尾蕨

Pteris plumbea Christ

海拔	低海拔	
生態帶	熱帶闊葉林	亞熱帶闊葉林
地形	谷地	山坡
棲息地	林內	
習性	地生	
頻度	偶見	

1980208・南仁山

●**特徵**：莖短直立狀或斜生，具稀疏的鱗片，葉叢生；葉柄長20~30cm，紅褐色；葉片卵圓形至寬卵圓形，長12~15cm，寬8~12cm，一回羽狀複葉或掌狀複葉；羽片線狀披針形，長10~17cm，寬0.9~1.2cm，末端尖，鋸齒緣，頂羽片與側羽片同形，側羽片1~2對，基部二叉；葉脈游離，側脈單一或二叉，假脈發達；孢子囊群長線形，位於羽片邊緣，為反捲之假孢膜包被。

●**習性**：地生，生長在林下遮蔭、富含腐植質之環境。

●**分布**：以中南半島與中國南部地區為分布中心，西達印度東北角，南抵菲律賓北部一帶，台灣產於低海拔南北兩端之季風型森林。

【附註】本種一直到1986年才被報導產於台灣，首次發現在恆春半島的南仁山地區，同年也發現產於台北新店及烏來地區，其外形非常簡單，葉柄頂端長著五片呈掌狀排列的羽片，每一羽片都呈線狀披針形，只是頂羽片較長而已。其鄰近地區常可發現翅柄鳳尾蕨，不過更常見的是二型鳳尾蕨（P.136）；以數量而言，二型鳳尾蕨最多，翅柄鳳尾蕨其次，栗柄鳳尾蕨最少。

20040128・南仁湖

（主）葉叢生，葉片常呈星芒狀五裂。
（小）葉脈游離，側脈單一或二叉分歧，真脈間密布假脈。

翅柄鳳尾蕨

Pteris grevilleana Wall. *ex* Agardh

海拔	低海拔
生態帶	亞熱帶闊葉林
地形	谷地　山坡
棲息地	林內
習性	地生
頻度	常見

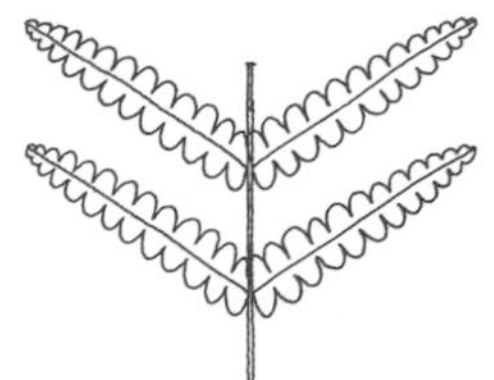

●特徵：莖短而直立，莖頂被覆黑褐色鱗片，葉叢生其上；營養葉與孢子葉幾近同形，但孢子葉較瘦長且直立，而營養葉往外開展；孢子葉柄較長，約20~25cm，草稈色至栗褐色，頂部有窄翅；葉片五角形至闊卵形，長10~15cm，寬7~10cm，二回羽狀深裂；側羽片1~2對，基部一對羽片在近基部二叉分出，羽軸表面具刺；末裂片長條形，頂端圓鈍，鋸齒緣；葉脈游離，真脈之間多假脈；孢子囊群長線形，位於裂片兩側，由反捲之假孢膜被覆。

●習性：地生，生長在林下遮蔭、富含腐植質土壤之環境。

●分布：中南半島與東南亞，北以中國南部及琉球群島一線為界，台灣低海拔地區可見。

【附註】在鳳尾蕨屬中，假脈主要都出現在具有一回羽狀複葉葉形的種類，本種是唯二葉形呈二回羽狀分裂但有假脈的種類，在台灣低海拔地區頗為常見，只要是較成熟且腐植土較發達的森林，幾乎都可以找到它的蹤跡，而且它與箭葉鳳尾蕨（①P.180）、栗柄鳳尾蕨等種類產生天然雜交種，所以這些天然雜交種也都多少具有本種的特徵，如假脈及象徵性的二回羽狀分裂的葉形——在雜交種的局部位置出現羽裂的裂片。

20041108・獅球嶺

20020720・台大（人工栽植）

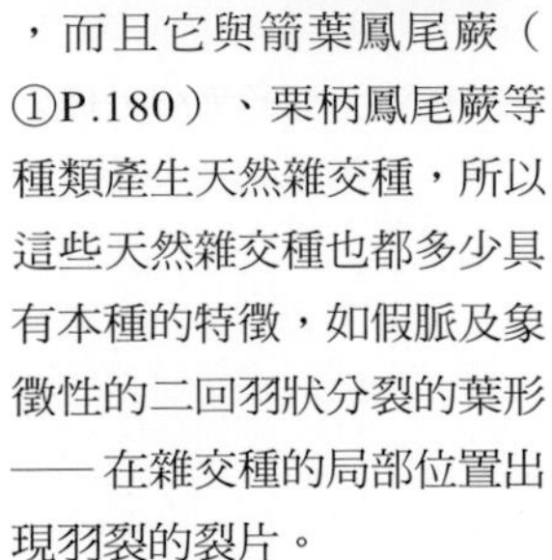

19880409・猴山岳

20080302・圓通寺

（主）葉軸明顯具翅是本種的主要特徵之一。
（小左）羽軸表面溝槽與裂片主脈交界處具刺。
（小右上）孢子葉與營養葉幾近同形，但較瘦長。
（小右下）本種在裂片側脈之間可見許多條狀假脈。

二型鳳尾蕨

Pteris cadieri Christ

海拔	低海拔
生態帶	熱帶闊葉林　亞熱帶闊葉林
地形	山坡
棲息地	林內　林緣
習性	地生
頻度	偶見

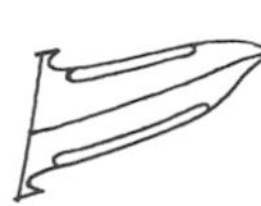

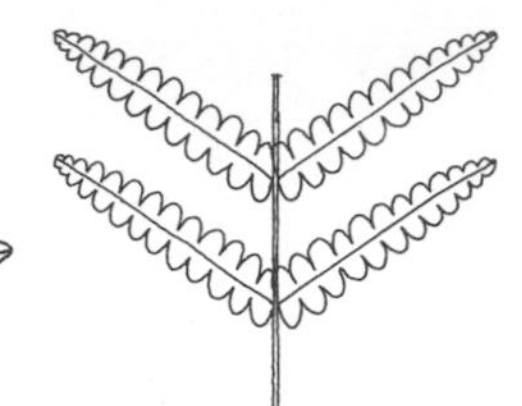

鳳尾蕨科

鳳尾蕨屬

●特徵：莖短直立狀或斜生，具稀疏的鱗片，葉叢生其上；葉柄草稈色，略帶發亮之紅褐色；葉兩型，營養葉柄長5~8cm，葉片寬卵圓形至五角形，長7~12cm，寬5~8cm，二回羽狀深裂，羽片長5~6cm，寬2~4cm，多少不規則羽裂；側羽片1~2對，羽軸上側之裂片較短，下側基部裂片特別長；孢子葉較細長，柄長12~25cm，葉片長12~20cm，寬5~8cm，通常為一回羽狀複葉，側羽片1~2對，基部一對二叉；羽片長7~10cm，寬1.5~2cm，多少不規則羽裂；裂片鋸齒緣；葉脈游離，具許多條痕狀的假脈；假孢膜長線形，位於裂片兩側。

●習性：地生，生長在次生林下或林緣。

●分布：中國南部、中南半島及日本南部地區，台灣低海拔森林可見。

20090103・柴埕

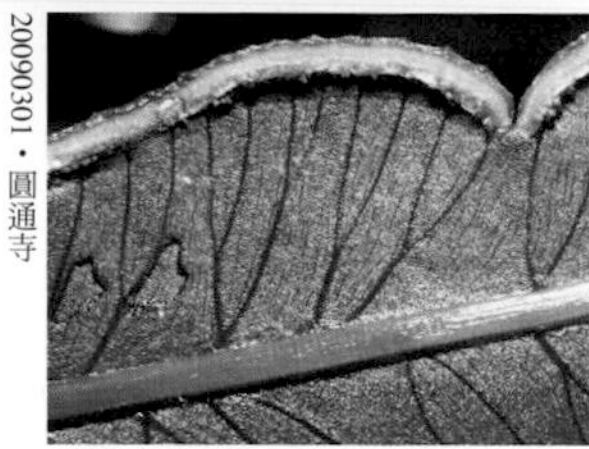

20090301・圓通寺

【附註】在一般情況下，植物是經由減數分裂產生精子和卵的，即精卵的染色體都各只有孢子體（也就是一般所見的植物體）的一半，在精卵結合時染色體又會恢復成原來的數目，這樣才能世世代代維持染色體數目的穩定。但是在無配生殖的生活史裡，並不會形成染色體數目減半的情況，其關鍵就在孢子的染色體數仍維持與植物體（或叫孢子體）相同的數量。無配生殖的蕨類，其孢子囊通常只有32個孢子，是一般蕨類的半數，而本種的孢子囊就只具有32個孢子。其實很多雜交種類是行無配生殖的，雜交種在父母兩方的染色體差異太大時，減數分裂會因染色體無法配對而失敗，導致不能順利繁衍族群，而無配生殖跳過了這個過程，因此得以完成其生活史，無配生殖成了確保雜交種存活的重要手段。另外，精卵結合是蕨類生活史中最需要水的步驟，對於生活在水分供應不足或不均環境的蕨類來說，無配生殖避開了這個步驟，也是其重要的生存機制。

（主）圖中較直立細長的是孢子葉，其葉柄比營養葉長很多。

（小）真脈具1~2叉，其間有許多條痕狀的假脈。

蓬萊鳳尾蕨

Pteris longipes Don

海拔	低海拔
生態帶	熱帶闊葉林
地形	山坡
棲息地	林內　林緣
習性	地生
頻度	偶見

●**特徵**：莖短而直立，密被褐色鱗片，葉叢生其上；葉柄長40~60cm，草稈色，基部具褐色鱗片；葉片呈三叉狀，側邊二分枝與中央分枝形狀相同但略短；葉片長30~45cm，寬25~28cm，三回羽狀深裂至複葉；羽片長橢圓形至披針形，長20~45cm，寬12~15cm；小羽片長6~8cm，寬約1.5cm，10~15對，末裂片長條形，末端圓鈍，長6mm，寬3mm，邊緣淺鋸齒狀；葉脈游離；孢子囊群長線形，位於裂片兩側，為反捲之假孢膜被覆。

●**習性**：地生，生長在林緣半遮蔭環境。

●**分布**：廣布中南半島及東南亞，北以喜馬拉雅山南部、中國南部一帶為界，台灣產於南部低海拔地區。

【附註】鳳尾蕨屬植物的葉形大致可分成三類，一是大部分的頂羽片與側羽片不分裂或幾乎不分裂，另一是頂羽片及側羽片羽狀分裂至深裂，最後一類是葉片掌狀分裂，即葉片自葉柄頂端先分出三叉，左右兩側之分枝再各自分叉1~2次。本種葉片分叉形式介於後二者間，即自葉柄頂端分出三叉之後即不再分叉，故不形成第三類型的掌狀，反而比較像第二類型的分裂方式，只是最基部一對羽片特別加大、回數也加多。

三腳鳳尾蕨（*P. tripartite* Sw.）在台灣僅於日治時期被採集過一次，採集地點在新竹新埔地區，外形近似瓦氏鳳尾蕨（①P.181），都具近2m高的蕨葉，葉片也都呈掌狀，屬於前述第三類的葉形，不過與瓦氏鳳尾蕨不同的是除了小羽軸兩側具有網眼外，裂片主脈兩側也具有網眼。

20031221・大願山

20060411・里龍山

20071229・扇平

（主）葉三出狀，具一頂羽片及二側羽片。

（小上）裂片頂端具齒緣，羽軸表面明顯具刺。

（小下）孢子囊群長線形，位於裂片兩側，為反捲之假孢膜被覆。

三角脈鳳尾蕨

Pteris linearis Poir.

海拔	低海拔	
生態帶	熱帶闊葉林	
地形	山坡	
棲息地	林內	林緣
習性	地生	
頻度	偶見	

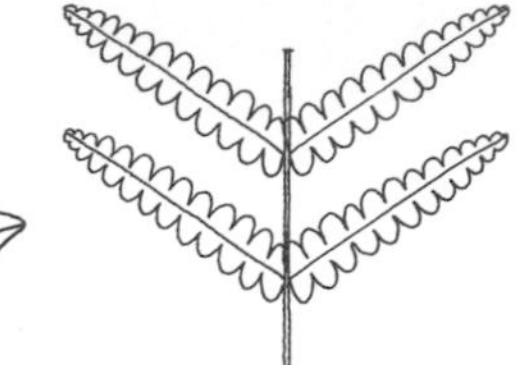

20071230・扇平

●**特徵**：莖短而直立，先端密被黑褐色鱗片，葉叢生其上；葉柄長30~45cm，草稈色；葉片卵圓形，長35~55cm，寬20~30cm，二回羽狀深裂，草質，最基部一對羽片二叉；頂羽片羽裂，與中部之側羽片同形，側羽片6~10對；羽片窄披針形，長5~20cm，寬2~5cm；末裂片長條形，末端圓鈍，全緣；大部分的葉脈游離，僅在羽軸與兩側裂片凹入處之間具一三角形或不規則形網眼；假孢膜長線形，位於裂片兩側。

●**習性**：地生，生長在林緣半遮蔭環境或林下空曠處。

●**分布**：熱帶亞洲及非洲，台灣產於南部中、低海拔地區。

【**附註**】本種屬於鳳尾蕨屬中具二回羽狀分裂葉形，且最基部一對羽片之基部具有下撇且羽裂的小羽片之一群。本群大部分種類其末裂片最下側小脈之末端通常比裂片凹入處高，但有兩種例外，一是本種，其最下側小脈剛好指向裂片凹入處，另一是弧脈鳳尾蕨（①P.182），兩相鄰最下側小脈在缺刻之下連結成弧脈。

20071109・奧萬大

（主）葉為二回羽狀深裂，最基部一對羽片之最基部朝下裂片特別長，並呈現羽裂的小羽片外貌。
（小）羽軸與兩側裂片凹入處之間可見三角形網眼。

台灣鳳尾蕨

Pteris formosana Bak.

海拔	中海拔
生態帶	暖溫帶闊葉林
地形	谷地 山坡
棲息地	林內
習性	岩生
頻度	偶見

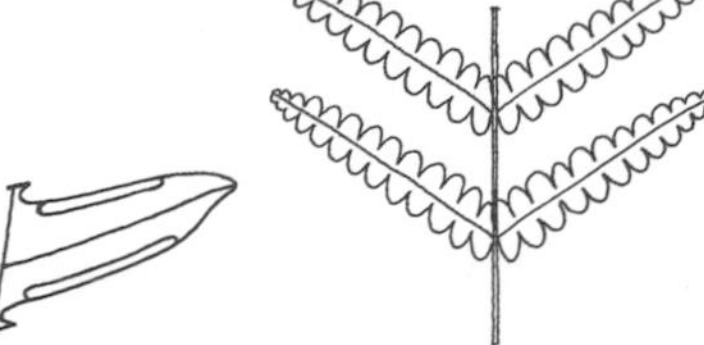

●**特徵**：根莖短匍匐狀，被覆線形褐色鱗片，葉近生；葉柄長50~70cm，亮紅褐色，光滑無毛；葉片卵狀披針形至披針狀卵形，長60~100cm，寬30~45cm，二回羽狀深裂，厚草質；頂羽片羽裂，側羽片5~8對，其基部下側1~2片裂片缺如；葉脈游離，側脈單一或至多分叉一次；孢子囊群長線形，位於裂片兩側，為反捲之假孢膜包被。

●**習性**：生長在林下潮濕岩壁。

●**分布**：琉球群島可見少數個體，本種以台灣為分布中心，可見於中海拔地區。

【**附註**】本種的葉形屬鳳尾蕨屬的第二類型蕨葉，即羽片或頂羽片呈羽狀分裂或深裂，不過其幼葉之葉形則屬第一類型，即頂羽片或側羽片幾乎不分裂或僅基部分裂。由本種蕨葉的發育過程，或許可看出鳳尾蕨的演化趨勢。具有鳳尾蕨屬第二類型蕨葉的種類又可分成兩群，一群是最基部一對羽片與其他側羽片同形，本種即屬此群，同群的尚有半邊羽裂鳳尾蕨、天草鳳尾蕨、溪鳳尾蕨（①P.183~185）等，另一群則是最基部一對羽片與其他側羽片不同形，即最基部一對羽片之最基部朝下小羽片特別大，且多分裂一回，在葉片基部形成下撇之「八」字形，台灣屬於此群者為數眾多，如翅柄鳳尾蕨（P.135）、三角脈鳳尾蕨、鈴木氏鳳尾蕨、烏來鳳尾蕨、長柄鳳尾蕨（P.140~142）、弧脈鳳尾蕨、傅氏鳳尾蕨、有刺鳳尾蕨（①P.182、186、187）都屬之。

19980517・花蓮

20030511・台大（人工栽植）

20071109・奧萬大

（主）葉為二回羽狀深裂，側羽片基部下側1~2片裂片缺如，多生長在林下滴水岩壁。
（小上）長線形假孢膜位於裂片兩側。
（小下）幼葉之頂羽片及側羽片幾乎都不分裂，僅基部1~2對側羽片基部呈二裂或三裂。

鈴木氏鳳尾蕨

Pteris amoena Bl.

海拔	中海拔
生態帶	暖溫帶闊葉林
地形	山坡
棲息地	林內
習性	地生
頻度	偶見

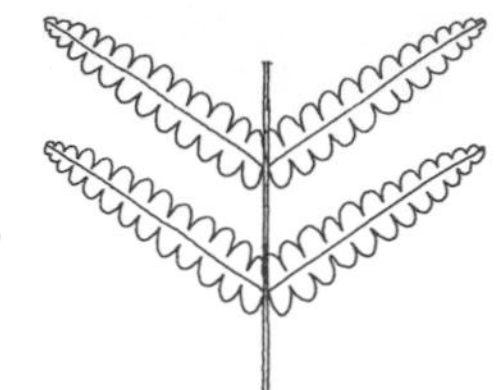

20051214・南庄

20040801・台大（人工栽植）

20031206・苗栗橫龍古道

●**特徵**：根莖短橫走狀，具鱗片，葉近叢生；葉柄長50~80cm，栗褐色；葉片闊卵形，長寬超過100cm，二回羽狀深裂，最基部一對羽片之最基部下側小羽片特別長，且呈羽狀分裂；羽片窄披針形，頂羽片與側羽片同形，側羽片3~5對，羽軸表面具肉刺；末裂片15~20對，長條形，長2~2.5cm，寬約5~6mm，末端略尖，具齒緣，側脈二叉，最基部側脈延伸至缺刻上方，不與相鄰裂片之脈連接；反捲之假孢膜長線形，位於裂片兩側。

●**習性**：地生，生長在較成熟森林之林下環境。

●**分布**：零星分布於印度、中南半島及東南亞，北達中國西南與日本南部，台灣產於在中南部中海拔地區。

【附註】葉緣是全緣或鋸齒緣是區分鳳尾蕨屬種類的重要依據，但要觀察不具假孢膜的葉緣才能正確辨識。由本種的葉形可知，它是屬於二回羽狀分裂葉形且最基部具有八字形下撇小羽片之一群，而在台灣此群植物絕大部分種類之葉緣均為全緣，只有3種為鋸齒緣，一是具有假脈的翅柄鳳尾蕨（P.135），另一是體型幾近成人高度的溪鳳尾蕨（①P.185），以及最高到達人腰部的鈴木氏鳳尾蕨。

（主）葉片二回羽狀深裂，最基部一對羽片二叉，羽片頂端形成尾尖。
（小左）羽軸表面與末裂片主脈交接處具肉刺。
（小右）由裂片末端可知本種葉緣屬鋸齒緣。

烏來鳳尾蕨

Pteris wulaiensis Kuo

海拔	中海拔	
生態帶	暖溫帶闊葉林	
地形	谷地	山坡
棲息地	林內	林緣
習性	地生	
頻度	稀有	

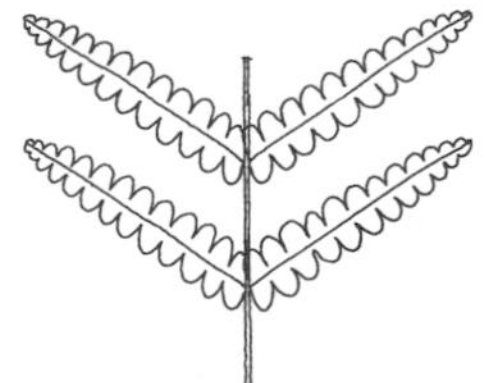

19880614・烏來雲仙樂園

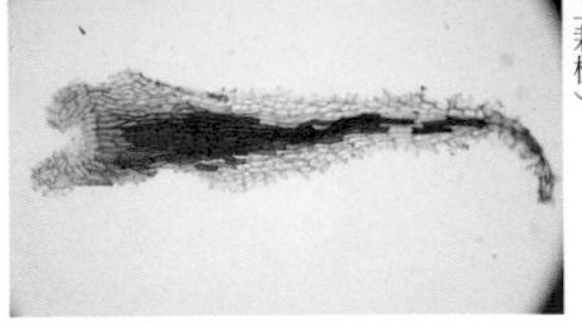

19880923・台大（人工栽植）

19880923・台大植物系蔭棚（人工栽植）

●**特徵**：莖短直立狀，莖頂被覆雙色鱗片，葉叢生；葉柄長30~38cm，草稈色至褐色，基部亦被雙色鱗片；葉片卵形至闊卵形，長30~35cm，寬18~25cm，二回羽狀深裂，最基部一對羽片之最基部朝下小羽片特別長且呈羽狀深裂；頂羽片與側羽片同形，皆為羽狀深裂，側羽片5~8對；羽片窄披針形，羽軸表面具肉刺；末裂片長條形，長1cm，寬約3mm，18~25對，末端圓鈍；葉脈游離，側脈二叉，最基部側脈延伸至缺刻上方；反捲之假孢膜長線形，位於裂片兩側。

●**習性**：地生，生長在次生林或人造林下及林緣遮蔭環境。

●**分布**：台灣特有種，僅見於北部烏來一帶。

【**附註**】本種推測應是傅氏鳳尾蕨（①P.186）與長柄鳳尾蕨（P.142）之天然雜交種，其外形介於二者之間，例如葉子的整體外形與質地較像長柄鳳尾蕨，但是末裂片的外形則較近似傅氏鳳尾蕨。本種的葉柄草稈色至褐色但不會發亮，有別於長柄鳳尾蕨紫褐色發亮的葉柄，而與傅氏鳳尾蕨最大的不同是本種在莖頂及葉柄基部具有雙色鱗片。

（主）葉為二回羽狀深裂，最基部一對羽片二叉。
（小左）莖頂及葉柄基部具雙色鱗片，是烏來鳳尾蕨主要特徵之一。
（小右）裂片之側脈幾乎都自基部即行分叉。

長柄鳳尾蕨

Pteris bella Tagawa

海拔	中海拔
生態帶	暖溫帶闊葉林
地形	山坡
棲息地	林內　林緣
習性	地生
頻度	偶見

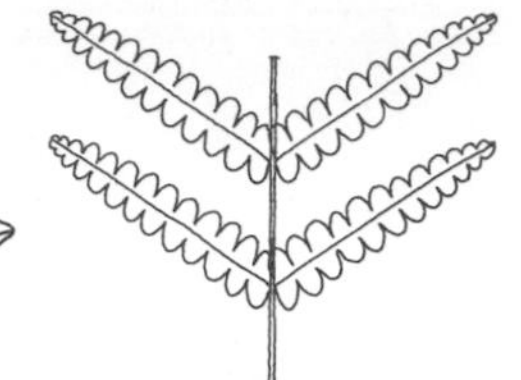

20041121・烏來大保克山

20041121・烏來大保克山

20041121・烏來大保克山

●**特徵**：莖短直立狀，莖頂密被鱗片，葉叢生其上；葉柄紫褐色，具光澤，長35~45cm，基部被鱗片；葉片卵形至闊卵形，長約30cm，寬18~25cm，薄草質，二回羽狀深裂，葉軸亦帶些許紫褐色；羽片線形至披針形，長10~12cm，寬2~2.5cm；頂羽片羽裂，與側羽片同形，側羽片4~6對；羽軸草稈色，表面具刺，兩側之裂片對稱；裂片長條形，長1~1.5cm，寬3~5mm，末端圓鈍，全緣；葉脈游離；反捲之假孢膜長線形，位於裂片兩側。

●**習性**：地生，生長在較成熟森林之地被層。

●**分布**：台灣特有種，零星分布在暖溫帶山區。

【**附註**】據載產於中國雲南、海南島及越南北部的栗軸鳳尾蕨（*P. wangiana* Ching），與本種似乎沒有太大差異，台灣的蕨類研究除了挖掘更多新物種外，族群變異度的了解、天然雜交種的探索以及蕨類與生態環境的關聯性，都是值得深入努力的方向，不過另一個大的發展空間是與鄰近地區極親緣種之比較，就像本種與栗軸鳳尾蕨到底是不是同種，類似的研究才能累積更扎實的基礎資料，以備日後詮釋東亞生物種群的演化脈絡。

（主）葉片二回羽狀深裂，最基部一對羽片二叉分裂。
（小左）羽軸表面與末裂片主脈交接處具刺。
（小右）生長在較成熟森林且腐植質較豐富的地被層。

紅柄鳳尾蕨

Pteris scabristipes
Tagawa

海拔	中海拔
生態帶	暖溫帶闊葉林
地形	山坡
棲息地	林內
習性	地生
頻度	偶見

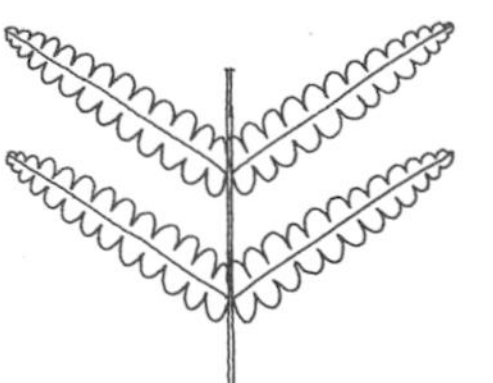

20030906・北大武山下

1985I102・觀高→下東埔

2007030４・烏石坑

●特徵：莖短而斜上生長，莖頂密生褐色長披針形鱗片，葉叢生；葉柄長25~45cm，紫紅色；葉片長卵形至闊卵形，長30~50cm，寬20~25cm，二回羽狀深裂，最基部一對羽片之最基部朝下小羽片特別長且呈羽狀深裂；頂羽片羽狀深裂，與側羽片同形，側羽片5~8對，窄披針形，長10~12cm，寬2.5~3cm，羽軸紫紅色，表面具肉刺；末裂片長條形，長1.2~2cm，寬約4~5mm，末端尖，頂端具小突刺，側脈二叉，最基部之側脈延伸至缺刻上方；反捲之假孢膜長線形，位於裂片兩側。

●習性：地生，生長在成熟林林下遮蔭環境。

●分布：台灣特有種，產於中海拔地區。

【附註】本種的各級主軸通常都呈紫紅色，有時甚至羽片基部的裂片亦可見泛紅，這種現象在幼葉尤其顯著，整片均呈紫紅色。本種的外形及色彩均甚討喜，是一頗具潛力的景觀植物，在台灣主要出現在海拔800至1500公尺的暖溫帶闊葉林下，植株高一般約到人的膝蓋，就葉片的顏色與形態特徵來看，本種與東喜馬拉雅山區的紫軸鳳尾蕨（*P. aspericaulis* Wall. *ex* Hieron.）可能是同種，不過據載紫軸鳳尾蕨的植株高達1~1.5m，台灣則不曾見過如此高大的植株。

（主）生長在林下，葉為二回羽狀深裂，最基部一對羽片二叉。
（小左）葉軸、羽軸及羽片基部的裂片都呈紫紅色，幼葉尤其顯著。
（小右）羽軸與末裂片主脈均呈紫紅色，二者交接處之表面有刺，裂片頂端具有明顯的小突刺。

NOTE

書帶蕨科

Vittariaceae

外觀特徵：莖及葉柄基部具窗格狀的鱗片。葉為全緣之單葉，呈長線形或湯匙形，厚肉質。葉脈呈網狀，網眼細長，內無游離小脈。孢子囊沿脈生長或是呈與主軸平行的長線形。孢子囊間具有側絲。

生長習性：岩生或著生樹幹，通常長在森林溫暖潮濕處。

地理分布：主要分布在熱帶地區，台灣主要產於全島中、低海拔較成熟的森林。

種數：全世界有6屬110～140種，台灣則有3屬10種。

● 本書介紹的書帶蕨科有2屬3種。

【屬、群檢索表】

①葉匙形 ....車前蕨屬　P.146

①葉長線形 ....②

②孢子囊群兩列，位於葉緣。 ....書帶蕨屬

②孢子囊群單列，位於中脈。一條線蕨屬　P.147

台灣車前蕨

Anthrophyum formosanum
Hieron.

海拔	低海拔
生態帶	亞熱帶闊葉林
地形	谷地　山坡
棲息地	林內
習性	岩生
頻度	常見

書帶蕨科

車前蕨屬

●**特徵**：根莖短匍匐狀，被覆6~7mm長、暗褐色披針形、邊緣具短突起之窗格狀鱗片；葉近叢生，全緣不分裂的單葉，葉片倒披針形，長10~30cm，寬1.5~3cm，最寬處在中間偏上段，基部楔形，下延；葉脈網狀，網眼內無游離小脈，脈於葉表稍突起，於葉背呈淺溝狀；孢子囊沿脈生長，不具孢膜，側絲線形，呈螺旋狀扭曲。

●**習性**：生長在成熟林下或林緣之石壁上。

●**分布**：台灣為本種之分布中心，琉球群島僅見少數個體，台灣全島低海拔森林可見。

【附註】車前蕨屬植物是典型的岩生蕨類，從來不曾發現生長在土坡或樹幹上，除了微環境特特殊外，其生長所需的大環境也很特殊，必須附屬在較成熟的闊葉林，這種森林層次比較發達，腐植質較豐富，林下濕度較高，而車前蕨的岩石微棲息環境就位在成熟林下，生態學上習稱為森林下位的著生植物，由此也可略窺台灣蕨類生存環境的多樣性，每一種環境都有其專屬的蕨類，而林下除草其實不利於下位著生蕨類之發育與生長。

19981201・南安→佳心

20060201・都蘭山

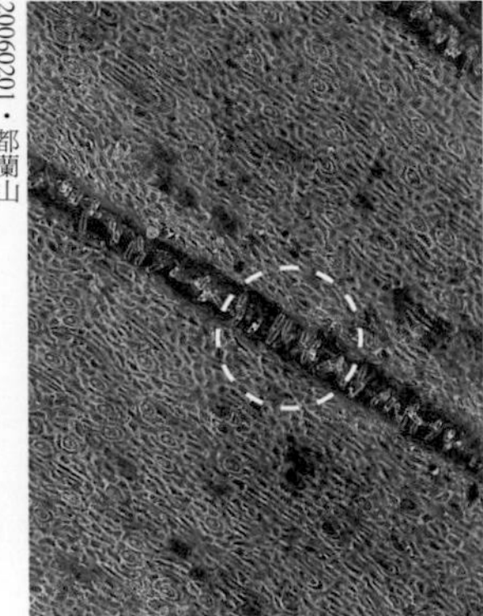

（主）葉片倒披針形，質地堅厚，生長在成熟林林緣之石壁上，常成叢且下垂生長。
（小）孢子囊沿脈生長，其間具許多側絲。

連孢一條線蕨

Monogramma paradoxa
(Fée) Beddome

海拔	中海拔
生態帶	暖溫帶闊葉林
地形	山坡
棲息地	林內
習性	著生
頻度	瀕危

●**特徵**：根莖短匍匐狀，被覆披針形、黑褐色、邊緣不規則齒裂之鱗片；植株近叢生，葉為單葉，長線形，長5~12cm，寬不及1mm，前端漸尖，葉片往下下延至基部，葉脈不明顯；孢子囊群長線形，位於中脈凹溝內，通常生於葉片中段以上，每葉僅一條，不會間斷。

●**習性**：生長在闊葉霧林的環境，著生於樹幹上。

●**分布**：東南亞及太平洋島嶼山地森林，台灣僅見於台東地區。

【**附註**】由本種的生長習性、稀有性及其地理分布中心可以推知，台灣的東南隅是其分布的邊緣，其原生地的數量本來就不多，能夠抵達台灣的孢子自然也不會太多，加上本種對棲息地非常挑剔，必須是闊葉霧林，雲霧多但排水也佳的著生環境，一旦鄰近地區開闢為人工造林地，本種的生存與繁衍就更顯得岌岌可危。一條線蕨屬植物台灣產2種，除本種外，另一種為一條線蕨（*M. trichoidea* (Fée) J. Sm. *ex* Hooker），其習性與國內外之地理分布皆與本種相似，但數量更少，僅伊藤武夫於1923年在屏東排灣社採過一次而已，其與本種最大的不同點在葉片中脈的孢子囊群呈斷線狀而不連成一線。

20050424・浸水營

20050424・浸水營

20061230・浸水營

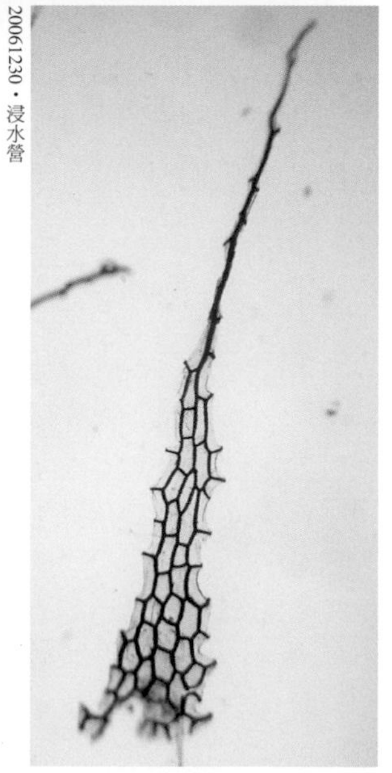

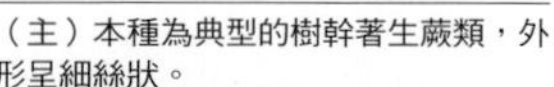

（主）本種為典型的樹幹著生蕨類，外形呈細絲狀。
（小左）葉片長線形，其中脈背面凹溝中可見一連續不中斷的線狀孢子囊群。
（小右）根莖上的鱗片為典型的窗格狀，即細胞壁深色而細胞質透明。

NOTE

水龍骨科

Polypodiaceae

外觀特徵：孢子囊群有固定形狀，如線形或圓形，不具孢膜，少數種類之孢子囊全面分布於孢子葉之葉背，呈散沙狀排列。根莖多為匍匐狀，有些種類甚至形成蔓生的狀態，莖與葉子交接處多有關節。根莖鱗片呈窗格狀。葉形簡單，多為單葉或一回羽狀深裂，至多一回羽狀複葉。葉脈網狀，網眼內多具游離小脈。

生長習性：常著生於樹幹、岩石，也有些地生型的種類。

地理分布：主要分布在熱帶、亞熱帶地區，台灣則低、中、高海拔地區都有分布。

種數：全世界有29屬650～700種，台灣則有15屬64種。

● 本書介紹的水龍骨科有11屬38種。

【屬、群檢索表】

①葉密布星狀毛；孢子囊群圓形，互相緊貼排列。..石葦屬　P.163
①葉不具星狀毛；孢子囊散沙狀排列，或呈固定形狀但不緊貼排列之孢子囊群。.........②

②具腐植質收集葉，或葉無柄而葉片基部廣心形具有腐植質收集葉之功能。.......................③
②不具腐植質收集葉，葉一般有柄或基部甚窄而不呈廣心形。..⑤

③具貼伏根莖、無柄、一回羽狀分裂之卵圓形腐植質收集葉。.....................................槲蕨屬
③不具卵圓形之腐植質收集葉...④

④孢子羽片與營養羽片同形..連珠蕨屬崖薑蕨群
④孢子羽片明顯皺縮，呈念珠狀。..連珠蕨屬連珠蕨群

⑤葉為一回羽狀深裂至複葉；羽軸兩側為一排僅具單一不分叉游離小脈的大網眼，網眼外側為游離脈或不具小脈之小網眼，孢子囊群位在大網眼中之游離小脈末端。....................
....水龍骨屬　P.151
⑤葉為全緣之單葉至一回羽狀複葉；葉片主側脈兩側網眼多排，網眼內游離小脈單一或分叉，孢子囊群位在葉脈之交叉點上。..⑥

⑥孢子囊群為不連續線形，或同一葉上具圓形、橢圓形或線形等形狀，或孢子囊在葉背全面著生。...⑦
⑥孢子囊群圓形或線形...⑧

⑦單葉，主側脈間孢子囊群不規則散布；未成熟孢子囊群具鱗片狀側絲。....扇蕨屬　P.162
⑦葉為單葉或一回羽狀深裂，孢子囊群在主側脈或羽軸之主側脈間排成一排，或孢子囊全面著生葉背。...線蕨屬　P.173

⑧孢子囊群線形...⑨
⑧孢子囊群圓形...⑬

⑨孢子囊群與葉軸或羽軸斜交，在葉軸或羽軸兩側各排成一排。.......................................⑩
⑨孢子囊群與葉軸平行，在葉軸兩側各一行。...⑪

⑩葉為全緣之單葉或一回羽狀深裂；葉脈清晰可見。...線蕨屬　P.174
⑩葉為全緣之單葉；葉質地較厚，脈不顯著。...劍蕨屬　P.181

⑪孢子囊群位在葉片末端之鳥嘴狀突出部分的中脈兩側...尖嘴蕨屬
⑪孢子囊群位在葉軸兩側...⑫

⑫葉同形，葉片長線形。...二條線蕨屬
⑫葉兩型，營養葉倒卵形，孢子葉線形。...伏石蕨屬伏石蕨群

⑬孢子囊群在葉軸或羽軸兩側排成多排..⑭
⑬孢子囊群在葉軸或羽軸兩側各一排..⑮

⑭單葉，至多一回羽狀深裂。...星蕨屬　P.176
⑭一回羽狀複葉，羽片與葉軸交接處具關節。...肢節蕨屬　P.166

⑮葉片或羽片邊緣在主側脈間常具凹刻；葉緣加厚。.................................茀蕨屬　P.167
⑮葉片全緣；葉緣不加厚。...⑯

⑯葉為一回羽狀深裂..擬茀蕨屬　P.172
⑯葉為全緣之單葉...⑰

⑰根莖長匍匐狀，植株蔓生，葉相距2~5cm。.................................伏石蕨屬骨牌蕨群　P.154
⑰根莖短匍匐狀，葉近生。...瓦葦屬　P.155

栗柄水龍骨
（薄葉水龍骨）

Goniophlebium microrhizoma
(C. B. Clarke *ex* Baker) Bedd.

海拔	中海拔	
生態帶	針闊葉混生林	
地形	山坡	
棲息地	林內	林緣
習性	著生	
頻度	偶見	

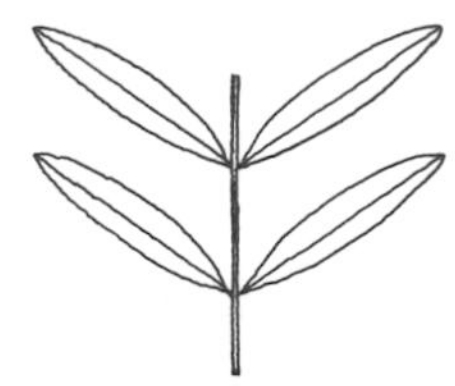

●**特徵**：根莖匍匐狀，黑褐色，被覆黑褐色、卵形、邊緣具細齒之鱗片；葉柄長8~12cm；葉片披針形，長15~25cm，寬3~7cm，一回羽狀複葉，上段羽片多少下延，基部羽片較小，不與上側羽片相連；羽片長2~4cm，寬0.5~1cm，末端鈍尖，表面光滑，羽片邊緣在側脈間具缺刻；葉脈網狀，網眼在羽軸兩側至多一排，內具一條不分叉之游離小脈，上段羽片之葉脈游離；孢子囊群圓形，一般位在網眼內之游離小脈末端，於羽軸兩側各排成一行。

●**習性**：生長在霧林帶的成熟林環境，著生於樹幹。

●**分布**：喜馬拉雅山東部及中國西南，台灣見於海拔2000至2500公尺的針闊葉混生林內。

【附註】水龍骨屬的蕨類全屬中位著生，意即主要都生長在森林中的樹幹上，但其位置不在樹冠層，也不在樹幹基部，可能是水龍骨科植物其葉與莖的交界處具有關節，在高位偏乾的環境可利用關節讓葉子脫落以避免水分過度蒸散，加上水龍骨屬植物根莖都肥厚多肉，富含水分與養分，可以度過短暫的乾旱，而樹冠層可能受風較多，也不易保持微環境的濕度，尤其在台灣的高山，因此縱使具有肥厚多肉的根莖恐也於事無補。

19860518・觀高→東埔

（主）葉為一回羽狀複葉，中段羽片深裂幾達葉軸，下段羽片則全裂而獨立，最基部一對羽片略短。

大葉水龍骨

Goniophlebium raishanense (Rosenst.) Kuo

海拔	中海拔	
生態帶	暖溫帶闊葉林	針闊葉混生林
地形	山坡	
棲息地	林內	
習性	著生	
頻度	偶見	

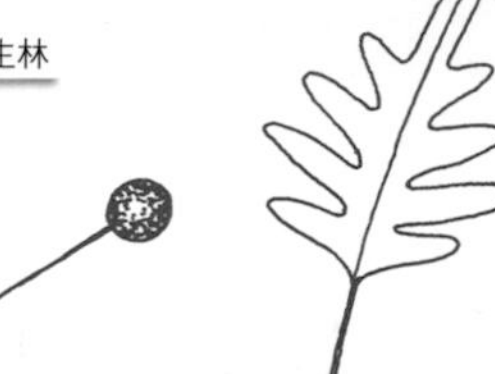

●**特徵**：根莖長匍匐狀，粉綠色，被覆黑褐色、窄披針形、基部寬闊之鱗片；葉柄長10~15cm，表面光滑；葉片橢圓形，長25~50cm，寬10~15cm，一回羽狀深裂，葉軸具窄翅；裂片長4.5~8cm，寬約1cm；最基部裂片較短，多少向下反折，邊緣全緣；表面具毛，背面無毛或近無毛；葉脈網狀，在羽軸兩側各形成一排網眼，內具一條不分叉之游離小脈；孢子囊群圓形，位在網眼內之游離小脈末端，裂片中脈兩側各一排。

●**習性**：成熟森林之樹幹上，中位著生。

●**分布**：台灣特有種，生長在海拔1000至2000公尺之雲霧帶。

【附註】本種外形非常近似台灣水龍骨（①P.201），二者的羽片邊緣都屬全緣，不過本種海拔分布較高，屬於涼溫帶森林物種，葉的表面密被細毛，根莖常可見到散生的黑褐色鱗片，而台灣水龍骨屬於暖溫帶植物，分布的海拔高度通常不超過1000公尺，葉表幾乎光滑無毛，根莖粉綠色非常顯眼，不具鱗片。二者除了親緣關係很近之外，同時也是不同海拔、不同環境的生態等價種。

19810805・雲稜山莊→南湖溪

20011215・台大（人工栽植）

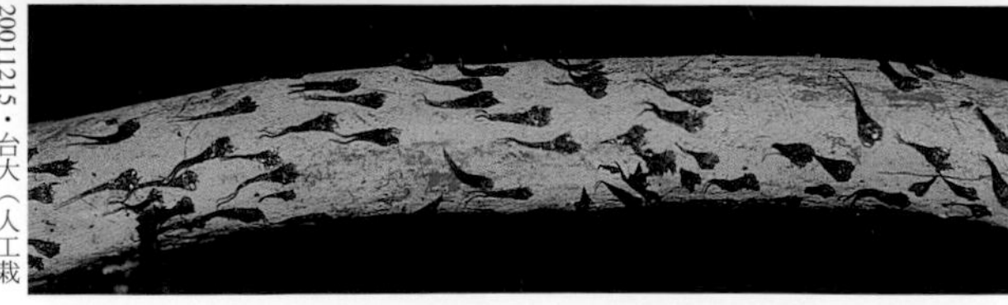

（主）葉片橢圓形，一回羽狀深裂，葉軸具窄翅。
（小）粉綠的根莖散生黑褐色鱗片，是本種的特徵之一。

疏毛水龍骨

Goniophlebium transpianense (Yamamoto) Kuo

海拔	中海拔
生態帶	針闊葉混生林
地形	山坡
棲息地	林內
習性	著生
頻度	稀有

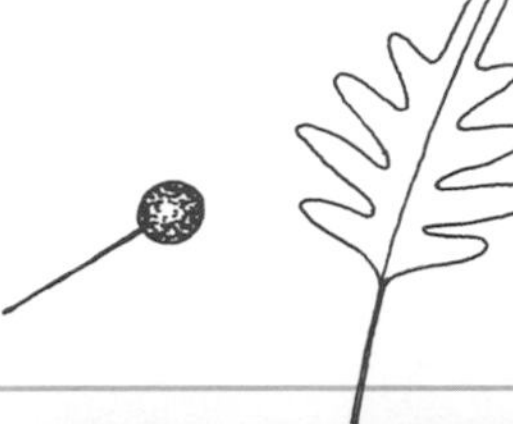

20041024・馬海濮

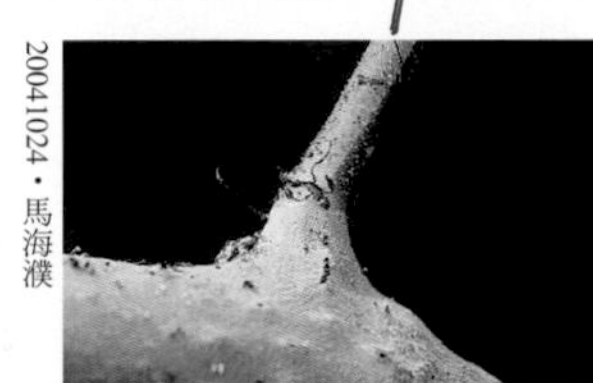

20041024・馬海濮

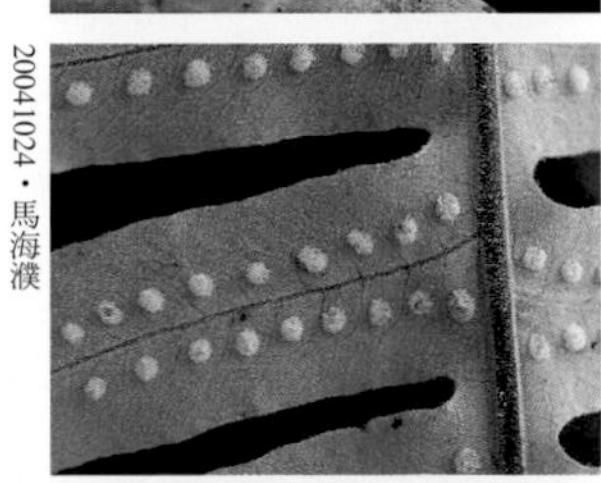

20041024・馬海濮

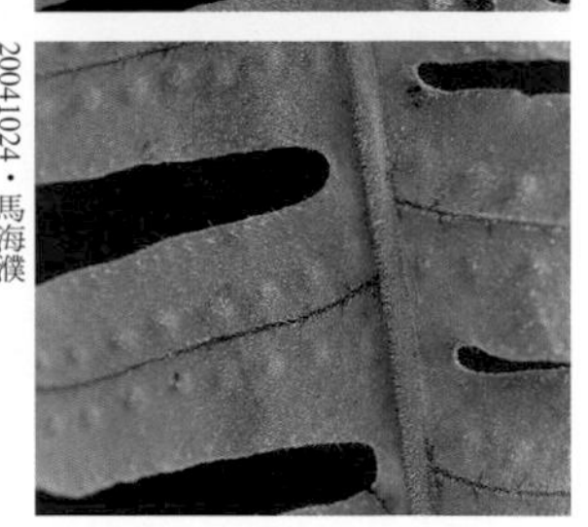

20041024・馬海濮

●**特徵**：根莖長匍匐狀，疏被黑褐色、窄披針形、全緣之鱗片；葉柄長約10~15 cm；葉片披針形，長30~40cm，寬5~10cm，一回羽狀深裂，葉軸具窄翅；裂片長條形，長3~5cm，寬0.5~1cm，下段裂片較短，最基部一對裂片水平分出，上下兩面密被毛；葉脈網狀，但不顯著，在羽軸兩側各形成一排網眼，內具一條不分叉之游離小脈；孢子囊群圓形，位於網眼內游離小脈末端，裂片中脈兩側各一排。

●**習性**：中位著生樹幹上。

●**分布**：台灣特有種，海拔1500至2500公尺之霧林環境可見。

【**附註**】本種雖是特有種，但由其親緣種的地理分布可略窺台灣的生物特性，本種之親緣種為日本水龍骨（*G. niponicum* (Mett.) Bedd.），後者廣布印度東北、中國南部、北越高地及日本，是一典型的東亞物種，可能是台灣周遭環境特殊的隔離機制促使演化出本種，本種無論是外形或是毛被物，都很像日本水龍骨，不同的是本種最基部一對裂片平展、葉柄被毛、根莖上的鱗片長達5mm，而日本水龍骨最基部一對裂片呈八字形下撇，葉柄幾近光滑無毛，根莖上的鱗片長僅1.5~2mm。

（主）常見著生在樹幹較高位之處，橫走之根莖明顯可見。
（小上）葉柄基部與根莖交界處具有關節。
（小中）葉背除了密布細毛外，尚可見裂片中脈兩側各一排孢子囊群。
（小下）葉表亦密布細毛。

骨牌蕨

Lemmaphyllum diversum (Rosenst.) Tagawa

海拔	中海拔	
生態帶	暖溫帶闊葉林	
地形	山坡	
棲息地	林內	林緣
習性	著生	岩生
頻度	偶見	

●**特徵**：根莖細長，橫走，堅韌不易斷裂，淡綠色，被覆褐色鱗片；葉遠生，葉片間距達2~2.5cm，葉柄長1~2cm；葉片披針形，長6~10cm，寬1~2.5cm，單葉，頂端漸尖，基部鈍尖，最寬處在中下段，全緣；葉脈網狀，網眼內具游離小脈；孢子囊群圓形，侷限分布在葉片中上段，在中脈兩側各排成一行，幼時有盾狀側絲覆蓋。

●**習性**：生長在成熟闊葉林底層，著生樹幹或岩壁上。

●**分布**：中國南部，台灣中海拔地區可見。

【附註】骨牌蕨的孢子囊群幼時清楚可見狀似鱗片的盾狀側絲（paraphysis），其與孢子囊相同起源，只是後來發展成不同形狀且扮演不同的角色，側絲的功能就像孢膜一樣，用來保護幼嫩時期的孢子囊群。除了骨牌蕨之外，伏石蕨、瓦葦、扇蕨、尖嘴蕨及二條線蕨等屬群都有類似的側絲，這些屬群在水龍骨科自成一格，有別於在幼嫩的孢子囊群中無法得見側絲的其他屬群物種。

19940703・觀霧

20081105・大雪山

20030511・台大（人工栽植）

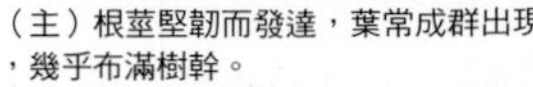

（主）根莖堅韌而發達，葉常成群出現，幾乎布滿樹幹。
（小左）葉片披針形且以一定距離排列在根莖上，狀似排排站的骨牌。
（小右）孢子囊群圓形，在葉片中上段之中脈兩側各排成一行。

網眼瓦葦

Lepisorus clathratus (C. B. Clarke) Ching

海拔	高海拔
生態帶	高山寒原
地形	山坡 山頂 稜線 峭壁
棲息地	林緣
習性	岩生
頻度	稀有

●特徵：根莖橫走，被覆2~3mm長、卵圓形、頂端尾尖、細胞全透明之深褐色鱗片；葉柄長1~4cm，禾稈色；葉片橢圓形或披針形，長5~15cm，寬1~2cm，全緣之單葉，薄草質，末端尖或鈍圓，基部漸窄成楔形；葉脈網狀，表面可見，網眼內有游離小脈；孢子囊群圓形，在中脈兩側各排成一行，內具盾形鱗片狀側絲。

●習性：生長在高山寒原岩縫遮蔭處。

●分布：喜馬拉雅山及其鄰近地區，東達日本及台灣，台灣產於高海拔地區。

19920812・七卡→雪山東峰

【附註】本種在台灣屬於典型高山寒原環境的植物，分布在森林界線以上的海拔高度，例如南湖大山、中央尖山、大霸尖山等的山頂或稜線附近滲水岩壁的縫隙中，本種曾被發表為台灣瓦葦（*L. papakensis*），其與網眼瓦葦唯一的區別點在根莖上的鱗片稍長、鱗片頂端稍呈尾尖狀，不過類似的特徵也出現在日本的網眼瓦葦，簡言之，網眼瓦葦的分布範圍為喜馬拉雅山區至東亞一帶的高地，據記載根莖上的鱗片變異度很大，越往分布範圍的東邊，鱗片似乎有普遍變長的趨勢，而本種在台灣的課題則是每一地方族群的鱗片外形是否安定，以及不同族群之間根莖鱗片外形是否有變異性。

瓦葦屬植物最重要的分類特徵其實是在根莖上的鱗片，可分成兩群，一是鱗片上的細胞全透明（不論是單色或雙色），另一群則是鱗片中央部分的細胞不透明，僅邊緣的細胞透明，所以此群瓦葦的鱗片一定是雙色，第一群的瓦葦台灣有3種──網眼瓦葦、玉山瓦葦（①P.205）和瑤山瓦葦（*L. kuchenensis* (Y. C. Wu) Ching）──葉片呈草質、紙質或膜質，意即葉片較薄，所以細脈明顯可見，到秋冬季節葉子會變色甚至落葉，其中玉山瓦葦的鱗片是雙色的，分布在海拔2000公尺以上的涼溫帶，其餘兩種的鱗片則是單色，網眼瓦葦葉寬1~2cm，是海拔3000公尺以上的高山寒原植物，而瑤山瓦葦葉甚寬，可達3.5~6cm，是海拔1000公尺左右的暖溫帶植物，非常稀有，迄今僅在溪頭附近發現過一次，標本存放在日本東京。

（主）葉片披針形，最寬處在中下段。

川上氏瓦葦

Lepisorus kawakamii
(Hayata) Tagawa

海拔	中海拔	
生態帶	暖溫帶闊葉林	針闊葉混生林
地形	山坡	
棲息地	林內	林緣
習性	著生	岩生
頻度	偶見	

20040731・向陽

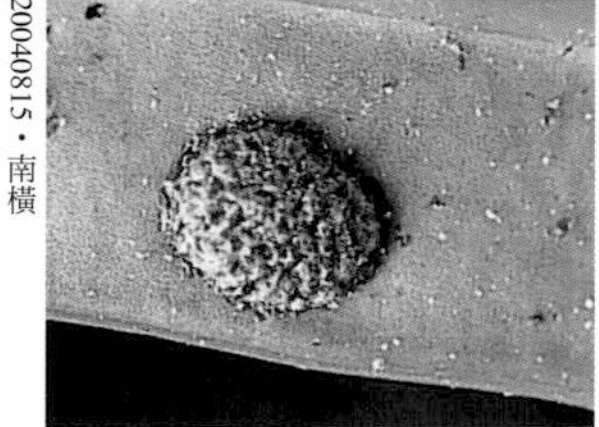

20040815・南橫

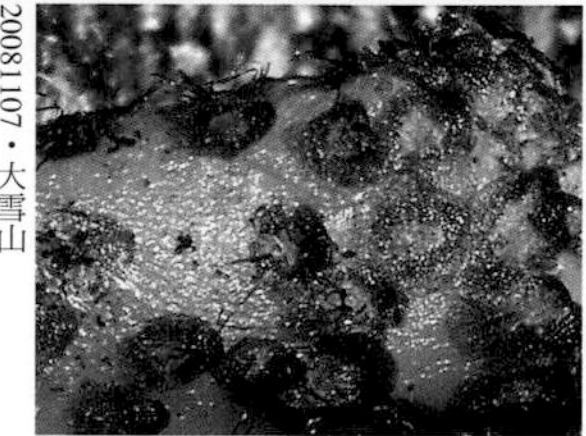

20081107・大雪山

●**特徵**：根莖橫走，被覆長度不及1mm、卵圓形、褐色、細胞全透明但周圍淺色、中心色深之鱗片；葉遠生，葉柄長約7~12cm；葉片長15~40cm，寬1~1.5cm，窄披針形，單葉，革質，最寬處在中段以下，先端漸尖，細脈不明顯；孢子囊群圓形或橢圓形，具盾形鱗片狀側絲，在葉表略下陷，著生於葉軸兩側與葉緣間，但較靠近葉緣，左右各一排。

●**習性**：著生於樹幹上或岩壁上。

●**分布**：台灣特有種，中海拔地區可見。

【附註】本種在瓦葦屬之中屬鱗片細胞全透明的一群，其葉片質地較偏革質，可與質地較薄的網眼瓦葦（P.155）、玉山瓦葦和瑤山瓦葦區別，而孢子囊群較大型，直徑可達3~4mm，此一特徵可與孢子囊群較小的擬烏蘇里瓦葦區分（P.158）。與本種質地、孢子囊群大小最相似的應是鱗瓦葦，兩者最大的差別在根莖上的鱗片，本種的鱗片卵圓形、鈍頭，長度大約1mm，通常貼伏莖上，而鱗瓦葦的鱗片基部卵形，上部披針形且向外開展，較蓬鬆而不貼伏，長度可達2~3mm。

（主）著生樹幹上，孢子囊群位於葉片上段。
（小左）孢子囊群幼時具盾形鱗片狀側絲。
（小右）根莖上具卵圓形鱗片。

鱗瓦葦

Lepisorus megasorus (C. Chr.) Ching

海拔	中海拔		
生態帶	暖溫帶闊葉林		
地形	山坡		
棲息地	林緣		
習性	著生	岩生	地生
頻度	偶見		

19970905・三角峰

●**特徵**：根莖橫走，具褐色、卵形至披針形鱗片，鱗片長2~3mm，周圍和中心同色且所有細胞均透明；葉柄長約7~12cm；葉片披針形，長15~40cm，寬2~3cm，單葉，最寬處在中段以下，先端漸尖；孢子囊群圓形或卵形，集中在葉片中上段，具盾形鱗片狀側絲，在中脈兩側各排成一行，位於中脈與葉緣之間但較靠近中脈。

●**習性**：著生於樹幹基部或岩壁上，偶亦見地生。

●**分布**：台灣特有種，中海拔地區可見。

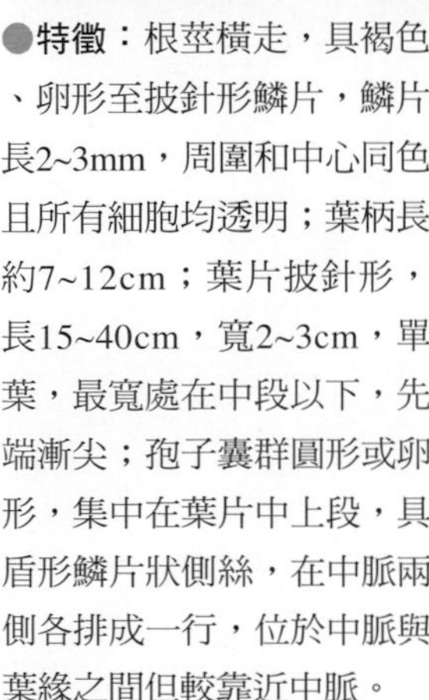

20031109・沿海林道

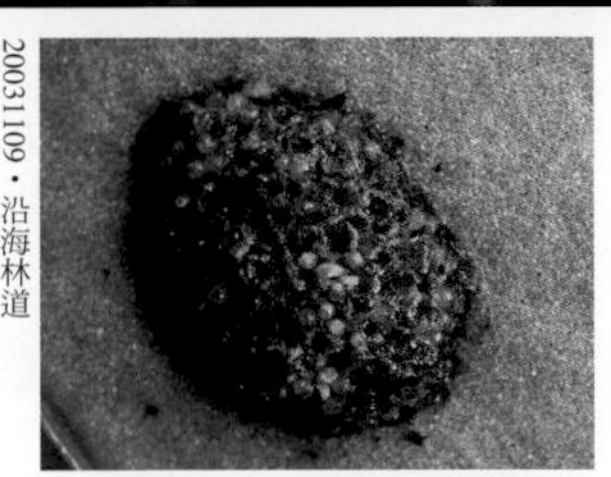

19890906・迴頭灣→蓮花池

【附註】本種與川上氏瓦葦非常相似，其最大的差異點如上頁所述是在根莖上的鱗片。此外，本種的孢子囊群較靠近中脈，且葉片表面在孢子囊群著生的位置幾乎不下陷，而川上氏瓦葦的孢子囊群則較靠近葉緣，且葉表在孢子囊群著生處稍呈下陷。二者的生態習性也不太一樣，本種都生長在較開闊、乾旱的環境，例如林緣或林外，多長在岩石甚至地上，川上氏瓦葦則生長在較成熟的森林，通常著生於林內樹幹上，與苔蘚植物混生。

（主）葉片披針形，最寬處在中下段。
（小左）孢子囊群表面具盾形鱗片狀側絲。
（小右）孢子囊群圓形，位在中上段。

擬烏蘇里瓦葦

Lepisorus pseudo-ussuriensis Tagawa

海拔	中海拔	
生態帶	暖溫帶闊葉林	針闊葉混生林
地形	山坡	
棲息地	林內	林緣
習性	著生	岩生、地生
頻度	常見	

水龍骨科

瓦葦屬

●特徵：根莖長匍匐狀，被覆深褐色披針形、細胞全透明之鱗片；葉遠生，相距0.7~1cm，葉柄長4~12cm；葉片長線狀披針形，長10~20cm，寬約3~7mm，單葉，基部楔形；葉脈網狀，網眼內有游離小脈，但不明顯；孢子囊群橢圓形，著生於葉片上半部，在中脈兩側各排成一行，幼時具盾形鱗片狀側絲。

●習性：著生於林下或林緣之樹幹上或岩壁上，偶亦可見地生。

●分布：台灣特有種，生長在中海拔檜木林帶或暖溫帶闊葉林山區。

【附註】根莖上的鱗片細胞全部同色且透明是本種的特色，加上葉片細長，寬度都在1cm以內，以及生長在霧林帶的習性，雖然植株不大，但在海拔2000公尺左右的地區很難不發現它的蹤跡。本種算是地區性的常見物種，由於分布廣，族群又多，所以在形態上有許多變化，例如葉片寬度，有的葉形與擬鱗瓦葦幾無差別，這時就必須檢視根莖上的鱗片了。

20040801・向陽

20040815・南橫

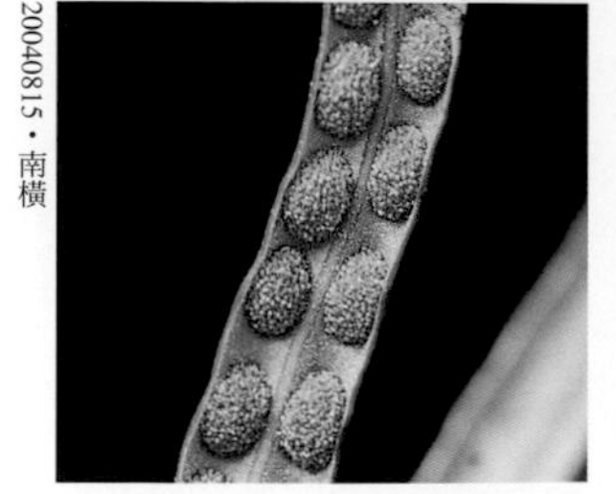

20040815・南橫

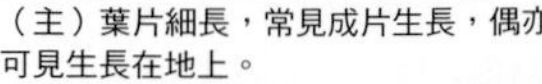

（主）葉片細長，常見成片生長，偶亦可見生長在地上。
（小左）孢子囊群橢圓形，有時可見幾與葉片中脈至葉緣同寬。
（小右）葉柄基部與根莖交界處密布深褐色鱗片。

擬鱗瓦葦

Lepisorus suboligolepidus Ching

海拔	中海拔	
生態帶	暖溫帶闊葉林	
地形	山坡	
棲息地	林緣	
習性	著生	岩生
頻度	偶見	

20041024・馬海濮

●**特徵**：根莖橫走，被覆深褐色披針形、中間細胞色深不透明、周圍細胞透明之鱗片；葉柄長約1.5~5cm，葉片窄披針形至披針形，長15~35cm，寬1.5~2.5cm，單葉，最寬處在近基部；葉脈網狀，不明顯；孢子囊群圓形，著生於葉片上半部，中脈兩側各一排，略下陷，具盾形鱗片狀側絲。

●**習性**：著生於樹幹上或岩壁上。

●**分布**：中國西南部，台灣中海拔山區可見。

【附註】本種的外形近似擬烏蘇里瓦葦，都具有狹長披針形的葉片，不過擬烏蘇里瓦葦根莖上的鱗片細胞全部透明，本種則具雙色鱗片且中央細胞不透明；本種也有些個體外形近似奧瓦葦（P.160），都具有基部較寬且頂端尾尖的葉片，不過奧瓦葦葉片最寬處一般都達3cm左右甚或更寬，葉片基部急縮，本種葉片最寬處不超過2.5cm且基部漸縮。

20041024・馬海濮

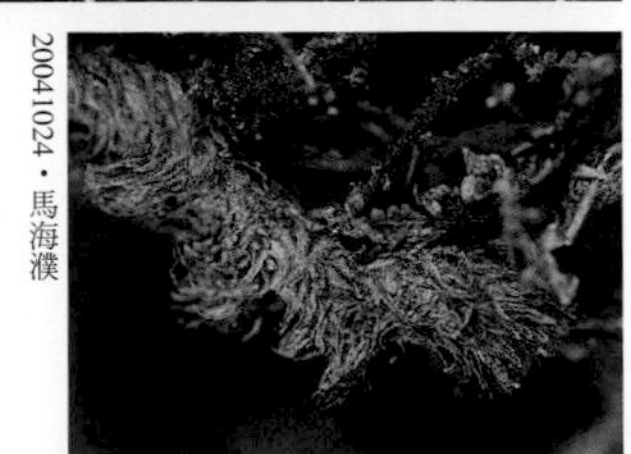

20041024・馬海濮

（主）著生於成熟林之樹幹上，乾旱時葉片常呈捲曲狀。
（小上）根莖上具披針形鱗片。
（小下）葉片背面零星可見褐色窗格狀鱗片。

奧瓦葦

Lepisorus obscure-venulosus (Hayata) Ching

海拔	中海拔	
生態帶	暖溫帶闊葉林	針闊葉混生林
地形	山坡	
棲息地	林內	林緣
習性	著生	
頻度	偶見	

●**特徵**：根莖匍匐狀，被卵形、中間細胞色深不透明、周圍細胞透明之鱗片；葉柄長3~6cm，深褐色至黑色；葉片披針形，長15~35cm，寬2~3cm，單葉，末端長尾狀漸尖，基部楔形，多少下延，最寬處在近基部；葉脈網狀，不明顯；孢子囊群圓形，位在中脈兩側，稍下陷，幼時具盾形鱗片狀側絲。

●**習性**：著生於霧林帶成熟森林之樹幹上或岩壁上。

●**分布**：台灣特有種，中海拔地區可見。

【**附註**】本種屬於瓦葦屬中根莖具雙色鱗片且鱗片中央深色部分之細胞不透明的一群，此群瓦葦最特別的種類是擬笈瓦葦（①P.206），其根莖明顯較細，直徑約1~1.5mm，葉緣常隨著孢子囊群的外緣而呈現波浪狀，不過本種是屬於根莖直徑較粗的一群，達2~3mm，此外，本種葉片最寬處在中段以下，寬約3cm，基部急縮。

19891113・豁然亭→天祥步道

19990206・十里

19940703・觀霧

（主）葉片披針形，最寬處在近基部。
（小左）孢子囊群圓形，集中在葉片中上段。
（小右）常著生在霧林帶的樹幹上。

闊葉瓦葦

Lepisorus tosaensis
(Makino) H. Ito

海拔	中海拔	
生態帶	暖溫帶闊葉林	
地形	山坡	
棲息地	林內	林緣
習性	著生	岩生
頻度	偶見	

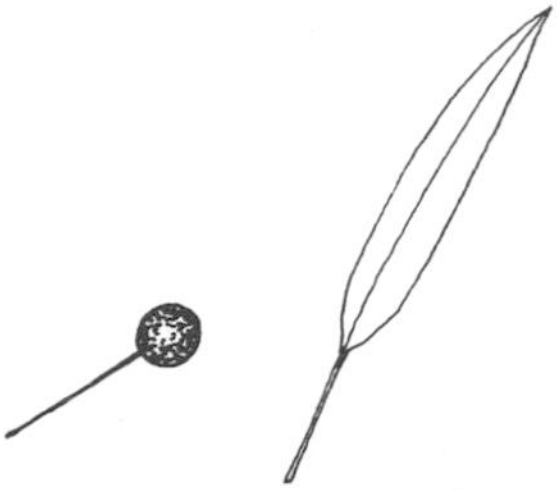

●特徵：根莖短橫走狀，具基部寬卵形、頂端長漸尖、中間細胞色深不透明、周圍為窗格狀之鱗片，葉簇生莖上；葉柄長1~5cm，草稈色；葉為全緣之單葉，葉片長橢圓形，長15~30cm，寬1~1.8cm，最寬處在中段，朝兩端漸尖；葉脈網狀，不明顯；孢子囊群圓形，在中脈兩側各一排，較接近中脈，幼時具盾形鱗片狀側絲。

●習性：著生於成熟林之樹幹上或岩壁上。

●分布：中國、日本，台灣中海拔山區可見。

【附註】本種亦屬於根莖較粗且具雙色鱗片之瓦葦，不過其葉片最寬處在中段或中段以上，此點有別於奧瓦葦與擬鱗瓦葦（P.159），本種的葉片寬度約為1~2cm之間，質地為較薄的薄草質，孢子囊群稍靠近中脈，而瓦葦（①P.207）的葉片革質，寬度不及1cm，孢子囊群位在中脈與葉緣的中間。

19990829・溪頭

（主）葉片常呈長橢圓形，最寬處在中段或中段以上。

劍葉扇蕨

Neocheiropteris ensata (Thunb.) Ching

海拔	中海拔
生態帶	暖溫帶闊葉林
地形	山坡
棲息地	林內
習性	地生
頻度	偶見

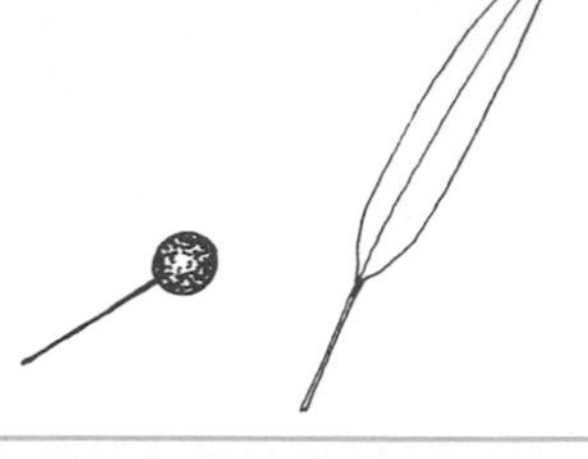

19851102・觀高→下東埔

●**特徵**：根莖長匍匐狀，直徑3~4mm，被窗格狀鱗片；葉柄長10~20cm，基部具與根莖相同之鱗片；葉片披針形至闊披針形，長30~45cm，寬4~6cm，全緣之單葉，最寬處在中段以下，兩端尖，基部稍呈急縮狀，略下延，背面散生窗格狀小鱗片；葉脈網狀，但細脈不顯著，僅側脈在葉背清晰可見；孢子囊群卵形或圓形，幼時被有黑褐色盾形鱗片狀側絲，著生在中脈兩側，排成不規則的1~3行。

●**習性**：地生，生長在暖溫帶成熟闊葉林下，富含腐植質之地被層。

●**分布**：印度北部、中國、中南半島、日本，台灣主要分布在中海拔闊葉林。

【附註】水龍骨科大部分的植物均傾向著生的習性，著生在岩石上或樹幹上，低位著生或高位著生，僅少數物種為專職的地生植物，而本種即為其中之一，通常地生型水龍骨科植物其莖與葉交接處關節不發達或無關節，而著生型其關節都很發達，這可能是適應著生環境所發展出來的生存策略，利用關節將葉子脫落，在乾旱時可以減少水分的蒸發散，骨碎補科也有類似的演化傾向，其唯一的地生蕨類是大膜蓋蕨（①P.300）。

劍葉扇蕨外形近似斷線蕨（①P.217），但葉片基部下延至多僅及葉柄頂端1/3處，且細脈於成熟葉片通常不顯著，而斷線蕨葉片下延幾至葉柄基部，葉片之細脈通常清晰可見，當然二者孢子囊群的排列方式與構造更是截然不同。

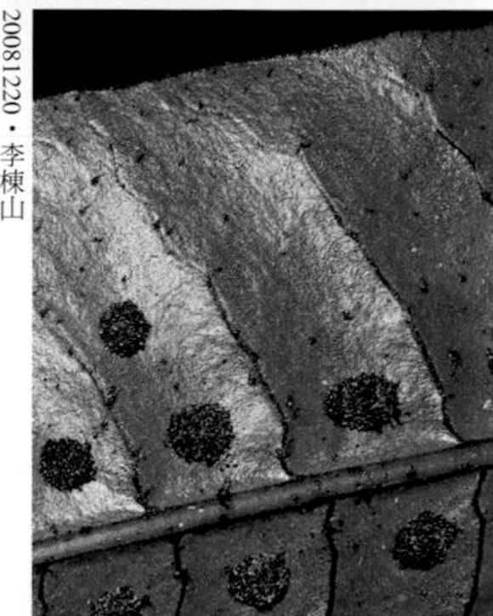

20081220・李棟山

（主）單葉，全緣，披針形，最寬處在中段以下。
（小）葉片側脈明顯，孢子囊群靠近中脈，並於中脈兩側排成1~3行。

捲葉蕨

Pyrrosia angustissima
(Gies. *ex* Diels) Tagawa & Iwatsuki

海拔	中海拔
生態帶	暖溫帶闊葉林
地形	山坡
棲息地	林內 林緣
習性	著生
頻度	瀕危

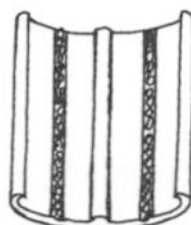

2002716・台大（人工栽植）

●**特徵**：根莖長匍匐狀，密覆披針形鱗片，葉遠生；葉幾近無柄，基部具關節，亦具與根莖相同之鱗片；葉片線形，長2.5~7cm，寬0.5~1cm，單葉，厚革質，兩面密被褐色星狀毛，葉軸在背面明顯隆起，葉緣多少反捲至中脈；孢子囊群著生在中脈兩側，呈連續的長線形。

●**習性**：著生於林下或林緣之樹幹上。

●**分布**：中國南部、日本及中南半島高地，台灣僅見於新竹、苗栗中海拔地區。

【**附註**】本種與其他的石葦屬植物一樣在葉兩面都具有星狀毛，不過不同之處在具

2002716・台大（人工栽植）

有長線形的孢子囊群與反捲的葉緣，有別於一般石葦屬植物的圓形孢子囊群與平展的葉片，故有學者將其獨立為一屬，稱為捲葉蕨屬（*Saxiglossum*），不過在野外有時可見孢子囊群呈圓形、橢圓形或斷續的線形，葉緣無明顯反捲，只是中脈兩側凹陷的個體。整體而言本種仍然是一個非常特殊的種類，其在台灣的產地與生態習性也與其他石葦屬的種類不同，少數幾筆採集紀錄都在

2002716・台大（人工栽植）

新竹、苗栗山區，且屬高位著生，其厚實的葉片可能與這種習性有關。

（主）葉質地堅厚，表面密布星狀毛。
（小左）葉片橫切面，可見隆起的中脈及其兩側的溝。
（小右）根莖長而橫走，葉緣由外往內反捲並在葉軸兩側形成凹溝，葉背亦被星狀毛。

中國石葦

Pyrrosia gralla
(Giesenh.) Ching

海拔	中海拔	
生態帶	針闊葉混生林	
地形	山坡	
棲息地	林緣	
習性	著生	岩生
頻度	偶見	

19980623・梅峰

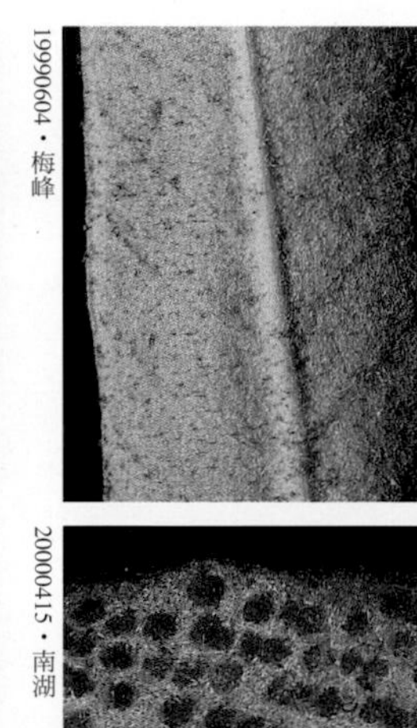

19990604・梅峰

20000415・南湖

玉山石葦・20031203・關原

●**特徵**：根莖短匍匐狀，密被窄披針形鱗片，葉近叢生；葉柄長3~6cm，疏被星狀毛，基部有關節；葉片披針形至長披針形，長5~25cm，寬約2cm，單葉，革質至厚肉質，背面密生淡褐色星狀毛，表面偶有星狀毛；孢子囊群圓形，幾乎布滿葉背上部，幼嫩時被有星狀毛。

●**習性**：著生於樹幹上或岩壁上，葉片下垂。

●**分布**：中國西南部，台灣產於檜木林帶。

【**附註**】本種是生長在中海拔岩壁上的蕨類，偶亦見生長在樹幹上，正如一般石葦屬植物，本種也有星狀毛，尤其是在葉背密生，星狀毛的放射狀毛臂線形細長是本種的特色，具有相同特色的尚有玉山石葦（*P. transmorrisonensis* Hayata）及松田氏石葦，玉山石葦不論是外形或毛被物狀況都非常類似本種，但葉背毛被物更密，幾乎不見綠色的葉面，有些學者認為玉山石葦就是中國石葦，目前尚無定論，需更多的野外調查研究才能釐清。

（主）根莖短匍匐狀，葉近叢生。
（小上）葉背覆星狀毛，但仍可看見葉面。
（小中）孢子囊群圓形，幾乎布滿葉片上部。
（小下）玉山石葦的圓形孢子囊群，及密布葉背的星狀毛。

松田氏石葦

Pyrrosia matsudai (Hayata) Tagawa

海拔	中海拔
生態帶	暖溫帶闊葉林
地形	山坡
棲息地	林緣
習性	岩生
頻度	偶見

19990404・春陽

20061210・梅峰

19851102・觀高→下東埔

19950509・武陵

●**特徵**：根莖短匍匐狀，密布披針形鱗片，葉近叢生；葉柄長3~15cm，基部有關節，亦被與莖相同之鱗片；葉片披針形，單葉至三裂或不規則分裂，長12~18cm，寬5~7cm，肉質至革質，基部楔形，葉背密生星狀毛。

●**習性**：著生於林緣或空曠地區之岩壁上。

●**分布**：台灣特有種，中海拔地區可見。

【**附註**】本種在野外常零星出現在中海拔的岩石環境，鄰近地區常伴隨出現槭葉石葦（①P.210），由於本種的葉片常呈現不規則分裂，推側其應為天然雜交種，且父母種之一應是槭葉石葦，因為該種是石葦屬中唯一葉片具有掌狀分裂特徵的，本種分裂情形應是承襲自槭葉石葦，不過由星狀毛的形狀及被覆密度，則是與玉山石葦具相同的特徵。

（主）葉片邊緣常呈不規則瓣裂。
（小上）孢子囊群圓形，葉背全面密覆星狀毛。
（小中）常見生長在岩壁的縫隙中。
（小下）乾旱時葉緣由下往上翻捲，減少蒸發散面積，淺色的葉背還可反射太陽光。

肢節蕨

Arthromeris lehmannii (Mett.) Ching

海拔	中海拔
生態帶	針闊葉混生林
地形	山坡
棲息地	林內　林緣
習性	著生
頻度	常見

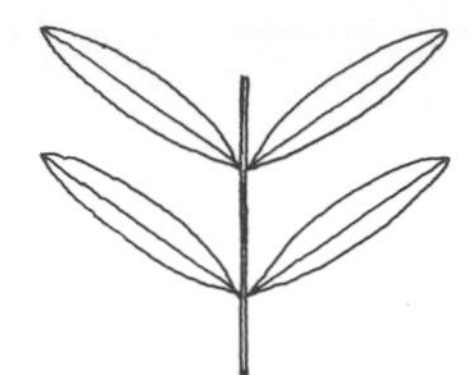

20040721・向陽

20040721・向陽

20040721・向陽

19941113・拉拉山

●**特徵**：根莖長匍匐狀，被黃褐色長披針形鱗片，葉遠生；葉柄長10~20cm，基部有關節；葉片寬披針形，長30~40cm，寬12~20cm，一回羽狀複葉；羽片長披針形，全緣，長8~12cm，寬1~2cm，基部圓，無柄，頂羽片與側羽片同形，側羽片5~10對，與葉軸相連處有關節；葉脈網狀，網眼中具游離小脈；孢子囊群圓至橢圓形，位在羽軸兩側各多行。

●**習性**：著生於雲霧帶闊葉林之樹幹上。

●**分布**：喜馬拉雅山東部至中國長江流域、中南半島高地及呂宋島，台灣中海拔地區可見。

【附註】肢節蕨屬與茀蕨屬、擬茀蕨屬親緣關係較近，其孢子囊群都比較大，且大部分具軟骨邊，葉質地也較堅韌，部分種類葉緣尚有缺刻，有別於孢子囊群較小、通常不具軟骨邊、葉質地較厚、葉緣也無缺刻的星蕨、線蕨等屬，在近代的分類學此兩群植物是被放在不同的亞科或族，不過這兩群比起水龍骨科其他的族或亞科，其親緣關係是比較近的。

（主）葉為一回羽狀複葉，具與側羽片相同之頂羽片。
（小左）羽片無柄，基部具關節。
（小中）由羽軸分出的主側脈間具一排孢子囊群。
（小右）著生在雲霧帶闊葉林樹幹上。

姬茀蕨

Phymatopteris yakushimensis (Makino) Pichi-Sermolli

海拔	低海拔
生態帶	亞熱帶闊葉林
地形	谷地
棲息地	林緣
習性	岩生
頻度	稀有

●**特徵**：根莖長匍匐狀，被黃褐色披針形鱗片；葉柄長5~8cm，褐色；葉片長披針形，長6~10cm，寬1~2cm，單葉全緣，葉緣在兩側脈間具缺刻；葉脈網狀，網眼中具游離小脈；孢子囊群圓形，在同側兩側脈間各一枚，並於中脈兩側各一排。

●**習性**：位於溪岸的岩壁上，成片生長。

●**分布**：屋久島及琉球群島，台灣產於北部低海拔溪床邊。

【附註】在台灣的茀蕨屬植物中，葉子全為全緣單葉的，只有本種、恩氏茀蕨（P.168）和岡本氏茀蕨（*P. rhynchophylla* (Hook.) Pichi-Sermolli），不像三葉茀蕨（①P.213）和台灣茀蕨（P.169）具有不分裂的單葉和鳥趾狀三裂的單葉；本種與三葉茀蕨的葉緣都有明顯的缺刻，而缺刻的位置就在兩側脈之間。恩氏茀蕨、岡本氏茀蕨與台灣茀蕨的葉緣基本上都不具缺刻，但偶爾也會有。本種的生態習性非常特殊，只出現在北部低海拔的溪床邊，屬於溪流植物。岡本氏茀蕨的外形及大小近似本種，但其生長習性截然不同，產於海拔2000公尺的雲霧帶，形態也有所不同，例如根莖較粗，深褐色的軟骨邊非常顯著，葉緣通常不具缺刻，葉多少呈兩型，孢子囊群較大，著生位置不凹陷。

20021015・台北金瓜寮溪

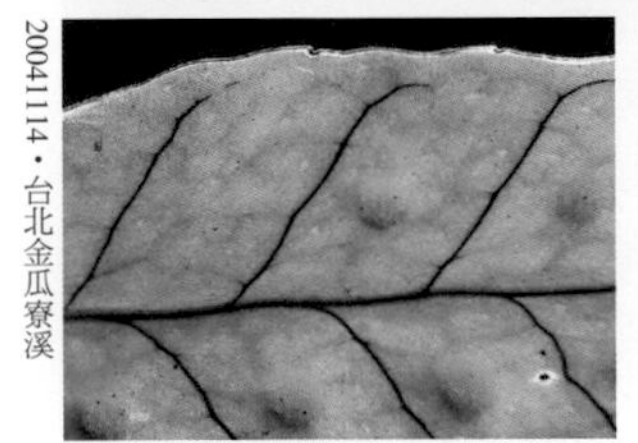

20041114・台北金瓜寮溪

20021015・台北金瓜寮溪

（主）葉為不分裂的單葉，呈披針形或狹長披針形。
（小左）葉緣具軟骨邊，在兩側脈間具一缺刻，孢子囊群圓形，在中脈兩側各排成一行，於葉表突出。
（小右）生長在溪邊向陽開闊地，鄰近水面。

恩氏茀蕨

Phymatopteris engleri
(Luerss.) Pichi-Sermolli

海拔	中海拔	
生態帶	針闊葉混生林	
地形	山坡	
棲息地	林內	林緣
習性	著生	岩生
頻度	偶見	

水龍骨科

茀蕨屬

20081105・大雪山

●**特徵**：根莖匍匐狀，被覆紅褐色披針形鱗片，葉遠生；葉柄長5~15cm；葉片披針形，長20~35cm，寬2.5~3.5cm，單葉全緣，末端漸尖，基部楔形，邊緣在側脈間具不明顯之缺刻；葉脈網狀，網眼中具游離小脈；孢子囊群圓形，在同側兩側脈間各一枚，並於中脈兩側各排成一行。

●**習性**：生長在林下或林緣之樹幹上或岩壁上。

●**分布**：日本、韓國及中國南部，台灣產於中海拔霧林帶。

【**附註**】本種是台灣海拔2000公尺左右雲霧帶的著生蕨類，該種環境非常特殊，除每天例行性出現的雲霧外，尚有季節性的大霧，空氣濕度高，因此可以支持許多著生蕨類，甚至許多地被蕨類得以在此生活；這種雲霧不僅牽涉到大環境的氣候、地形因素，更與天然林的微環境有關。生物多樣性全賴微環境的多樣性，而生物多樣性也可以協助維持微環境的特性，在海拔2000公尺的鄰近地帶，雲霧、微環境與生物多樣性其實是互為因果的。

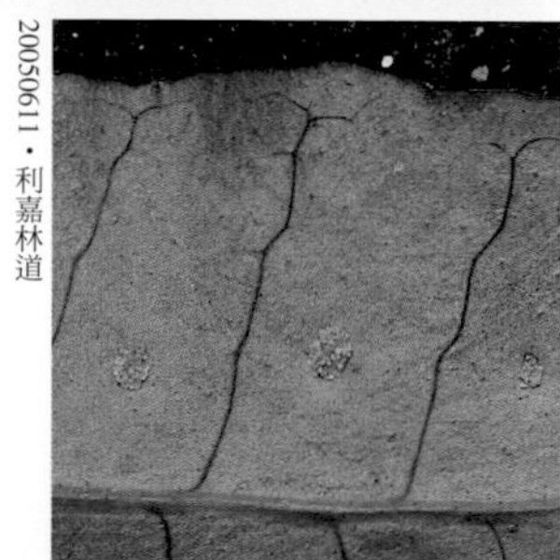

20050611・利嘉林道

20081105・大雪山

（主）生長在大岩石上。
（小上）葉緣在側脈間偶可見缺刻，同側側脈間僅具一枚孢子囊群。
（小下）根莖密被紅褐色披針形鱗片。

台灣茀蕨

Phymatopteris taiwanensis
(Tagawa) Pichi-Sermolli

海拔	中海拔	
生態帶	暖溫帶闊葉林	針闊葉混生林
地形	山坡	
棲息地	林緣	
習性	岩生	地生
頻度	偶見	

19891113・豁然亭→天祥步道

●**特徵**：根莖長匍匐狀，被覆黃褐色披針形鱗片，葉遠生；葉柄長9~18cm，深褐色；葉片長15~25cm，單葉全緣至鳥趾狀三裂，裂片長披針形，末端略呈尾狀，基部楔形；中間裂片長15~25cm，寬1~1.5cm，側裂片長度約為中間裂片之一半；葉緣在側脈間有時可見缺刻；葉脈網狀，網眼中具游離小脈；孢子囊群圓形，在中脈兩側各排成一行。

●**習性**：生長在土壁或岩壁上。

●**分布**：台灣特有種，分布在中部海拔地區。

19990405・春陽

19810804・多加屯山

【附註】本種位在涼溫帶的下緣，海拔約為1500至2000公尺，而其近緣種三葉茀蕨（①P.213）分布在暖溫帶的下緣，約在500至1000公尺之間，二者的習性很相近，路旁土坡或岩壁上有時可見混生，台灣的微地形與微氣候非常複雜，局部地區會發現低海拔物種往較高海拔延伸，有時也可見較高海拔物種下降的現象，野外也曾發現中間型不易區分的個體，顯然二者之間尚有許多待釐清之處。

（主）葉片有時呈現鳥趾狀三裂的單葉外形，裂片較三葉茀蕨細長。
（小左）裂片邊緣全緣，偶可見缺刻，孢子囊群在中脈兩側各排成一行。
（小右）常見生長在林道或步道邊坡的土壁上；同一族群，甚至同一根莖上也可見到單葉的個體。

大葉玉山苐蕨

Phymatopteris echinospora
(Tagawa) Pichi-Sermolli

海拔	中海拔	高海拔
生態帶	針闊葉混生林	針葉林
地形	山坡	
棲息地	林內	林緣
習性	著生	岩生
頻度	偶見	

19850909・太平山

●**特徵**：根莖匍匐狀，被覆披針形、淺褐色至紅褐色鱗片，葉遠生；葉柄長7~14cm，較葉片短；葉片寬卵形，長15~30cm，寬10~16cm，一回羽狀深裂，具與側裂片同形之頂裂片，側裂片6~11對，最下裂片多少向下反折；裂片長5~8cm，寬0.8~1.5cm，末端漸尖，裂片邊緣在主側脈間具缺刻；葉脈網狀，網眼中具游離小脈；孢子囊群圓形，在裂片中脈兩側各排成一行。

●**習性**：著生於雲霧帶針葉林之樹幹上或岩壁上。

●**分布**：台灣特有種，分布在中、高海拔地區。

【附註】本種是台灣苐蕨屬植物海拔分布第二高的，僅次於玉山苐蕨（①P.214），後者常出現在鐵杉林帶，多成片生長，同時分布於喜馬拉雅山東部與台灣，這種不連續分布現象應與冰河期有關；而本種最奇特之處是全世界僅見於台灣的高山，位於鐵杉林帶的下緣與檜木林帶相交處，且全世界也找不到可與其匹配的近緣種，因為一般而言，不連續地理分布現象在相離的兩地都可找到血緣相近的族群，大葉玉山苐蕨出現於台灣可能意味著，它是生態棲位複雜化之後才演化出來的。

20040721・向陽

20040721・向陽

（主）葉為一回羽狀深裂，裂片對數較多，約有6~11對，是本種的特徵。
（小上）根莖密覆淺褐至紅褐色鱗片。
（小下）裂片邊葉緣在主側脈間具明顯缺刻。

掌葉茀蕨

Phymatopteris taeniata (Sw.) Pichi-Sermolli

海拔	低海拔	
生態帶	熱帶闊葉林	
地形	山溝	谷地
棲息地	林內	
習性	著生	岩生
頻度	稀有	

●**特徵**：根莖長匍匐狀，被寬披針形、紅褐色鱗片；葉柄長10~25cm，約與葉片等長或較長；葉片狀似張開的手掌，長10~20cm，寬10~15cm，一回羽狀深裂；側裂片2~3對，長8~15cm，寬1.5~2.5cm，末端漸尖，頂裂片與側裂片同形；葉緣軟骨質，在裂片主側脈間通常不具缺刻；葉脈網狀，網眼中具游離小脈；孢子囊群圓形，在裂片中脈兩側各排成一行。

●**習性**：著生於熱帶雨林的樹幹上或岩壁上。

●**分布**：以菲律賓、印尼等東南亞地區為分布中心，往西至馬來半島，北及蘭嶼、恆春半島。

【附註】本種在台灣主要見於蘭嶼的成熟熱帶雨林內，著生在樹幹離地約1.5~2m高之處，其生態習性非常嚴謹，只存在於非常成熟、幾近原始的森林內，且著生蕨類的著床、發育及成長，與周遭環境的空氣濕度關係密切；蘭嶼森林過去曾廣植木麻黃及近年來的次生林化，掌葉茀蕨族群逐年減少，正是蘭嶼森林品質劣化的見證。

19890605・蘭嶼紅頭山

20060208・蘭嶼紅頭山

20030301・老佛山

（主）葉片一回羽狀深裂，裂片對數不多，生長在林內樹幹上。
（小左）葉片光滑，裂片邊緣通常不具缺刻。
（小右）裂片主側脈間僅具一枚孢子囊群。

水社擬茀蕨

Phymatosorus longissimus (Blume) Pichi-Sermolli

海拔	低海拔、中海拔
生態帶	亞熱帶闊葉林、暖溫帶闊葉林
地形	平野、谷地、山坡
棲息地	林緣、空曠地、濕地
習性	地生
頻度	瀕危

●**特徵**：根莖長匍匐狀，直徑0.5~1cm，被覆亮褐色卵形鱗片，葉遠生；葉柄長15~45cm，基部明顯具關節；葉片披針形，長20~40cm，寬15~20cm，一回羽狀深裂，草質至革質，葉軸具明顯窄翅，葉軸連翅寬約0.5cm；側裂片長條形，長7~15cm，寬1~1.5cm，11~25對，末端尖，全緣，邊緣常呈波浪狀，頂裂片與側裂片同形；葉脈網狀，網眼內具游離小脈；孢子囊群圓形，下陷，於葉表明顯突起，在裂片中脈兩側各排成一行。

●**習性**：地生，生長在林緣半遮蔭或空曠的潮濕地區。

●**分布**：以東南亞為分布中心，往西至印度及斯里蘭卡，北達海南島、香港及日本南方島嶼，台灣產於中南部低海拔地區，罕見。

【**附註**】1916年本種在台灣首度被發現，產於日月潭畔水社附近，其生長習性非常奇特，長在潭內的浮島上，不過在日月潭築壩蓄水之後，水社擬茀蕨也跟著消失了，往後數十年雖也曾在其他少數地方被發現，然而絕大部分地區的水社擬茀蕨後來都消失了，其命運就像許多濕地植物，隨著土地的開發利用消失殆盡。我們或該思考在日月潭復育一塊水社擬茀蕨浮島？

20090318・牡丹

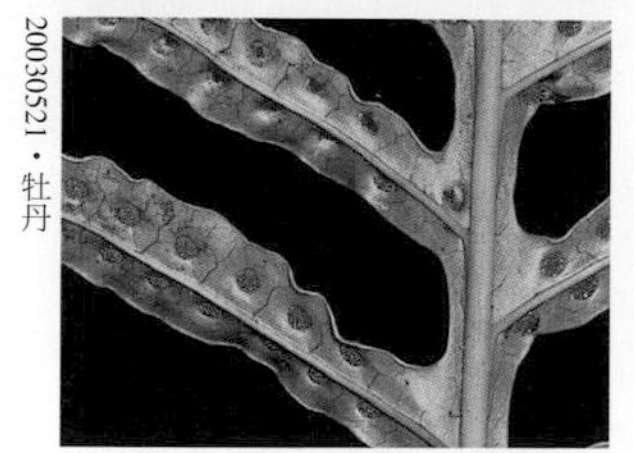
20030521・牡丹

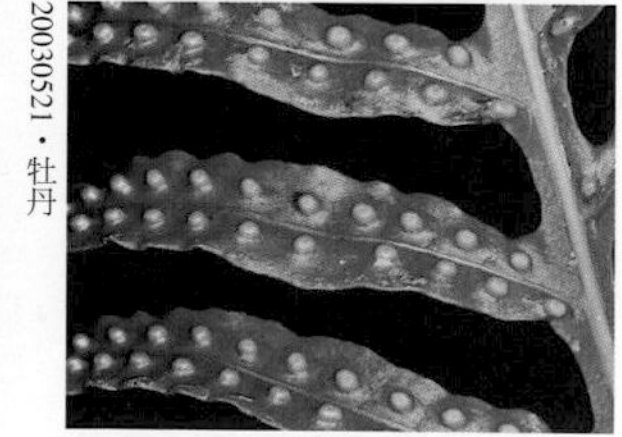
20030521・牡丹

（主）全日照環境下的植株其葉片較為革質。
（小左）孢子囊群在裂片中脈兩側各排成一行，著生處下陷。
（小右）葉表可見孢子囊群著生處明顯呈瘤狀突起。

萊蕨

Colysis decurrens
(Blume) Manickam & Irudayaraj

海拔	低海拔	中海拔
生態帶	亞熱帶闊葉林	暖溫帶闊葉林
地形	山溝	谷地	山坡
棲息地	林內	
習性	岩生	地生
頻度	偶見	

●**特徵**：根莖長匍匐狀，被覆黑褐色、長披針形之窗格狀鱗片，葉柄間距約1~3cm；葉兩型，營養葉柄短或不顯著，葉片匙形，約30cm長，8cm寬，末端尖，基部下延；葉脈網狀，網眼內有游離小脈，側脈明顯，平行，近葉緣分叉；孢子葉柄長25~35cm，葉片窄線狀披針形至線形，長20~30cm，寬5~10mm，孢子囊全面著生於葉背。

●**習性**：岩生或地生，生長在林下小溪溝邊。

●**分布**：以東南亞為分布中心，北以印度東北、中國南部及台灣一線為界，台灣產於中、低海拔的成熟闊葉林內。

【**附註**】萊蕨具有極度兩型葉的特性，且孢子囊散生、全面密布葉背，此點與具有線狀孢子囊群的其他線蕨屬植物大異其趣，故有學者認為應成立萊蕨屬，類似的蕨類全世界僅有4種，都產於亞洲熱帶地區，不過除了兩型葉、散沙狀孢子囊之外，其餘特徵都與線蕨屬相同。

19860325・青蛙石

19990415・新店（人工栽植）

19990415・新店（人工栽植）

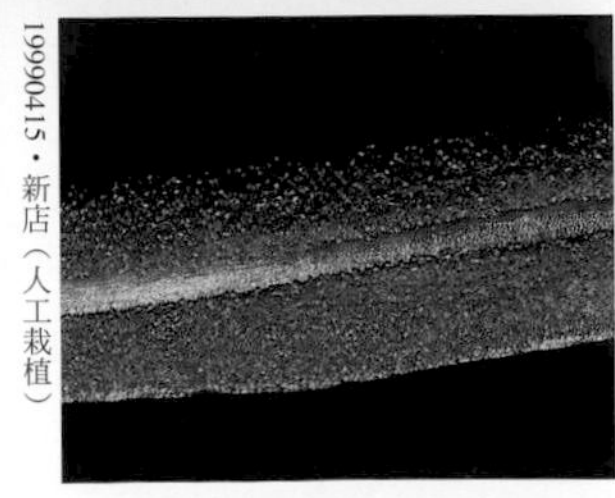

（主）孢子葉細長、直立，營養葉較短且斜展；常見其生長在谷地的岩石上。
（小左）主側脈平行，近葉緣處二叉。
（小右）除中脈外，孢子囊完全覆蓋孢子葉之葉片背面。

萊氏線蕨

Colysis wrightii
(Hook.) Ching

海拔	低海拔	
生態帶	亞熱帶闊葉林	
地形	谷地	山坡
棲息地	林內	林緣
習性	岩生	地生
頻度	常見	

●**特徵**：根莖匍匐狀，被覆卵狀披針形褐色鱗片；葉柄長2~5cm，葉片披針形，長20~45cm，寬2~5cm，單葉，末端漸尖，基部較寬，往下急縮且下延；葉脈網狀，網眼內有游離小脈，側脈明顯，彼此平行；孢子囊群長線形，位於側脈之間並與中脈斜交。

●**習性**：岩生或地生，常成片生長在林下或林緣半遮蔭環境。

●**分布**：越南、中國南部及琉球群島，台灣低海拔地區普遍可見。

【**附註**】本種在台灣雖然極為常見，但仍有許多問題值得深入探討，例如孢子囊群是否具有鱗片狀側絲，葉片中段以下突然變窄的特徵是否安定，有無葉片非常狹窄的族群。相較於伏石蕨（①P.204）營養葉與孢子葉顯著不同的兩型葉，本種屬於同形葉，但卻可見兩型葉的趨勢，亦即孢子葉較瘦長，營養葉較胖短，本種在台灣是否具有極端兩型葉的族群，尚待進一步調查研究。

20090214・夢湖

19890127・墾丁公園

20000511・深坑四龍瀑布

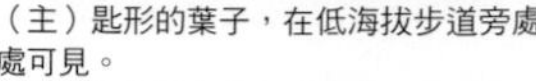
（主）匙形的葉子，在低海拔步道旁處處可見。
（小左）在適宜的環境常成片生長。
（小右）孢子囊群長線形，位於側脈之間並與中脈斜交。

新店線蕨

Colysis × shintenensis (Hayata) H. Ito

海拔	低海拔	
生態帶	亞熱帶闊葉林	
地形	谷地	山坡
棲息地	林內	
習性	地生	
頻度	稀有	

19871230・台大植物系蔭棚（人工栽植）

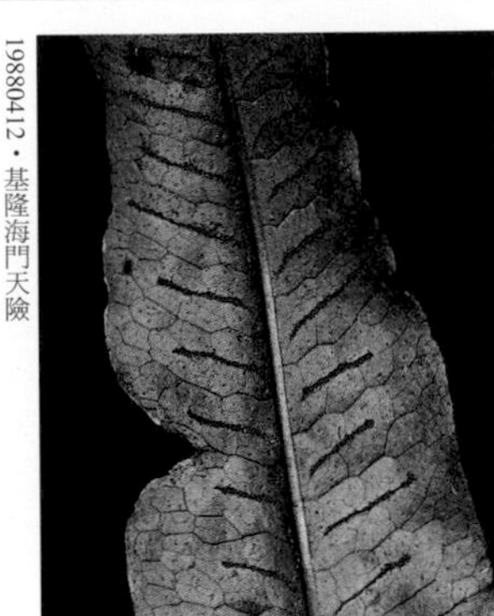

19880412・基隆海門天險

●**特徵**：根莖長匍匐狀，被黑色卵狀披針形鱗片，葉散生莖上；葉柄長8~20cm，葉片披針形，長25~50cm，中段寬3~5cm，單葉，基部具不規則且與中脈幾近垂直之裂片，基部下延呈翅狀；各回主脈均甚明顯，葉脈網狀，網眼內有游離小脈；孢子囊群線形，在二主側脈間各一枚。

●**習性**：地生，生長在林下遮陰、潮濕且富含腐植質之處。

●**分布**：日本南部，台灣產於北部低海拔海邊丘陵地森林。

【**附註**】無論在日本或台灣本種都不常見，其葉片形態特徵的不安定性，例如葉片基部的裂片數量與位置常有變化，也有同一株植物同時具有無裂片的葉子，正是野外辨識雜交種的線索之一，最近也由染色體的數目確認其為三倍體雜交種，推測其父母種為萊氏線蕨與橢圓線蕨（①P.218），不過有趣的是二者可能都各自代表二至三個分類群，所以要了解本種的真實身分，或許還有一條長遠的路要走。

（主）葉片基部具一至多枚水平橫向開展之裂片。
（小）同側二主側脈間僅具一線形孢子囊群。

大星蕨

Microsorum henryi (Christ) Kuo

海拔	低海拔
生態帶	亞熱帶闊葉林
地形	山坡
棲息地	林內 林緣 空曠地
習性	岩生
頻度	常見

水龍骨科

星蕨屬

●**特徵**：根莖長匍匐狀，被覆貼伏狀長卵形褐色鱗片，葉在莖上疏生；葉柄長10~25cm，基部疏生與莖相同之鱗片；葉片長披針形，長20~60cm，寬3~5cm，單葉，全緣，末端漸尖，基部下延，肉質至革質；中脈兩面突出，側脈不明顯，葉脈網狀，網眼中具游離小脈；孢子囊群大、圓形，於中脈兩側常各僅一排，酷似瓦葦屬成員，但孢子囊群不會像瓦葦僅分布於上段，在中下段亦有。

●**習性**：生長在闊葉林下或林緣，位於溪谷兩側的岩石上。

●**分布**：以中國南部為中心，往東至日本南部，南及印度東北、中南半島等地，台灣低海拔地區普遍可見。

【附註】星蕨屬的拉丁文為*Microsorum*，micro意即小，sorum則為孢子囊群，顧名思義本屬的孢子囊群都很小，孢子囊群小、數量多且散生是本屬的特徵，有別於其他的水龍骨科植物；不過本種的孢子囊群既大又不散生，可說是星蕨屬的異數。本種雖常見，仍有課題值得深入觀察，一般而言其根莖上具有卵形貼伏的鱗片，不過也有文獻記載具有開展且較呈披針形的鱗片，或許那是不同的種類。

2005062・錦山

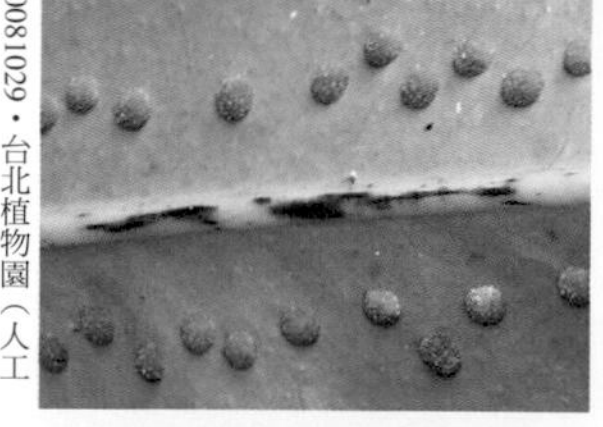
20081029・台北植物園（人工栽植）

20081225・天母古道

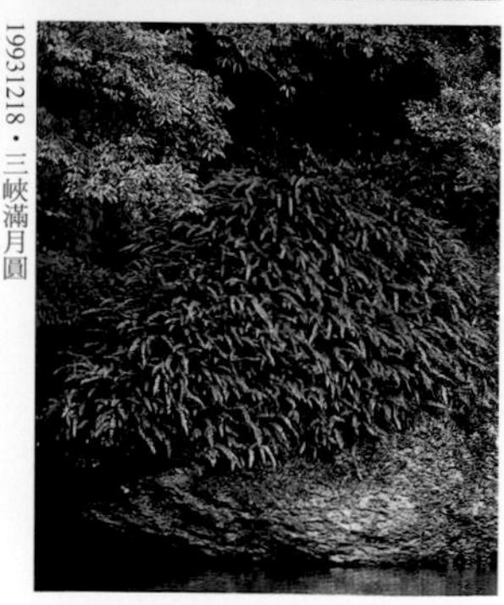
1993121８・三峽滿月圓

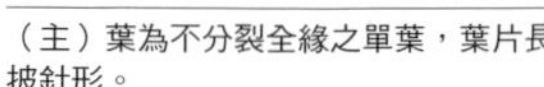

（主）葉為不分裂全緣之單葉，葉片長披針形。
（小左）中脈兩側各具一排孢子囊群，但偶可見於局部範圍出現兩排。
（小右上）根莖粗，長匍匐狀，頂端覆滿貼伏狀鱗片。
（小右下）野外常見大面積片狀生長。

膜葉星蕨

Microsorum membranaceum (D. Don) Ching

海拔	中海拔
生態帶	暖溫帶闊葉林
地形	谷地　山坡
棲息地	林緣
習性	岩生
頻度	偶見

19860401・鳳凰山

19980912・春陽

19981223・春陽

●**特徵**：根莖短匍匐狀，密生深褐色卵狀披針形鱗片；葉近生或叢生，幾乎無柄；葉片披針形至長橢圓形，長55~100cm，寬9~12cm，單葉全緣，葉緣略呈波浪狀，薄草質，基部下延呈窄翅；葉脈網狀，主側脈約略平行，未達葉緣；孢子囊群小、圓形，不規則散布在葉背。

●**習性**：多生長在寬闊谷地之巨岩上。

●**分布**：喜馬拉雅山東部、中國西南及南部、中南半島及鄰近地區，台灣中海拔暖溫帶闊葉林可見。

【附註】本種可說是暖溫帶闊葉林山谷環境的指標植物，生長在充滿水氣的環境，此點由其膜狀葉片亦可推知，一如膜蕨科植物（P.57），是極端潮濕環境的指標。根莖粗壯，葉片質地薄，葉柄具稜且橫切面三角形，孢子囊群小、呈不規則散生等，都是本種的特徵。

（主）蕨類中少見具大型、單葉的種類，葉披針形，質地薄。
（小上）孢子囊群小型，不規則散布在葉背。
（小下）捲旋的幼葉，可見中脈於葉背突起的稜。

廣葉星蕨

Microsorum steerei
(Harr.) Ching

海拔	中海拔	
生態帶	暖溫帶闊葉林	
地形	山溝	谷地
棲息地	林內	林緣
習性	岩生	
頻度	瀕危	

水龍骨科

星蕨屬

●**特徵**：根莖短橫走狀，被暗褐色披針形鱗片；葉近叢生，葉柄短或近無柄，長不及1cm；葉為不分裂之單葉，厚肉質，葉片倒闊披針形，長20~45cm，寬4~8cm，最寬處在上段，末端突尖，基部下延，邊緣全緣；側脈不明顯，葉脈網狀，網眼內具游離小脈；孢子囊群小、圓形，密布在葉背中上段。

●**習性**：生長在山溝谷兩側，林緣較開闊處的岩石上。

●**分布**：中國廣西、貴州等地及鄰近之越南，台灣產於北部較低海拔之暖溫帶闊葉林，罕見。

【附註】與本種最相近的種類是南部地區普遍常見的星蕨（①P.220），二者同樣具有厚肉質的葉片，外形、大小、孢子囊群散布的樣子也都差不多一樣，不過星蕨的葉子線狀披針形，頂端漸尖，根莖上的鱗片較寬闊而貼伏，而本種主要分布在北部的北橫附近，其葉形為倒闊披針形，頂端具小突尖，根莖上的鱗片較呈披針形且較為開展。

20060705・尖石

20060206・北橫榮華大壩

20060207・北橫榮華大壩

（主）葉近叢生，葉片倒闊披針形，最寬處在上段。
（小左）常見生長在山溝谷的岩石上。
（小右）孢子囊群小型，不規則散布在葉片之中上段。

三叉葉星蕨

Microsorum pteropus
(Blume) Copel.

海拔	低海拔		
生態帶	熱帶闊葉林	亞熱帶闊葉林	東北季風林
地形	山溝	谷地	
棲息地	溪畔		
習性	岩生	水生	
頻度	偶見		

19850806・南仁湖下方

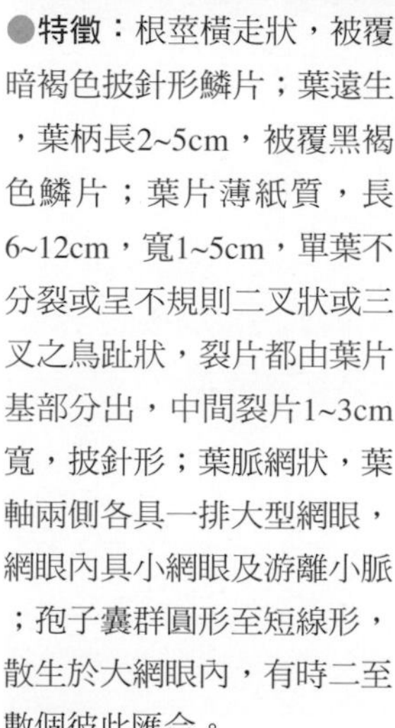

●**特徵**：根莖橫走狀，被覆暗褐色披針形鱗片；葉遠生，葉柄長2~5cm，被覆黑褐色鱗片；葉片薄紙質，長6~12cm，寬1~5cm，單葉不分裂或呈不規則二叉狀或三叉之鳥趾狀，裂片都由葉片基部分出，中間裂片1~3cm寬，披針形；葉脈網狀，葉軸兩側各具一排大型網眼，網眼內具小網眼及游離小脈；孢子囊群圓形至短線形，散生於大網眼內，有時二至數個彼此匯合。

●**習性**：生長在流水小溪或山溝之臨水線岩石上。

19931130・台北虎山

●**分布**：以東南亞為分布中心，西至印度，北以中國南部、琉球群島和台灣為界，台灣產於低海拔成熟林中的山溝、溪谷地。

【**附註**】由生長習性可知本種應為溪流蕨類之一，因其具有耐水浸泡的特性而被應用為水族箱植物，長期沉水的植株葉片上會產生芽體。

20020415・台大（沉水栽培）

20011024・銀河洞

（主）葉為全緣之單葉，有時可見自葉片基部分叉的二叉或三叉葉。
（小左）生長在緊貼水面之岩石上，常被水淹沒。
（小右上）沉水的葉子，有時可見從孢子囊群中長出新株。
（小右下）中脈兩側各一排孢子囊群。

箭葉星蕨

Microsorum insigne
(Blume) Copel.

海拔	低海拔
生態帶	熱帶闊葉林　亞熱帶闊葉林
地形	山溝　谷地
棲息地	溪畔
習性	岩生
頻度	偶見

●**特徵**：根莖短橫走狀，徑6~10mm，密生黑褐色披針形鱗片；葉近生；葉柄短，2~3cm長，葉片闊卵形至卵狀披針形，長25~50cm，寬17~26cm，一回羽狀深裂或鳥趾狀三叉裂，偶可見全緣不分裂之單葉，基部下延；側裂片2對，長條形，長16~20cm，寬2~3cm，邊緣多少呈波浪狀；葉脈網狀，裂片側脈多少呈之字形折曲；孢子囊群小，近圓形，散布在葉背，位於網眼中的游離小脈上。

●**習性**：岩生，生長在低海拔闊葉林下山溝及溪谷地。

●**分布**：東南亞熱帶地區，北達中國南部及日本琉球群島，台灣產於全島低海拔地區。

【附註】由本種生長在全台低海拔闊葉林下山溝谷的習性，大概可知其屬於東南亞熱帶雨林的蕨類，而台灣應是其往北分布的邊緣，此由台灣較偏熱帶雨林的環境剛好都在山溝谷，加上本種在台灣常可發現單葉不分裂的葉形，而產於東南亞的葉形多為一回羽狀深裂，且裂片數較多，都可得到印證。

20040428・雲森瀑布

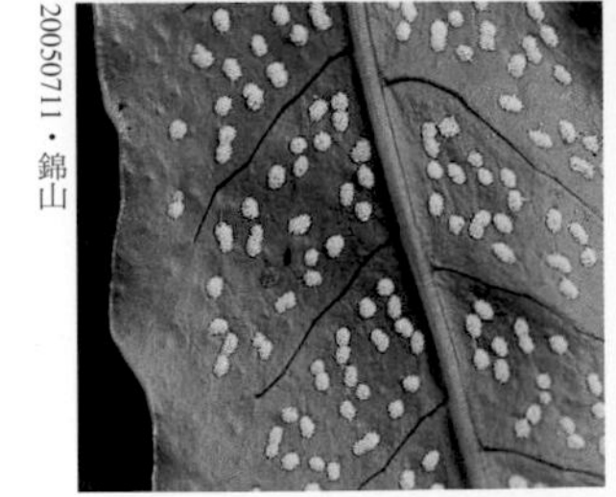

20050711・錦山

20050711・錦山

（主）葉為一回羽狀深裂，裂片長，約1~2對，有時為不分裂的單葉。
（小左）孢子囊群不規則地散布在葉背。
（小右）生長在闊葉林下溝谷地潮濕環境的岩石上。

小葉劍蕨

Loxogramme grammitoides (Bak.) C. Chr.

海拔	中海拔
生態帶	針闊葉混生林
地形	山坡
棲息地	林內　林緣
習性	著生　岩生
頻度	稀有

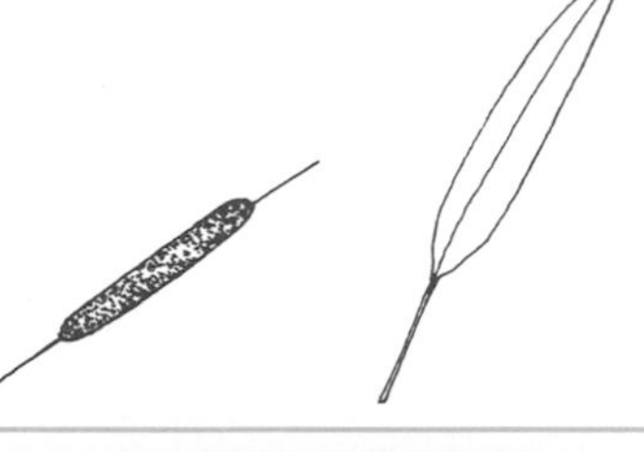

●**特徵**：根莖長而橫走，被深褐色披針形鱗片；葉遠生或近生；葉柄短或幾近無柄，淡綠色，葉片匙形或倒卵狀披針形，長4~10cm，寬0.5~1cm，單葉，亞革質，頂端鈍尖，基部漸狹，下延；葉軸在表面隆起，葉脈網狀但不明顯；孢子囊群長線形，略下陷，長0.3~0.5cm，斜向上生長，在葉片前端之中脈兩側各一排。

●**習性**：在中海拔雲霧帶富含腐植質的森林中，長在樹幹上或岩石上。

●**分布**：中國西南部至日本，台灣中海拔山區可見。

【**附註**】中華劍蕨（*L. chinensis* Ching）與本種的生育地相似，外形也很相近，不過前者的葉形倒狹長披針形，孢子囊群彼此分離，有時幾乎與中脈平行，且分布於葉片中、上段，本種的葉形則呈匙形或倒卵狀披針形，孢子囊群斜展，近生，多集中於葉片前端。中華劍蕨的世界地理分布較廣，從喜馬拉雅山東部至中國南部及中南半島。

2005119・八通關古道

2003119・八通關古道

中華劍蕨・2005825・瑞穗林道

（主）著生在樹幹較低位之處。
（小左）孢子囊群斜展且多集中於葉片前端。
（小右）中華劍蕨葉片倒披針形，孢子囊群有時幾與中脈平行且分布於葉片中段以上。

長柄劍蕨

Loxogramme duclouxii Christ

海拔	中海拔	
生態帶	針闊葉混生林	
地形	山坡	
棲息地	林內	林緣
習性	著生	岩生
頻度	偶見	

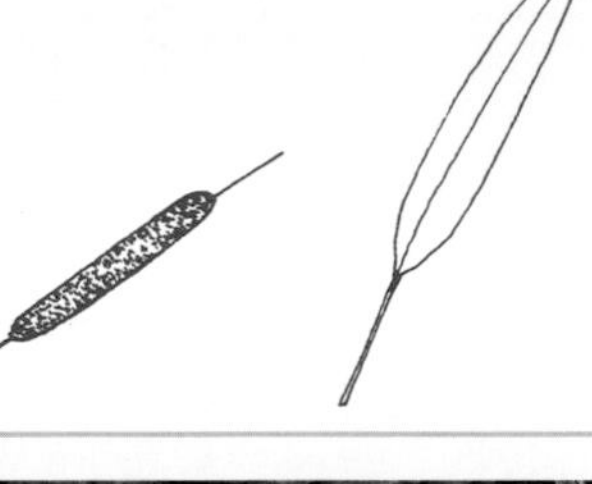

19850909・太平山

●**特徵**：根莖長匍匐狀，被透明、寬披針形、黑褐色、全緣之鱗片；葉近生，葉柄長2~4cm或更長，光滑，基部背面紫黑色；葉片革質，倒線狀披針形之不分裂單葉，長15~30cm，寬0.5~1.2cm，最寬處在中段；葉脈不顯著；孢子囊群長線形，與中脈之夾角甚小，密接，侷限於葉片中段以上。

●**習性**：生長在霧林帶針闊葉混生林潮濕環境之樹幹低位或岩石上。

●**分布**：喜馬拉雅山東部至日本，南及越南北部，台灣產於中海拔山區。

【附註】小葉劍蕨、中華劍蕨（P.181）與本種都是中海拔雲霧帶的劍蕨屬植物，前二者較為稀少，本種則較常見，在世界地理分布三者也幾乎是同域分布，同屬的蕨類在台灣很少看到同時生長在同樣的生態棲地，一般都分居不同的海拔高度，或者同海拔也會分散在不同的生態環境。

20050731・巴福越嶺古道

（主）莖細長，葉近生，常呈叢生狀，葉為倒線狀披針形；線狀孢子囊群與中脈之夾角甚小，密接，集中在葉片中上段。

（小）葉柄基部背面紫黑色是本種的特徵。

柳葉劍蕨

Loxogramme salicifolia (Makino) Makino

海拔	低海拔	中海拔
生態帶	暖溫帶闊葉林	
地形	谷地	山坡
棲息地	林內	林緣
習性	岩生	
頻度	偶見	

19940517・烏來娃娃谷

19940517・烏來娃娃谷

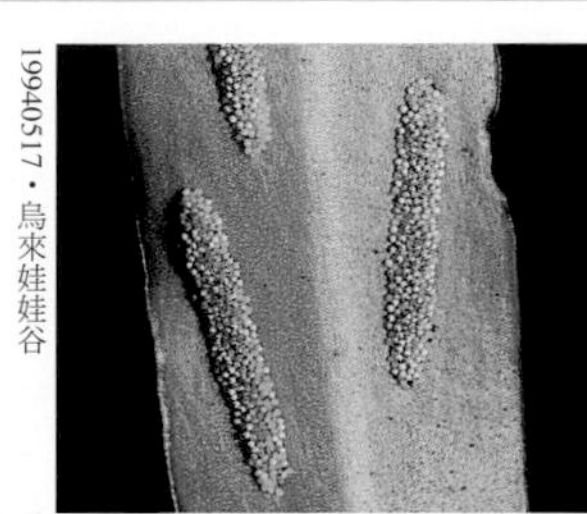

19990208・瓦拉米

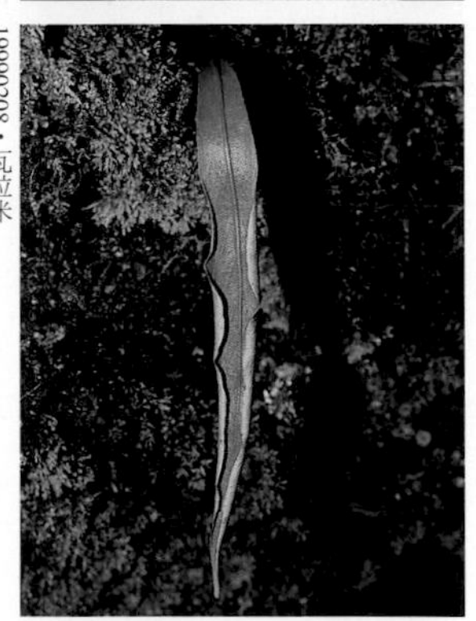

20050731・巴福越嶺古道

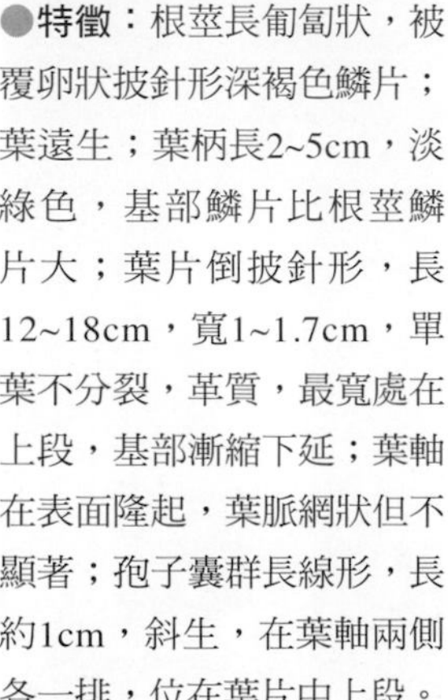

●**特徵**：根莖長匍匐狀，被覆卵狀披針形深褐色鱗片；葉遠生；葉柄長2~5cm，淡綠色，基部鱗片比根莖鱗片大；葉片倒披針形，長12~18cm，寬1~1.7cm，單葉不分裂，革質，最寬處在上段，基部漸縮下延；葉軸在表面隆起，葉脈網狀但不顯著；孢子囊群長線形，長約1cm，斜生，在葉軸兩側各一排，位在葉片中上段。

●**習性**：生長在谷地林下較空曠處或林緣，常成片覆蓋岩壁。

●**分布**：以東亞為分布中心，主要在中國、韓國、日本，台灣產於中、低海拔的暖溫帶闊葉林。

【**附註**】本種在台灣的劍蕨屬植物中算是較常見的，屬於暖溫帶下帶的植物，海拔大約在700至1500公尺，不過在北部海拔300至700公尺郊山也容易看到，這是因為東北季風所帶來的生態北降現象，與陽明山地區偶爾會下雪是同樣意義。

（主）常見在山谷兩側之岩壁上成片生長。
（小上）孢子囊群長線形，斜生。
（小中）乾旱時葉緣由下往上捲曲。
（小下）葉柄基部淡綠色。

二型劍蕨

Loxogramme biformis Tagawa

海拔	低海拔
生態帶	熱帶闊葉林
地形	山坡
棲息地	林緣
習性	地生
頻度	稀有

●**特徵**：根莖長匍匐狀，被覆卵形黑褐色鱗片；葉柄長2~5cm，基部有鱗片；葉兩型，營養葉寬橢圓形至倒卵形，長15~20cm，寬約4cm，斜展，單葉不分裂，薄革質；孢子葉倒披針形至長匙形，長20~30cm，寬1.5~2cm，直立；葉脈網狀但不顯著；孢子囊群長線形，斜生，於中脈兩側各一排，多集中在葉片中上段。

●**習性**：地生，生長在開闊山谷地兩側半遮蔭環境的陡壁上。

●**分布**：台灣特有種，產於西南部低海拔成熟林山區。

【**附註**】本種目前確認是台灣特有種，為台灣低海拔西南部地區的代表種類，向北延伸至新竹一帶，本種第一次被發現是在1923年，地點在新竹芎林，發現者為島田彌市，當時他任職於新竹州的農業部門，島田是川上瀧彌的學生，川上是台灣總督府博物館（今國立台灣博物館前身）的第一任館長。

本種非常稀少，可能與南部低海拔的開發有關，據了解本種屬於成熟林植物，南部地區歷經三、四百年的開發，此類森林所存不多。

20050601・楠西林道

20030908・楠西林道

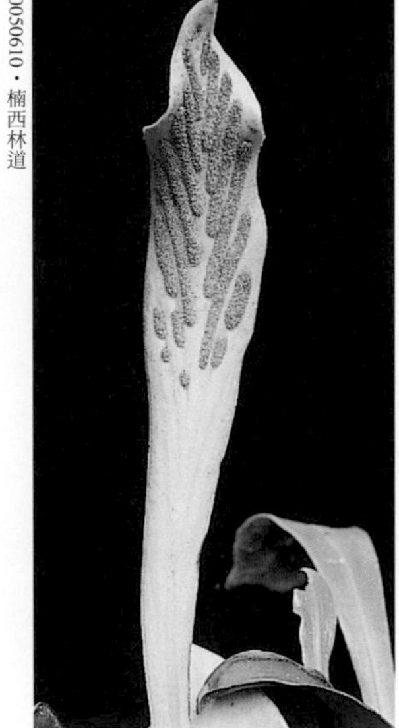

20050610・楠西林道

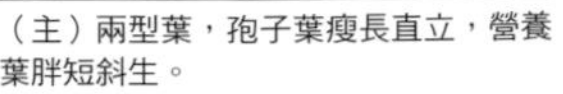

（主）兩型葉，孢子葉瘦長直立，營養葉胖短斜生。
（小左）平展且幾近貼地的營養葉。
（小右）孢子葉長匙形，最寬處在近頂端，孢子囊群也集生該處。

禾葉蕨科

Grammitidaceae

外觀特徵：多數為10公分以下的小型著生植物；葉形簡單，多為單葉、全緣或一回羽狀深裂，稀為二回羽狀深裂；葉脈游離；全株具紫褐色多細胞毛，尤其在葉柄基部特別明顯；孢子囊群多為圓形或橢圓形，不具孢膜。

生長習性：多著生於樹幹上之苔蘚叢中。

地理分布：分布於熱帶高山地區有雲霧的森林裡，有時亞熱帶及暖溫帶山地多雲霧的森林裡也能看到；台灣為本科植物分布之北緣，主要產於南部地區800至2000公尺有雲霧的闊葉林。

種數：全世界至少有10屬445種，台灣有6屬18種。

● 本書介紹的禾葉蕨科有6屬11種。

【屬、群檢索表】

①全緣之單葉 .... ②

①一至二回羽狀裂葉 .... ③

②孢子囊群長線形，與葉軸平行，位於葉緣內側凹陷處。 .... 革舌蕨屬 P.186

②孢子囊群圓形或橢圓形，於葉軸兩側各成一排。 .... 禾葉蕨屬 P.193

③孢子囊群位在葉片側面邊緣或近邊緣 .... 穴子蕨屬 P.187

③孢子囊群位在葉背 .... ④

④羽片之脈羽狀分叉，羽片上孢子囊群多數。 .... 蒿蕨屬 P.189

④羽片單脈，每一羽片上僅具一個孢子囊群。 ⑤

⑤羽片下側反折，半蓋住孢子囊群。 .... 荷包蕨屬 P.188

⑤羽片下側不反折，孢子囊群完全裸露。 .... 梳葉蕨屬 P.192

革舌蕨

Scleroglossum pusillum (Blume) v. A. v. R.

海拔	中海拔	
生態帶	暖溫帶闊葉林	
地形	谷地	山坡
棲息地	林內	
習性	著生	
頻度	瀕危	

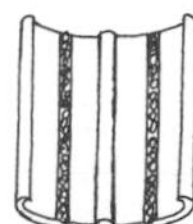

●**特徵**：莖短直立狀，具暗褐色不透明鱗片；葉叢生，不具柄；葉片線狀舌形，長2~10cm，寬2~4mm，頂端圓鈍，厚肉質，表面散布星狀毛；孢子囊群長線形，位於葉緣內側的下陷溝中，與葉緣平行，中脈兩側各一，常侷限在葉片的上半段。

●**習性**：著生，生長在中海拔闊葉霧林樹幹上的苔蘚叢中。

●**分布**：東南亞熱帶高山地區，是闊葉霧林指標植物，台灣產於烏來。

【**附註**】本種的外形乍看之下近似書帶蕨屬植物，不過本種不具有書帶蕨特殊的窗格狀鱗片以及其孢子囊具有的棒狀側絲，加上書帶蕨的莖一概橫走，本種則短而直立，最特別的是本種尤其在葉緣常可見叢生的毛，這是書帶蕨所不具備的特徵。

20050925・烏來

20050925・烏來

20050925・烏來

（主）葉為線狀舌形的單葉，叢生，植株小型。
（小左）生長在雲霧帶成熟闊葉林樹幹上的苔蘚叢中。
（小右）孢子囊群長線形，陷入葉肉中，與葉緣平行，於中脈兩側各一。

台灣穴子蕨

Prosaptia khasyana
(Hook.) C. Chr.

海拔	中海拔
生態帶	暖溫帶闊葉林
地形	谷地　山坡
棲息地	林內
習性	著生
頻度	稀有

●**特徵**：根莖短橫走狀，覆暗褐色、披針形之窗格狀鱗片；葉近叢生；葉柄長1~3 cm，密被毛；葉片窄披針形，長10~20cm，寬1~2cm，一回羽狀深裂至離葉軸僅1~2mm，裂片向兩端漸縮；孢子囊群位在裂片近末端處，亞邊緣生，開口略斜生。

●**習性**：生長在中海拔闊葉霧林樹幹上的苔蘚叢中。

●**分布**：印度東北部至東南亞一帶，北達中國南部，台灣零星出現在中南部中海拔山區。

【附註】穴子蕨屬與蒿蕨屬最大的不同點在前者的孢子囊群邊緣生且深陷葉肉之中形成穴狀，不過由於本種與密毛蒿蕨（①P.231）的出現，使得兩屬的界線愈趨模糊，二者的孢子囊群雖都深陷葉肉，但本種的孢子囊群卻是亞邊緣生，而密毛蒿蕨孢子囊群的位置則與蒿蕨屬其他種類無異，長在葉背。

19860809・鞍馬山

20050627・杉林溪

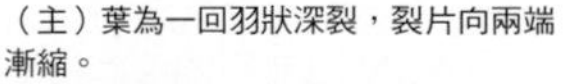
（主）葉為一回羽狀深裂，裂片向兩端漸縮。
（小）葉背被毛，孢子囊群靠近裂片末端，亞邊緣生，略斜上生長。

姬荷包蕨

Calymmodon asiaticus Copel.

海拔	中海拔
生態帶	暖溫帶闊葉林
地形	谷地　山坡
棲息地	林內
習性	著生
頻度	稀有

19990228・浸水營

●**特徵**：莖短而直立，葉叢生其上，莖頂具少數闊橢圓形鱗片；葉片線形，長5~10 cm，寬3~6mm，一回羽狀深裂，向兩端變窄；裂片長約4mm，寬約2mm，全緣，排列疏鬆，至少相距一個裂片的寬度，中段以下的裂片不育且較長；孢子囊群圓形，被由下側向上對折反捲之裂片所覆蓋。

●**習性**：生長在中海拔闊葉霧林帶，著生樹幹並與苔蘚混生。

●**分布**：熱帶亞洲，北及中國海南一帶，在台灣很稀有，目前僅見於浸水營一帶。

20050425・姑子崙山

20050425・姑子崙山

【附註】荷包蕨屬最主要的特徵在其能育裂片由下往上反捲，每一裂片通常只有一條脈，且僅具一孢子囊群，是一典型太平洋島嶼的屬，台灣只有2種，都產在海拔約700至1500公尺的闊葉霧林，尤其在屏東、台東交界處附近，本種裂片較細長、排列較疏，毛較短也較稀疏，另一種疏毛荷包蕨（①P.226）則裂片較胖短、排裂較緊密，毛較長也較密。

（主）葉為一回羽狀深裂，能育裂片較小，侷限在葉片上段，不育裂片長橢圓形。
（小左）能育裂片背面，可見下側葉肉向上反捲，將孢子囊群包住。
（小右）習性近似膜蕨科植物，長在樹幹上，並與苔蘚混生。

細葉蒿蕨

Ctenopteris tenuisecta (Blume) J. Sm.

海拔	中海拔
生態帶	暖溫帶闊葉林
地形	谷地　山坡
棲息地	林內
習性	著生
頻度	稀有

20050425・姑子崙山

●特徵：根莖短橫走狀，具褐色、卵形、全緣之鱗片；葉叢生；葉柄長2~3cm，具紅褐色、平射狀毛；葉片披針形，二回羽狀複葉，長10~20cm，寬2.5~3.5cm，向兩端變窄；羽片長1~2cm，寬約0.5cm，無柄，基部羽片短縮；小羽片線形，長約3mm，寬約1mm，僅具單脈；孢子囊群位於小羽片基部，每一小羽片一枚。

●習性：生長在中海拔闊葉霧林樹幹上的苔蘚叢中。

●分布：印尼、馬來西亞及菲律賓，台灣產於浸水營一帶。

【附註】本種是全台禾葉蕨科植物葉片分裂度最細（二回羽狀複葉）的種類，僅見於屏東與高雄交界處的浸水營及其鄰近地區，當地至少可見10種禾葉蕨科植物，此外尚可見許多稀有蕨類，如南洋桫欏、假桫欏、密腺蹄蓋蕨、黑鱗複葉耳蕨，以及一些奇特的膜蕨科植物，堪稱是高階賞蕨者的天堂，不過尚待相關單位著手進行與賞蕨有關的配套措施。

20050425・姑子崙山

20050425・姑子崙山

（主）生長在中海拔闊葉霧林樹幹上的蘚苔叢中。
（小上）每一小羽片具一枚孢子囊群。
（小下）葉柄具紅褐色、平射狀毛。

擬虎尾蒿蕨

Ctenopteris merrittii (Copel.) Copel.

海拔	中海拔	
生態帶	暖溫帶闊葉林	
地形	谷地	山坡
棲息地	林內	
習性	著生	
頻度	稀有	

●**特徵**：莖短直立狀，被卵形褐色鱗片，葉叢生莖頂；葉片窄披針形，長5~10cm，寬小於1cm，一回羽狀深裂，基部裂片變短，裂片長約3mm，寬小於1mm，邊緣多少呈圓齒狀；孢子囊群圓形。

●**習性**：生長在中海拔闊葉霧林樹幹上，混生於苔蘚叢中。

●**分布**：菲律賓、婆羅洲，台灣產於浸水營一帶。

【**附註**】本種外形近似虎尾蒿蕨（①P.230），但較小型，裂片邊緣的鋸齒較不顯著，且孢子囊群較貼近裂片之中脈，而最具特色的是本種葉表具有散生的短棍棒狀腺毛，而後者則是密布灰黃色長毛。本種的分布中心在東南亞大島，虎尾蒿蕨的分布中心則在喜馬拉雅山東部，二者在台灣交會，虎尾蒿蕨多產在脊樑山脈的針闊葉混生林或暖溫帶闊葉林，而本種則位在生態上屬於闊葉霧林的浸水營，位處台灣的南坡。

20050425・浸水營

20050425・浸水營

20050425・浸水營

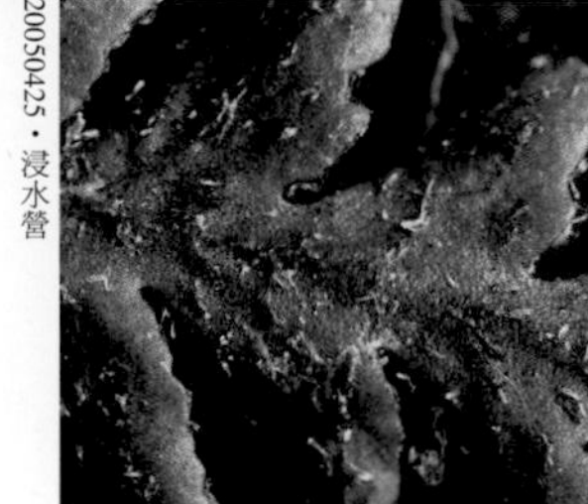

（主）葉為一回羽狀深裂，往下逐漸短縮，葉叢生。
（中）孢子囊群圓形，每一裂片多枚。
（小）葉表散生短棍棒狀腺毛。

南洋蒿蕨

Ctenopteris mollicoma
(Nees. & Blume) Kunze

海拔	中海拔	
生態帶	暖溫帶闊葉林	
地形	谷地	山坡
棲息地	林內	
習性	著生	
頻度	稀有	

●**特徵**：莖短直立狀，被暗褐色鱗片；葉近叢生；葉柄長2~3cm，密被暗褐色毛；葉片兩面疏被毛，長6~8cm，寬7~12mm，一回羽狀深裂，最寬處在中段，下段裂片短縮成瓣狀；裂片全緣，以與裂片等寬之距離相間隔；葉脈游離，未達葉緣；孢子囊群圓形，多少下陷於葉肉中，集生在葉片上段之裂片。

●**習性**：生長在中海拔闊葉霧林樹幹上，與苔蘚混生。

●**分布**：菲律賓、馬來西亞，台灣屏東大樹林山可見。

【**附註**】本種具一回羽狀深裂的葉片，裂片全緣，孢子囊群僅稍下陷於葉肉中，乍看之下狀似未發育完全的蒿蕨（①P.232），植物體約為一般蒿蕨的一半，不過蒿蕨的葉兩面光滑，而本種則是兩面被毛。

20100525・台大植物標本館

20100525・台大植物標本館

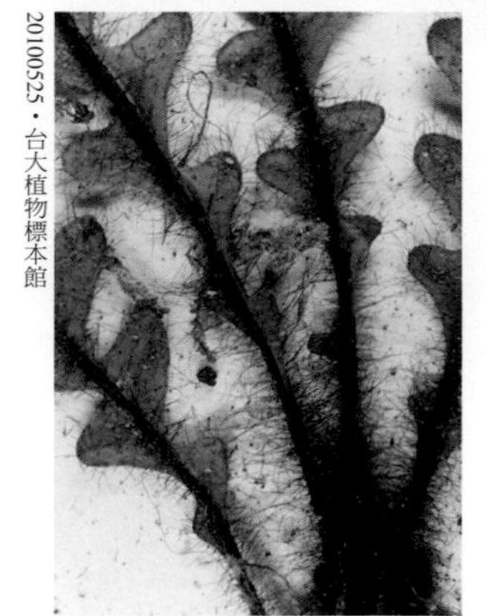

20100525・台大植物標本館

（主）葉一回羽狀深裂，叢生在短直立的莖上。
（小左）下段裂片短縮成瓣狀，柄上密布平射狀剛毛。
（小右）裂片全緣，孢子囊群圓形。

梳葉蕨

Micropolypodium okuboi (Yatabe) Hayata

海拔	中海拔
生態帶	針闊葉混生林
地形	谷地 山坡 山頂 稜線 峭壁
棲息地	林內 林緣
習性	著生
頻度	偶見

19971018・拉拉山

●**特徵**：莖短直立狀，被覆黃褐色不透明、披針狀的鱗片，葉叢生莖頂；葉柄短於1cm，具褐色毛；葉片線形，近革質，長5~17cm，寬3~5mm，一回羽狀深裂；裂片寬1~3mm，8~30對，具褐色毛；孢子囊群圓形，位於裂片基部，每一裂片僅一枚。

●**習性**：生長在中海拔霧林帶樹幹上，與苔蘚混生。

●**分布**：中國及日本，台灣產於海拔約1800至2500公尺的檜木林帶。

【**附註**】本種是檜木林也是中海拔雲霧帶的指標植物，由葉較硬厚的質地以及全體被毛的習性，推測本種應可適應一定程度的冷涼與乾旱，此可解釋本種為何多出現在雲霧帶風衝的山脊線上。

19990228・浸水營

（主）葉叢生，常著生於霧林帶的樹幹上。
（小）每一裂片僅具一枚孢子囊群。

無毛禾葉蕨

Grammitis adspersa
Blume

海拔	中海拔
生態帶	暖溫帶闊葉林
地形	谷地　山坡
棲息地	林內
習性	著生
頻度	稀有

●特徵：莖短而直立或短而橫走或斜上，具披針形褐色鱗片，葉叢生；葉為全緣之單葉，幾乎無柄；葉片線狀倒披針形，長3~10cm，寬3~6mm，草質至紙質，兩面光滑，至多幼時疏被短毛；葉脈不明顯，邊緣略呈波浪狀；孢子囊群長橢圓形，與中脈斜交。

●習性：生長在中海拔闊葉霧林樹幹上的苔蘚叢中。

●分布：東南亞的熱帶高山，如印尼爪哇、馬來西亞、菲律賓及越南等地，在台灣頗為稀有，僅產於烏來山區與浸水營。

【附註】另有一種長孢禾葉蕨（*G. nuda* Tagawa），由其拉丁文學名可知是「不具毛」的意思，其與本種是台灣唯二葉子不具毛的禾葉蕨，而二者最主要的區別點在本種之孢子囊群表面生或略下陷，而長孢禾葉蕨則深陷葉肉中。

20040127・姑子崙山

20050425・姑子崙山

20050425・姑子崙山

20050425・姑子崙山

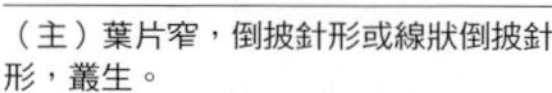

（主）葉片窄，倒披針形或線狀倒披針形，叢生。
（小左）著生在中海拔闊葉霧林的樹幹上。
（小右上）葉片光滑無毛，孢子囊群長橢圓形，與中脈斜交。
（小右下）葉近無柄，莖頂密布鱗片。

毛禾葉蕨

Grammitis reinwardtii Blume

海拔	中海拔
生態帶	暖溫帶闊葉林
地形	谷地 山坡
棲息地	林內
習性	著生
頻度	稀有

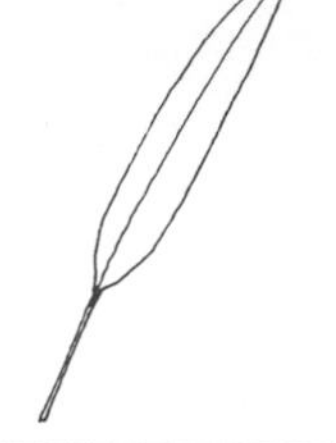

●**特徵**：莖短而直立、斜生或橫走，被覆卵形、全緣、褐色之鱗片；葉近叢生，為全緣不分裂之單葉；葉柄長1~2cm，葉片狹長橢圓形，向兩端漸窄縮，長5~10cm，寬3~7mm，頂端鈍尖，兩面具毛，側脈於葉表可見；孢子囊群圓形或卵形，較貼近中脈。

●**習性**：生長在中海拔闊葉霧林樹幹上，與苔蘚植物混生。

●**分布**：東南亞熱帶雨林地區之高山霧林，見於馬來西亞、印尼及菲律賓，台灣產於台東與屏東交界之山區。

【**附註**】禾葉蕨屬都是小型、單葉全緣、叢生狀的著生植物，只比苔蘚植物稍大，在野外容易忽略它們的存在，加上其外形的相似性，以及大多分布在南部及東部較高海拔的闊葉霧林，這種環境目前絕大部分在中級山的山頂稜線附近，鮮少人觸及，故尚待探討的空間不小。本種最主要的特徵是葉兩面被毛與葉脈清楚可見。

1990228・浸水營

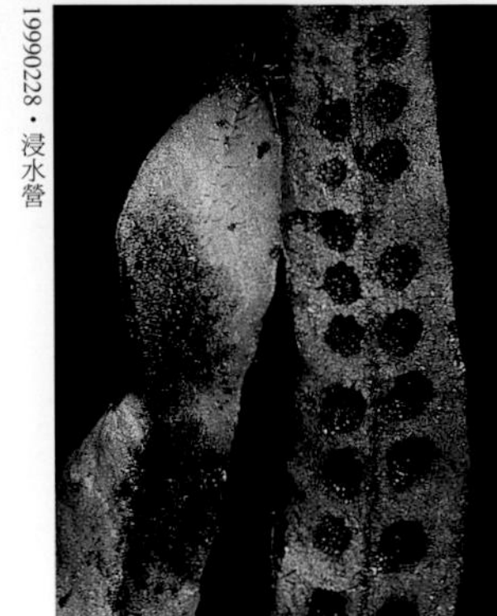

1990228・浸水營

（主）著生樹幹，與苔蘚混生，葉近叢生，葉片狹長橢圓形。
（小）孢子囊群圓形，較貼近中脈。

大禾葉蕨

Grammitis intromissa (Christ) Parris

海拔	中海拔
生態帶	暖溫帶闊葉林
地形	谷地　山坡
棲息地	林內
習性	著生
頻度	稀有

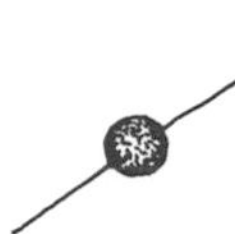

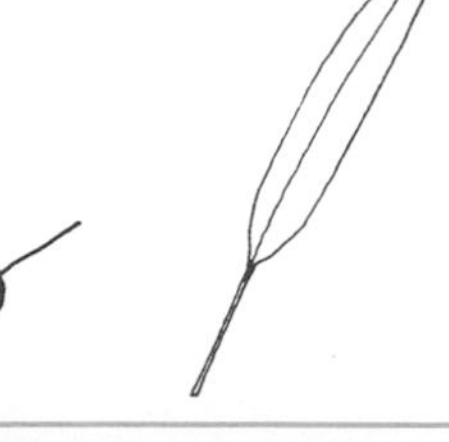

●**特徵**：莖短直立狀或斜生，覆卵形、黃褐色鱗片；葉叢生狀；葉柄長1.5~2.5cm，具毛；葉片線狀披針形，長10~15cm，寬9~12mm，頂端鈍尖，基部急縮或漸縮，邊緣輕微波浪狀起伏，葉脈不明顯，葉兩面具毛，開展狀，長約2~3mm；孢子囊群圓形或略呈橢圓形，靠近中脈，略下陷。

●**習性**：生長在中海拔闊葉霧林樹幹上的苔蘚叢中。

●**分布**：馬來西亞，台灣見於浸水營一帶。

【附註】台灣的禾葉蕨屬中，葉片有毛且葉脈不顯的種類有4種，葉緣的毛如為叢生狀即為擬禾葉蕨（*G. jagoriana* (Mett.) Tagawa），其他三種葉緣的毛都是單生，如果葉柄很短不超過5mm即是短柄禾葉蕨（①P.227），另兩種柄都很長，至少1cm以上，甚可達5cm或更長，其中葉柄具短毛（不及1mm）的為大武禾葉蕨（①P.228），葉柄具長毛（2~3mm）的則為本種。如果手中的禾葉蕨皆與上述特徵不符，那可能就是新的物種，這種事情屢見不鮮，尤其在南台灣及東台灣的闊葉霧林，膜蕨科植物也有類似的情形。

20050425・姑子崙山

20050424・姑子崙山

20050425・姑子崙山

（主）葉片窄披針形，明顯具柄，柄具棕色毛。
（小左）著生在中海拔闊葉霧林樹幹上，與苔蘚類混生。
（小右）孢子囊群圓形或橢圓形，貼近中脈。

NOTE

金星蕨科

Thelypteridaceae

外觀特徵：葉形大多為二回羽狀分裂；葉上表面羽軸如果有溝，也與葉軸的溝不相通；植株具單細胞針狀毛，甚至鱗片上也可看到；多數種類孢子囊群圓形，長在脈上，大多具有圓腎形孢膜。

生長習性：地生型，叢生或成片生長。

地理分布：主要分布在熱帶、亞熱帶地區，台灣多數產於低海拔地區之林下、林緣及破壞地。

種數：全世界有20多屬800～900種，台灣有15屬46種。

● 本書介紹的金星蕨科有11屬26種。

【屬、群檢索表】

①葉三至四回羽狀深裂 ....大金星蕨屬　P.199
①葉至多二回羽狀深裂 ....②

②葉軸上同側羽片之間具有三角形的翅（翼片）..........................卵果蕨屬　P.200
②不具上述特徵 ....③

③葉柄紫褐色，基部羽片最基部之一對裂片特別長，並與其相對之一組形成蝴蝶狀。
....紫柄蕨屬　P.201
③不具上述特徵 ....④

④葉至多一回羽狀複葉，羽片全緣。 ....⑤
④葉二回羽狀分裂 ....⑦

⑤葉為單葉全緣或一回羽狀複葉且羽片全緣；網眼呈整齊之方格狀。 ....新月蕨屬　P.219
⑤葉一回羽狀中裂至深裂，有時最基部一至二對羽片獨立生長；網眼圓形至多邊形。 ⑥

⑥裂片之主側脈間網眼二排 ....溪邊蕨屬
⑥裂片之主側脈間網眼三排 ....聖蕨屬

⑦葉軸上有不定芽 ....星毛蕨屬
⑦無不定芽 ....⑧

⑧葉軸背面和羽軸交界處有鉤狀氣孔帶；植株具鉤狀毛。 ....鉤毛蕨屬　P.210
⑧植株不具鉤狀氣孔帶也不具鉤狀毛 ....⑨

⑨孢子囊群緊貼裂片中脈，且多集中分布在裂片基部。 ....⑩
⑨不具上述特徵 ....⑪

⑩相鄰兩裂片最基部一對小脈達裂片基部 ....方桿蕨屬
⑩相鄰兩裂片基部四至六對小脈連合形成小毛蕨脈型 ....秦氏蕨屬　P.218

⑪孢子囊群線形，不具孢膜。 ....茯蕨屬　P.213
⑪孢子囊群圓形，具圓腎形孢膜。 ....⑫

⑫基部羽片漸縮或無明顯縮小 ....⑬
⑫基部羽片驟縮成蝶翼狀或片狀 ....⑯

⑬相鄰裂片之最基部小脈指向缺刻凹入處上方，二者不連結。 ....⑭
⑬相鄰裂片之最基部小脈頂端連結，並由連結點延伸一條小脈指向缺刻處，即小毛蕨脈型。 ....⑮

⑭羽軸表面具溝 ....金星蕨屬　P.203
⑭羽軸表面不具溝 ....凸軸蕨屬　P.206

⑮濕地植物；具獨立顯著、與側羽片同形之頂羽片。 ....毛蕨屬毛蕨群
⑮地生植物；不具頂羽片或頂羽片與側羽片不同形。 ....毛蕨屬小毛蕨群　P.214

⑯羽片基部上側的小羽片特別長，致縮小之羽片呈蝶翼狀，不具小毛蕨型之脈。 ....假毛蕨屬　P.212
⑯驟縮之小羽片呈片狀，具小毛蕨型之脈。 ....⑰

⑰末裂片頂端截形 ....毛蕨屬稀毛蕨群
⑰末裂片頂端圓形 ....毛蕨屬圓腺蕨群　P.217

桫欏大金星蕨

Macrothelypteris ornata
(Wall. *ex* Bedd.) Ching

海拔	中海拔
生態帶	暖溫帶闊葉林
地形	山坡
棲息地	林緣
習性	地生
頻度	瀕危

●特徵：莖粗大，直徑可達20cm，短直立狀，莖與葉柄基部密被褐色披針形鱗片，葉叢生；葉柄長可達1m，草稈色，鱗片脫落後會留下粗糙的痕跡；葉片卵狀披針形至闊卵形，長達2m，三回羽狀深裂，草質；羽片橢圓狀披針形，長達60cm，羽軸前半段具翅；葉脈游離；孢子囊群小、圓形，無孢膜，長在游離脈近頂處。

●習性：地生，生長在林緣半遮蔭、潮濕、富含腐植質之處，成株酷似不具樹幹的桫欏科植物。

●分布：印度北部、西藏東南部、雲南西部及緬甸、泰國等地，台灣產於南部中海拔山區，罕見，目前僅有三次紀錄。

【附註】大金星蕨屬具有較大型的葉片，幾乎都為三回羽狀深裂，其他的金星蕨科植物多為二回羽狀分裂；該屬的葉子雖大，孢子囊群卻是相對較小型，孢膜也常不發育或早落，台灣僅有本種與大金星蕨（①P.238）2種，本種最具特色的是植株外形，像是一株沒有挺空直立莖的桫欏科植物。

20051105・豐山

20051105・豐山

20070325・烏石坑

20080221・烏石坑

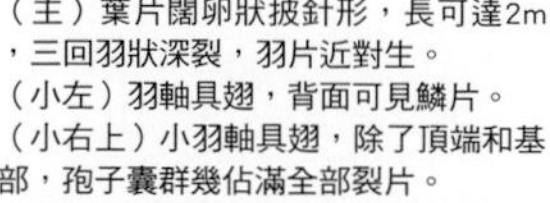

（主）葉片闊卵狀披針形，長可達2m，三回羽狀深裂，羽片近對生。
（小左）羽軸具翅，背面可見鱗片。
（小右上）小羽軸具翅，除了頂端和基部，孢子囊群幾佔滿全部裂片。
（小右下）莖頂及葉柄基部密布鱗片。

長柄卵果蕨

Phegopteris connectilis
(Michx.) Watt.

海拔	高海拔		
生態帶	針葉林		
地形	山溝	谷地	山坡
棲息地	林內	林緣	
習性	地生		
頻度	稀有		

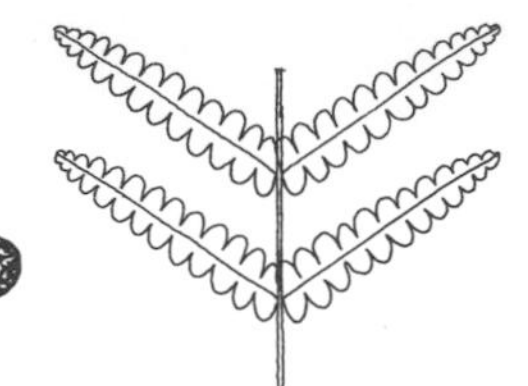

20040801・合歡山

19910909・南湖山莊登山口

20080702・合歡山

●**特徵**：根莖長匍匐狀，被覆卵狀披針形淡褐色鱗片；葉遠生，相距約1cm；葉柄長約10~16cm，基部深色；葉片三角形至卵狀三角形，長約12~15cm，寬約8~12cm，二回羽狀深裂，疏被灰白色針狀毛；羽片披針形，長2~5cm，寬1~1.5cm，無柄；除最基部一對羽片外，其餘羽片均合生，羽軸具翅，且在相鄰兩羽片間形成三角形翼片，該裂片具一組獨立小脈；孢子囊群卵圓形，不具孢膜，著生於裂片側脈頂端近葉緣處。

●**習性**：地生，生長在林下或林緣較開闊但潮濕之處。

●**分布**：泛北極圈溫帶地區至亞熱帶高山，台灣產於海拔3000公尺的針葉林。

【**附註**】台灣溪流的起源處，也是本種的生長環境，大約位在海拔2800至3200公尺，通常這種海拔高度的針葉林都很乾旱，但在林下溪溝谷地，蕨類就顯得很多樣，是高山賞蕨的絕佳去處，也是需要保護的環境，因為這是台灣各大河流滲出第一滴水的地方。

（主）葉片三角形，長略大於寬，最基部一對羽片獨立，其餘相連。
（小左）常見生長在高山針葉林下溪溝谷附近，基部羽片常向上反折。
（小右）羽片間具三角形翼片，該裂片具一組獨立的小脈。

耳羽紫柄蕨

Pseudophegopteris aurita (Hook.) Ching

海拔	高海拔	
生態帶	箭竹草原	針葉林
地形	山坡	
棲息地	林緣	空曠地
習性	地生	
頻度	稀有	

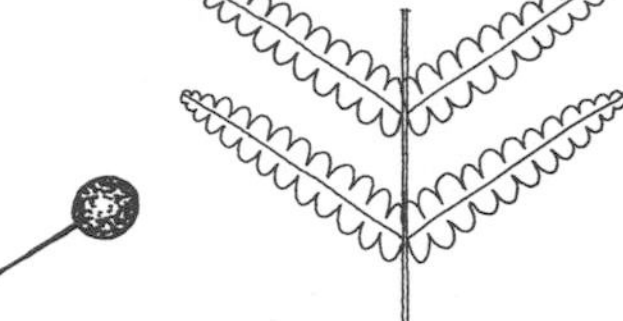

20040814・南橫

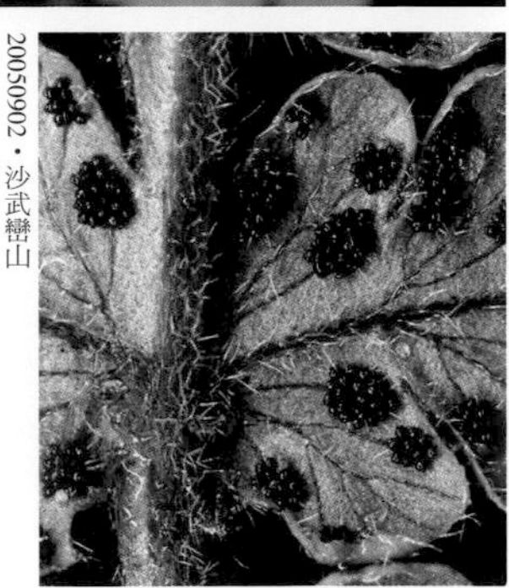

20050902・沙武巒山

●**特徵**：植株小型，高不過30cm，根莖長匍匐狀，被窄披針形褐色鱗片，葉遠生；葉柄長約8cm，紫褐色，具光澤；葉片披針形，長約20cm，寬約8cm，基部略變窄，二回羽狀深裂；羽片披針形，最寬處在基部，愈往頂端愈形淺裂；孢子囊群短橢圓形，不具孢膜，位在裂片側脈近頂處。

●**習性**：地生，生長在針葉林下較空曠處以及林緣較潮濕半遮蔭的環境。

●**分布**：喜馬拉雅山東部、中國西南部、中南半島及東南亞高地，北可達日本，台灣產於塔塔加至排雲山莊一帶。

【附註】台產3種紫柄蕨中，海拔分布最高的即為本種，約在2800至3200公尺，屬於針葉林帶的蕨類，毛囊紫柄蕨（①P.237）分布在海拔1000至2500公尺，屬於暖溫帶闊葉林的蕨類，而光囊紫柄蕨（P.202）則生長在海拔1000公尺以下的較低海拔山區，毛囊紫柄蕨是森林植物，而耳羽紫柄蕨與光囊紫柄蕨則比較屬於森林外的蕨類。

（主）生長在林下空曠、潮濕的環境，葉披針形，二回羽狀深裂。
（小）葉背密布針狀毛，葉軸具極窄的翅，孢子囊群短橢圓形，位在裂片側脈近頂處。

光囊紫柄蕨

Pseudophegopteris subaurita (Tagawa) Ching

海拔	低海拔	中海拔
生態帶	亞熱帶闊葉林	暖溫帶闊葉林
地形	谷地	山坡
棲息地	林內	林緣	空曠地
習性	地生	
頻度	常見	

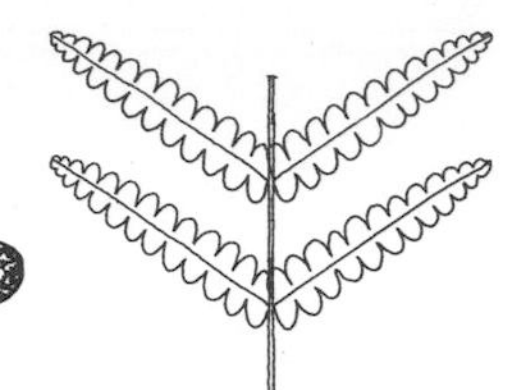

金星蕨科

紫柄蕨屬

20081220・李棟山

●**特徵**：莖短而直立，莖頂與葉柄基部同樣被覆褐色窄披針形鱗片，葉叢生莖頂；葉柄紫褐色，具光澤，長12~15cm；葉片披針形，長30~50cm，寬10~23cm，基部略變窄，二回羽狀深裂；羽片長披針形，長6~12cm，寬1~3cm，無柄；羽片最基部一對裂片較長，尤其是朝下的裂片；葉脈游離，裂片側脈常分叉；孢子囊群短橢圓形，無孢膜，著生在分叉小脈近頂處，孢子囊光滑無毛。

●**習性**：地生，生長在林緣半遮蔭處或較空曠的環境。

20060311・東眼山

●**分布**：以台灣為分布中心，也產於琉球群島，台灣海拔1000公尺以下山區可見。

【附註】紫柄蕨是一群無孢膜、孢子囊群短橢圓形，裂片側脈常二叉而非單一不分叉，羽片最基部之裂片常較大，葉柄常呈發亮紫褐色的一群金星蕨科植物，本種最特別的是莖短直立狀，孢子囊無毛，其他兩種則具匍匐莖，孢子囊多少具毛。

20030415・烏來山下

（主）葉片二回羽狀深裂，最基部一對羽片略短，生長在開闊但潮濕的山谷環境。

（小左）羽片最基部一對裂片較長，尤其是朝下的裂片，且常呈羽狀深裂，在葉軸兩側呈蝶狀。

（小右）孢子囊群短橢圓形，孢子囊無毛。

鈍頭金星蕨

Parathelypteris hirsutipes (Clarke) Ching

海拔	中海拔
生態帶	暖溫帶闊葉林
地形	山坡　山頂　稜線
棲息地	林內
習性	地生
頻度	偶見

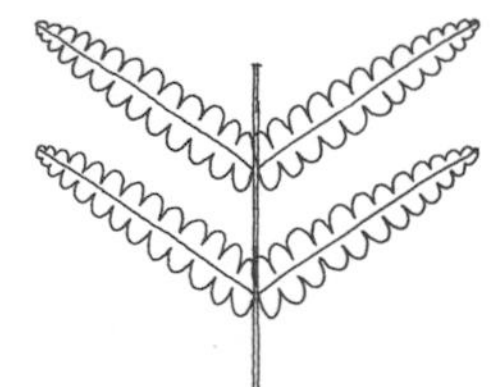

19880614・烏來雲仙樂園

20041121・烏來大保克山

20041121・烏來大保克山

20070724・九芎根山

●**特徵**：莖短而斜上生長，與葉柄基部同樣被覆暗褐色披針形鱗片；葉叢生；葉柄草稈色，基部深色不發亮，長10~20cm，密被毛；葉片橢圓狀披針形，草質，長15~30cm，寬10~15cm，二回羽狀深裂，最基部一對羽片略短，常下撇；羽片長5~8cm，寬1~1.5cm，先端漸尖，基部截形；末裂片全緣，截頭，側脈單一不分叉；孢子囊群位於側脈中段，孢膜圓腎形。

●**習性**：地生，生長在中海拔林下富含腐植質之處。

●**分布**：印度北部、緬甸北部、中國南部與日本南部，台灣產於海拔800至1200公尺之成熟闊葉林下。

【**附註**】本種的生態習性極為特殊，常見生長在山脊稜線雲霧環境之闊葉林下，富含腐植質之場所。本種的形態亦特殊，葉片最基部一對羽片常下撇，裂片截頭尤具特色，是其他同屬植物所不具備的。

（主）葉片為橢圓狀披針形，最基部一對羽片常下撇。
（小左）生長在林下腐植質豐富處。
（小中）羽軸溝與葉軸溝密布毛，彼此不相通。
（小右）裂片頂端截形，側脈單一不分叉，孢膜圓腎形，具毛，著生於側脈中段。

密腺金星蕨

Parathelypteris glanduligera (Kunze) Ching

海拔	低海拔
生態帶	亞熱帶闊葉林
地形	山坡
棲息地	林內　林緣
習性	地生
頻度	偶見

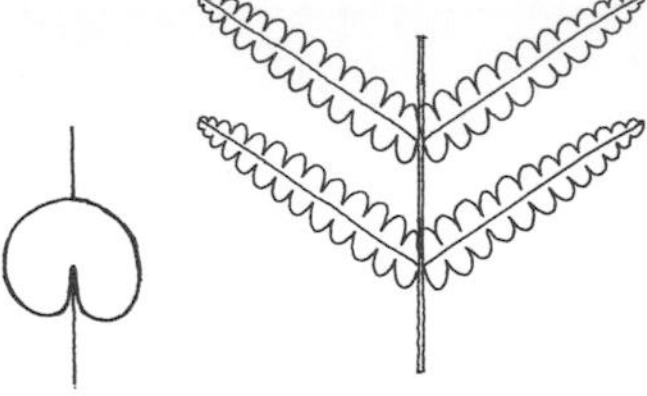

●**特徵**：根莖長而橫走，先端與葉柄基部同具褐色披針形鱗片；葉遠生；葉柄長15~30cm，草稈色，略被短毛；葉片披針形，長15~30cm，寬7~13cm，二回羽狀深裂，軟紙質至草質；羽片長2~7cm，寬0.8~1.5cm，基部數對羽片約略等長；末裂片圓鈍但略具尖頭，邊緣全緣，背面密布黃色圓形腺體；裂片側脈單一不分叉，孢子囊群著生在小脈近頂處，孢膜圓腎形，具灰白色毛。

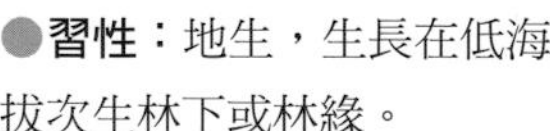

●**習性**：地生，生長在低海拔次生林下或林緣。

●**分布**：日本南部、韓國南部、中國南部、越南北部及印度北部，台灣分布在低海拔山區。

【附註】本種與狹葉金星蕨（*P. angustifrons* (Miq.) Ching）、小金星蕨（*P. cystopteroides* (Eaton) Ching）關係極為密切，其共同特徵是：裂片側脈單一不分叉，葉背被黃色圓形腺體，孢膜圓腎形或馬蹄形，其中小金星蕨是否存在於台灣仍有存疑，不過其形態最特殊，植株纖細，莖直徑約1mm，葉片之毛及腺體都少，羽片長度至多2cm，孢膜常呈馬蹄形，而本種與狹葉金星蕨植株較高大，至少都高過20cm，羽片也至少長過2cm，莖直徑約1.5~2mm，而狹葉金星蕨其羽片基部朝上之小羽片較大且獨立，本種則否。

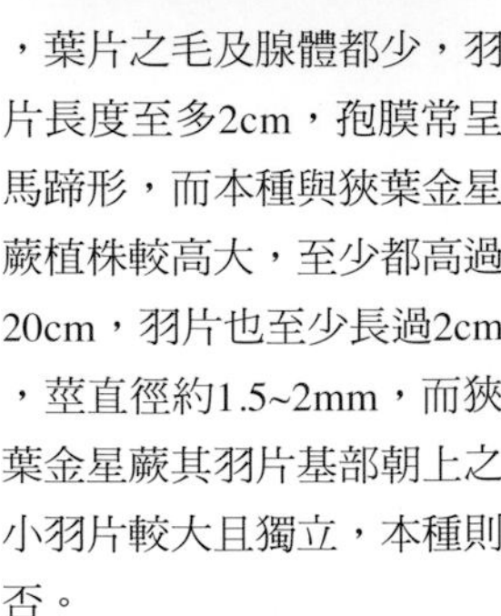

20060403・草楠

20030601・南投蓮花池

20040615・台大（人工栽植）

（主）生長在次生林下空曠處，根莖橫走，葉遠生。
（小左）羽片具短柄，基部略呈心形。
（小右）末裂片全緣，背面密布黃色圓形腺體，孢膜圓腎形。

粟柄金星蕨

Parathelypteris japonica (Bak.) Ching

海拔	低海拔	中海拔
生態帶	東北季風林	針闊葉混生林
地形	山坡	
棲息地	林內	林緣
習性	地生	
頻度	常見	

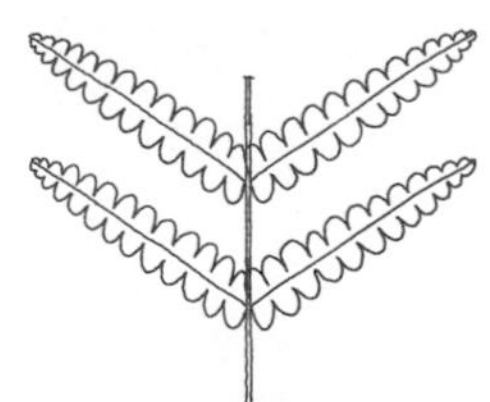

19880226・皇帝殿

●**特徵**：根莖短匍匐狀，與葉柄基部同被黑褐色披針形鱗片；葉叢生；葉柄紅褐色，發亮，長15~23cm，密被毛；葉片卵狀披針形，長20~30cm，寬8~15cm，二回羽狀深裂，最基部一對羽片略短，常下撇；羽片窄披針形，長5~10cm，寬1~2cm，無柄；裂片先端圓鈍，但中脈頂端具小尖頭，全緣，側脈不分叉，背面具黃色腺體；孢子囊群位於裂片側脈近頂處，孢膜圓腎形。

●**習性**：地生，生長在林下空曠處及林緣、路旁較潮濕的土坡上。

●**分布**：中國南部、韓國濟州島及日本南部，台灣產於北部中、低海拔山區。

【**附註**】本種在台灣的分布與東北季風的影響範圍有關，台灣受東北季風影響最大的區域，約在北部各縣交界處的脊樑山脈一線以東的檜木林環境，以及北部較低海拔強烈受東北季風影響之處，如金瓜石附近山脊線一帶以及陽明山國家公園，這些地方常會接收來自北方的蕨類孢子。

20030604・小油坑→七星山

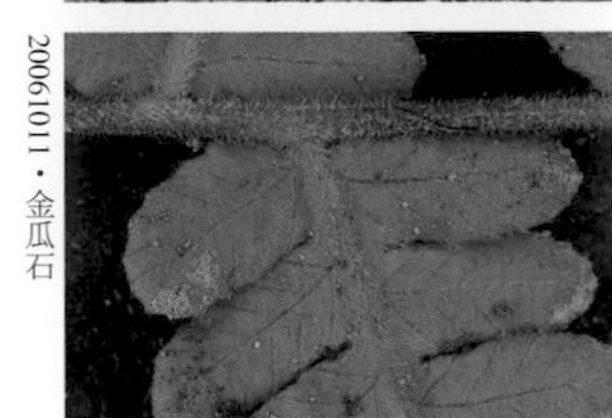

20061011・金瓜石

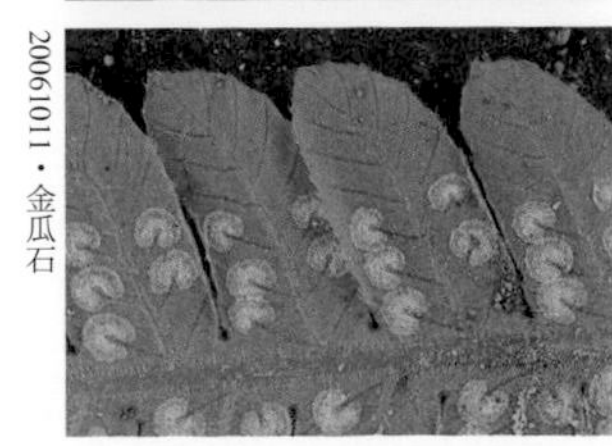

20061011・金瓜石

（主）葉片卵狀披針形，二回羽狀深裂，最基部一對羽片下撇。
（小上）生長在林道旁潮濕的土坡上。
（小中）葉軸及羽軸皆滿布單細胞針狀毛。
（小下）葉背具黃色腺點，孢膜圓腎形，較靠近葉緣。

光葉凸軸蕨

Metathelypteris gracilescens
(Blume) Ching

海拔	中海拔
生態帶	暖溫帶闊葉林 針闊葉混生林
地形	山坡
棲息地	林內 林緣
習性	地生
頻度	偶見

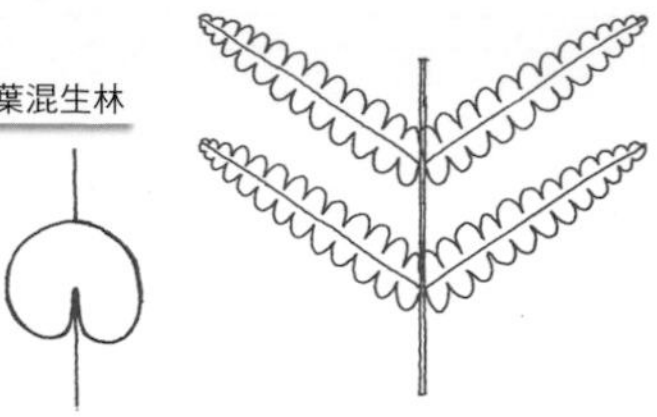

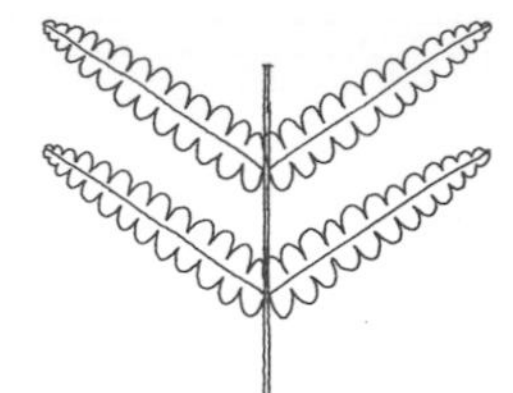

2001118・梅峰

（主）生長在林緣半遮蔭且富含腐植質的土坡。

●**特徵**：根莖短匍匐狀，葉近叢生，葉柄長15~25cm，光滑或疏被短針狀毛；葉片草質，披針形，長15~25cm，寬約8cm，二回羽狀深裂；羽片鐮狀長披針形，長約3.5cm，寬約1cm，先端漸尖，基部不變窄，平截，無柄；葉背光滑或疏被短針狀毛，葉軸、羽軸之表面密被灰白色針狀毛；裂片側脈單一，偶分二叉；孢子囊群著生側脈中段，孢膜圓腎形，光滑無毛。

●**習性**：地生，生長在林緣半遮蔭潮濕且富含腐植質之處。

●**分布**：東南亞高地，北達中國雲南與日本南部，台灣產於海拔1500至2500公尺山區。

【**附註**】金星蕨科植物一般給人的印象就是：二回羽狀分裂的葉子、植物體滿布灰白色的單細胞針狀毛，甚至在鱗片、孢膜或是孢子囊也都多少具有類似的毛，羽軸表面如果有溝也不與葉軸的溝相通，不過當中有兩個屬其羽軸表面不具溝且向上突起，一是凸軸蕨，另一則是大金星蕨，而本種即屬凸軸蕨屬，凸軸蕨屬葉為二回羽狀分裂至深裂，大金星蕨屬則是三回羽狀深裂。

微毛凸軸蕨

Metathelypteris adscendens (Ching) Ching

海拔	低海拔	
生態帶	亞熱帶闊葉林	
地形	山坡	
棲息地	林內	林緣
習性	地生	
頻度	偶見	

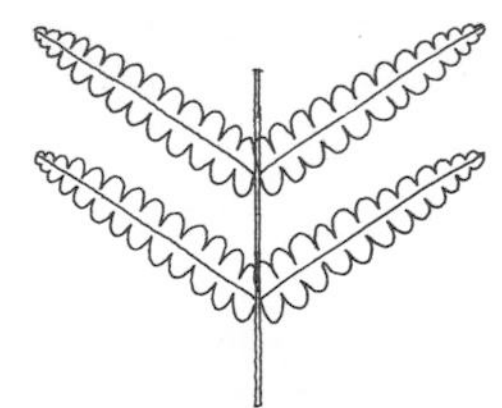

●**特徵**：根莖短匍匐狀，莖頂被覆褐色披針形鱗片，葉叢生；葉柄長10~25cm，草稈色，基部以上光滑無毛；葉片披針形，長15~25cm，寬約10cm，二回羽狀深裂，基部1~2對羽片略短，羽片窄披針形，長4~6cm，寬1~1.5cm，頂端多少具尾尖，基部略變窄，無柄；末裂片全緣，頂端圓鈍，側脈分叉，孢子囊群著生在側脈中間，孢膜圓腎形。

●**習性**：地生，生長在次生林下空曠處或林緣半遮蔭的環境。

●**分布**：以台灣北部低海拔為分布中心，中國南部亦產，台北近郊數量頗多。

【**附註**】在凸軸蕨屬中，本種與光葉凸軸蕨算是葉背最光滑無毛的兩種，頂多沿著羽軸及裂片中脈有些許灰白色針狀毛，本種基部1~2對羽片多少短縮，羽片基部也有變窄的趨勢，裂片側脈通常分叉，而後者基部羽片最長，羽片基部不變窄，裂片側脈通常單一不分叉。

20061011・金瓜石

19930910・貓空

20061011・金瓜石

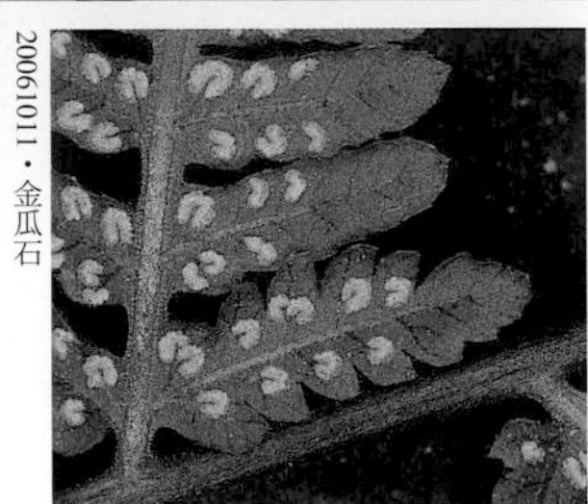

（主）葉為二回羽狀深裂。
（小左）羽片無柄，彼此間距甚寬。
（小右）末裂片全緣，可見金黃色腺點，孢膜圓腎形。

柔葉凸軸蕨

Metathelypteris laxa
(Franch. & Sav.) Ching

海拔	中海拔
生態帶	暖溫帶闊葉林
地形	山坡
棲息地	林內 林緣
習性	地生
頻度	偶見

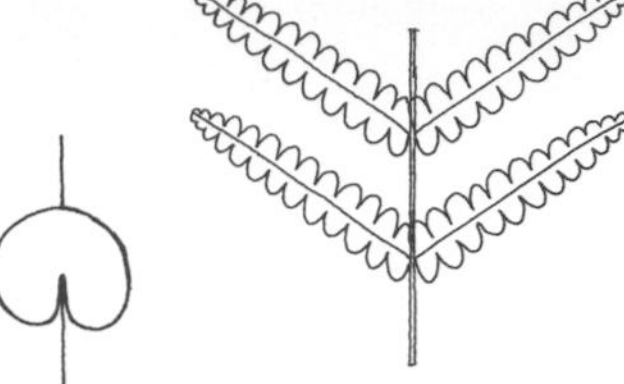

金星蕨科

凸軸蕨屬

●**特徵**：根莖短匍匐狀，被覆灰白色短柔毛及褐色披針形鱗片，葉近叢生；葉柄長15~25cm，草稈色至淡褐色；葉片卵形至寬卵形，長15~25cm，寬10~14cm，二回羽狀深裂；羽片橢圓狀披針形，長5~10cm，寬1~2cm，基部裂片短縮；末裂片長橢圓形，先端鈍尖，邊緣常呈淺鋸齒緣，側脈分叉；孢子囊群圓形，著生在裂片側脈之上側側脈中間，孢膜圓腎形，疏生柔毛。

●**習性**：地生，生長在暖溫帶次生林林下或林緣之遮蔭環境。

●**分布**：以東亞為分布中心，台灣中海拔山區可見。

【附註】凸軸蕨屬植物中，本種的葉形其實與微毛凸軸蕨（P.207）較接近，二者的羽片基部都有縮小的趨勢，羽片排列也較疏鬆，不過本種屬於暖溫帶較高海拔的植物，且裂片常呈齒狀淺裂，而微毛凸軸蕨則屬亞熱帶較低海拔的種類，在台北近郊丘陵地區常見，其裂片全緣不分裂。

20040618・新店獅仔頭山

20020730・新店（人工栽植）

20060403・草楠

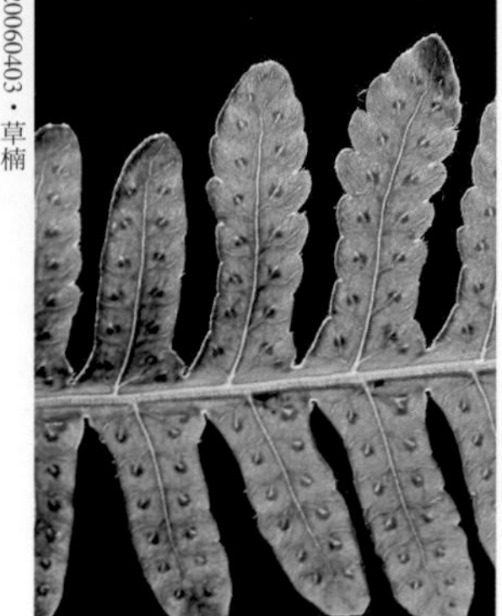

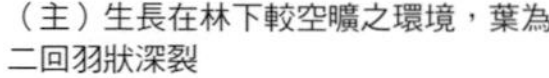

（主）生長在林下較空曠之環境，葉為二回羽狀深裂
（小左）羽片基部裂片明顯短縮。
（小右）末裂片邊緣常呈淺鋸齒緣。

毛柄凸軸蕨

Metathelypteris uraiensis (Rosenst.) Ching

海拔	中海拔	
生態帶	暖溫帶闊葉林	針闊葉混生林
地形	谷地	山坡
棲息地	林內	林緣
習性	地生	
頻度	常見	

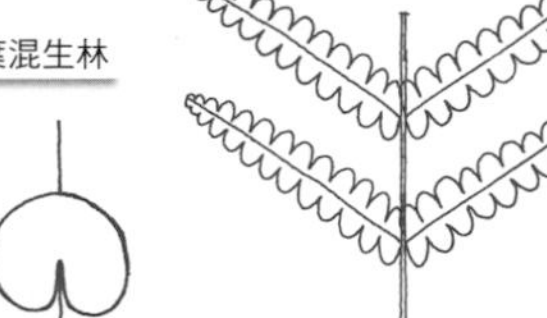

●**特徵**：根莖短匍匐狀，先端與葉柄基部被覆同樣的深褐色披針形鱗片，葉近叢生；葉柄長15~20cm，草稈色，密被灰白色短針狀毛；葉片披針形至卵狀披針形，長15~25cm，寬7~15cm，二回羽狀深裂，基部1~2對羽片略短縮；羽片無柄，長4~8cm，寬1~1.5cm，橢圓狀披針形；裂片全緣，圓鈍頭，側脈常二叉，孢子囊群圓形，位在裂片側脈之上側側脈近頂處，孢膜圓腎形。

●**習性**：生長在林緣半遮蔭、潮濕且富含腐植質之處。

●**分布**：以台灣為分布中心，也分布在中國南部、日本南部及菲律賓呂宋島，台灣產於海拔800至2500公尺處之成熟林。

【附註】凸軸蕨屬有2種於葉背光滑無毛或僅在葉軸、羽軸被稀疏之毛，即光葉凸軸蕨和微毛凸軸蕨，另有2種葉背密被毛，即本種與柔葉凸軸蕨。本種羽片相距緊密，羽片基部不變窄，裂片全緣，而柔葉凸軸蕨羽片排列疏鬆，至少有一羽片寬度之間距，羽片基部常短縮，裂片邊緣呈淺齒狀。

20030124・南投蓮花池

20040618・新店獅仔頭山

20040618・新店獅仔頭山

19940703・觀霧

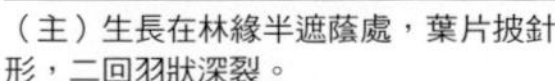

（主）生長在林緣半遮蔭處，葉片披針形，二回羽狀深裂。
（小左）孢膜圓腎形，具毛。
（小右上）葉片表面滿布單細胞針狀毛，葉軸及羽軸尤其顯著。
（小右下）常見生長在山徑旁林緣之土坡上。

耳羽鉤毛蕨

Cyclogramma auriculata (J. Sm.) Ching

海拔	中海拔
生態帶	針闊葉混生林
地形	山溝　谷地　山坡
棲息地	林內　林緣
習性	地生
頻度	偶見

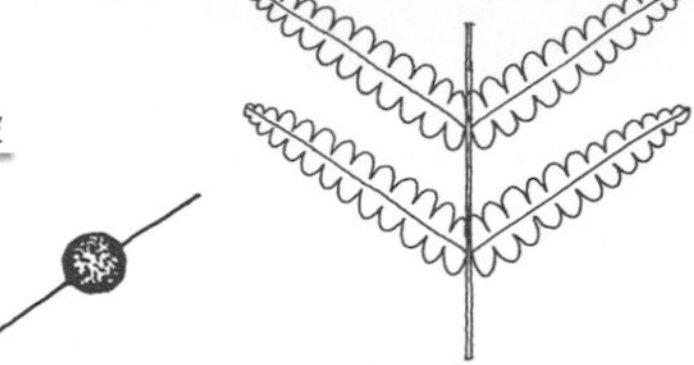

20040801・向陽

●**特徵**：莖短而直立，與葉柄基部同被長三角形褐色鱗片；葉叢生；全株密被絨毛，絨毛頂端有時呈鉤狀；葉柄長3~5cm，葉片披針形，長達100cm，寬20~30cm，二回羽狀深裂；中段羽片長7~15cm，寬1.5~3cm，下段羽片逐漸短縮，基部數對羽片呈耳狀；羽片無柄，基部背面具指狀突起；裂片全緣；葉脈游離，裂片側脈7~10對，單一不分叉；孢子囊群圓形，貼近裂片中脈，不具孢膜。

●**習性**：地生，主要生長在雲霧帶林下潮濕、多腐植質之處。

●**分布**：喜馬拉雅山東部、中國西南部、緬甸及爪哇，台灣產於海拔1800至2500公尺之檜木林帶。

【**附註**】本種以喜馬拉雅山東部為分布中心，台灣產於海拔1800至2500公尺的檜木林帶，由此可略窺兩地物種的相對應性，台灣檜木林帶的蕨類約有1/2或更多是同時分布在喜馬拉雅山東部地區。

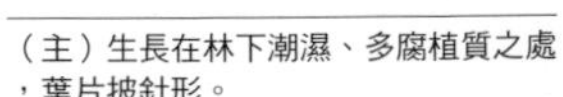

（主）生長在林下潮濕、多腐植質之處，葉片披針形。
（小上）葉軸上密布鉤狀毛，孢子囊群圓形，無孢膜，貼近裂片之中脈。
（小中）葉軸與羽軸表面都具溝，但不相通。
（小下）基部羽片縮小成耳狀，下側與葉軸交接處有一指狀突起之氣孔帶。

20050123・特富野古道

20040801・向陽

20040801・向陽

狹基鉤毛蕨

Cyclogramma leveillei (Christ) Ching

海拔	中海拔	
生態帶	暖溫帶闊葉林	針闊葉混生林
地形	山溝	谷地	山坡
棲息地	林內	林緣
習性	地生
頻度	偶見

●**特徵**：根莖長匍匐狀，被覆毛及褐色披針形鱗片；葉遠生；葉柄長20~35cm，基部具與莖相同之鱗片；葉片披針形，長25~50cm，寬15~20cm，二回羽狀深裂，基部1~2對羽片短縮至中段羽片之1/2；羽片無柄，基部背面與葉軸交界處具指狀突起；末裂片全緣，葉脈游離，裂片側脈單一不分叉；孢子囊群圓形，位在側脈中段，不具孢膜。

●**習性**：地生，主要生長在霧林帶林下潮濕、多腐植質之處。

●**分布**：中國西部及南部、日本，台灣產於海拔1500至2500公尺之針闊葉混生林。

【附註】鉤毛蕨屬的特徵是孢子囊群圓形，無孢膜，葉片披針形，二回羽狀深裂，羽軸與葉軸交接處之背面具指狀突起的氣孔帶，全體被單細胞針狀毛，毛的頂端多少彎鉤，故名。台灣產2種，即本種與耳羽鉤毛蕨，本種基部羽片僅短縮但不形成耳狀，莖為匍匐狀，後者基部數對羽片形成小耳狀，莖則直立且短小粗壯。

19890908・太魯閣卡拉寶小徑

2004080l・南橫

20040801・南橫

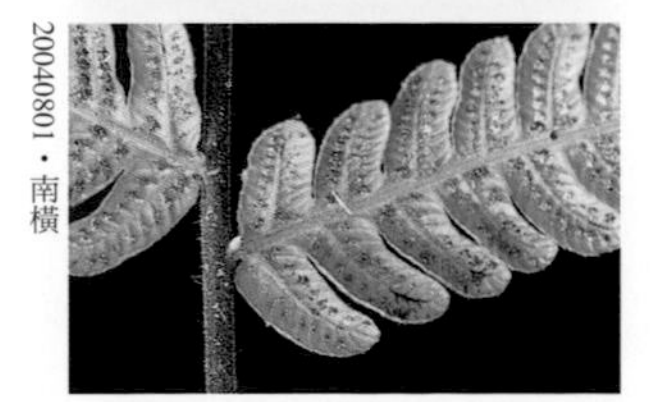

20040815・南橫

（主）葉片披針形，二回羽狀深裂，基部1對羽片短縮約1/2。
（小左上）羽軸溝明顯，但不與葉軸溝相通。
（小左下）葉全面被毛，羽片無柄，背面與葉軸交界處具指狀突起。
（小右）生長在林下潮濕、多腐植質的環境。

疣柄假毛蕨

Pseudocyclosorus tylodes (Kze.) Holttum

海拔	中海拔	
生態帶	暖溫帶闊葉林	
地形	山坡	
棲息地	林緣	空曠地
習性	地生	
頻度	瀕危	

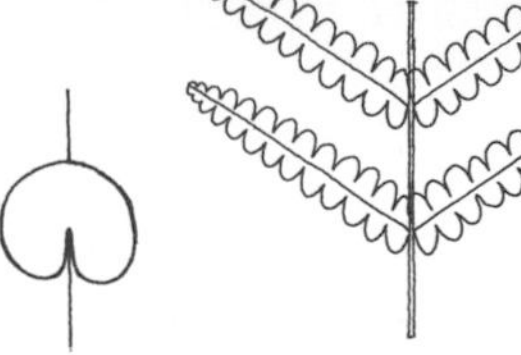

金星蕨科

假毛蕨屬

20040212・延平林道

●**特徵**：莖直立，莖頂及葉柄基部被覆同樣的褐色披針形鱗片，葉叢生莖頂；葉柄長20~30cm，深草稈色，光滑無毛；葉片長40~60cm，寬達20cm，橢圓狀披針形，基部稍窄，二回羽狀深裂，硬紙質；羽片披針形，長約10cm，基部羽片未短縮，羽片基部具疣狀氣孔帶；裂片斜展，具鈍尖頭，側脈單一不分叉，最基部一對側脈出自裂片主脈基部，均伸達裂片缺刻之底部；孢膜圓腎形，質厚，著生於裂片側脈中下段。

●**習性**：地生，生長在林緣或開闊地潮濕環境。

●**分布**：中國南部、中南半島及印度，台灣產於東部海拔約1000公尺的山區。

【附註】假毛蕨屬的特徵在其裂片凹入處基部有一軟骨質的倒三角狀膜，而兩相鄰裂片的最基部側脈均伸達三角狀膜底部，或一小脈伸達三角狀膜，而另一脈伸達膜的上方葉緣，這是假毛蕨屬所獨具的脈型，此外假毛蕨屬的羽片基部背面可見疣狀突起。本屬台產2種：假毛蕨（①P.240）在中、低海拔常見，其葉片基部羽片逐漸短縮，最終形成蝴蝶狀，而本種不具此特色，本種的羽片基部具疣狀氣孔帶，假毛蕨則無此特徵。

20040213・台東農牧場

（主）葉片硬紙質，長在空曠潮濕處。
（小）葉為二回羽狀深裂，羽片基部背面具疣狀突起、象牙色的氣孔帶。

非洲茯蕨

Leptogramma pozoi
(Lag.) Ching

海拔	低海拔	
生態帶	熱帶闊葉林	
地形	山坡	
棲息地	林內	林緣
習性	地生	
頻度	稀有	

20060210・蘭嶼東清溪

●**特徵**：根莖短橫走狀，與葉柄基部被覆同樣的黃褐色披針形鱗片，葉近生；葉柄長12~22cm，與葉軸一樣滿布灰白色針狀毛；葉片草質，橢圓形，長30~35cm，寬13~20cm，二回羽狀中裂至深裂，最下一對羽片多少下撇；葉脈游離，各裂片側脈單一不分叉，背面被柔毛；孢子囊群線形，位在裂片側脈中間，不具孢膜。

●**習性**：地生，生長在林緣潮濕且富含腐植質之處。

●**分布**：東南亞及太平洋島嶼，西及非洲，台灣僅見於蘭嶼。

20060210・蘭嶼青蛇山

【附註】茯蕨屬的特徵是孢子囊群線形，無孢膜，位在裂片單一不分叉側脈之中部，全株密被單細胞針狀毛，台產2種，本種最基部一對羽片與上一對羽片等大但略向下撇，而尾葉茯蕨（①P.241）分布在台灣本島海拔2000公尺左右之檜木林帶，最基部一對羽片明顯遠較上一對長，其葉片呈戟形。

20060210・蘭嶼東清溪

20060210・蘭嶼東清溪

（主）葉橢圓狀披針形，二回羽狀深裂
（小左）羽軸與葉軸表面具溝槽，但不相通。
（小右上）孢子囊群線形，位於裂片側脈中間，不具孢膜。
（小右下）生長在林緣潮濕且多腐植質的土坡上。

突尖小毛蕨

Cyclosorus ensifer
(Tagawa) Shieh

海拔	低海拔	
生態帶	熱帶闊葉林	
地形	谷地	山坡
棲息地	林內	
習性	地生	
頻度	偶見	

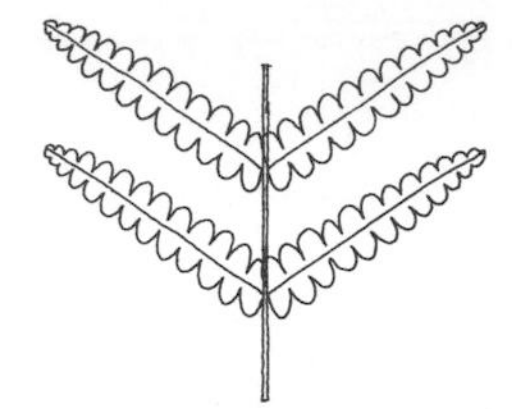

金星蕨科

毛蕨屬・小毛蕨群

19851229・老佛山

●**特徵**：株高30~40cm，根莖短匍匐狀，葉近叢生；葉柄長10~20cm，略帶淡紫褐色，密被短毛；葉片長20~30cm，寬8~14cm，二回羽狀分裂，頂羽片極長，約達葉片一半；側羽片長方形，末端常突尖，長4~8cm，寬2~3cm，一般2~6對，最多可達12對，基部羽片常短縮；最長之裂片常出現在羽片末端1~2對，相鄰裂片之側脈常2.5對連結，形成小毛蕨脈型；孢膜圓腎形，密被柔毛，著生在裂片側脈中段或近頂端。

●**習性**：地生，生長在林下多腐植質之處。

●**分布**：台灣特有種，僅出現在恆春半島一帶。

【**附註**】本種及至目前所知，全世界僅產於台灣的恆春半島，生長在成熟林林下富含腐植質之處，當地冬季乾旱有時長達半年，本種的習性與形態或許就是因應氣候所產生的，例如既是林下植物，可是全株密被毛，葉脈如粗毛鱗蓋蕨或小毛蕨（①P.133、246）一般在葉背隆起，較常出現在下坡或山凹處。而全台低海拔常見的小毛蕨偶亦可見羽片末端突縮的個體，不過小毛蕨的莖長匍匐狀，羽片較窄，羽片基部的耳狀突起也較顯著，葉柄較光滑。

20030515・台大（人工栽植）

（主）生長在林下腐植質豐富的場所，羽片對數一般不多，但偶見羽片多達12對。

（小）側羽片末端常突尖，該處之裂片通常也較長。

寬羽小毛蕨

Cyclosorus latipinna
(Benth.) Tard.-Blot.

海拔	低海拔		
生態帶	亞熱帶闊葉林		
地形	谷地	山坡	
棲息地	林緣	空曠地	溪畔
習性	地生		
頻度	偶見		

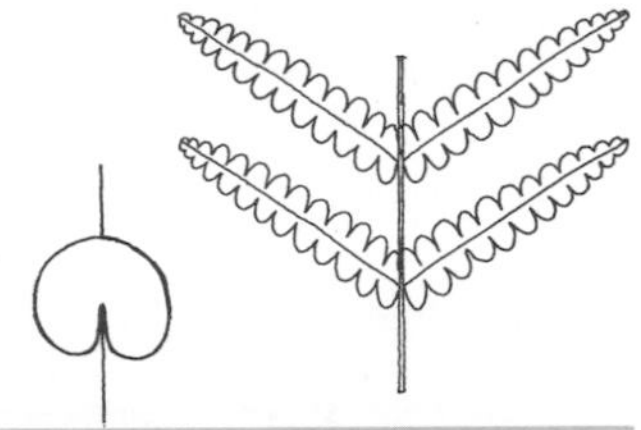

20000807・內湖大溝溪

●**特徵**：根莖短匍匐狀，莖頂及葉柄基部被覆深褐色長披針形鱗片，葉叢生；葉柄長10~15cm，草稈色；葉片倒披針形，長20~30cm，寬約10cm，二回羽狀淺裂，葉頂端急縮形成頂羽片，頂羽片獨立，基部2~3對羽片漸短；羽片披針形，長約5cm，寬約1cm，邊緣淺裂；兩相鄰裂片之基部側脈在缺刻下有1.5對相連，形成小毛蕨脈型，另有1對進入缺刻基部之軟骨質膜；孢膜圓腎形，位於側脈中段。

●**習性**：地生，生長在郊山較開闊的溪溝谷地，巨岩與土壤地交界處。

●**分布**：中國南部、東南亞一帶、印度、斯里蘭卡，台灣產於北部低海拔溪谷地。

【附註】本種應為溪流蕨類，常見生長在溪谷巨岩下縫隙，亦見生長在水流浸濕、富含腐植質及苔蘚的岩石上，只出現在台灣北部，可能是南部地區郊山的小溪流在冬天旱季經常乾涸無水。本種與突尖小毛蕨外形近似，然而習性卻大異其趣，本種裂片缺刻以下（不含缺刻）僅1.5對側脈相連，而突尖小毛蕨則有2~2.5對側脈相連。

20040801・台大（人工栽植）

（主）生長在開闊溪流旁的岩石縫隙，葉片倒披針形，頂羽片明顯。
（小）羽片淺裂，背面光滑，孢膜圓腎形，位在側脈中間。

密腺小毛蕨

Cyclosorus aridus
(Don) Tagawa

海拔	低海拔	
生態帶	熱帶闊葉林	亞熱帶闊葉林
地形	平野	山坡
棲息地	林內	林緣	空曠地
習性	地生	
頻度	偶見	

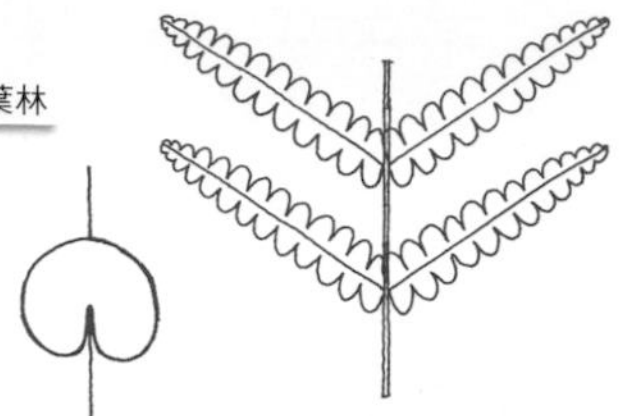

金星蕨科

毛蕨屬・小毛蕨群

19890905・太魯閣神祕谷步道

●**特徵**：根莖長匍匐狀，莖頂與葉柄基部同被褐色披針形鱗片，葉遠生；葉柄長10~20cm，淡褐色至草稈色，基部黑色；葉片披針形至卵狀披針形，長50~70cm，寬15~20cm，二回羽狀淺裂，基部2~3對羽片短縮，中段之側羽片長約10cm，寬1~1.5cm，背面密被黃褐色棒狀腺體；裂片側脈有2對實際連結到缺刻下的小脈，另有4對側脈與缺刻基部之軟骨質膜相連；孢膜圓腎形，無毛，位在側脈中段。

●**習性**：地生，生長在林下、林緣較空曠處，或是濕地邊空曠處。

●**分布**：熱帶亞洲，北達中國南部，台灣低海拔山區及平野可見，中、南部及東部較多。

【附註】小毛蕨群不具有基部羽片突然短縮成耳狀的特徵，且相鄰兩裂片最基部的一對小脈連結，並由連結點伸出一條小脈延伸至缺刻，裂片之其餘側脈少數會與延伸小脈或裂片基部之軟骨質膜相連。而小毛蕨群的分類重點就在與延伸小脈以及軟骨質膜連結的側脈對數，本種是側脈對數連結最多對的，2對與延伸小脈連結，4對與軟骨質膜連結。

20040815・台大（人工栽植）

20040815・台大（人工栽植）

（主）生長在林緣，葉片闊披針形，基部數對羽片短縮。
（小上）葉為二回羽狀淺裂，被毛，葉脈明顯隆起。
（小下）基部羽片短縮成小耳狀。

蘭嶼圓腺蕨

Cyclosorus productus
(Kaulf.) Ching

海拔	低海拔		
生態帶	熱帶闊葉林		
地形	山溝	谷地	山坡
棲息地	林內	林緣	
習性	地生		
頻度	偶見		

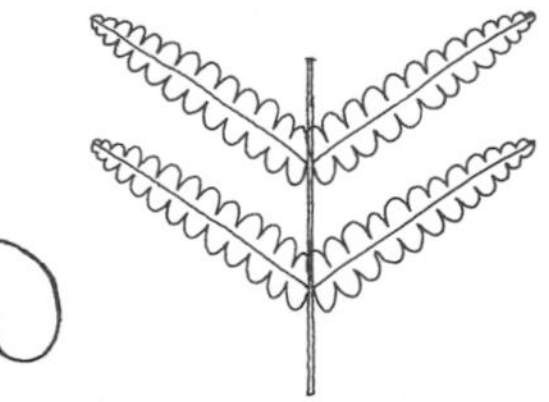

19890906・蘭嶼天池

19971128・蘭嶼天池

●**特徵**：莖短而斜上生長，莖頂與葉柄基部被覆同樣的黑褐色線狀披針形鱗片，葉近叢生；葉柄長10~20cm，草稈色，基部褐色，表面具溝；葉片卵狀披針形，長80~150cm，寬30~50cm，二回羽狀分裂；中段羽片長15~20cm，寬約2cm，基部10多對羽片驟縮成三角狀；裂片間缺刻基部之軟骨質膜以下（不含軟骨質膜）2對側脈與缺刻下延小脈連結，另有一脈伸達缺刻基部之薄膜，形成小毛蕨脈型；孢膜圓腎形，位於側脈中間偏基部，表面可見圓球形腺體。

●**習性**：地生，生長在熱帶雨林緣山溝邊，富含腐植質之處。

●**分布**：菲律賓，台灣僅產於蘭嶼。

【**附註**】本種屬於圓腺蕨群，該群的特徵是：基部多對羽片突然短縮形成耳狀，羽片基部背面具突起的氣孔帶，以及葉面多少具淡黃色圓球形腺體，至少在羽軸背面較容易看到。台灣產2種，台灣圓腺蕨（①P.248）只產於台灣本島，其裂片間缺刻下僅有1對側脈與缺刻下延小脈結合，而蘭嶼圓腺蕨只產於蘭嶼，缺刻下有2對側脈與缺刻下延小脈結合。

（主）葉片卵狀披針形，二回羽狀分裂，生長在林緣半遮蔭、潮濕且富含腐植質之處。
（小）基部10多對羽片突然短縮成三角狀。

秦氏蕨

Chingia ferox
(Bl.) Holttum

海拔	低海拔
生態帶	熱帶闊葉林
地形	谷地
棲息地	林內
習性	地生
頻度	瀕危

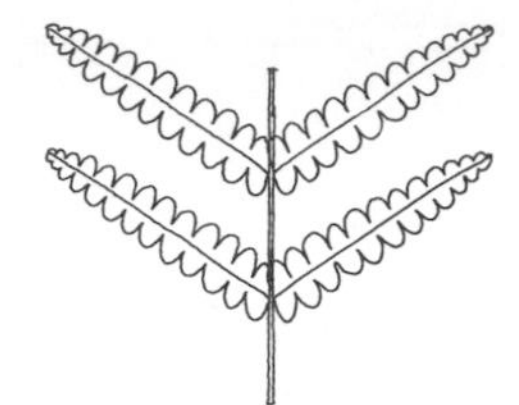

●**特徵**：莖短，斜上生長，葉近叢生；葉柄長超過100cm，紅褐色，密被紅褐色毛狀鱗片；葉片披針形至橢圓形，長可達150cm以上或更長，二回羽狀分裂；羽片長30~45cm或更長，寬1.5~3cm；裂片側脈10對以上，單一不分叉，相鄰兩裂片基部4~6對側脈與正對缺刻之上行小脈連合，形成小毛蕨脈型；孢膜圓腎形，位於側脈基部緊貼裂片中脈。

●**習性**：地生，生長在熱帶雨林的潮濕谷地。

●**分布**：中南半島至東南亞一帶，台灣僅見於蘭嶼。

【附註】秦氏蕨屬的羽軸表面有溝，裂片之側脈單一不分叉，與上行小脈連結或伸達葉緣，基部羽片不縮成小耳狀，莖短，直立或斜上，具小毛蕨脈型，而最特殊的是葉柄密被紅褐色毛狀鱗片，孢子囊群貼近裂片中脈，以及裂片最基部之下側側脈出自羽軸。

秦氏蕨屬是一個東南亞熱帶雨林的屬，最北分布至蘭嶼，該屬約有15種，台灣僅有1種。

2003l104・新社（人工栽植）

20040213・台東農牧場（人工栽植）

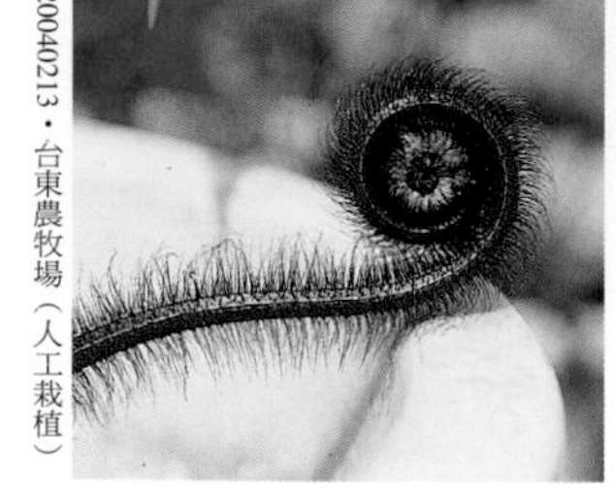

20040213・台東農牧場（人工栽植）

（主）植株高可達2m，生長在熱帶雨林谷地富含腐植質之處，葉為二回羽狀分裂。
（小左）葉柄及幼葉密布紅褐色毛狀鱗片。
（小右）孢子囊群緊貼裂片中脈。

單葉新月蕨

Pronephrium simplex
(Hook.) Holttum

海拔	低海拔
生態帶	亞熱帶闊葉林
地形	山坡
棲息地	林內 林緣
習性	地生
頻度	偶見

19850806・南仁湖下方

●**特徵**：根莖長而橫走，先端與葉柄基部同樣被覆深褐色披針形鱗片，葉遠生；葉柄長15~25cm，草稈色，密被鉤狀短毛；葉片長橢圓形，單葉，長12~18cm，寬3~4.5cm，全緣，基部心形，有時具耳狀突起；孢子葉較窄且長；主側脈之相鄰小脈互相連接，並由連接點向上伸出一小脈，各上行小脈分開或連結，形成新月蕨脈型；孢子囊群位在小脈上，不具孢膜。

●**習性**：地生，主要生長在林下略空曠、富含腐植質之處。

●**分布**：中國南部、越南及琉球群島，台灣產於低海拔較成熟之森林。

【**附註**】本種的模式標本採自香港，當地的單葉新月蕨展現非常典型的兩型性，即營養葉與孢子葉極度不同，其葉寬可以是4~5cm比0.8~1.5cm，台灣大約是4cm比2cm，屬輕度的兩型性，且香港的孢子葉成熟時孢子囊滿布葉背，而台灣的則清晰可見孢子囊沿側脈生長。在台灣單葉新月蕨易與三葉新月蕨混淆，因為本種有時在葉片基部會有戟狀突起或呈現三葉的外形，不過其單葉型的葉片或三葉型的頂羽片，呈橢圓形且基部心形，而後者的頂羽片較呈披針形，且基部楔形。

20031005・基隆海門天險

（主）生長在林下略空曠、富含腐植質之處。
（小）葉為單葉，葉片長橢圓形，基部心形。

頂芽新月蕨

Pronephrium cuspidatum (Blume) Holttum

海拔	低海拔		
生態帶	熱帶闊葉林		
地形	山溝	谷地	山坡
棲息地	林內	溪畔	
習性	地生		
頻度	稀有		

19890606・蘭嶼天池

●特徵：根莖短橫走狀，莖頂與葉柄基部被同樣的褐色披針形鱗片，葉近生；葉柄長20~30cm，草稈色；葉片長25~30cm，寬8~15cm，一回羽狀複葉，紙質；側羽片2~4對，橢圓形至倒披針形，長8~15cm，寬1.8~3cm，基部具短柄或無柄，基部有時可見不定芽，先端具長尾尖，全緣，頂羽片與側羽片同形；葉脈是呈窗格狀網眼的新月蕨型，孢子囊沿側脈生長，不具孢膜。

●習性：生長在熱帶雨林林下溪溝邊之土坡上。

●分布：東南亞熱帶雨林地區，北達台灣南端及琉球群島，台灣僅見於恆春半島及蘭嶼。

【附註】由其生長習性、地理分布及葉形推測，本種可能是溪流植物。一般新月蕨屬的莖都呈長匍匐狀，葉遠生，唯獨本種具短橫走莖，葉近生，加上本種的其他特徵，如羽片腋部常見不定芽，羽片倒披針形尾尖的外貌，以及只分布在恆春半島與蘭嶼，使得本種不難辨識。台灣另產2種稀有的新月蕨屬植物——變葉新月蕨（*P. insularis*（K. Iwats.）Holttum）與長柄新月蕨（*P. longipetiolatum*（K. Iwats.）Holttum），日治時期各僅在東部發現一次，二者的側羽片都至少2對，不過變葉新月蕨基部羽片最長，頂羽片基部瓣裂，而長柄新月蕨的基部羽片較上一對短，孢子囊沿側脈生長，無孢膜，莖長匍匐狀，羽片腋部無不定芽。

（主）生長在溪溝邊石縫，葉為一回羽狀複葉，羽片倒披針形，具長尾尖。

鐵角蕨科

Aspleniaceae

外觀特徵：葉形從單葉到多回羽狀複葉都有。孢膜線形長在脈上，其生長角度與最末裂片的中脈斜交。葉柄基部與莖頂有窗格狀的鱗片。

生長習性：地生、岩生或著生，都與較潮濕的森林有關。

地理分布：廣泛分布全世界各地，但多數種類集中於熱帶至暖溫帶地區；台灣主要產於中海拔的暖溫帶闊葉林。

種數：全世界共有1屬約720種，台灣有44種。

● 本書介紹的鐵角蕨科有1屬17種。

【屬、群檢索表】

①葉脈在葉緣處連合，形成網脈。........................ ....鐵角蕨屬巢蕨群

①葉脈游離 .... ②

②植株具長橫走莖，葉膜質至草質。 .... 鐵角蕨屬薄葉鐵角蕨群 P.222

②植株叢生或幾近叢生，葉紙質至革質。 ....③

③單葉，葉基為心形。................鐵角蕨屬對開蕨群

③單葉或羽狀複葉，若為單葉，葉基亦不呈心形。 ....鐵角蕨屬鐵角蕨群 P.226

複齒鐵角蕨

Asplenium filipes Copel.

海拔	低海拔	中海拔
生態帶	亞熱帶闊葉林	暖溫帶闊葉林
地形	山溝	谷地
棲息地	林內	溪畔
習性	岩生	地生
頻度	偶見	

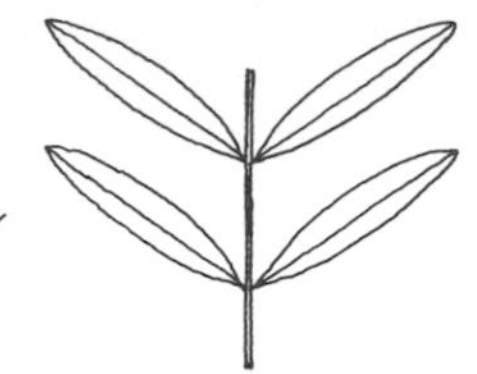

●**特徵**：根莖細長，匍匐狀，葉遠生；葉柄長7~15cm，紫褐色，發亮；葉片線狀披針形，長12~25cm，寬5~6cm，薄紙質，一回羽狀複葉；羽片略呈斜四邊形，長2~2.5cm，寬4~5mm，基部極度不對稱，羽片下側缺如；羽片上緣為複鋸齒，側脈末端直達凹刻處；孢膜短線形，位在側脈一側，開口朝向羽軸。

●**習性**：岩生或地生，生長在林下溪溝邊滴水的環境。

●**分布**：印度北部、中國南部、日本南部及菲律賓，台灣主要出現在中、低海拔溪谷地區的成熟林下。

【附註】本種的特徵是羽片頂端鈍頭以及羽片上側邊緣具複鋸齒，側脈直指葉緣凹入處，而非如其他種類之側脈頂端進入尖齒，此一特徵是薄葉鐵角蕨群中僅本種獨具的，至於羽片鈍頭則是小鐵角蕨（①P.260）與本種共有的特徵。

19980925・巴福越嶺古道

20040815・南橫

20040815・南橫

（主）葉為一回羽狀複葉，葉片線狀披針形，頂端略呈尾狀。
（小左）生長在溪溝邊坡潮濕的壁面。
（小右）羽片上側邊緣複鋸齒，較大的鈍圓齒中央具缺刻，缺刻兩側之裂片頂端再分出二鋸齒，側脈則伸達二鋸齒的中央。

無配鐵角蕨

Asplenium apogamum Murakami & Hatanaka

海拔	低海拔	中海拔
生態帶	亞熱帶闊葉林	暖溫帶闊葉林
地形	山溝	谷地
棲息地	林內	溪畔
習性	地生	
頻度	偶見	

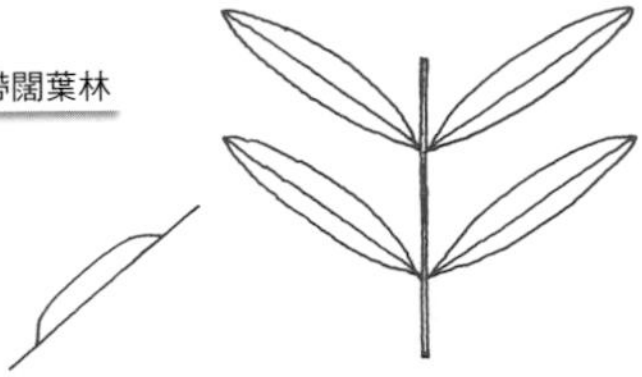

20180727・台大（人工栽植）

●**特徵**：根莖短橫走狀，具披針形窗格狀鱗片；葉柄長7~10cm，暗紫褐色，發亮；葉片披針形至橢圓狀披針形，長12~20cm，寬3~5cm，薄紙質，一回羽狀複葉；羽片斜長方形，頂端急尖，下側邊緣向上彎弓，先端稍往下撇，基部羽片尤其顯著，長2~3cm，寬約0.5~1cm，羽片上緣為單鋸齒；葉脈游離，羽軸上側側脈較下側長；孢膜短線形，位在側脈一側，開口朝向羽軸。

●**習性**：地生，生長在林下溪溝邊潮濕土壁上。

●**分布**：日本南部、中國南部及泰國，台灣產於中、低海拔成熟闊葉林區。

【**附註**】本種的羽片先端急尖而不漸尖或呈尾狀，羽片下緣延著羽軸往上彎弓，羽軸下側的葉片缺如，缺如部分之長度約佔羽片的1/2，中段羽片上緣平直，與葉軸幾近垂直，靠基部的羽片略為下撇，本種亦屬於薄葉鐵角蕨群，該群的莖一般都長而橫走，葉遠生。

20191018・台大（人工栽植）

（主）葉片披針形，一回羽狀複葉，基部數對羽片下撇。
（小）羽片下緣向上彎弓，該處之葉片缺如，羽片基部極度不對稱。

剪葉鐵角蕨

Asplenium excisum Presl

海拔	低海拔	中海拔
生態帶	亞熱帶闊葉林	暖溫帶闊葉林
地形	山溝	谷地
棲息地	林下	溪畔
習性	地生	
頻度	偶見	

●**特徵**：根莖橫走狀，與葉柄基部同被黑褐色披針形鱗片；葉遠生，相距0.5~1cm；葉柄長7~20cm，暗紫褐色，發亮；葉片寬披針形，長20~35cm，寬8~12cm，薄草質，先端急縮略呈尾狀，一回羽狀複葉；羽片翼形，長5~10cm，寬1~2.5cm，基部明顯不對稱，斜楔形，羽軸下側近基部約1/3之羽片缺如，末端漸尖，邊緣鋸齒狀；葉脈游離，側脈單叉；孢膜線形，位於前側脈上，開口朝向羽軸。

●**習性**：地生，生長在成熟闊葉林下溪谷地區之潮濕土坡上。

●**分布**：印度北部、中國南部、中南半島、菲律賓至馬來西亞一帶，台灣主要出現在全島中、低海拔地區。

【**附註**】本種是薄葉鐵角蕨群中，具有較大型葉，羽片長可達10cm，也是較常見的種類，喜陰濕多腐植土的環境，本種的葉軸與葉柄均為紫褐色發亮，羽片像老鷹的翅膀，尤其是最基部一對羽片，乍看之下就像展翅的老鷹一般。

20040129・富源

20010709・老梅山

（主）生長在林下溝谷地形之濕潤土坡上。

（小）葉軸紫褐色發亮，羽片翼形，基部明顯不對稱，羽軸下側近基部約1/3的羽片缺如。

綠柄剪葉鐵角蕨

Asplenium obscurum Blume

海拔	低海拔	中海拔	
生態帶	熱帶闊葉林	亞熱帶闊葉林	暖溫帶闊葉林
地形	山溝	谷地	山坡
棲息地	林內	林緣	
習性	岩生	地生	
頻度	稀有		

●**特徵**：根莖長而橫走，先端密被褐色披針形鱗片；葉遠生；葉柄長可達15cm，綠色且不具光澤，基部疏被與莖頂相同之鱗片；葉片披針形至寬披針形，長25~35cm，寬6~10cm，草質，一回羽狀複葉，先端急變窄並形成尾狀，基部1~2對羽片向下反折；羽片翼形，長可達5cm以上，寬1~2.5cm，基部明顯不對稱，頂端漸尖，邊緣鋸齒狀；葉脈游離，孢子囊群長0.5~0.6cm，線形，著生在羽軸側脈，孢膜由中間直線開裂。

●**習性**：生長在林下略潮濕的土坡及滴水岩壁上。

●**分布**：中國南部往南至東南亞一帶，往西至非洲東邊的馬達加斯加，分布廣泛但都零星出現，台灣產於中南部中、低海拔山區。

【附註】本種亦屬薄葉鐵角蕨群，顧名思義該群植物葉子均薄，本種的葉子呈草質，已算是其中最厚的，其餘種類多為薄草質，所以本種可以出現在像是台灣南部冬季不雨的環境，但又不能太乾，多在谷地或山溝邊。本種的大小與外形頗似剪葉鐵角蕨，但葉柄為草綠色而不是發亮的紫褐色，最大的差別是孢膜由中間直線開裂。

20040210・觀音瀑布

20040210・觀音瀑布

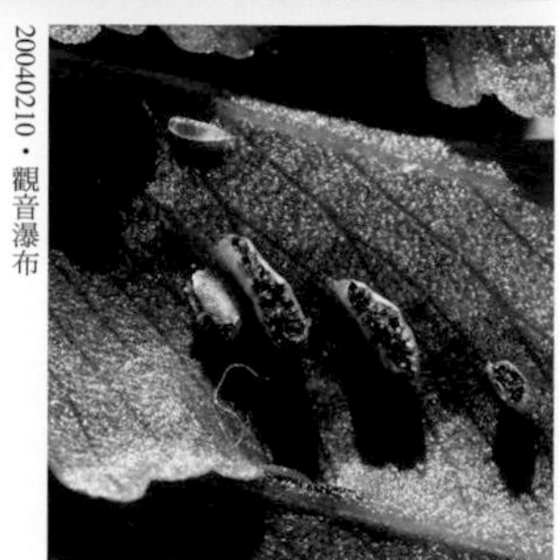

（主）生長在潮濕的土壁。
（小）孢膜在羽軸側脈上，由中間直線開裂。

線葉鐵角蕨

Asplenium septentrionale (L.) Hoffm.

海拔	高海拔
生態帶	針葉林　高山寒原
地形	山坡
棲息地	空曠地
習性	岩生
頻度	稀有

●**特徵**：莖短而斜上生長，先端被黑褐色鱗片；葉似禾草，叢生；葉柄長3~8cm，基部暗褐色，上部綠色；葉片質地堅實，近革質，比葉柄短，常2~3叉縱裂，每一裂片細線狀，長2~3.5cm，寬1~1.5mm，末端多少撕裂狀；孢膜線形，與裂片主軸平行生長，孢子囊群佔滿裂片。

●**習性**：生長在大岩壁之縫隙中。

●**分布**：泛北極圈寒帶地區、溫帶山區及亞熱帶高山，台灣主要出現在高山寒原或針葉林帶的岩石環境。

【**附註**】本種是典型的高山寒原植物，生長在岩壁縫隙中，利用縫隙的遮蔽性、水分及些許土壤而生存，本種的莖多深入岩縫，海拔3000公尺以上的針葉林帶，環境類似的空曠地區亦可發現。

19851031・觀高

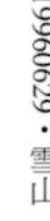

19960629・雪山

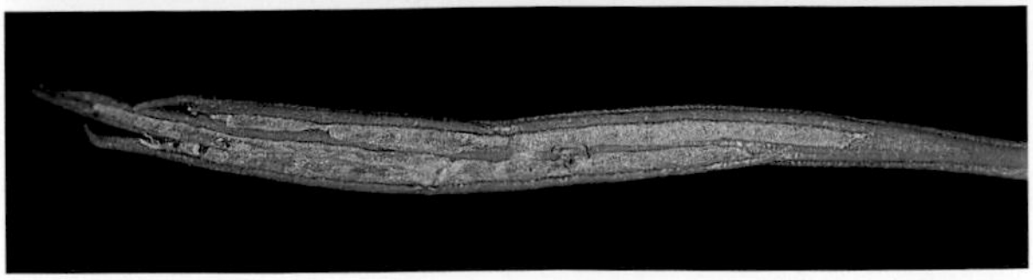

（主）生長在海拔3000公尺以上的高山岩壁石縫中。
（小）葉片撕裂狀，孢子囊群集生在裂片上，孢膜長1~2cm。

三翅鐵角蕨

Asplenium tripteropus Nakai

海拔	中海拔、高海拔
生態帶	針闊葉混生林、針葉林
地形	山坡
棲息地	林緣、空曠地
習性	岩生
頻度	偶見

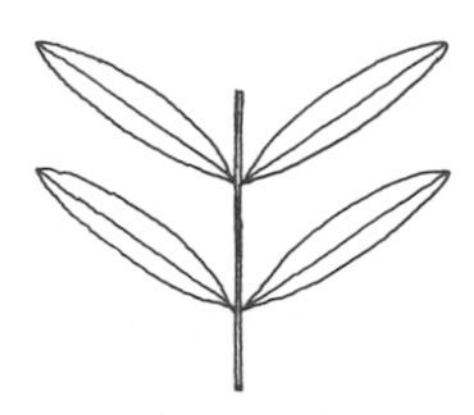

19990206・十里

20000325・思源

●**特徵**：莖短直立狀，先端密被窄披針形深褐色鱗片，葉叢生莖頂；葉柄長2~5cm，亮紫黑色；葉片線形，一回羽狀複葉，長8~25cm，寬1.5~3cm，紙質，近頂處具不定芽，葉柄、葉軸之兩側及背面具膜質窄翅；羽片卵圓形，長0.5~1cm，寬2~5mm，上下兩端羽片較短，羽片邊緣鈍齒狀；羽片側脈單一或僅分叉一次；孢膜短線形，開口朝向羽軸。

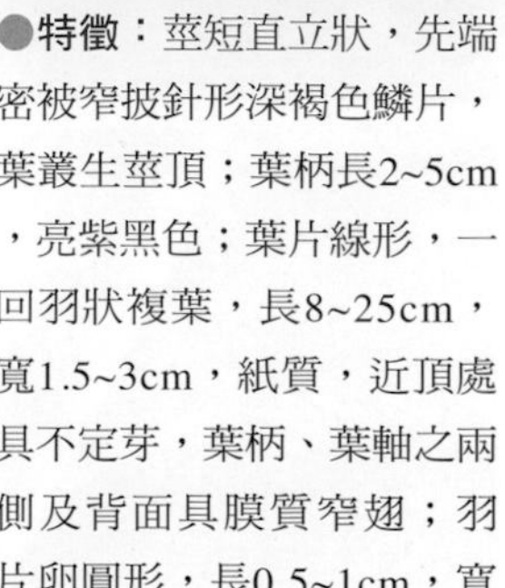

●**習性**：生長在林緣或較空曠環境之岩縫中。

●**分布**：中國、韓國、日本及緬甸北部，台灣產於中、高海拔山區。

【**附註**】本種與鐵角蕨（① P.268）是台灣唯二同時具有葉片線形、一回羽狀複葉、葉柄及葉軸紫黑色發亮且葉軸兩側具有淡褐色膜質窄翅的種類，不過本種的葉軸及葉柄橫切面較呈三角形，且軸背面中央亦有一窄翅，葉軸近頂處具1~2個不定芽，而鐵角蕨的葉軸及葉柄橫切面較呈半圓形，葉軸近頂處也不具芽。

（主）生長在岩壁上，葉片線形，一回羽狀複葉，近頂處具不定芽。
（小）葉軸的兩側及背面具翅，羽片卵圓形。

蘭嶼鐵角蕨

Asplenium serricula Fée

海拔	低海拔
生態帶	熱帶闊葉林
地形	山溝　谷地
棲息地	林內
習性	著生　岩生
頻度	稀有

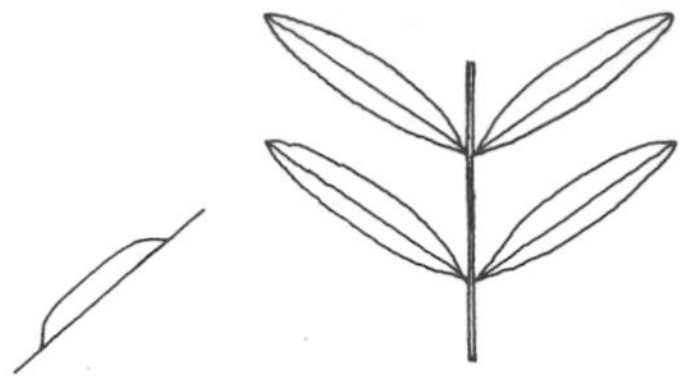

鐵角蕨科

鐵角蕨屬・鐵角蕨群

20040130・老佛山

19971129・蘭嶼紅頭山

20060208・蘭嶼紅頭山

●**特徵**：莖短直立狀，葉叢生莖頂；葉柄長10~18cm，草稈色；葉片橢圓形，長30~50cm，寬10~20cm，肉質狀，一回羽狀複葉；羽片長披針形，長5~8cm，寬約1cm，基部為不等邊之斜楔形，具短柄，頂羽片與側羽片同形且約略等大，邊緣鋸齒狀；葉脈游離，羽片側脈單一不分叉，僅最基部上側側脈分叉一次，孢膜長3~6mm，位於側脈朝前一側，開口朝向羽軸。

●**習性**：生長在熱帶森林之林下樹幹或岩石上。

●**分布**：菲律賓以南的東南亞地區，西及印度南方與斯里蘭卡，台灣僅見於恆春半島及蘭嶼。

【附註】本種無論從大小、形態、葉片質地、葉柄及葉軸顏色、脈型以及孢膜的生長方式，都與鈍齒鐵角蕨（①P.270）近似，最大的不同點是本種具頂羽片，而鈍齒鐵角蕨則無。

（主）著生樹幹較下位之分叉處。
（小上）葉片橢圓形，一回羽狀複葉，每一側羽片長度約略相等。
（小下）孢膜線形，開口朝向羽軸，羽片基部不等邊，葉軸草稈色。

南海鐵角蕨

Asplenium formosae Christ

海拔	低海拔	中海拔
生態帶	亞熱帶闊葉林	暖溫帶闊葉林
地形	谷地	山坡
棲息地	林內	林緣
習性	著生	岩生
頻度	常見	

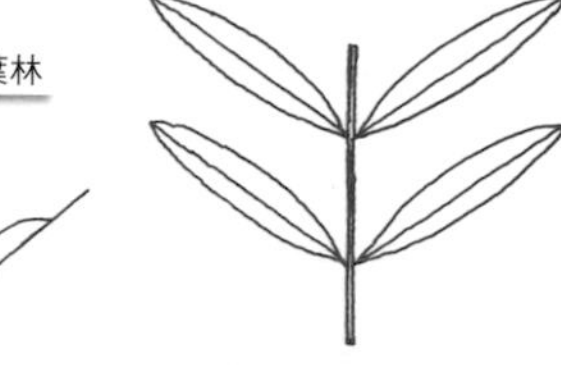

19990104・深坑

●**特徵**：莖短直立狀，具披針形褐色鱗片，葉叢生莖頂；葉柄長15~30cm，兩面皆為綠色，基部黑色，具與莖頂相同但較小之鱗片；葉片闊卵形，長15~35cm，寬5~15cm，肉質狀，一回羽狀複葉，頂羽片與側羽片同形、等大，偶亦見披針形之單葉；羽片披針形，全緣，長10~15cm，寬1~1.5cm，具短柄，2~6對；孢膜線形，斜生於羽軸和羽片緣之間，長1~1.5cm，開口朝向羽軸。

●**習性**：生長在闊葉林下巨岩或樹幹上。

19990104・深坑

20030422・內洞遊樂區

●**分布**：日本南部、中國南部與中南半島，台灣主要出現在中、低海拔山區。

【附註】台產鐵角蕨屬具頂羽片的只有3種，除本種外還有蘭嶼鐵角蕨和革葉鐵角蕨（①P.266），當中僅本種是羽片全緣無鋸齒，其餘兩種葉緣均為鋸齒狀，革葉鐵角蕨具三叉狀的頂羽片，且多生長在開闊地的岩石環境，葉為革質，而本種與蘭嶼鐵角蕨較為肉質，生長在森林裡較潮濕的環境。

（主）葉為一回羽狀複葉，具獨立且與側羽片同形之頂羽片。
（小左）孢膜線形，與羽軸斜交，開口朝向羽軸。
（小右）偶可見到單葉的植株。

斜葉鐵角蕨

Asplenium yoshinagae
Sledge

海拔	中海拔	
生態帶	暖溫帶闊葉林	針闊葉混生林
地形	谷地	山坡
棲息地	林內	
習性	著生	岩生
頻度	偶見	

19980624・瑞岩

19970903・瑞岩

19970903・瑞岩

20081105・大雪山

●**特徵**：莖短而直立，密生長披針形褐色鱗片，葉叢生莖頂；葉柄長6~15cm，下段表面草稈色，背面紫褐色，具鱗片；葉片披針形，長15~30cm，寬5~8cm，亞革質，一回羽狀複葉；羽片斜菱形，長約3cm，寬約1.5cm，具短柄；羽片邊緣鋸齒狀，中脈不明顯，葉脈上表面二側隆起呈溝狀；孢膜線形，與羽軸斜交。

●**習性**：生長在霧林帶林下樹幹上，常與苔蘚植物混生，偶也會著生岩石上。

●**分布**：喜馬拉雅山東部、印度、中國、日本、中南半島及菲律賓，台灣產於中海拔山區。

【**附註**】本種的葉片為一回羽狀複葉，羽片至多淺裂，葉柄僅具少數褐色鱗片，偶爾在葉片上段之葉軸與羽片交接處可見一枚不定芽，而與本種相近的鱗柄鐵角蕨（①P.272）則是在羽片表面有多枚不定芽。

（主）生長在霧林帶林下樹幹上，常與蘚苔蘚植物混生。
（小左）葉為一回羽狀複葉，羽片下緣斜切，具短柄。
（小中）葉軸與羽柄表面有溝且相通。
（小右）葉柄基部具鱗片，表面草稈色，背面紫褐色。

大鐵角蕨

Asplenium bullatum Wall. *ex* Mett.

海拔	中海拔
生態帶	針闊葉混生林
地形	谷地　山坡
棲息地	林內
習性	著生
頻度	稀有

●**特徵**：莖短直立狀，葉叢生其上；葉柄長35~40cm，草稈色，基部被披針形褐色鱗片；葉片卵狀披針形，一般長50~70cm，最長可達100cm，寬25~35cm，三回羽狀複葉，厚草質；葉軸與羽軸均於表面隆起，並於隆起部分之兩側形成縱溝；羽片長約20cm，寬4~8cm，羽軸具翅；孢膜線形，長約2mm，與小羽軸斜交。

●**習性**：生長在檜木霧林帶，著生樹幹上。

●**分布**：喜馬拉雅山東部、印度北部、中國西南部及中南半島高地，台灣零星產於海拔1500至2500公尺之檜木林區。

【**附註**】本種與大黑柄鐵角蕨（*A. neolaserpitiifolium* Tardieu & Ching）是台灣產鐵角蕨中葉子最大的，長約1m，本種產於海拔2000公尺左右的檜木林帶，而後者則產於較低海拔的闊葉林，本種的葉子草質、葉軸與羽軸在表面隆起兩側具溝槽、葉柄綠色，大黑柄鐵角蕨則具有硬紙質的葉子，葉軸與羽軸為單一溝槽且相通，葉柄黑褐色發亮。

2003906・北大武山下

王氏鐵角蕨（*A. wangii* Kuo）是在阿里山附近發現的天然雜交種，其親本推測是大鐵角蕨及萊氏鐵角蕨（①P.271），萊氏鐵角蕨為一回羽狀複葉，羽片不分裂，而大鐵角蕨則是三回羽狀複葉，王氏鐵角蕨的葉形剛好介於二者之間——二回羽狀複葉，不過葉片頂端1/3處則為一回羽狀複葉，與萊氏鐵角蕨的羽片無異。四國鐵角蕨（*A. shikokianum* Makino）曾被報導產於屏東大武山一帶，應是萊氏鐵角蕨和尖葉鐵角蕨（①P.279）的雜交種，外形近似王氏鐵角蕨，葉片也是二回羽狀分裂，但其近頂1/3處之一回羽狀複葉現象並不明顯。

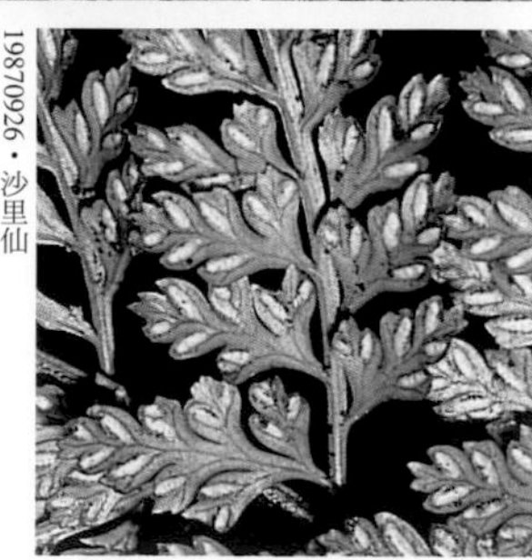

1987026・沙里仙

（主）生長在林下遮蔭的潮濕土坡上。
（小）孢子囊群線形，在脈單側，孢膜長約2mm。

北京鐵角蕨

Asplenium pekinense Hance

海拔	低海拔	中海拔	
生態帶	亞熱帶闊葉林	暖溫帶闊葉林	針闊葉混生林
地形	山坡		
棲息地	林緣	空曠地	
習性	岩生		
頻度	稀有		

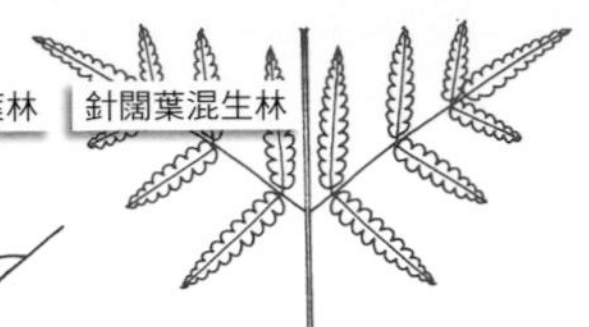

鐵角蕨科

鐵角蕨屬．鐵角蕨群

●**特徵**：莖短直立狀，密布披針形黑褐色鱗片；葉叢生；葉柄長2~7cm，淡綠色，基部具與莖頂相同之鱗片；葉片披針形，長7~15cm，寬2~3.5cm，二回羽狀複葉至三回羽狀分裂，堅草質，基部1~2對羽片短縮；羽片長1~2cm，寬6~13mm；末裂片頂端具2~3枚尖齒，孢膜短線形，每一末裂片具1至數枚。

●**習性**：生長在略遮蔭、潮濕、具腐植土的岩壁上。

●**分布**：以中國為分布中心，往東至西伯利亞東部、韓國及日本，台灣產於低、中海拔地區。

【**附註**】本種是石灰岩環境的指標植物，台灣除了花東石灰岩地區之外，北部和中部山區之兩筆紀錄都在水泥牆上。相近種華中鐵角蕨（*A. sarelii* Hook.）亦不無可能在台灣發現其蹤跡，二者的生育環境與海拔高度應大略相同，區分點在於本種的葉片較呈橢圓狀披針形、堅草質、末裂片頂端具銳尖齒；後者的葉片較偏三角狀披針形、草質、裂片頂端的齒牙較鈍或尖頭。

20041117・陽明書屋

20041117・陽明書屋

20100520・中橫

（主）葉為二回羽狀複葉，葉柄與葉軸兩面皆呈綠色，葉柄、葉軸、羽軸和脈在表面明顯向上隆起。

（小左）長在略遮蔭、潮濕、具腐植質的壁面上。

（小右）羽片基部斜楔形，下側朝上小羽片獨立，末裂片頂端具2~3枚尖齒，每一裂片具1至數枚孢膜。

雲南鐵角蕨

Asplenium yunnanense Franch.

海拔	中海拔	
生態帶	暖溫帶闊葉林	
地形	山坡	
棲息地	林緣	空曠地
習性	岩生	
頻度	稀有	

20050509・研海林道

●特徵：莖短直立狀，密生狹披針形黑褐色鱗片；葉叢生；葉柄長1~3cm，背面紫褐色且具光澤，表面草稈色，疏被小鱗片；葉片線形至線狀披針形，長5~15cm，寬1.5~2.5cm，先端羽裂，偶亦見延伸成鞭狀，一至二回羽狀複葉，葉軸表面有溝，軸和脈皆無隆起之稜；羽片三角形至短披針形，長1~1.5cm，寬約0.5~1cm，末端鈍，具短柄或無柄；孢膜短線形，與羽軸斜交。

●習性：生長在林緣較開闊處之岩石縫隙。

●分布：中國西南部，台灣南部及東部零星出現。

【附註】本種與縮羽鐵角蕨（①P.278）無論是習性或外形都很相似，本種產於東、南部，而後者產於中、北部，二者都具有線形的葉片，基部的羽片都逐漸短縮，葉柄與葉軸基部也都是表面綠色、背面紫褐色發亮，不過本種葉片較呈線形，寬不過2.5cm，葉面偶可見不定芽，而縮羽鐵角蕨的葉片較呈披針形，較寬，約為2.5~5cm，葉面無不定芽。

20050509・研海林道

（主）生長在林緣岩石環境，葉為一至二回羽狀複葉，葉片線形。
（小）羽片具短柄，上段葉軸背面綠色，末裂片圓鈍，孢膜短線形。

姬鐵角蕨

Asplenium capillipes Makino

海拔	中海拔	高海拔
生態帶	針闊葉混生林	針葉林
地形	谷地	山坡
棲息地	林內	
習性	岩生	
頻度	稀有	

●**特徵**：植株極小，高約2~7cm，莖短直立狀，被覆黑褐色披針形鱗片；葉叢生；葉柄綠色，長1~4cm；葉片長橢圓形至披針形，長2~7cm，寬0.6~1.4cm，厚草質，二回羽狀複葉；小羽片三出狀或二叉狀，裂片末端突尖，多少具尖刺；葉脈游離，末裂片上僅具單脈，先端具泌水孔，未達裂片緣；各裂片僅具一短線形孢膜，著生脈上。

●**習性**：生長在林下潮濕環境、富含腐植質之岩壁上。

●**分布**：中國西南部及韓國、日本，台灣產於中海拔檜木林帶及較高海拔針葉林溪谷地。

【**附註**】本種可說是台產鐵角蕨屬植物中，最小型、最纖弱的種類，葉子的各回主軸都很纖細，小羽片常呈三叉或二叉狀，末裂片僅具一脈及一個孢子囊群，生長在針葉林帶溪谷地區的岩石上，常與苔蘚類混生。

20030719・大禹嶺

20030719・大禹嶺

（主）葉片長橢圓狀披針形，二回羽狀複葉，末裂片僅具單脈，末端具芒刺。
（小）生長在林下潮濕環境、富含腐植質的岩壁上。

銀杏葉鐵角蕨

Asplenium ruta-muraria L.

海拔	高海拔	
生態帶	針葉林	高山寒原
地形	山坡	
棲息地	林緣	空曠地
習性	岩生	
頻度	稀有	

●**特徵**：根莖短橫走狀，密被黑褐色線形鱗片；葉叢生；葉柄長2~5cm，深綠色，基部褐色，疏被黑褐色小鱗片；葉片卵圓形，長3~7cm，寬1~3cm，革質，二回羽狀複葉，側羽片三出狀；小羽片菱形，淺裂或無，邊緣具細鋸齒；孢膜短線形，灰白色。

●**習性**：生長在林緣或開闊地的岩壁石縫，莖常深入縫隙。

●**分布**：北半球溫帶地區及亞熱帶高山，台灣主要出現在海拔3000公尺左右的針葉林帶。

【**附註**】本種在台灣屬於高山型蕨類，出現在海拔3500公尺以上的高山寒原，也出現在3000公尺左右針葉林帶的空曠地岩石環境，在東部地區有時也下降至較低的海拔，不過都在岩石環境，本種的葉形非常特殊，基部羽片三出狀，小羽片菱形，全台灣僅此一種。

20000125・研海林道

20000415・南湖

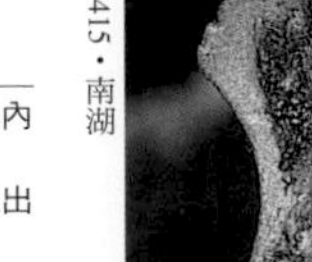

20000415・南湖

20030908・碧綠

（主）生長在岩壁縫隙，莖常深埋其內，對乾旱耐受度高。
（中）二回羽狀複葉，側羽片常呈三出狀，小羽片菱形。
（小左）小羽片葉緣具細齒。
（小右）孢膜短線形，邊緣絲狀。

NOTE

烏毛蕨科

Blechnaceae

外觀特徵：葉為一回羽狀深裂至二回羽狀深裂，幼葉泛紅色。孢子囊群線形，位在脈上，與末裂片的中脈平行；絕大多數具有孢膜，且開口朝向中脈。多為游離脈，有的僅在末裂片中脈兩側各有一排網眼，也有形成多排網眼者，但網眼中無游離小脈。

生長習性：地生型，少數種類具直立莖。

地理分布：泛世界分布，但歧異性最大的地區為東南亞；台灣主要產於中、低海拔森林中，少數種類位於林緣。

種數：全世界有8屬180～230種，台灣則有3屬11種。

● 本書介紹的烏毛蕨科有2屬3種。

【屬、群檢索表】

①植株具直立挺空之地上莖 .... ②
①植株不具直立挺空之地上莖 .... ③

②具孢膜；二回羽狀裂葉；莖細長，植株似小型之桫欏。......................... 烏毛蕨屬假桫欏群 P.241
②不具孢膜；一回羽狀複葉；莖粗短，植株似蘇鐵。.. 蘇鐵蕨屬

③葉為一回羽狀深裂、二回羽狀中裂至深裂，裂片中脈兩側各具數枚線形之孢子囊群。............④
③葉為一回羽狀複葉，羽軸兩側各具一條線形之孢子囊群。...⑤

④莖短而斜上，葉叢生。............狗脊蕨屬狗脊蕨群
④根莖長而橫走，葉遠生。.. 狗脊蕨屬崇澍蕨群 P.239

⑤葉兩型.................................... 烏毛蕨屬莢囊蕨群
⑤葉同形.. ⑥

⑥莖直立，基部羽片短縮成耳狀。..烏毛蕨屬烏毛蕨群
⑥根莖橫走，基部數對羽片略為短縮。.. 烏毛蕨屬烏木蕨群 P.240

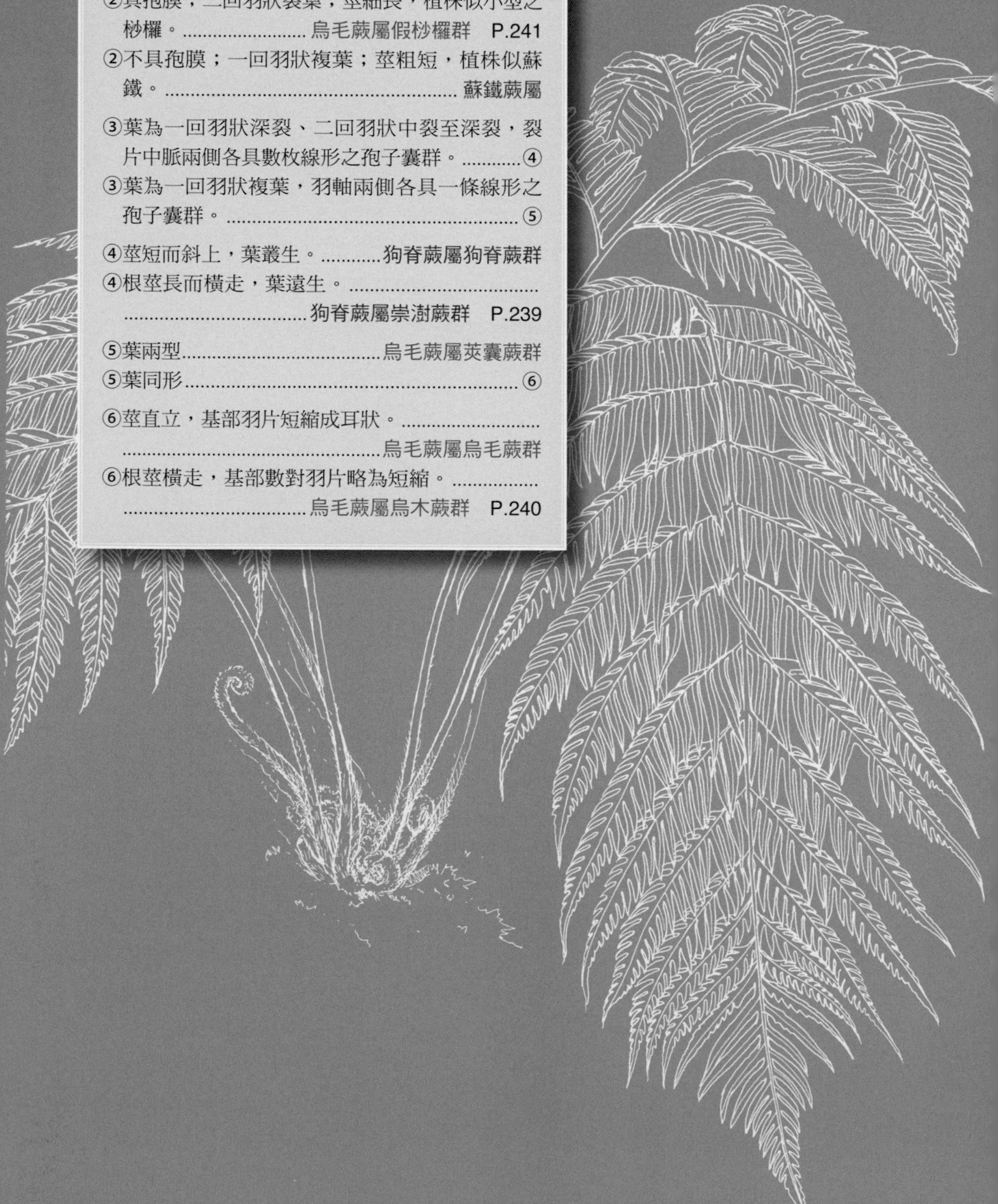

細葉崇澍蕨
（裂羽崇澍蕨）

Woodwardia kempii Copel.

海拔	低海拔　中海拔
生態帶	東北季風林　暖溫帶闊葉林
地形	山坡　山頂　稜線
棲息地	林內
習性	地生
頻度	稀有

●**特徵**：根莖長橫走狀，密被披針形褐色鱗片；葉散生；葉柄長20~40cm，基部被覆與莖頂相同之鱗片；葉片三角形，長寬約略相等；約15~25cm，二回羽狀分裂；羽片長10~15cm，寬1~3cm，多少瓣裂，尤其最基部一對羽片常為深裂；葉脈網狀，葉軸、羽軸兩側均具網眼，網眼中無游離小脈，網眼外有游離脈；孢子囊群線形，緊貼並沿葉軸、羽軸、小羽軸兩側不連續生長，孢膜開口朝向各回主軸。

●**習性**：地生，生長在山頂、稜線的闊葉林下遮蔭處。

●**分布**：日本南部與中國南部，台灣僅見於北部低海拔山區。

【**附註**】狗脊蕨屬可分為兩群，即崇澍蕨群與狗脊蕨群，前者根莖橫走，葉散生，各羽片沿著葉軸以窄翅相連，後者莖短而斜上，葉叢生，側羽片彼此分離，葉軸不具翅，本種即屬崇澍蕨群，崇澍蕨群在台灣有2種，習性相同，都生長在台灣北部海拔500至1000公尺郊山山頂或山脊線上，常相伴出現，二者最大不同點在哈氏崇澍蕨（①P.288）具顯著的頂羽片，而本種葉片頂部羽裂漸縮，不具頂羽片。

19880614・烏來雲仙樂園

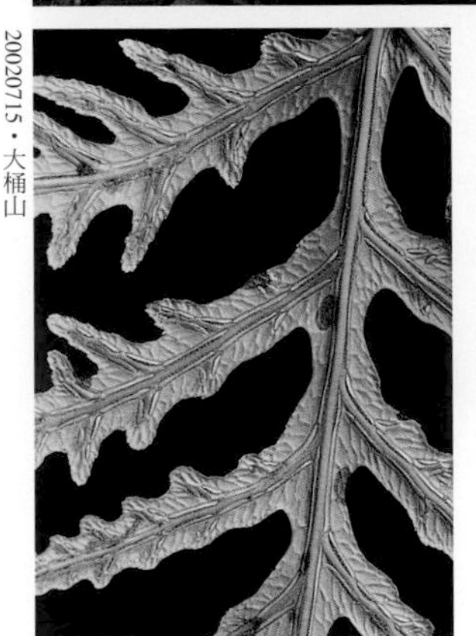
20020715・大桶山

20020715・大桶山

（主）葉片三角形，長寬約略相等，二回羽狀分裂；側羽片多少瓣裂。
（小左）孢子囊群緊貼葉軸、羽軸及小羽軸兩側，呈斷續分布狀，孢膜開口朝向各軸。
（小右）葉脈網狀，網眼中無游離小脈，網眼外近邊緣處可見游離脈。

雉尾烏毛蕨

Blechnum melanopus Hook.

海拔	中海拔	
生態帶	針闊葉混生林	
地形	谷地	山坡
棲息地	林內	林緣
習性	地生	
頻度	偶見	

20040815・南橫

20040815・南橫

●**特徵**：植株高約在50cm以下，根莖長橫走狀，與葉柄基部同樣被覆暗褐色披針形鱗片，葉疏生其上；葉柄長15~30cm；葉片披針形至寬披針形，長10~40cm，寬3~10cm，一回羽狀深裂，近革質；羽片鐮刀狀，全緣，中間靠下段之羽片最長，約3~5cm，基部羽片往下逐漸短縮，最終形成圓耳狀；葉脈網脈，羽軸兩側各具一排網眼，其餘游離；孢膜緊靠羽軸兩側，長線形，但不延伸至羽片基部及先端，開口朝向羽軸。

●**習性**：地生，生長在林下或林緣潮濕環境、富含腐植質的土坡上。

●**分布**：印度北部、緬甸北部及中國雲南，台灣產於針闊葉混生林霧林帶山區。

【**附註**】本種在台灣可說是檜木林帶的指標植物之一，經常長在林下小徑旁的土坡，常為高莖植物遮蓋而不易被發現，有時亦見其生長在南部地區的闊葉霧林，兩種環境的共同特點是潮濕且多腐植質。

（主）葉片披針形，一回羽狀深裂、常生長在林下的土坡上。

（小）羽軸兩側各具一枚長線形孢膜，開口皆朝向羽軸。

假桫欏

Blechnum fraseri
(A. Cunn.) Luerssen

海拔	中海拔	
生態帶	暖溫帶闊葉林	
地形	谷地	山坡
棲息地	林內	
習性	地生	
頻度	稀有	

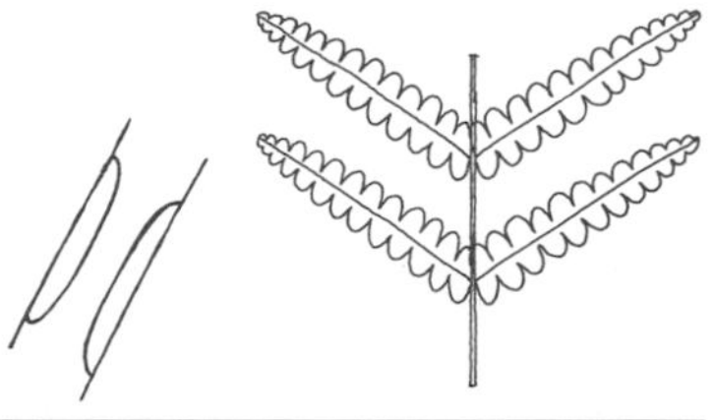

●**特徵**：狀似小型樹蕨，株高不及1m，直立莖徑約1cm；葉兩型，叢生莖頂；營養葉柄長8~15cm，被覆褐色、披針形鱗片；葉片披針形，長25~40cm，寬5~12cm，二回羽狀深裂，葉軸上有三角形的翅，背面被覆披針形小鱗片；羽片向下漸縮，基部羽片呈三角形；葉脈游離，裂片側脈單一或分叉；孢子葉略小，孢膜位於裂片中脈兩側，幾乎佔滿葉面，開口朝向中脈。

●**習性**：地生，生長在林下潮濕、多腐植質之處。

●**分布**：菲律賓以南至紐西蘭一帶，台灣僅出現在浸水營。

【**附註**】本種可說是造型非常特殊的蕨類之一，植株約到人膝蓋高度且狀似小型樹蕨，其外形也像是一把倒插的掃把，故又稱「掃把蕨」，本種零星分布在東南亞高山的闊葉霧林，台灣只在浸水營見其蹤跡，算是浸水營的鎮山之蕨。

20050425・浸水營

20050424・浸水營

20040102・浸水營

19990227・浸水營

（主）植株外形像小型的樹蕨，高不及1m。
（小左上）葉軸具翅，分裂並呈現相連的多枚大小不等的翼片。
（小左下）孢膜面對面，開口朝向裂片中脈，幾佔滿整個裂片。
（小右）葉片披針形，二回羽狀深裂。

NOTE

骨碎補科

Davalliaceae

外觀特徵：橫走莖粗肥，其上密布鱗片。葉柄基部具有關節。通常為多回羽狀複葉，葉脈游離，孢子囊群靠近葉緣，各自位於一條小脈頂端。孢膜呈杯狀、管狀或魚鱗狀，開口朝外。

生長習性：多岩生或著生，稀為地生，有些種類屬於冬天落葉性。

地理分布：分布於歐、亞、非洲之熱帶至暖溫帶地區，台灣則分布於中、低海拔森林中。

種數：全世界有5屬約113種，台灣有3屬12種。

● 本書介紹的骨碎補科有1屬5種。

【屬、群檢索表】

①葉質地硬，革質。....................骨碎補屬　P.244

①葉質地薄，草質至膜質。................................. ②

②葉膜質，四回羽狀複葉，末裂片狹窄，末端尖，僅具單脈。..小膜蓋蕨屬

②葉草質，三回羽狀複葉，末裂片寬大，末端圓鈍，具多條脈。..................................大膜蓋蕨屬

陰石蕨

Davallia repens (L. f.) Kuhn

海拔	中海拔
生態帶	暖溫帶闊葉林
地形	山坡
棲息地	林內　林緣
習性	岩生
頻度	稀有

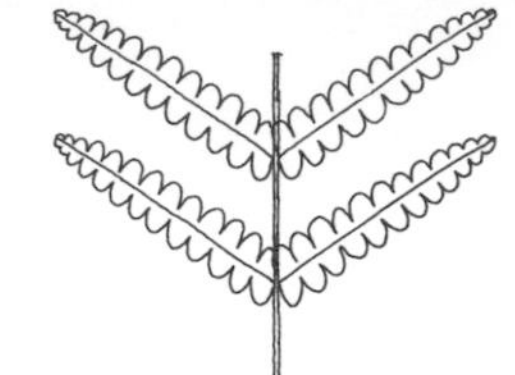

●**特徵**：根莖長而橫走，徑約2~3mm，上覆褐色、披針形、貼伏之鱗片；葉柄長5~12cm；葉片闊披針形，長寬比約2:1，長7~10cm，寬3~6cm，革質，一回羽狀複葉至二回羽狀分裂，葉軸背面多少具鱗片；羽片無柄，最基部一對羽片最大；孢膜寬杯形，寬約0.7mm，位在小脈頂端。

●**習性**：著生於林下開闊處或林緣之岩石上。

●**分布**：北以印度北部、中國南部及日本為界，南及馬來西亞等地，台灣中海拔地區零星可見。

【附註】過去本種的名稱被用來涵蓋所有的小型陰石蕨類，不過目前已經知道，這群蕨類可以依葉形分為兩群，一群具有較偏披針形的葉片，另一群的葉片較偏五角形，前者包含陰石蕨和阿里山陰石蕨（P.246），而後者包含阿里山陰石蕨的幼株及鱗葉陰石蕨。本種與阿里山陰石蕨的區分在於：本種零星分布在全台中、低海拔山區，其羽片通常淺裂，而阿里山陰石蕨則是屬於台灣南坡的植物，生長在東部及中南部的闊葉霧林，其營養葉的羽片深裂，裂片較細，甚至獨立成小羽片。過去台灣曾報導也產熱帶陰石蕨（*D. vestita* Bl.），這些個體應也屬於本種。

20050216・烏嘴山

20040103・里龍山

20050925・烏來

（主）葉片闊披針形，一回羽狀複葉至二回羽狀分裂，羽片無柄。
（小左）孢膜外側裂片具脈，末端尖，脈於葉背粗大而明顯。
（小右）生長在林下空曠處之岩石上。

鱗葉陰石蕨

Davallia cumingii Hook.

海拔	低海拔	中海拔	
生態帶	東北季風林	暖溫帶闊葉林	
地形	山溝	谷地	山坡
棲息地	林內	林緣	
習性	岩生		
頻度	偶見		

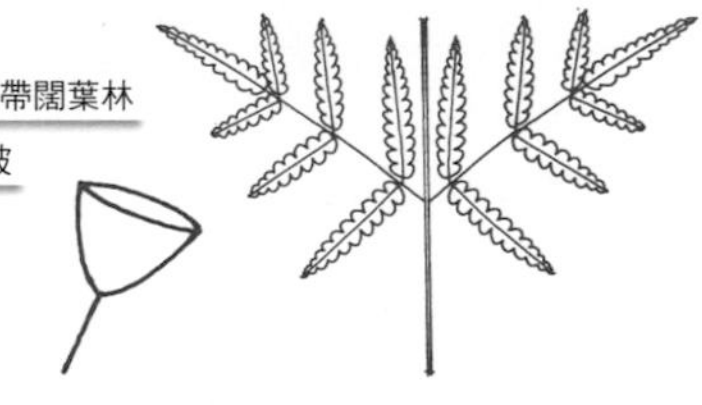

20061118・慈母峰

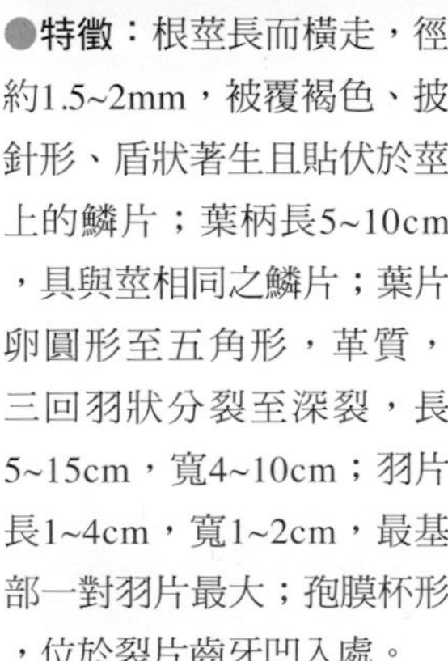

●**特徵**：根莖長而橫走，徑約1.5~2mm，被覆褐色、披針形、盾狀著生且貼伏於莖上的鱗片；葉柄長5~10cm，具與莖相同之鱗片；葉片卵圓形至五角形，革質，三回羽狀分裂至深裂，長5~15cm，寬4~10cm；羽片長1~4cm，寬1~2cm，最基部一對羽片最大；孢膜杯形，位於裂片齒牙凹入處。

●**習性**：著生林下空曠處或林緣之岩石上。

●**分布**：東南亞與日本南部，台灣中、低海拔地區零星可見。

【**附註**】本種屬於小型的陰石蕨類，最重要的特徵在其葉片的外形，長與寬大略相等，呈五角形或卵圓形，生長在一般的闊葉林裡，位在溝谷地邊坡的岩石上，其生育地的岩石常布滿苔蘚類植物，此點與其他小型陰石蕨類植物的習性很不同。

19990416・天溪園

20050727・汐止新山

20050727・汐止新山

（主）葉片卵圓形至五角形，三回羽狀裂葉。
（小左）常見生長在林下空曠處之岩壁上。
（小右上）孢膜位於裂片邊緣齒狀突起之凹入處，外側裂片具脈，末端尖。
（小右下）葉柄密布褐色、披針形、盾狀著生且貼伏之鱗片。

阿里山陰石蕨

Davallia chrysanthemifolia Hayata

海拔	中海拔
生態帶	暖溫帶闊葉林
地形	山坡 稜線
棲息地	林內
習性	岩生
頻度	稀有

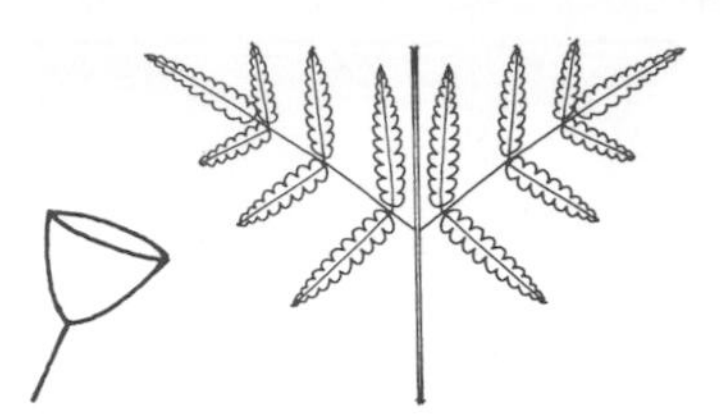

20040722・水社大山

●**特徵**：根莖長而橫走，徑約2mm，具褐色、披針形、貼伏之鱗片；葉柄長1~5cm，上有褐色、質薄、卵形的鱗片；葉片卵圓形至三角形，革質，長3~8cm，寬2~5cm，三回羽狀分裂，最基部一對羽片之最基部朝下小羽片僅略長；孢膜寬杯形，寬1~1.5mm，著生處的小裂片是圓鈍頭，位在小脈末端，裂片凹入處。

●**習性**：生長在闊葉霧林林下空曠處或林緣之岩石上。

●**分布**：菲律賓，台灣產於中海拔闊葉霧林。

【**附註**】本種成株的葉片較近似陰石蕨（P.244），都是較偏披針形的葉片，但陰石蕨羽片通常淺裂，本種則是羽片深裂，裂片較細，甚至獨立成小羽片。而本種幼株的葉則較近鱗葉陰石蕨（P.245），是長寬較近似的葉形，不過本種的葉片較偏闊卵形至三角形，這是因為它最基部一對羽片的最基部朝下小羽片並不特別突出或下撇，且本種的習性較偏中南部的闊葉霧林，尤其是在稜線地區的岩石上，而鱗葉陰石蕨的葉形較呈五角形至卵圓形，因其最基部一對羽片之最基部朝下小羽片較突出且下撇，其習性偏好一般暖溫帶闊葉林下潮濕處，如山谷或山溝的地形，雖然都是長在岩壁上。

20040722・水社大山

（主）常見生長在闊葉霧林的山脊線岩石上。

（小）葉片卵形至三角形，三回羽狀分裂，孢膜外側無突出之裂片。

圓蓋陰石蕨

Davallia tyermanni Moore

海拔	低海拔
生態帶	亞熱帶闊葉林
地形	山坡
棲息地	林內　林緣
習性	岩生
頻度	偶見

●**特徵**：根莖長而橫走，徑約0.5~1cm，被覆褐色至銀白色鱗片；葉柄長10~25cm；葉片與葉柄約略等長，厚革質，兩面光滑，三回羽狀深裂至複葉，五角形，最基部羽片之下側小羽片較長；葉脈游離，孢膜扇形至半圓形，位於脈頂，僅基部一點著生。

●**習性**：生長於岩壁上。

●**分布**：中國南部及中南半島，台灣本島不產，僅見於馬祖地區。

【**附註**】園藝植物屬於骨碎補科的，大概有兩類較常見，一是橫走莖鱗片褐色的海州骨碎補（①P.295）及其相近種類，另一則是橫走莖鱗片銀白色的2種兔腳蕨，即杯狀蓋骨碎補（①P.296）和圓蓋陰石蕨，兩者主要的區分點在孢膜與葉面連合的程度，前者的孢膜除了基部一點著生外，兩側邊的下半段也著生葉面，而本種僅基部一點著生。

1991218・北竿

1991104・北竿

1991104・北竿

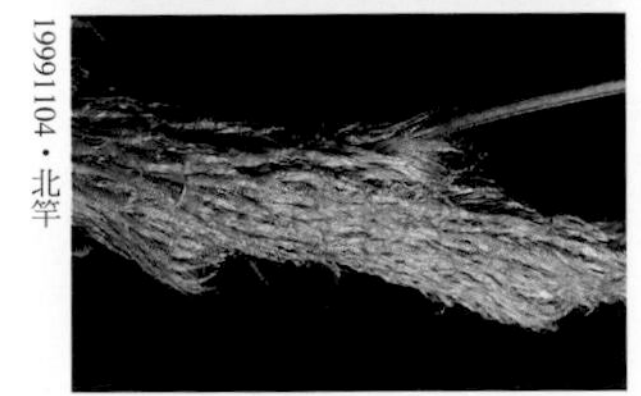

1997114・北竿

（主）葉片五角形，三回羽狀深裂至複葉，最基部羽片之下側小羽片較長。
（小左上）孢膜扇形至半圓形，僅基部著生。
（小左下）莖為銀白色鱗片所覆蓋。
（小右）生長在林下空曠處之岩壁上。

NOTE

蘿蔓藤蕨科

Lomariopsidaceae

外觀特徵：橫走莖；單葉或一回羽狀複葉；孢子囊呈散沙狀，全面著生於葉背。

生長習性：著生於樹上或石頭上；偶為地生，橫走莖由林下地表攀爬至樹上。

地理分布：廣泛分布於熱帶地區，台灣則產於中、低海拔森林中。

種數：全世界有6屬約520種，台灣有3屬15種。

● 本書介紹的蘿蔓藤蕨科有3屬10種。

【屬、群檢索表】

①單葉 .... 舌蕨屬　P.251

①一回羽狀複葉 .... ②

②地生或岩生，葉主軸頂端附近常具不定芽，葉緣凹入處常見刺。 .... 實蕨屬　P.255

②蔓藤狀著生，不具芽和刺。 蘿蔓藤蕨屬　P.250

蘿蔓藤蕨

Lomariopsis spectabilis (Kunze) Mett.

海拔	低海拔	
生態帶	熱帶闊葉林	亞熱帶闊葉林
地形	谷地	
棲息地	林內	
習性	藤本	著生	地生
頻度	偶見	

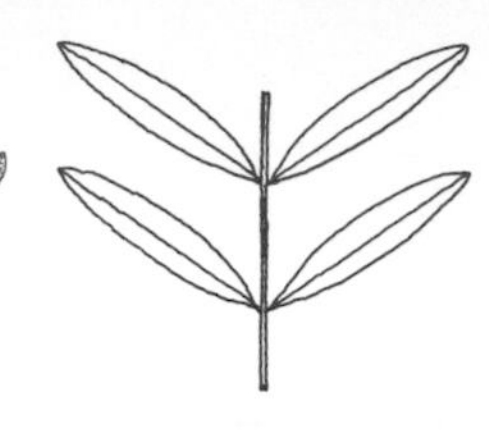

●**特徵**：根莖長匍匐狀，先地生而後攀緣上樹，背腹壓扁，有木質化現象，上被褐色披針形鱗片；葉遠生，兩型葉；葉柄長12~30cm，草稈色，有縱溝；幼株之營養葉常為單葉或僅具一對側羽片，成株之營養葉則為一回羽狀複葉；羽片長15~18cm，寬約1.5cm，頂羽片基部不具關節，側羽片3~6對，有柄，具關節；孢子葉較窄，羽片約3mm寬，孢子囊全面密布葉背，不具孢膜。

●**習性**：生長在山谷地帶闊葉林下潮濕遮蔭處，幼時地生，成株攀緣。

●**分布**：琉球群島、菲律賓以南至印尼等東南亞地區，台灣產於低海拔溪谷地類似熱帶雨林的環境。

【附註】本種在台灣鮮少發現孢子葉，野外所見的植株大多只有營養葉，且營養葉的側羽片都不多，單葉或僅具1~2對側羽片的情況較多，而東南亞地區成熟植株的側羽片多達10對以上。本種是熱帶雨林的指標植物，它在台灣多長在潮濕的山谷地，這種環境由南到北僅零星分布，加上前述植株的不成熟性，可看出台灣具有熱帶雨林的邊緣特性。

20030415・烏來山下

19971128・天池

20090415・台大（人工栽植）

20090415・台大（人工栽植）

（主）植株常由地面攀爬至樹幹基部，在草本層的位置。
（小左）幼株的營養葉常為單葉。
（小右上）左為孢子葉背面，可見孢子囊全面著生；右邊為營養葉表面，中脈下凹成溝。
（小右下）羽軸於背面隆起，側脈單一不分叉或只分叉一次。

爪哇舌蕨

Elaphoglossum angulatum (Bl.) Moore

海拔	中海拔	
生態帶	針闊葉混生林	
地形	山坡	稜線
棲息地	林內	林緣
習性	著生	岩生
頻度	偶見	

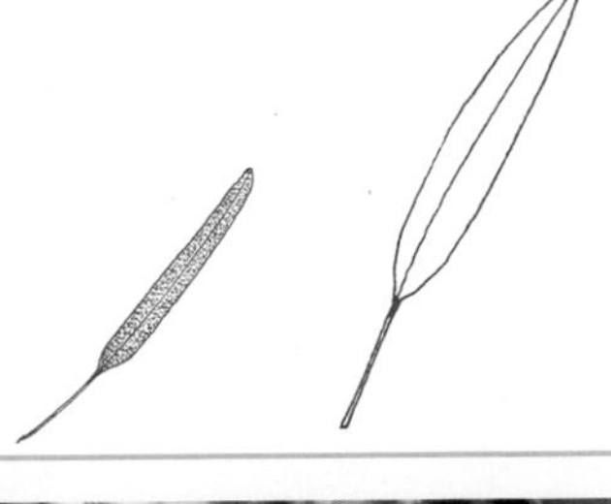

20050425・姑子崙山

●**特徵**：根莖長匍匐狀，被覆亮褐色卵形之鱗片；葉疏生，略呈兩型；葉柄長5~12cm，疏被鱗片；葉片為單葉，全緣，革質，卵狀披針形至橢圓狀披針形，長6~14cm，寬1.5~3cm，頂端漸尖，基部略下延；中脈明顯，疏具褐色小鱗片，側脈不明顯；孢子葉葉柄較長，葉片較狹小，背面被有細鱗片，孢子囊密布葉背。

●**習性**：生長在林下或林緣稍空曠處之樹幹或岩屑地坡面上。

●**分布**：東南亞的高山霧林帶，西及斯里蘭卡，台灣產於中海拔檜木林帶。

【**附註**】本種是台灣舌蕨屬中，唯一具有長橫走莖的種類，屬於海拔2000至2500公尺霧林帶的植物，常見生長在樹幹上或岩屑地坡面上，著生的習性是舌蕨屬的特色，堅硬質厚的葉片是其適應環境的一種方式。

20070109・大雪山

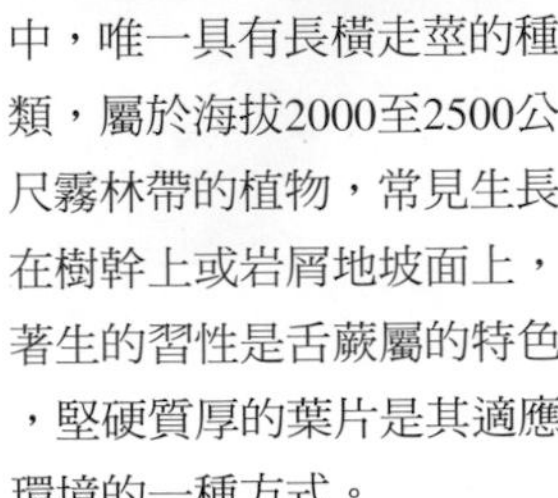

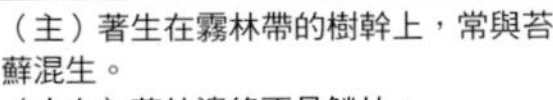

19990920・瑞穗丹大

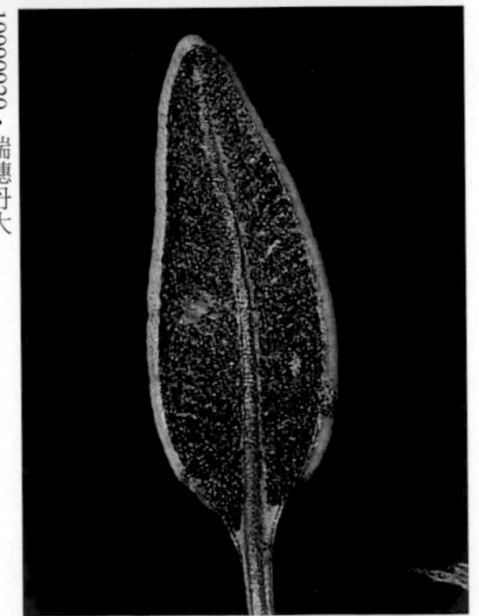

20060411・里龍山

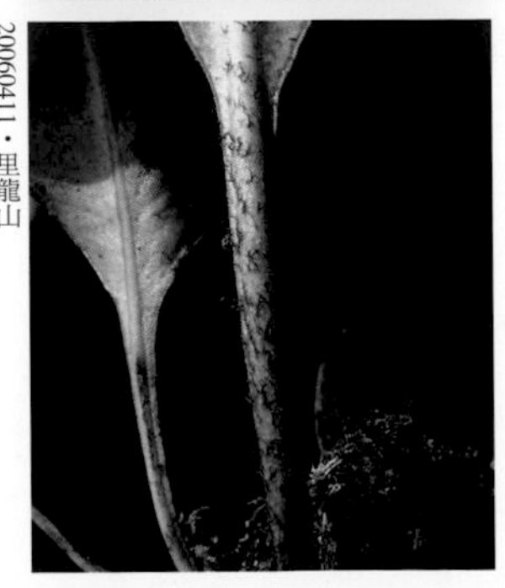

（主）著生在霧林帶的樹幹上，常與苔蘚混生。
（小左）葉片邊緣不具鱗片。
（小右上）孢子囊如散沙般全面著生於葉背。
（小右下）葉柄散布褐色鱗片，葉片基部略下延。

呂宋舌蕨

Elaphoglossum luzonicum Copel.

海拔	中海拔	
生態帶	暖溫帶闊葉林	
地形	谷地	山坡
棲息地	林內	
習性	著生	
頻度	稀有	

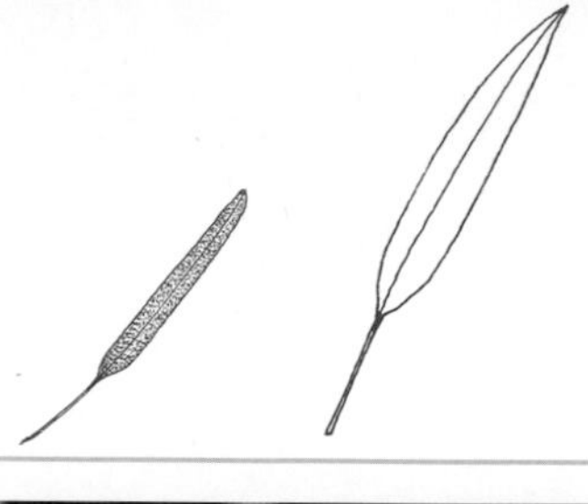

19990228・浸水營

●**特徵**：莖短而直立或斜生或短横走狀，具亮褐色卵狀披針形之鱗片；葉幾近叢生，兩型；營養葉柄長6~8cm，密生鱗片，葉片長橢圓形，革質，長15~20cm，寬2~3cm，頂端圓鈍，基部闊楔形，上下兩面被叉狀或星狀毛，葉緣具小鱗片；孢子葉較營養葉瘦長，葉柄長約15cm，葉片長12~18cm，寬1.5~2cm，孢子囊散沙狀滿布葉背。

●**習性**：生長在暖溫帶闊葉霧林的樹幹上。

●**分布**：菲律賓、新幾內亞東部，台灣產於中海拔地區，罕見。

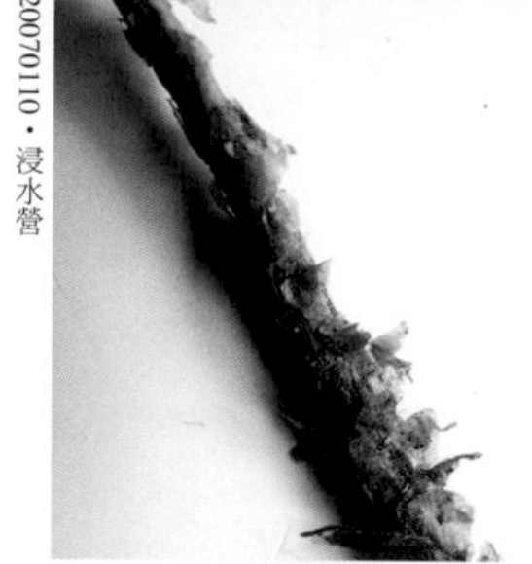

20070110・浸水營

20070110・浸水營

【附註】本種葉近叢生，營養葉先端圓鈍，基部闊楔形是其特徵。舌蕨屬之所以得名，是全屬的植物外形都差不多，皆為舌形，所以可依循作為區分種類的特徵不多，台產舌蕨葉片頂端圓鈍的只有本種，不過鄰近地區有類似的種類，辨識重點在葉片基部，本種是闊楔形，鄰近國家的相似種類則是窄楔形，台灣或許也可能出現。

（主）葉片頂端圓鈍，基部闊楔形是本種重要的辨識特徵。
（小左）葉柄具淡褐色、卵狀披針形的鱗片。
（小右）幼葉葉緣密布淡褐色小鱗片。

舌蕨

Elaphoglossum yoshinagae (Yatabe) Makino

海拔	中海拔	
生態帶	暖溫帶闊葉林	
地形	谷地	山坡
棲息地	林內	
習性	著生	岩生
頻度	偶見	

20071020・五指山

20060819・五指山

2005227・福山

●特徵：根莖短匍匐狀，與葉柄基部同具亮褐色、卵形至卵狀披針形的鱗片；葉幾近叢生，近兩型；營養葉幾近無柄或具短柄，葉片倒披針形，長約15~30cm，寬2.5~4cm，頂端銳尖，基部向下延伸，質地堅厚，邊緣全緣；孢子葉較營養葉稍短或等長，葉片也較營養葉窄，葉柄長7~10cm，孢子囊滿布葉背。

●習性：生長在林下樹幹上或是腐植質堆積較厚的岩石上。

●分布：日本、中國南部，台灣零布於中海拔山區。

【附註】本種的特徵是莖短，葉幾近叢生，營養葉先端尖頭而非圓鈍頭，莖上的鱗片卵形或卵狀披針形，不過最具特色的是營養葉基部下延至幾近無柄。

（主）有時可見生長在林下腐植質堆積較厚的岩石上。
（小上）營養葉葉片基部下延，狀似無柄。
（小下）幼葉光滑，幾無鱗片。

大葉舌蕨

Elaphoglossum commutatum v.A.v.R.

海拔	中海拔
生態帶	暖溫帶闊葉林
地形	山坡
棲息地	林內
習性	著生
頻度	稀有

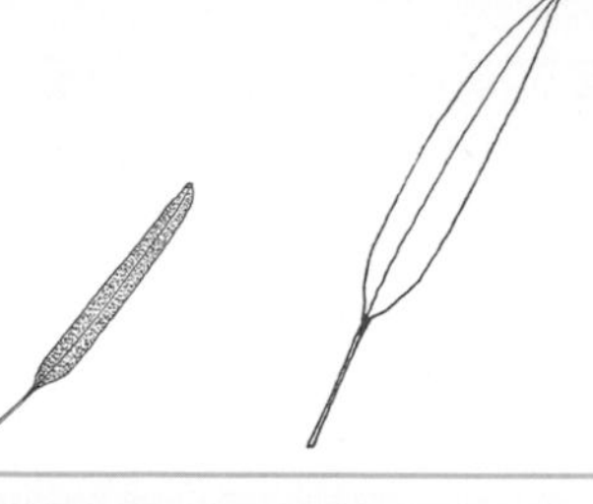

19851229・老佛山

●**特徵**：根莖短橫走狀，被覆亮淡棕色長披針形但皺縮的鱗片；葉幾近叢生，兩型，單葉，革質；營養葉柄長5~15cm，披針形至橢圓形，長25~30cm，寬6~9cm，頂端漸尖，基部闊楔形，葉緣稍內捲；孢子葉柄較長，葉片較狹小，長12~17cm，寬1.5~2.5cm。

●**習性**：生長在闊葉林樹幹上，偶見在岩石或地面上。

●**分布**：斯里蘭卡、印度南部，蘇門答臘、爪哇西部、婆羅洲、新幾內亞，台灣產於中部中海拔山區，罕見。

【**附註**】本種極近似銳頭舌蕨（①P.314），但是本種莖上鱗片亮淡棕色且多少皺縮，營養葉較呈橢圓形，相同的是二者都是以東南亞為其分布中心，莖上鱗片都長達1cm，營養葉片也相對較寬，至少都比3cm寬。

（主）生長在闊葉林樹幹上，葉片寬達5cm以上，是台灣的舌蕨屬植物中最寬的一種。

細葉實蕨

Bolbitis angustipinna Hayata

海拔	低海拔	中海拔
生態帶	暖溫帶闊葉林	
地形	山溝	谷地	山坡
棲息地	林內	林緣
習性	地生	
頻度	偶見	

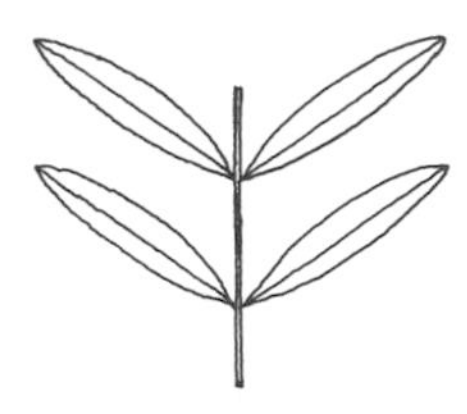

20011012・新店（人工栽植）

●**特徵**：根莖長橫走狀，徑約1cm，覆披針形、深褐色、窗格狀之鱗片；葉兩型，營養葉柄長15~60cm，草稈色，疏被小鱗片；葉片橢圓形，長70~100cm，寬50~60cm，一回羽狀複葉，堅草質；頂羽片與側羽片同形，近頂端有不定芽，側羽片15~20對，羽片長披針形，具柄，邊緣淺裂，缺刻處有針刺狀齒突；葉脈網狀，大部分網眼中無游離小脈；孢子葉柄長20~40cm，羽片明顯窄縮，寬僅0.6~1cm，邊緣淺裂，孢子囊散沙狀覆蓋葉背。

19990829・溪頭

●**習性**：生長在暖溫帶下帶偏中性森林林下，當地常有季節性乾旱。

●**分布**：喜馬拉雅山東部，中國西雙版納地區、中南半島至斯里蘭卡，台灣產於中南部中海拔山區。

【附註】本種屬於狹義的實蕨屬植物，其最具特色的就是脈型，在羽軸兩側各有一行三角形或弧形的大網眼，網眼的頂點有時會有一條游離小脈，大網眼至葉緣之間尚有數列小網眼，此一脈型特稱為實蕨脈型。

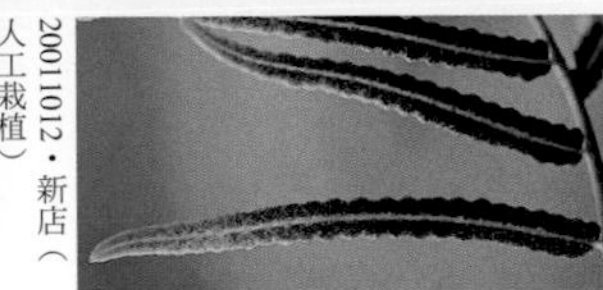

20011012・新店（人工栽植）

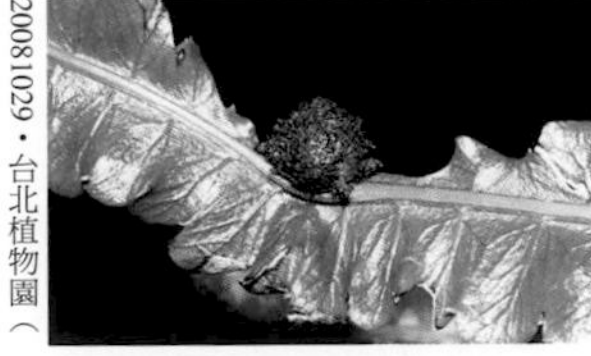

20081029・台北植物園（人工栽植）

（主）生長在中海拔中性森林的山坡溝谷地。
（小左）羽軸兩側具三角形大網眼，其與葉緣之間尚有數排小網眼。
（小右上）孢子囊散沙狀著生葉背。
（小右下）頂羽片表面近頂端於羽軸之一側具不定芽。

紅柄實蕨

Bolbitis scalpturata (Fée) Ching

海拔	低海拔	
生態帶	熱帶闊葉林	
地形	山溝	谷地
棲息地	林內	
習性	岩生	地生
頻度	稀有	

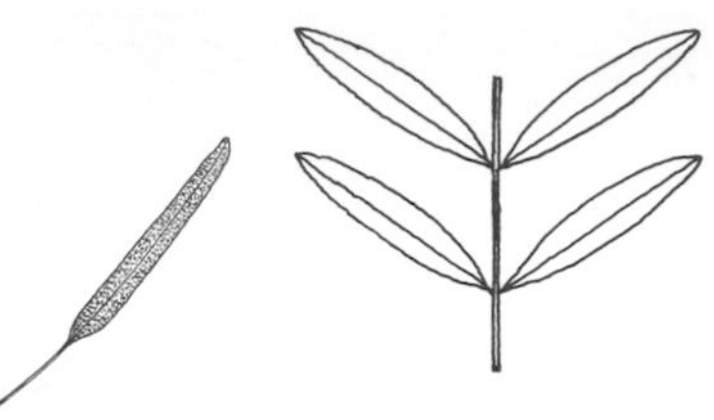

20030122・曾文水庫

●**特徵**：根莖短匍匐狀，徑約1cm，莖頂及葉柄基部密布長披針形鱗片；葉近生，兩型；葉柄草稈色，多少泛紫紅色；營養葉葉片橢圓狀卵形，薄革質，長20~35cm，寬15~22cm，葉片長於葉柄，一回羽狀複葉，葉軸及羽軸均泛紫紅色；羽片橢圓狀披針形，6~9對，長8~12cm，寬2~3cm，基部多少對稱，末端短尾狀，羽柄長2~3mm，羽片中上段邊緣具小齒；頂羽片與側羽片同形，表面近頂端於羽軸之一側具不定芽；葉脈網狀，羽片主側脈間各有1~3排網眼，網眼內偶有單一不分叉的游離小脈；孢子葉直立，葉柄約葉片之1.5倍長，葉片長13~25cm，寬6~11cm，孢子囊散全面散布在葉背。

●**習性**：岩生或地生，生長在季節性乾旱之闊葉林下。

●**分布**：中南半島及菲律賓以南至印尼，台灣產於南部曾文水庫一帶。

【附註】台灣低海拔的蕨類南北差異頗大，南部多稀有種，尤其是分布中心在東南亞的種類，台灣南部是其分布的北限所以數量不多，另一方面或許也是因冬季東北季風對北部的影響，使得這些熱帶物種無法生活在北部，本種及其他少數幾種同樣以東南亞為分布中心的蕨類，如薄葉擬茀蕨（①P.215）與突齒蕨（P.319），都只分布在曾文水庫附近的山溝谷地區，所以曾文水庫一帶其實也是賞蕨的好去處。

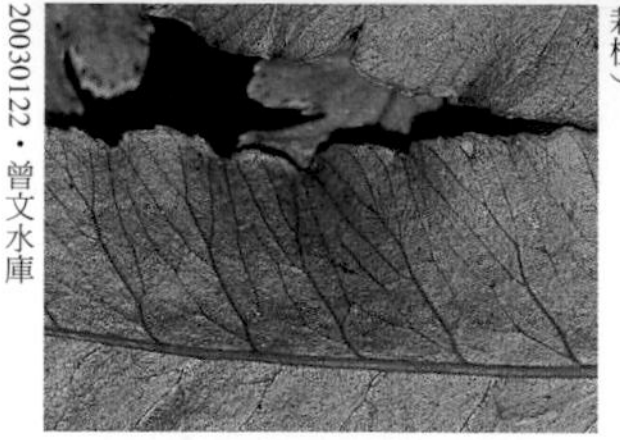

20030122・曾文水庫

20081029・台北植物園（人工栽植）

20030122・曾文水庫

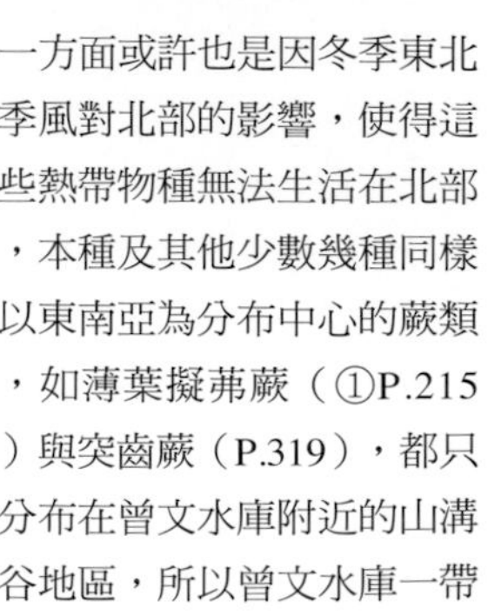

（主）生長在季節性乾旱熱帶森林下山溝谷之邊坡上。
（小左）羽軸兩側各有一排大網眼，其與葉緣之間尚有數排小網眼。
（小右上）孢子囊散沙狀著生葉背。
（小右下）頂羽片近頂端於羽軸之一側具不定芽。

大刺蕨

Bolbitis rhizophylla
(Kaulf.) Hennipman

海拔	低海拔	
生態帶	熱帶闊葉林	
地形	山溝	谷地
棲息地	林內	溪畔
習性	岩生	地生
頻度	稀有	

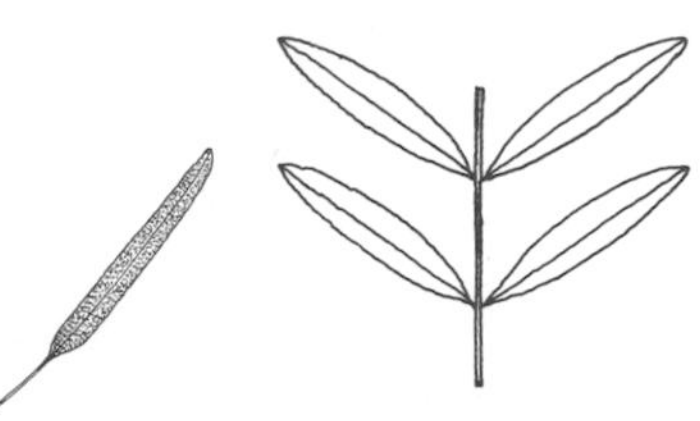

●**特徵**：根莖橫走狀，具褐色寬披針形鱗片；葉疏生，兩型；營養葉柄長6~15cm，被鱗片；葉片線形，長25~50cm，寬6~9cm，一回羽狀複葉；葉軸上段鞭狀，頂端具不定芽；羽片長3~6cm，寬1~2cm，幾乎無柄，頂端鈍，邊緣具深鋸齒，背面具褐色鱗片；葉脈游離；孢子葉柄長10~20cm，葉片長20~30cm，寬3~5cm，孢子囊全面著生葉背。

●**習性**：岩生或地生，生長在熱帶季節性乾旱之闊葉林下的山溝谷地。

●**分布**：菲律賓以及台灣西南部低海拔地區。

【附註】台灣實蕨屬植物中，葉脈全部游離的只有2種，即刺蕨（①P.312）和本種，前者羽片基部不對稱，羽片邊緣圓齒凹入處具刺，葉軸近頂處具不定芽，生長在小溪溝的岩石上，屬溪流植物，而本種的羽片基部對稱，羽片邊緣不具刺，葉軸正頂端具不定芽，生長的環境則是在山谷的邊坡上。

2001012・新店（人工栽植）

2001012・新店（人工栽植）

2001012・新店（人工栽植）

2006092・台北植物園（人工栽植）

（主）兩型葉，營養葉較寬、平展，孢子葉較細長、直立。
（小左上）葉軸上段鞭狀，末端具不定芽。
（小左下）孢子囊散沙狀覆蓋葉背。
（小右）幼葉葉軸背面密布鱗片。

網脈實蕨

Bolbitis × laxireticulata K. Iwatsuki

海拔	低海拔	
生態帶	熱帶闊葉林	
地形	山溝	谷地
棲息地	林內	溪畔
習性	岩生	地生
頻度	稀有	

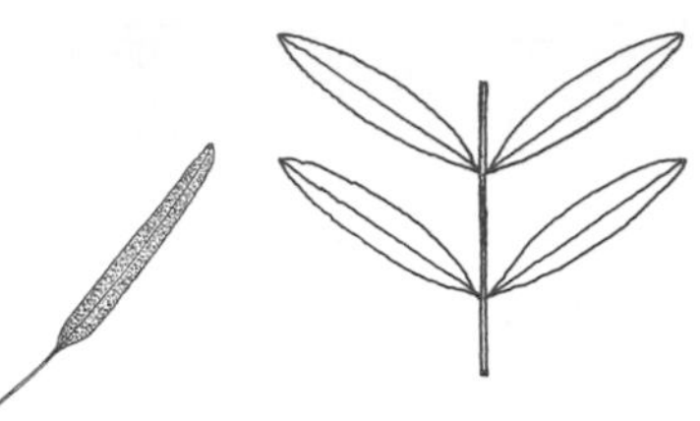

20090409・台北植物園（人工栽植）

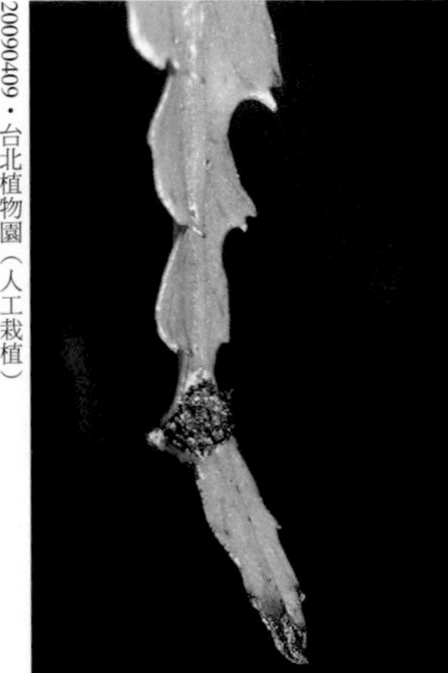

20090409・台北植物園（人工栽植）

20090409・台北植物園（人工栽植）

●**特徵**：根莖短匍匐狀，徑約5mm，與葉柄基部同樣密布披針形褐色鱗片；葉兩型，營養葉長35~46cm，寬約10cm，葉片長度約為葉柄的2倍，長披針形，一回羽狀複葉，頂端具尾狀裂片，近頂處具不定芽；側羽片長約5cm，寬約1cm，邊緣瓣裂，缺刻中具向上突起之刺齒；葉脈不穩定，游離或結合成網狀。

●**習性**：岩生或地生，生長在林下溝谷地區。

●**分布**：琉球群島，台灣產於中、南部低海拔山區。

【附註】網脈實蕨可能是海南實蕨與刺蕨（①P.310、312）的雜交種，由其脈型也可略窺一二，其葉脈時而游離，時而在羽軸兩側結合成一排弧脈，游離脈是刺蕨的特徵，弧脈則是海南實蕨的特徵，本種在野外比起其父母種算是非常罕見，台灣僅有兩筆紀錄，顯見此類植物天然雜交種的產生並不容易。

（主）葉為一回羽狀複葉，外形像是小型的海南實蕨。
（小上）葉近頂處具不定芽。
（小下）羽片披針形，邊緣瓣裂。

南仁實蕨

Bolbitis × nanjenensis Kuo

海拔	低海拔	
生態帶	熱帶闊葉林	
地形	山溝	谷地
棲息地	林內	溪畔
習性	地生	
頻度	瀕危	

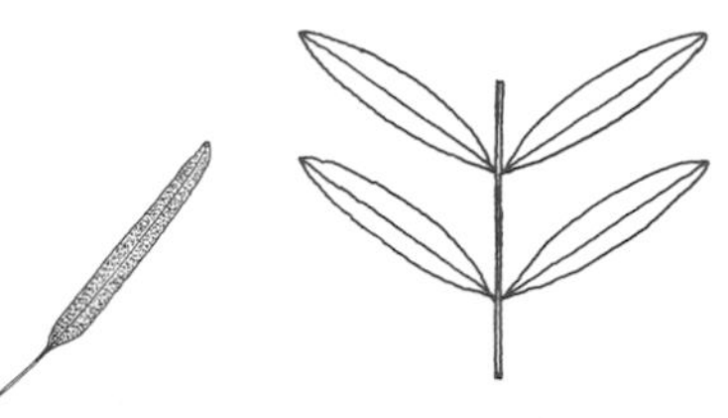

19860219・豬勝束山

●特徵：根莖橫走狀，徑約4mm，覆暗褐色卵狀披針形鱗片；營養葉柄長10~15cm，葉片約為葉柄之2.5倍長，一回羽狀複葉，葉片近頂處具不定芽，有時少數側羽片近頂處亦具不定芽；側羽片11~13對，長約5cm，寬1~1.2cm，全緣或偶在先端出現疏而細的鋸齒，羽片基部與前端大略等寬，基部不等邊楔形，無柄；葉脈網狀，網眼中無游離小脈；未見孢子葉。

●習性：地生，生長在林下山溝之土壁上。

●分布：台灣特有種，目前僅見於南仁山區。

【附註】本種推測是刺蕨和尾葉實蕨（①P.311、312）的天然雜交種，本種的葉軸兩側具窄翅，這是刺蕨的特徵，但是刺蕨的植株較小，羽片短且頂端圓鈍，葉脈游離且葉緣具刺，這些特徵是本種不具備的，本種的細部構造較近似尾葉實蕨，例如羽片全緣不具刺，葉脈網狀，不過本種之網脈不若尾葉實蕨複雜，僅在羽軸兩側各形成一排網眼。

（主）生長在林下山溝的土壁上，葉為一回羽狀複葉，羽片全緣。

NOTE

鱗毛蕨科

Dryopteridaceae

外觀特徵：莖通常粗短，斜上或直立，罕見橫走莖。葉多為羽狀複葉，多半叢生；大多數種類葉表之葉軸和羽軸皆有溝，且彼此相通，其上通常光滑無毛，但葉背多少具鱗片。葉柄橫切面之維管束至少三個，排成半圓形。葉脈多為游離脈，少有連結成網狀。孢子囊群多為圓形，且多具孢膜，長在脈上。

生長習性：為地生型的中小型植物，在高山地區常成群出現。

地理分布：主要分布於亞熱帶高山至溫帶地區，台灣則全島分布，但以中、高海拔種數較多。

種數：全世界有至少18屬約570種，台灣有11屬86種。

● 本書介紹的鱗毛蕨科有9屬50種。

【屬、群檢索表】

①根莖橫走，葉遠生。 ....②
①莖直立，葉叢生。 ....③

②葉革質，背面光滑無毛。..... 複葉耳蕨屬　P.264
②葉草質，背面脈上有單細胞毛。 ....
....擬複葉耳蕨屬　P.267

③葉柄鱗片平射狀；羽軸表面具肉刺。 ....
....肉刺蕨屬　P.270
③葉柄不具平射狀之鱗片；羽軸表面無刺。 .....④

④羽片對生，羽軸與葉軸垂直相交，且交界處之背面具貼伏之圓形鱗片。 ....魚鱗蕨屬
④羽片通常互生，羽軸與葉軸斜交，且交界處無圓形鱗片。 ....⑤

⑤孢子囊群不具孢膜..⑥
⑤孢子囊群具孢膜 ....⑦

⑥羽片邊緣多少反捲........................耳蕨屬玉龍蕨群
⑥羽片邊緣不反捲 ....
...史氏鱗毛蕨、台東鱗毛蕨（鱗毛蕨屬）P.283

⑦孢膜球形..⑧
⑦孢膜圓形或圓腎形..⑨

⑧葉背脈上具紅色腺體，孢膜不具長柄。 ....
....紅腺蕨屬　P.263
⑧葉不具紅色腺體，孢膜具長柄。 ....柄囊蕨屬

⑨孢膜圓腎形..⑩
⑨孢膜圓形，盾狀著生。 ....⑪

⑩中段羽片之最基部小羽片朝上.............................
....假複葉耳蕨屬　P.268
⑩中段羽片之最基部小羽片、裂片或第一組側脈朝下 ....鱗毛蕨屬　P.271

⑪葉脈網狀..⑫
⑪葉脈游離 ....⑬

⑫羽軸兩側各具一排孢子囊群..... 柳葉蕨屬　P.303
⑫羽軸兩側孢子囊群多排 .... 貫眾屬　P.304

⑬葉全緣，葉軸常延伸，頂端並具有不定芽。........
....耳蕨屬鞭葉耳蕨群
⑬葉具多少呈芒刺狀之鋸齒緣；即使有芽，葉軸亦不向外延伸。 ....耳蕨屬耳蕨群　P.288

紅腺蕨

Diacalpe aspidioides Blume

海拔	中海拔	
生態帶	暖溫帶闊葉林	針闊葉混生林
地形	山坡	
棲息地	林內	林緣
習性	地生	
頻度	稀有	

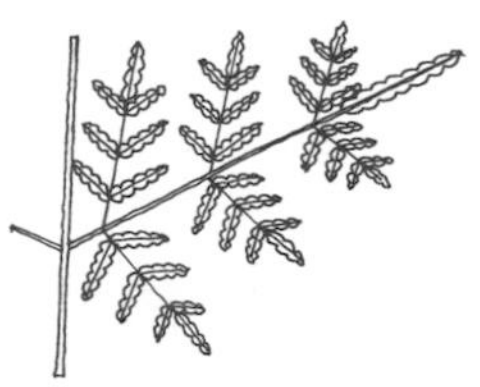

20030906・北大武山下

20030906・北大武山下

20051205・北大武山

●特徵：莖粗短，直立，莖頂及葉柄密生同樣的褐色卵狀披針形鱗片，葉叢生；葉柄長25~35cm；葉片卵形，三回羽狀複葉至四回羽狀深裂，長30~35cm，寬20~25cm，最基部一對羽片較大；羽片披針形，最基部上側之小羽片緊貼葉軸，羽軸背面具節狀毛及小鱗片；末回小羽片頂端具3尖齒，背面脈上具紡錘形深紅色腺體；孢膜圓球狀，著生於上側小脈，不具柄，成熟時由頂部開裂。

●習性：地生，生長在林下略空曠處或林緣。

●分布：喜馬拉雅山東部以及中國南部、中南半島與東南亞高地，台灣見於中、南部中海拔地區。

【附註】紅腺蕨、柄囊蕨及魚鱗蕨（①P.317、318）的葉表面都具有皺縮的節狀毛，類似的毛常出現在三叉蕨科的羽軸表面，一般認為前述三屬是鱗毛蕨科比較原始的屬，與三叉蕨科部分特徵一樣，紅腺蕨屬最具特色的是葉背脈上有暗紅色紡錘形腺體，故名。

（主）葉片卵形，三回羽狀複葉至四回羽狀深裂，最基部一對羽片較寬大。
（小左）生長在林下略空曠的土坡上。
（小右）孢膜球形，無柄，背面脈上可見紡錘形深紅色腺體。

台灣複葉耳蕨

Arachniodes globisora (Hayata) Ching

海拔	中海拔
生態帶	暖溫帶闊葉林
地形	山坡
棲息地	林內
習性	地生
頻度	偶見

●**特徵**：根莖長而橫走，莖頂與葉柄基部被覆黃褐色線狀披針形鱗片，葉疏生；葉柄長30~75cm，草稈色，基部褐色；葉片三角形至卵狀三角形，長40~75cm，寬20~40cm，三回羽狀複葉，亞革質；羽片長12~25cm，寬7~9cm，具柄，最基部羽片之最下朝下小羽片特別長；末回小羽片邊緣尖齒裂但不具芒刺；葉脈游離，不達葉片邊緣；孢膜圓腎形，具齒緣，位於末回小羽片中脈兩側，貼近中脈。

●**習性**：地生，生長在較成熟的闊葉林下，略空曠但富含腐植質之處。

●**分布**：台灣特有種，產於南部海拔800至1500公尺山地。

【附註】鱗毛蕨科中只有耳蕨屬及複葉耳蕨屬的葉片邊緣具有芒刺，本種是台灣所見唯一的例外，其葉緣僅有尖鋸齒而沒有芒刺。本種是特有種，產於南部中海拔較成熟的闊葉林下，這顯示台灣南部闊葉林除了多以東南亞為分布中心的物種外，本身也孕育一些特有種，尤其在中海拔地區，南部的中海拔森林也有不少特有種木本植物。

2007123・藤枝

2007123・藤枝

2007123・藤枝

（主）生長在林下略空曠但富含腐植質之處，葉片三角形。
（小左）葉柄基部密生黃褐色鱗片。
（小右）葉片邊緣齒裂但無芒刺；孢膜圓腎形，貼近末回小羽片中脈。

屋久複葉耳蕨

Arachniodes rhomboidea (Wall. *ex* Mett.) Ching var. *yakusimensis* (H. Ito) Shieh

海拔	低海拔	中海拔
生態帶	亞熱帶闊葉林	暖溫帶闊葉林
地形	山坡	
棲息地	林內	林緣
習性	地生	
頻度	常見	

●**特徵**：根莖匍匐狀，與葉柄基部同被褐色披針形鱗片，葉遠生；葉柄長20~25cm，草稈色；葉片長五角形，長30~45cm，寬15~30cm，二回羽狀複葉，革質；側羽片7~10對，羽片長15~20cm，寬2~4cm，頂羽片與側羽片同形，最基部羽片之最下朝下小羽片特別長，且呈一回羽狀複葉；小羽片斜方形，邊緣具芒刺；葉脈游離，孢膜圓腎形，著生在葉脈頂端，邊緣全緣。

●**習性**：地生，生長在闊葉林下或林緣潮濕且富含腐植質之處。

●**分布**：日本南部及中國沿海地區，台灣全島中、低海拔山區可見。

【**附註**】本變種與斜方複葉耳蕨（①P.337）幾乎無法區分，主要的區別點在孢膜，前者的孢膜全緣，而後者的孢膜邊緣具指狀突起。此外，斜方複葉耳蕨從喜馬拉雅山分布到日本，而本變種則較侷限在沿海地區，如中國東南至日本一帶。

20011208・梅峰

20030901・台大（人工栽植）

20011208・梅峰

（主）葉片長五角形，二回羽狀複葉，頂羽片與側羽片同形。
（小左）小羽片邊緣具芒刺；孢膜圓腎形，全緣。
（小右）生長在林下潮濕、多腐植質的環境。

黑鱗複葉耳蕨

Arachniodes nigrospinosa (Ching) Ching

海拔	中海拔
生態帶	暖溫帶闊葉林
地形	山坡
棲息地	林內
習性	地生
頻度	稀有

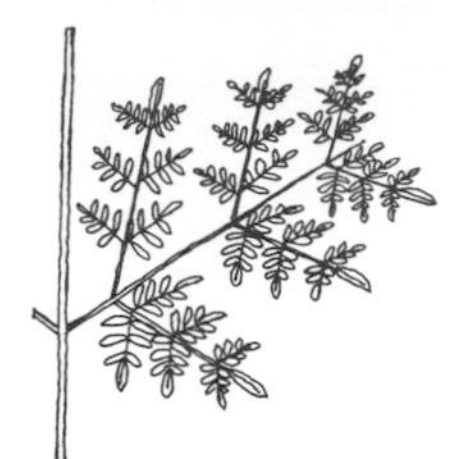

●**特徵**：根莖匍匐狀，莖頂與葉柄同被黑色披針形鱗片，葉疏生；葉柄長40~60cm；葉片三角形，長35~55cm，寬30~40cm，三至四回羽狀複葉，草質，葉軸疏被黑色鱗片；羽片長10~15cm，寬約5cm，披針形，具短柄，羽軸亦疏被黑色鱗片，最基部羽片之最下朝下小羽片略長；末回小羽片具銳鋸齒緣，頂端略呈芒刺狀；葉脈游離，不達葉片邊緣；孢膜圓腎形，著生在脈頂端或近頂端。

●**習性**：地生，生長在暖溫帶闊葉林下多腐植質之處。

●**分布**：中國廣東、廣西，台灣南部中海拔山區可見。

【附註】複葉耳蕨屬植物一般都具有偏革質的葉子以及芒刺狀的葉緣，本種的葉子則較偏草質，葉緣雖有銳刺但較不呈芒刺狀，不過最具特色的是葉柄常布滿黑色鱗片，有時甚至葉軸也是，台灣過往只有少數幾次採集紀錄，大多是在南部地區。

20071230・藤枝

20071231・藤枝

20050424・浸水營

（主）生長在成熟闊葉林下富含腐植質之處，葉片三角形，三至四回羽狀複葉。
（小左）葉柄密被黑色鱗片。
（小右）末回小羽片邊緣具銳尖之鋸齒，頂端多少呈芒刺狀。

毛孢擬複葉耳蕨

Leptorumohra quadripinnata (Hayata) H. Ito

海拔	中海拔	高海拔
生態帶	針闊葉混生林	針葉林
地形	谷地	山坡
棲息地	林內	
習性	地生	
頻度	偶見	

20080101・天池→中之關

20080101・天池→中之關

20080101・天池→中之關

●**特徵**：根莖長匍匐狀，與葉柄基部同樣被覆卵狀披針形褐色鱗片，葉遠生；葉柄長20~40cm，連同葉軸疏被線形小鱗片；葉片卵圓形至闊五角形，長25~40cm，寬25~35cm，四回羽狀複葉，薄草質，兩面密布灰白色單細胞毛；羽片明顯具柄，最基部一對羽片之最下朝下小羽片明顯較長；末回小羽片邊緣不具芒刺；葉脈游離，伸達葉緣，孢子囊群小型，著生在小脈上，孢膜圓腎形，邊緣具睫毛。

●**習性**：地生，長在針葉林下略空曠但多腐植質之處。

●**分布**：中國西南部與日本，台灣產於海拔2500至3000公尺山區。

【**附註**】本種葉子的質地薄草質，是鱗毛蕨科中最薄的，葉兩面密被灰白色單細胞毛，也是鱗毛蕨科中罕見的，加上上先型的葉片結構（即羽片最基部的小羽片朝上），及長匍匐狀的根莖與葉緣不具芒刺等特性，使得擬複葉耳蕨屬愈顯與眾不同。

（主）葉片卵圓形至闊五角形，四回羽狀複葉。
（小左）表面可見軸溝相通，末回小羽片基部不對稱，邊緣不具芒刺。
（小右）孢膜圓腎形，著生小脈上。

假複葉耳蕨

Acrorumohra hasseltii
(Blume) Ching

海拔	中海拔
生態帶	暖溫帶闊葉林
地形	谷地 山坡
棲息地	林內
習性	地生
頻度	偶見

●**特徵**：莖短，直立，葉叢生；葉柄長15~30cm，基部被覆暗褐色鱗片；葉片卵狀三角形，長30~50cm，寬20~30cm，三回羽狀分裂，先端漸尖，草質至紙質，光滑無毛；羽片橢圓狀披針形，長10~20cm，寬3.5~4cm，最基部一對羽片之最下朝下小羽片較大且呈一回羽狀複葉，羽片基部寬達7cm；小羽片卵狀三角形至橢圓形，先端圓鈍，邊緣淺裂，基部裂片凹入處具一尖齒；葉脈游離，先端不達葉緣；孢子囊群著生在葉脈頂端，不具孢膜。

●**習性**：地生，生長在暖溫帶闊葉林下潮濕且富含腐植質之處。

●**分布**：喜馬拉雅山東部、越南北部、海南島、日本南部，以及其他亞洲熱帶山區，台灣中海拔地區可見。

【附註】假複葉耳蕨屬外形上似複葉耳蕨，葉片較寬大、回數較多、具有上先型的分枝方式，不同之處在於莖短而直立、葉叢生、葉緣不具芒刺，這些特徵與鱗毛蕨屬較相近。本種的孢子囊群無孢膜，台產同屬其他種類都有孢膜。

（主）生長在成熟林下富含腐植質之處，葉片卵狀三角形，最基部一對羽片較為寬大。
（小左）中段羽片的分歧方式為上先型，羽軸和葉軸之溝相通。
（小右上）羽片基部之小羽片為卵狀三角形，小羽片基部不對稱，孢子囊群不具孢膜。
（小右下）葉柄基部具褐色鱗片，老時呈黑褐色。

20041121・烏來大保克山

20041121・烏來大保克山

20041221・烏來大保克山

20041121・烏來大保克山

微彎假複葉耳蕨

Acrorumohra subreflexipinna (Ogata) H. Ito

海拔	中海拔
生態帶	暖溫帶闊葉林
地形	谷地　山坡
棲息地	林內
習性	地生
頻度	稀有

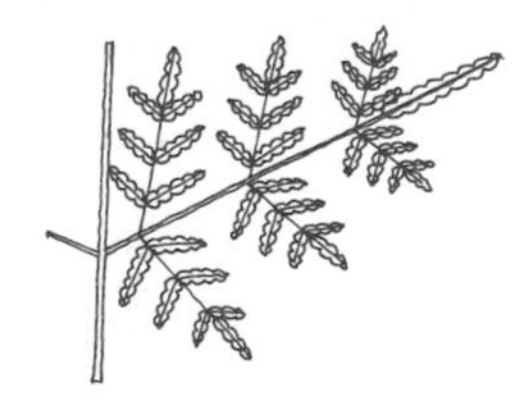

●**特徵**：莖短，直立，葉叢生；葉柄長30~40cm，表面綠色背面褐色，基部被褐色披針形鱗片；葉片三角形至卵圓形，長30~40cm，寬30~35cm，三回羽狀複葉至四回羽狀分裂，草質，光滑無毛，葉軸輕微「之」字形折曲；羽片7~9對，羽軸略向下彎曲，最基部之羽片長15~20cm，寬10~15cm；末回小羽片闊卵形至橢圓形，基部不對稱；孢子囊群位在小脈頂端，孢膜圓腎形，全緣。

●**習性**：地生，生長在成熟闊葉林下富含腐植質之處。

●**分布**：台灣特有種，產於北部及東部中海拔地區。

【附註】本種很可能是彎柄假複葉耳蕨（①P.320）和假複葉耳蕨的天然雜交種，略折曲的葉軸及略向下彎曲的羽軸顯示其與彎柄假複葉耳蕨的親緣性，而假複葉耳蕨通直的葉軸與上舉的羽軸則應是另一親本的條件，且微彎假複葉耳蕨和假複葉耳蕨的的末回小羽片非常相似，只是分裂程度不同而已。

20060415・烏來

20060415・烏來

20060415・烏來

20060415・烏來

（主）生長在潮濕且多腐植土的環境，葉片三角形至卵圓形。
（小左）小羽片基部前側裂片較大且獨立。
（小右上）葉軸略折曲，羽軸略向下彎曲，葉軸和羽軸之溝明顯相通。
（小右下）葉柄基部被覆褐色披針形鱗片。

小孢肉刺蕨

Nothoperanema hendersonii (Beddome) Ching

海拔	中海拔	
生態帶	暖溫帶闊葉林	針闊葉混生林
地形	山坡	
棲息地	林內	
習性	地生	
頻度	偶見	

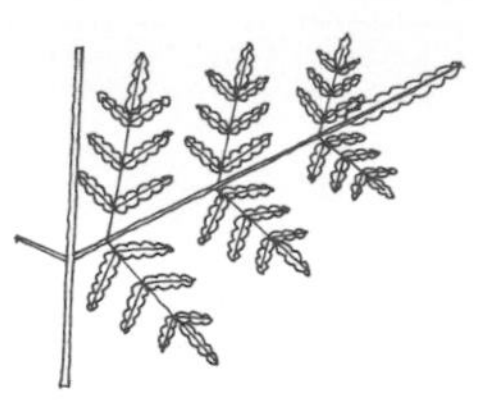

鱗毛蕨科

肉刺蕨屬

19860810・鞍馬山

20070720・梅峰

20080903・瑞岩

20011225・李棟山

●**特徵**：莖短而斜上生長，莖頂具深褐色披針形鱗片，葉叢生；葉柄長15~30cm，褐色，密布大小不一之褐色鱗片；葉片呈寬三角形，長35~50cm，寬30~40cm，三回羽狀複葉至四回羽狀分裂，表面具肉刺；葉軸具紅褐色鱗片和多細胞毛；中段羽片互生，最基部羽片的最基部朝下小羽片略長；孢膜圓腎形，著生側脈上。

●**習性**：地生，生長在成熟闊葉林下富含腐植質之處。

●**分布**：喜馬拉雅山東部、中國西南部、日本九州，台灣產於中海拔山區。

【**附註**】肉刺蕨屬的莖短直立狀或斜上，中段羽片之構造屬下先型，小羽片表面之各回脈上具肉刺，台灣有2種，即本種與阿里山肉刺蕨（①P.319），後者的葉柄及葉軸草稈色，具黑色平射狀之針狀窄鱗片，孢子囊群集生在小羽片之上半段，而本種的葉軸、羽軸紅褐色，鱗片則為大小不一之披針形鱗片，孢子囊群則在小羽片背面全面散布。

（主）葉片寬三角形，最基部一對羽片對生，中段羽片互生。
（小左）幼葉葉柄綠色，具白色窄披針形鱗片。
（小中）孢膜圓腎形，較靠近小羽軸。
（小右）葉表之各回脈上均可見肉刺。

大頂羽鱗毛蕨

Dryopteris enneaphylla (Bak.) C. Chr. var. *pseudosieboldii* (Hayata) Tagawa & K. Iwatsuki

海拔	中海拔	
生態帶	暖溫帶闊葉林	
地形	山坡	
棲息地	林緣	空曠地
習性	岩生	地生
頻度	偶見	

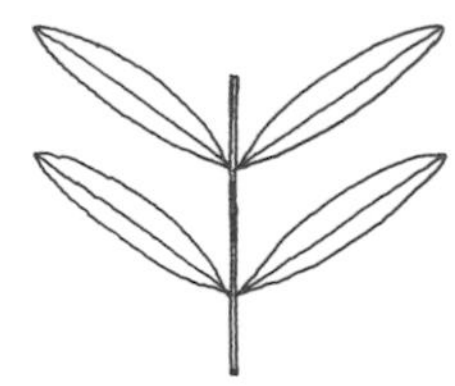

●**特徵**：莖短，直立，莖頂與葉柄基部同樣被覆暗褐色披針形鱗片，葉叢生；葉柄長20~30cm，草稈色，基部暗褐色，表面具深溝；葉片橢圓形，一回羽狀複葉；頂羽片獨立，與側羽片同形；側羽片5~8對，長15~20cm，寬2~4cm，具柄；葉脈游離；孢子囊群較靠近羽片之邊緣，孢膜圓腎形，全緣。

●**習性**：地生或岩生，長在林緣或略遮蔭之岩石環境。

●**分布**：台灣特有種，分布在中海拔地區。

【**附註**】本種羽片邊緣波狀且具粗齒，側羽片5~8對，葉略呈兩型，孢子葉羽片較營養葉羽片窄，約2~2.5cm比4cm。而承名變種頂羽鱗毛蕨（①P.321）的側羽片對數較少，約僅2~4對，且孢子葉與營養葉幾乎同形。

20070205・新竹下宇老

2003l207・騰龍古道

2003l207・騰龍古道

（主）生長在林道邊略遮蔭之處，葉片橢圓形，一回羽狀複葉，頂羽片和側羽片同形。
（小左）孢子囊群較靠近羽片邊緣。
（小右）葉片略呈兩型，孢子葉羽片較營養葉羽片窄。

外山氏鱗毛蕨

Dryopteris toyamae Tagawa

海拔	中海拔
生態帶	暖溫帶闊葉林
地形	山坡
棲息地	林緣
習性	地生
頻度	稀有

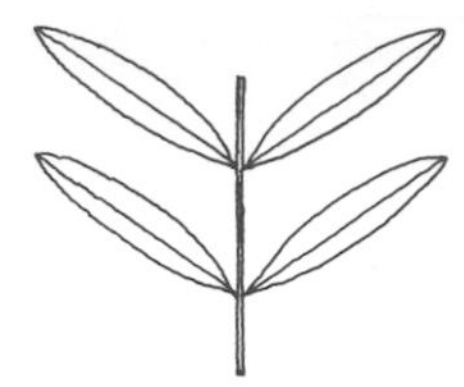

●**特徵**：莖短，直立，莖頂與葉柄基部被長可達1~2cm之紅褐色披針形鱗片，葉叢生；葉柄長15~20cm，草稈色，基部暗褐色，表面具深溝；葉片卵圓形，革質，長20~30cm，寬20~25cm，一回羽狀複葉；頂羽片下段多少瓣裂；側羽片長10~15cm，寬約1.5cm，具短柄，羽片全緣或分裂，偶具疏齒；葉脈游離；孢膜圓腎形，位在羽軸兩側。

●**習性**：地生，生長在林緣土坡或半遮蔭之岩石環境。

●**分布**：日本，台灣中部中海拔山區可見。

【附註】由外形可看出本種極有可能是一天然雜交種，父母種之一應是頂羽鱗毛蕨或大頂羽鱗毛蕨（P.271），另一則是葉片頂端羽狀分裂，且孢子囊群較靠近羽軸的種類，同時具有這兩項特徵的就只有深山鱗毛蕨（①P.333）。這幾種鱗毛蕨的生長習性都很相似，都是在岩石環境，半遮蔭的地方。

19990913・梅峰

19990913・梅峰

20061209・梅峰

（主）生長在林道旁半遮蔭之土坡，葉片卵圓形，一回羽狀複葉。
（小左）圓形孢子囊群位在羽軸兩側。
（小右）莖與葉柄基部密被紅褐色披針形鱗片。

迷人鱗毛蕨

Dryopteris decipiens (Hook.) O. Ktze.

海拔	低海拔
生態帶	東北季風林
地形	山頂　稜線
棲息地	林內
習性	地生
頻度	稀有

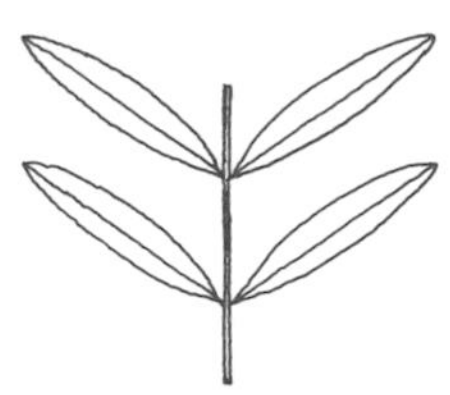

20050727・汐止新山

●**特徵**：莖短，直立，莖頂與葉柄基部被覆同樣的褐色披針形鱗片，葉叢生；葉柄長15~25cm，草稈色，基部深色；葉片披針形，長20~35cm，寬10~15cm，一回羽狀複葉，葉軸、羽軸背面具泡狀鱗片；羽片長6~8cm，寬1~1.5cm，邊緣波浪狀淺裂或具淺鋸齒，基部心形，具短柄；孢膜圓腎形，在羽軸兩側通常各一排，少見不規則之第二排。

●**習性**：地生，生長在闊葉林下。

●**分布**：中國及日本，台灣目前僅見於汐止山區。

20050727・汐止新山

【附註】本種羽軸的背面具泡狀鱗片，葉柄具褐色而非黑色的窄披針形鱗片，葉為一回羽狀複葉，羽片至多僅淺裂，基部心形，幼葉呈鮮豔的紅色，台灣目前僅知產於北部東北季風林，是典型屬於台灣北坡的稀有蕨類，此類蕨類的分布中心一般都在東亞或東北亞。

20050727・汐止新山

20050727・汐止新山

（主）葉片披針形，一回羽狀複葉，無獨立的頂羽片。
（小左）羽片基部心形，羽軸背面具泡狀鱗片；孢膜圓腎形，位於羽軸兩側，通常各一排。
（小右上）幼葉紅色。
（小右下）葉柄被覆褐色披針形鱗片。

細葉鱗毛蕨

Dryopteris subatrata Tagawa

海拔	中海拔
生態帶	暖溫帶闊葉林
地形	山坡
棲息地	林內　林緣
習性	地生
頻度	偶見

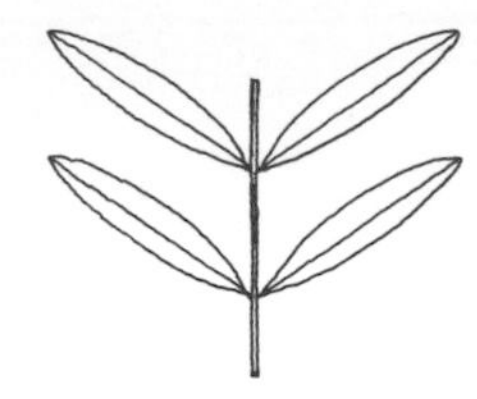

19810329・阿里山

20040815・南橫

20040815・南橫

20040815・南橫

●**特徵**：莖短，直立，莖頂與葉柄基部同樣被覆褐色披針形鱗片，葉叢生；葉柄長10~20cm，草稈色；葉片橢圓狀披針形至披針形，長20~30cm，寬約10cm，一回羽狀複葉，基部羽片略短縮，最基部一對羽片多少下撇；羽片鐮形，長6~7cm，寬約1cm，無柄，邊緣具淺齒，基部略呈耳狀；孢膜圓腎形，較靠近羽軸。

●**習性**：地生，生長在季節性乾旱的林地，或多岩石的環境。

●**分布**：台灣特有種，產於中、南部中海拔地區。

【**附註**】與本種最接近的種類是桫欏鱗毛蕨（①P.323），兩者都具有一回羽狀複葉的葉形，羽片邊緣也都具淺齒裂，不過本種的個體一般偏小，都在30cm左右，葉子的質地較堅草質，這可能與生長環境有關，最明顯差異是本種葉柄基部具褐色鱗片而非黑色鱗片，且葉柄頂端與葉軸僅疏被鱗片。

（主）葉片披針形，一回羽狀複葉，最基部一對羽片短縮且略下撇。
（小左）羽片無柄，邊緣具淺齒，羽軸溝與葉軸溝明顯，但不相通。
（小中）羽片鐮形，孢子囊群較靠近羽軸。
（小右）葉柄基部具褐色披針形鱗片。

遠軸鱗毛蕨

Dryopteris dickinsii (Franch. & Sav.) C. Chr.

海拔	中海拔
生態帶	針闊葉混生林
地形	山坡
棲息地	林內
習性	地生
頻度	稀有

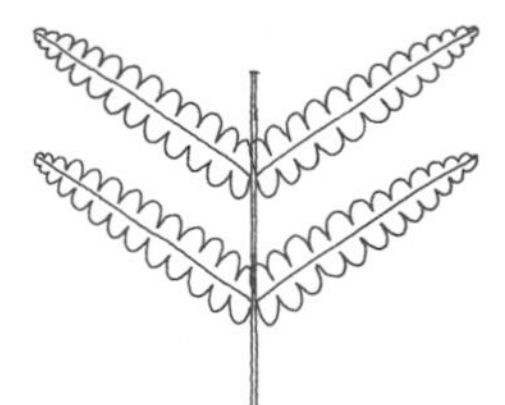

●**特徵**：莖短，直立，莖頂與葉柄基部同被褐色寬披針形大鱗片，葉叢生；葉柄長15~20cm，草稈色至褐色，上段鱗片較窄；葉片長橢圓狀披針形，紙質，長30~50cm，寬10~15cm，二回羽狀分裂，基部數對羽片略短縮，葉軸及羽軸背面疏被褐色小鱗片；孢膜圓腎形，靠近羽片邊緣。

●**習性**：地生，生長在成熟林下富含腐植質之處。

●**分布**：中國、印度、日本，台灣零星見於北部中海拔山區。

【附註】本種屬於不具泡狀鱗片、葉為一回羽狀複葉、羽片不深裂的鱗毛蕨屬植物，其中本種和黑鱗遠軸鱗毛蕨（*D. namegatae* (Kurata) Kurata）的孢子囊群較靠近羽片外緣。本種葉柄上的鱗片褐色，而後者的鱗片黑色，黑鱗遠軸鱗毛蕨可能是本種與杪欏鱗毛蕨（①P.323）的雜交種，其形態特徵也介於二者之間。

20000326・710林道

20000326・710林道

20000326・710林道

（主）冬天落葉型蕨類，春天會長出新葉。
（小左）羽片淺裂至中裂，孢膜位在羽片邊緣。
（小右）葉柄具褐色寬披針形大鱗片。

星毛鱗毛蕨

（密鱗鱗毛蕨）

Dryopteris sinofibrillosa Ching

海拔	中海拔	高海拔
生態帶	針闊葉混生林	針葉林
地形	山坡	
棲息地	林內	林緣
習性	地生	
頻度	偶見	

鱗毛蕨科

鱗毛蕨屬

●**特徵**：莖短，直立，與葉柄、葉軸同被淡褐色至深褐色披針形鱗片，葉叢生；葉柄長5~15cm；葉片倒披針形，紙質，長30~60cm，中上段最寬，約15~20cm，二回羽狀深裂；羽片向下逐漸短縮，長度約為中段羽片之1/2；孢膜圓腎形，位於裂片中脈與葉緣之間。

●**習性**：地生，生長在較成熟之針葉林下或林緣。

●**分布**：喜馬拉雅山、中國西南部，台灣見於中、高海拔山區。

20020806・梅峰

【**附註**】本種與瓦氏鱗毛蕨、厚葉鱗毛蕨（①P.326、327）同群，都是具有二回羽狀深裂、長披針形或倒披針形的葉片，以及生長在台灣較高海拔較成熟之針葉林內。本群植物依葉兩面是否具有星狀毛可再分成兩小群，一是具星狀毛的，在台灣有3「種」，包括裂片側脈大多單一不分叉的黃山鱗毛蕨（*D. huanglungensis* Ching），以及裂片側脈2~3叉的星毛鱗毛蕨和藏布鱗毛蕨（*D. redactopinnata* Basu & Panigr），本種葉柄基部鱗片黑色至黑褐色，且呈扭曲狀，後者葉柄基部鱗片亮褐色至淡褐色，平直不呈S形扭曲，不過據觀察台灣本小群植物的葉柄鱗片顏色並不安定，可由淡褐色至黑褐色漸變，鱗片扭曲的特徵和裂片側脈分叉的情形也都會有變異，目前暫處理為一種。而不具星狀毛的在台灣也有3「種」，即基部羽片逐漸短縮的瓦氏鱗毛蕨，以及基部羽片不短縮的厚葉鱗毛蕨與闊基鱗毛蕨（*D. latibasis* Ching），其中厚葉鱗毛蕨葉柄基部的鱗片是線狀披針形，而闊基鱗毛蕨是闊披針形，不過台灣的個體二者是無法區分的。

20020806・梅峰

（主）葉片倒披針形，中上段最寬，羽片向下漸短縮。

（小）葉軸密布褐色披針形鱗片，孢膜圓腎形。

能高鱗毛蕨

Dryopteris costalisora Tagawa

海拔	高海拔	
生態帶	針葉林	
地形	山坡	
棲息地	林緣	空曠地
習性	岩生	地生
頻度	偶見	

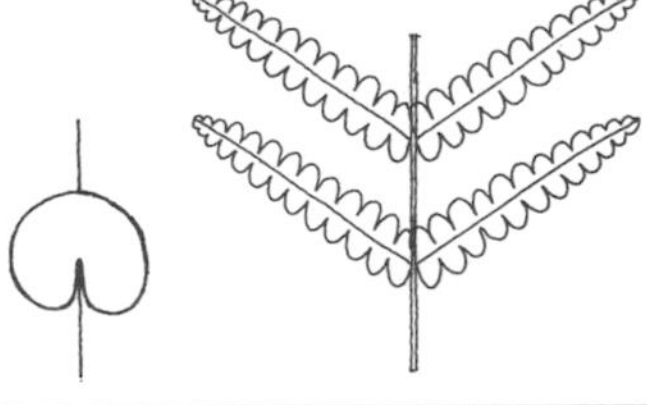

●**特徵**：莖短而斜上生長，與葉柄基部同樣密布紅褐色或淡褐色披針形鱗片，葉叢生莖頂；葉柄草稈色，長10~15cm；葉片披針形，長17~25cm，寬7~10cm，一回羽狀複葉至二回羽狀分裂；羽片長橢圓形至橢圓狀披針形，先端鈍尖，基部具短柄，羽軸背面具小鱗片；孢膜圓腎形，在羽軸兩側各排成一行。

●**習性**：地生或岩生，生長在半遮蔭的岩石環境。

●**分布**：喜馬拉雅東部一帶山區、中國西南部，台灣見於高海拔地區。

【**附註**】本種最具特色的是超大型的孢子囊群及孢膜，孢膜硬殼狀，孢子囊群成熟時仍然留存不脫落，這一群鱗毛蕨的葉片都是一回羽狀複葉至二回羽狀深裂，台產2種，即本種與擬岩蕨（①P.328），後者的葉片為二回羽狀深裂且為草質，孢子囊群不貼近羽軸，而本種葉片的質地較硬且厚，羽片至多裂至一半，罕見深裂，孢子囊群貼近羽軸。

19980625・合歡山莊

20020806・合歡山

（主）生長在岩石縫中，葉片披針形，一回羽狀複葉至二回羽狀裂葉。
（小）孢膜圓腎形，大型，常緊貼羽軸兩側。

鋸齒葉鱗毛蕨

Dryopteris serrato-dentata (Bedd.) Hayata

海拔	高海拔
生態帶	針葉林　高山寒原
地形	山坡
棲息地	林內　灌叢下　林緣　空曠地
習性	岩生　地生
頻度	稀有

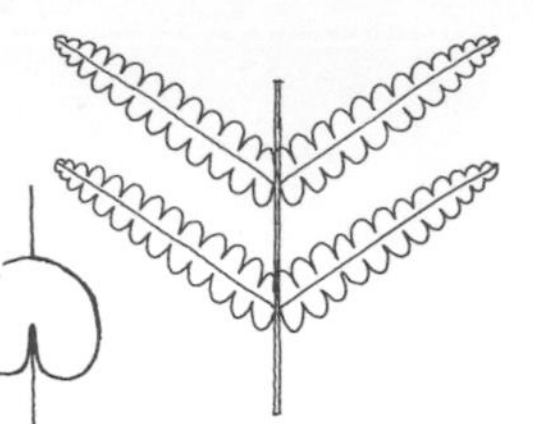

19990702・玉山

19910910・南湖北峰

尖齒葉鱗毛蕨・20030815・中霸

●特徵：莖短，直立，莖頂與葉柄基部同被淺褐色卵狀披針形鱗片，葉叢生；葉柄長7~13cm，草稈色；葉片橢圓狀披針形，下段略短縮，長10~20cm，寬5~10cm，二回羽狀深裂，厚紙質，葉軸被細長鱗片；裂片先端圓鈍，邊緣具深銳鋸齒；孢膜圓腎形，邊緣具小齒，靠近裂片中脈。

●習性：地生或岩生，生長在高山岩石環境遮蔭或半遮蔭處。

●分布：喜馬拉雅山東部、中國西部及緬甸北部，台灣高海拔地區可見。

【附註】本種為高山型蕨類植物，生長在針葉林帶岩石環境，有時也出現在高山寒原的灌木叢下，本種的分布中心在喜馬拉雅山東部及其鄰近地區，屬於同一分布範圍的另有一相近種——尖齒葉鱗毛蕨（*D. acuto-dentata* Ching）可能亦產於台灣，其習性與本種相似，差異在於裂片邊緣的鋸齒鈍尖而非銳尖。

（主）葉片橢圓狀披針形，二回羽狀深裂。
（小上）裂片先端圓鈍，邊緣具深銳鋸齒。
（小下）尖齒葉鱗毛蕨的裂片緣比較鈍尖。

落葉鱗毛蕨

Dryopteris tenuipes
(Rosenst.) Serizawa

海拔	中海拔	
生態帶	暖溫帶闊葉林	
地形	山坡	
棲息地	林內	林緣
習性	地生	
頻度	稀有	

●**特徵**：莖短，直立，莖頂、葉柄及葉軸密布黑褐色披針形鱗片，葉叢生；葉柄長20~25cm；葉片橢圓狀披針形，草質，長30~40cm，寬20~25cm，二回羽狀複葉，最寬處在近基部之2~3對羽片；羽片橢圓狀披針形，頂端急縮，長10~14cm，寬2.5~3.5cm，具柄，羽片基部有時略窄，最基部一對羽片尤其明顯，羽軸表面密生褐色、尾部深褐色之泡狀鱗片；小羽片略呈長方形，頂端鈍頭至平截狀，羽片基部的小羽片明顯具柄；孢膜圓腎形，全緣。

●**習性**：地生，生長在成熟闊葉林下或林緣富含腐植質之處。

●**分布**：台灣特有種，目前僅見於北部中、低海拔暖溫帶闊葉林。

20041114・金瓜寮溪

0080520・台大（人工栽植）

20041114・金瓜寮溪

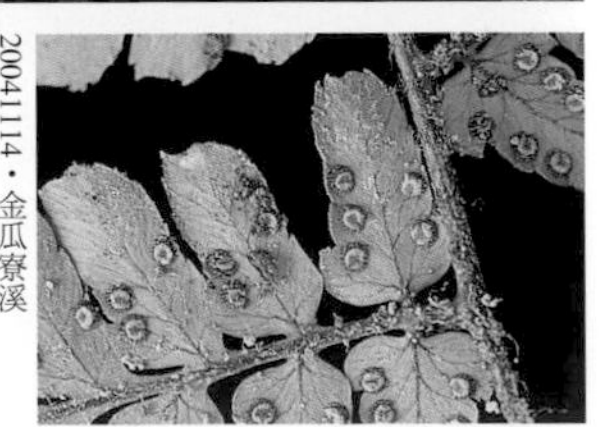

【附註】台產鱗毛蕨中，羽軸具泡狀鱗片、最基部一對羽片之最基部朝下小羽片並不特別長、葉柄具黑色披針形鱗片的鱗毛蕨有4種，其中平行鱗毛蕨（*D. indusiata* Mak. & Yamamoto）的羽片幾乎無柄，羽片基部的小羽片幾乎與葉軸平行，且緊貼或覆蓋葉軸，其餘三種的羽片均具顯著之短柄，其中三角鱗毛蕨（①P.334）最基部一對羽片最寬，葉片呈三角形，而本種和羽裂鱗毛蕨（*D. integriloba* C. Chr.）的葉片中下段數對羽片均等長，外形較呈橢圓形、披針形或卵狀披針形，不過後者的羽片最基部一對小羽片較其他小羽片長，而本種的羽片基部倒數一、二對小羽片約略等長。

（主）葉片橢圓狀披針形，二回羽狀複葉。
（小左）葉柄具披針形黑褐色鱗片。
（小右）靠近葉軸之小羽片明顯具柄，羽軸具褐色泡狀鱗片。

闊鱗鱗毛蕨

Dryopteris championii (Benth.) C. Chr. *ex* Ching

海拔	低海拔
生態帶	亞熱帶闊葉林
地形	山坡
棲息地	林內　林緣
習性	地生
頻度	稀有

19990513・南竿

●**特徵**：莖短，斜上生長，莖頂與葉柄、葉軸密被亮褐色、卵狀披針形至披針形鱗片，葉柄、葉軸的鱗片邊緣具疏齒，葉叢生；葉柄長15~45cm，草稈色；葉片卵狀披針形，草質，二回羽狀複葉，長40~50cm，寬20~30cm，最基部一對羽片之最基部小羽片略短縮，羽軸背面具泡狀鱗片；孢膜圓腎形，小羽軸兩側各一行。

●**習性**：地生，生長在季節性乾旱的亞熱帶闊葉林下。

●**分布**：中國、韓國、日本，台灣北部低海拔地區，也產於金門、馬祖。

19990513・南竿

19991218・北竿碧園

【附註】本種屬於鱗毛蕨屬中羽軸背面具泡狀鱗片、最基部羽片之最基部朝下小羽片不特別增大、葉柄及葉軸鱗片亮褐色或淡褐色的一群，台產2種，即本種與黑足鱗毛蕨（*D. fuscipes* C. Chr.），本種在馬祖、金門較容易看到，台灣本島北部地區雖有，但很罕見，其葉柄與葉軸密生卵狀披針形至披針形的亮褐色鱗片，鱗片邊緣具疏齒，而黑足鱗毛蕨的鱗片較稀疏，僅有灰褐色的窄披針形、全緣之鱗片。黑足鱗毛蕨的地理分布大致類似本種，不過國內目前僅見於馬祖列島。

（主）生長在林下富含腐植質之處，二回羽狀複葉，葉片闊卵形。
（小左）羽片具短柄，羽軸背面具泡狀鱗片。
（小右）葉柄密被亮褐色披針形鱗片。

二型鱗毛蕨

Dryopteris lacera
(Thunb.) O. Ktze.

海拔	中海拔
生態帶	針闊葉混生林
地形	山坡
棲息地	林內 林緣
習性	地生
頻度	稀有

20030720・塔次基里溪

20040601・屏風山下

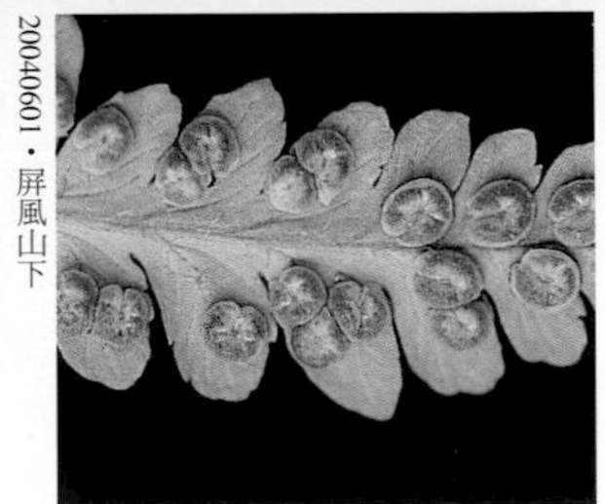
20040601・屏風山下

亞二型鱗毛蕨・20041024・馬海濮

●**特徵**：莖短，直立，莖頂與葉柄基部同被亮褐色至深褐色卵狀披針形鱗片，葉叢生；葉柄明顯較葉片短，長10~20cm，草稈色；葉片橢圓形至卵形，長25~30cm，寬12~15cm，二回羽狀複葉，厚草質至革質，能育葉葉片先端1/3皺縮；小羽片側脈於表面多少下陷；孢膜圓腎形，全緣，位於小羽軸兩側。

●**習性**：地生，生長在海拔2000公尺左右偏中性環境之成熟林下。

●**分布**：中國、韓國及日本，台灣產於中部中海拔地區，罕見。

【**附註**】在台灣另有一種和二型鱗毛蕨形態特徵與生長習性相似的種類── 亞二型鱗毛蕨（*D. sublacera* Christ），不同點在本種的能育部分極度皺縮且侷限在葉片頂端1/3處，而亞二型鱗毛蕨的能育部分僅略為皺縮，且涵蓋範圍較大，約佔葉片上半段或更多。

（主）葉片橢圓形至卵形，二回羽狀複葉，能育部分侷限在葉片先端1/3處。
（小左）葉厚，葉軸、羽軸、小羽軸、葉脈之溝深而明顯，且彼此相通。
（小中）孢膜圓腎形，全緣，位在小羽軸兩側。
（小右）亞二型鱗毛蕨葉片較二型鱗毛蕨窄，且孢子羽片皺縮不明顯。

逆鱗鱗毛蕨

Dryopteris reflexosquamata Hayata

海拔	中海拔　高海拔
生態帶	針闊葉混生林　針葉林
地形	山坡
棲息地	林內
習性	地生
頻度	偶見

●**特徵**：莖粗壯，斜上生長，密被深褐色披針形鱗片，葉叢生；葉柄長15~25cm，草稈色，密布深褐色、披針形至寬披針形、反折的各式大小鱗片；葉片卵狀三角形，長30~45cm，寬20~30cm，二回羽狀複葉，葉軸上密布與葉柄相似之鱗片；羽片長9~17cm，寬4~6cm，羽柄長約0.6cm；小羽片基部朝上一側略具耳狀突起，孢膜圓腎形，在小羽軸兩側各排成一行。

●**習性**：地生，生長在林下富含腐植質之處。

●**分布**：中國西南部，台灣中、高海拔地區可見。

【附註】本種的特徵是植株高不及1m，葉為二回羽狀複葉，最基部一對羽片不特別加大，小羽片基部兩側不對稱，上側明顯具耳狀突起，葉柄與葉軸密被向下反折之褐色鱗片，葉脈和各級主軸一樣於表面凹陷成溝。

19810606・雲稜山莊

19990404・櫻櫻峰

19990404・櫻櫻峰

20040814・南橫

（主）生長在林下富含腐植質之處，葉片卵狀三角形，二回羽狀複葉。
（小左上）葉脈於表面明顯下凹；小羽片基部不對稱，上側具耳狀突起。
（小左下）葉柄密布暗褐色、反折的各型鱗片。
（小右）孢膜圓腎形，貼近羽軸。

台東鱗毛蕨

Dryopteris polita
Rosenst.

海拔	中海拔
生態帶	暖溫帶闊葉林
地形	山坡　稜線
棲息地	林內
習性	地生
頻度	常見

20030123・南投蓮花池

20030511・內洞

20030511・內洞

20070915・九芎根山

●**特徵**：莖短，直立，莖頂與葉柄基部密被褐色披針形鱗片，葉叢生；葉柄草稈色，長20~30cm；葉片三角形，長15~40cm，寬12~24cm，二回羽狀複葉；羽片長6~12cm，寬2~6cm，最基部羽片柄長達1~2cm，其最下朝下小羽片與相鄰小羽片約略等長，孢子囊群位在小羽軸與葉緣間，孢膜早凋。

●**習性**：地生，生長在成熟闊葉林下。

●**分布**：中南半島及東南亞，北達中國南部及日本南部，台灣產於中海拔地區。

【**附註**】本種與史氏鱗毛蕨（①P.322）是台灣鱗毛蕨屬植物中唯二孢子囊群不具孢膜的種類。本種的葉一般光滑無毛，與其他的鱗毛蕨相較，其基部數對羽片的柄算是長而顯著，本種屬於以東南亞為分布中心的一小群鱗毛蕨，早田氏鱗毛蕨（P.284）與長葉鱗毛蕨（①P.332）亦屬此群。

（主）葉片三角形，二回羽狀複葉。
（小左）葉柄基部具褐色披針形鱗片。
（小右上）羽片明顯具柄，葉軸與羽軸之溝明顯且相通。
（小右下）長在林下富含腐植質之處。

早田氏鱗毛蕨

Dryopteris subexaltata (Christ) C. Chr.

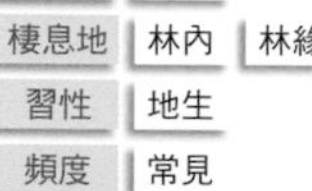

海拔	低海拔
生態帶	亞熱帶闊葉林
地形	山坡
棲息地	林內　林緣
習性	地生
頻度	常見

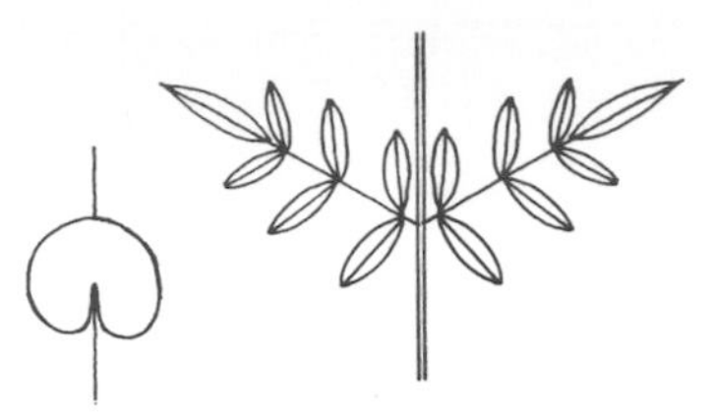

20030415・烏來山下

20030415・烏來山下

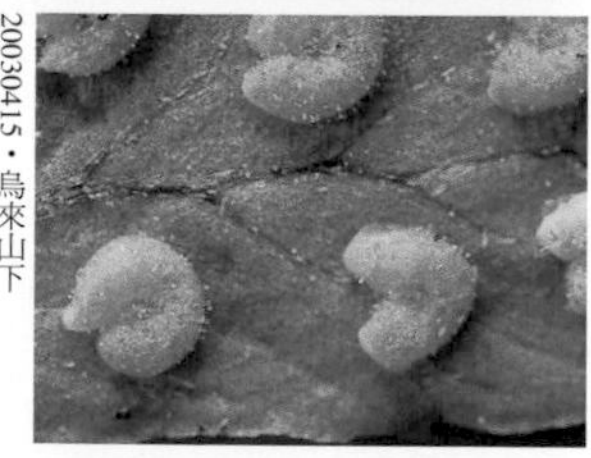

20030415・烏來山下

●**特徵**：莖短，直立，密被紅褐色、披針形、略具暗色縱紋之鱗片，葉叢生；葉柄長15~25cm，草稈色，基部褐色，疏被與莖頂相同之鱗片；葉片卵形，長15~25cm，寬10~15cm，二回羽狀複葉；羽片對生，具柄，長5~9cm，寬3~5cm，頂端常呈尾狀漸尖，最基部一對羽片之最基部朝下小羽片較相鄰小羽片長；小羽片末端圓鈍，上段具尖齒；孢膜圓腎形，表面密布腺體，位於小羽軸與葉緣之間，在小羽軸兩側各一行。

●**習性**：地生，生長在較成熟闊葉林下富含腐植質的環境。

●**分布**：日本南部，台灣低海拔地區可見。

【**附註**】本種的羽片常呈尾狀漸尖，最基部一對羽片最大，其最基部朝下小羽片特別長，除葉柄基部外，葉柄及葉片都光滑無毛被物，羽軸背面更無泡狀鱗片，最特別的是孢膜表面密布腺體。

（主）葉片卵形，二回羽狀複葉，最基部一對羽片之最基部下側小羽片明顯較相鄰小羽片長。
（小左）孢膜圓腎形，在小羽軸兩側各一行。
（小右）孢膜表面密布腺體。

上先型鱗毛蕨

Dryopteris yoroii
Serizawa

海拔	高海拔	
生態帶	針葉林	
地形	谷地	
棲息地	林內	林緣
習性	地生	
頻度	稀有	

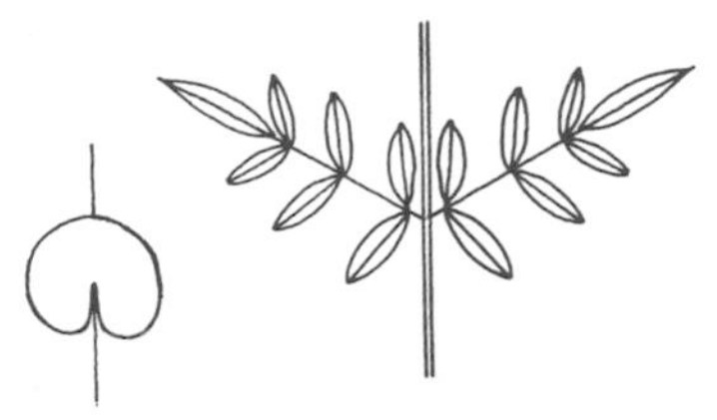

20070801・合歡山

20040801・合歡山

●**特徵**：莖短，直立，密布褐色披針形鱗片，葉叢生；葉柄長8~16cm，基部紫褐色，有光澤，向上漸淡，基部疏被卵狀披針形小鱗片；葉片卵狀披針形，紙質，長8~18cm，寬5~11cm，二回羽狀深裂至複葉；最基部一對羽片最大，三角形，具柄，長5~7cm，寬2~3cm；小羽片或裂片頂端圓鈍，並具小尖齒；孢膜圓腎形，全緣，位在小脈上。

●**習性**：地生，主要生長在林緣潮濕環境。

●**分布**：喜馬拉雅山東部及其鄰近地區，台灣產於高海拔地區。

【**附註**】本種的羽片或小羽片基部不對稱，而最特殊的是葉片結構屬於上先型，由於本種或類似物種的存在，使得鱗毛蕨屬與假複葉耳蕨屬之界線變得模糊，有些學者就將假複葉耳蕨屬併入鱗毛蕨屬之中。

(主) 生長在林緣半遮蔭潮濕的陡坡上，葉片二回羽狀深裂至複葉。
(小) 小羽片上先型，羽片基部上側小羽片較靠近葉軸。

闊葉鱗毛蕨

Dryopteris expansa
(Presl) Fraser-Jenkins & Jermy

海拔	高海拔	
生態帶	針葉林	高山寒原
地形	谷地	山坡
棲息地	林內	林緣
習性	地生	
頻度	偶見	

●**特徵**：莖短而斜生，與葉柄基部同具淡褐色卵形或寬披針形鱗片，葉叢生；葉柄草稈色，長20~25cm；葉片披針狀卵形，長20~40cm，寬15~30cm，草質，三回羽狀裂葉至複葉，葉軸、羽軸、小羽軸疏被淡褐色鱗片；羽片長8~15cm，寬2~6cm，最基部一對羽片之下側近葉軸的小羽片和鄰近小羽片等長或略長；末裂片長方形或橢圓形，先端具芒刺狀尖齒裂，孢膜圓腎形，位在末裂片基部小脈頂端。

●**習性**：地生，主要生長在針葉林下富含腐植質及苔蘚之處。

●**分布**：泛北極圈南方之寒帶和溫帶地區，以及較低緯度之高山上，在台灣是典型的高山針葉林植物。

【附註】本種的特點是葉為三回羽狀複葉，最基部一對羽片最大，但是其基部朝下小羽片並未特別長，且其小羽片或末裂片基部兩側對稱，末裂片頂端具芒刺狀的尖齒。

19810806・雲稜山莊

20040618・秀姑巒山

20040801・小奇萊

（主）生長在富含腐植質的針葉林下，葉片披針狀卵形，三回羽狀深裂。
（小左）末裂片頂端具芒刺狀尖齒。
（小右）孢膜圓腎形，位在末裂片凹入處附近。

三角葉鱗毛蕨

Dryopteris marginata
(C. B. Clarke) Christ

海拔	中海拔
生態帶	暖溫帶闊葉林
地形	谷地　山坡
棲息地	林內
習性	地生
頻度	稀有

20030720・塔次基里溪

●特徵：莖粗壯，斜上生長，莖頂與葉柄基部密被褐色卵狀披針形鱗片，葉叢生；葉柄長50~60cm，草稈色；葉片闊卵狀三角形，草質，長60~80cm，寬50~60cm，三回羽狀深裂至複葉；最基部羽片之最基部朝下小羽片與相鄰小羽片等長；末裂片長方形，先端圓鈍；孢膜圓腎形，全緣，在末裂片中脈兩側各排成一行。

●習性：地生，生長在成熟闊葉林下富含腐植質之處。

●分布：喜馬拉雅山東部、中國西南部及鄰近之印度與中南半島，台灣產於中海拔山區，罕見。

【附註】本種可算是台灣鱗毛蕨屬植物中最大型的，植株高達1.5m，生長在成熟闊葉林下，狀似擬德氏雙蓋蕨（①P.386），葉片闊卵狀三角形，基部羽片之基部朝下小羽片並不特別長，三回羽狀深裂至複葉，羽片、小羽片甚至裂片之基部均對稱。

19990829・台大（人工栽植）

20030720・塔次基里溪

（主）生長在中海拔闊葉林下富含腐植質之處，葉片闊卵狀三角形。
（小上）羽軸與葉軸之溝明顯相通。
（小下）末裂片長方形，先端鈍頭，圓腎形孢膜在末裂片中脈兩側各一行。

芽胞耳蕨

Polystichum stenophyllum Christ

海拔	中海拔　高海拔
生態帶	針闊葉混生林　針葉林
地形	山坡
棲息地	林內
習性	地生
頻度	偶見

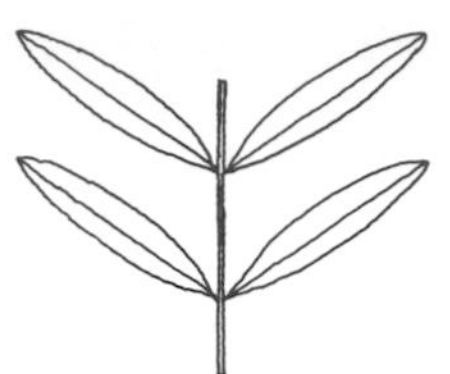

1990729．大雪山林道

●**特徵**：莖短，直立，密生褐色披針形鱗片，葉叢生；葉柄長3~10cm，基部密布卵狀披針形至披針形褐色鱗片；葉片線形，長10~40cm，寬1~3cm，一回羽狀複葉，革質，葉軸背面近頂端有不定芽；羽片斜方形，基部朝上一側具耳狀突起，頂端急尖並具短芒刺；孢膜圓盾形，在羽軸兩側各一行。

●**習性**：地生，生長在林下富含腐植質之處。

●**分布**：喜馬拉雅山東部及鄰近地區，台灣產於中、高海拔針葉林帶。

1990403．櫻櫻峰

20060723．奇萊山徑

【附註】耳蕨屬有5種走蕨（walking ferns），其走路的形式可分成兩類，一是葉軸頂端伸長如鞭狀，正頂端具不定芽，鞭狀部分不具羽片，鞭葉耳蕨（①P.349）即屬之，另一類是葉軸不伸長，近頂處背面具不定芽，不定芽觸地後長出新的植株，本種屬於後者。

（主）生長在林下富含腐植質之土坡上，葉片線形，一回羽狀複葉。
（小左）葉軸近頂端的不定芽已長成完整植株，該處的葉軸及羽片枯萎後，新芽即由母株脫離。
（小右）羽片基部極不對稱，上側具耳狀突起，葉軸背面近頂處具不定芽。

鋸鱗耳蕨

Polystichum prionolepis Hayata

海拔	中海拔
生態帶	暖溫帶闊葉林
地形	山坡
棲息地	林內
習性	地生
頻度	偶見

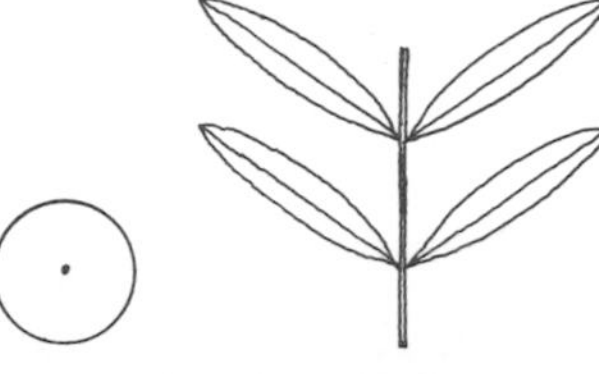

●特徵：莖短，直立，密生鱗片，葉叢生；葉柄長15~25cm，密被披針形至卵狀披針形褐色鱗片，鱗片邊緣鋸齒狀；葉片披針形，長20~30cm，寬8~12cm，一回羽狀複葉至二回羽狀分裂，革質，葉軸背面近頂端具不定芽；羽片長4~6cm，寬1~1.5cm，鐮形，基部上側具耳狀突起，邊緣鋸齒狀，多少具芒刺；孢膜圓盾狀，脈上生，位於羽軸或裂片中脈兩側。

●習性：地生，生長在成熟闊葉林下富含腐植質之處。

●分布：中國雲南，台灣全島中海拔可見。

【附註】本種的葉子兩型，營養葉較長也較寬闊，孢子葉較短、較窄，其餘形態都非常相似，最具特色的是其鱗片邊緣具有不整齊且多樣的細鋸齒，全世界本種數量最多的地方應該在台灣。

2001118・梅峰

1990728・大雪山

20081105・大雪山

（主）生長在暖溫帶闊葉林下陡坡，葉片披針形，一回羽狀複葉。
（小左）孢膜圓盾狀，位於羽軸及裂片中脈兩側，葉軸背面具褐色小鱗片。
（小右）葉軸近頂處之背面具不定芽。

鐮葉耳蕨

Polystichum manmeiense
(Christ) Nakaike

海拔	中海拔
生態帶	針闊葉混生林
地形	谷地　山坡
棲息地	林內
習性	地生
頻度	偶見

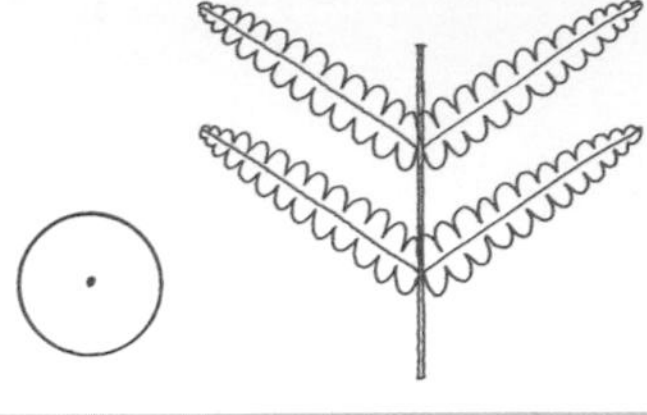

●**特徵**：莖短，直立，葉叢生；葉柄長20~25cm，基部被覆黑色鱗片；葉片橢圓狀披針形，長25~35cm，寬6~10cm，一回羽狀複葉至二回羽狀分裂，革質；羽片鐮狀披針形，基部歪斜，邊緣具透光之軟骨邊及芒刺，基部羽片之基部上側常深裂形成一幾近獨立之裂片；孢膜圓盾形，在羽軸及裂片中脈兩側各一行。

●**習性**：地生，生長在林下多腐植質之處。

●**分布**：喜馬拉雅山東部及其鄰近地區，台灣中海拔山區可見。

【**附註**】本種屬於耳蕨屬當中葉片較偏革質的一群，這群耳蕨通常葉面堅實有光澤，葉緣常具堅硬之芒刺，本種與軟骨耳蕨（①P.340）除有前述特徵外，另具葉緣有軟骨邊以及孢子囊群脈上生的特色，本種葉片基部之羽片亦甚具特色，其基部上側常具一幾近獨立之裂片。

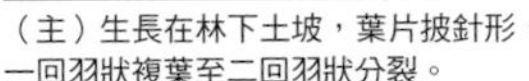

（主）生長在林下土坡，葉片披針形，一回羽狀複葉至二回羽狀分裂。
（小上）羽片基部極度不對稱，上側具耳狀突起。
（小中）成熟植株之葉緣具軟骨邊，羽片常深裂，其基部上側裂片幾近獨立。
（小下）葉柄基部具黑色鱗片。

20040814・南橫

20040814・南橫

20040814・南橫

20040814・南橫

劍葉耳蕨

Polystichum xiphophyllum
(Baker) Diels

海拔	中海拔
生態帶	暖溫帶闊葉林
地形	山坡
棲息地	林內
習性	地生
頻度	瀕危

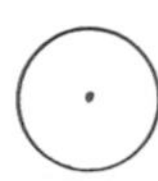

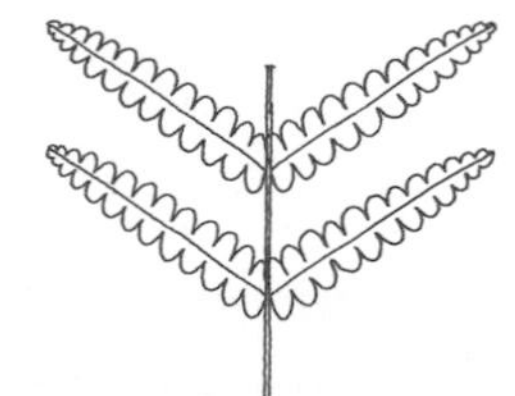

鱗毛蕨科

耳蕨屬．耳蕨群

●**特徵**：莖短，直立，與葉柄基部同樣被覆黑褐色披針形鱗片，葉叢生；葉柄長13~20cm，草稈色；葉片披針形，長20~30cm，寬7~10cm，一回羽狀複葉至二回羽狀分裂，厚革質；羽片線狀披針形，長3~5cm，寬5~7mm，羽片基部上側常深裂形成耳狀突起，裂片頂端具芒刺；孢膜圓盾形，位於羽軸或裂片中脈之兩側。

●**習性**：地生，生長在成熟林林下多腐植質的環境。

●**分布**：中國西部，台灣產於脊樑山脈南坡海拔約2000公尺之闊葉林，罕見。

【**附註**】耳蕨屬植物葉片及芒刺最堅實的有兩小群，本種與對馬耳蕨（①P.346）屬於葉軸鱗片黑色或深褐色，而針葉耳蕨與硬葉耳蕨（P.292、293）則是亮褐色。本種與對馬耳蕨非常相似，區別點在於羽片的分裂度，本種的羽片最多裂到一半，僅羽片基部上側深裂形成一小耳片，而對馬耳蕨的羽片由基部至中段以上至少羽狀深裂，有的甚至形成羽狀複葉，小羽片可見具柄。

20060102・屏東

20040111・霧台鬼山

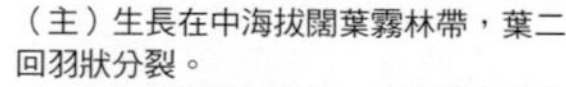

（主）生長在中海拔闊葉霧林帶，葉二回羽狀分裂。
（小）羽片淺裂至中裂，裂片邊緣具芒刺。

針葉耳蕨

Polystichum acanthophyllum (Franch.) Christ

海拔	高海拔	
生態帶	針葉林	高山寒原
地形	山坡	
棲息地	林緣	空曠地
習性	岩生	地生
頻度	稀有	

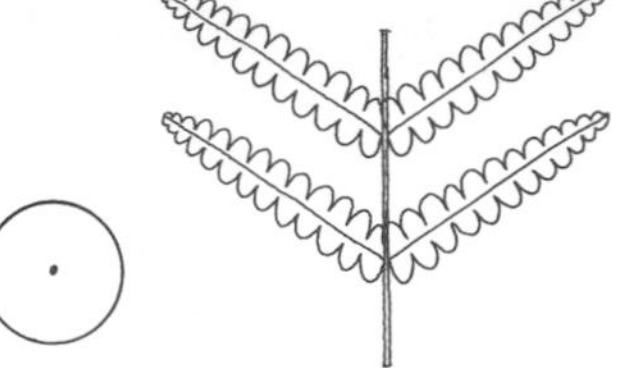

20030719．大禹嶺

2000415．南湖→中央尖

20070721．合歡山

20070721．合歡山

●**特徵**：莖短，斜上生長，密被鱗片，葉叢生；葉柄長4~8cm，草稈色，密生大型、亮褐色、卵形至卵狀披針形鱗片；葉片披針形，長8~20cm，寬2.5~5cm，二回羽狀分裂，硬革質，葉軸被褐色窄披針形鱗片；羽片三角形，長1.5~2.5cm，寬1~1.5cm，基部深裂幾達羽軸，羽片及裂片邊緣具尖硬之芒刺；孢膜圓盾形，位於羽軸或裂片中脈之兩側。

●**習性**：岩生或地生，生長在高山略遮陰之岩石環境。

●**分布**：喜馬拉雅山東部及其鄰近地區，台灣產於海拔3000公尺以上之高山地區。

【**附註**】本種的葉片非常堅實，葉緣具長而尖的堅硬芒刺；葉為二回羽狀分裂，羽片三角形，基部深裂幾達羽軸，形成上、下兩枚幾近獨立的裂片；屬於海拔3000公尺以上高山針葉林帶岩石環境的蕨類。

（主）葉片披針形，二回羽狀分裂。
（小左）葉軸密布褐色窄披針形鱗片，羽片三角形，基部具幾近獨立之裂片。
（小中）羽片邊緣具有長而尖的堅硬芒刺。
（小右）葉柄密被邊緣具緣毛的褐色鱗片。

硬葉耳蕨

Polystichum neolobatum Nakai

海拔	高海拔
生態帶	針葉林
地形	山坡
棲息地	林內　林緣
習性	地生
頻度	稀有

20050810・梅峰（人工栽植）

20050810・梅峰（人工栽植）

20081107・大雪山

20050810・梅峰（人工栽植）

●**特徵**：莖短，直立，密生披針形亮褐色鱗片，葉叢生；葉柄長11~23cm，基部密布披針形至卵形亮褐色鱗片；葉片披針形至橢圓狀披針形，長30~50cm，寬8~15cm，基部略變窄，二回羽狀複葉，硬革質，葉軸密布褐色針狀鱗片；羽片披針形，長4~5cm，寬1.5~2cm，基部一對多少反折；小羽片卵形或披針形，邊緣全緣，末端具長尖刺；孢膜圓形，盾狀著生，位於小羽軸兩側。

●**習性**：地生，主要生長在針葉林下較潮濕且富含腐植質之處。

●**分布**：喜馬拉雅山東部及其鄰近地區，東達日本，台灣產於海拔3000公尺以上，非常稀有。

【**附註**】本種與針葉耳蕨之的葉柄與葉軸都具有亮褐色鱗片，此點有別於劍葉耳蕨（P.291）與對馬耳蕨的黑褐色鱗片，這4種在台產的耳蕨屬植物當中，都屬於具有硬葉和硬刺的種類。

（主）葉為二回羽狀複葉，葉片橢圓狀披針形，基部羽片漸短縮。
（小上）小羽片卵形或披針形，邊緣全緣，末端具長尖刺。
（小中）葉軸背面密布褐色窄鱗片。
（小下）葉柄基部密布亮褐色披針形至卵形之鱗片。

二尖耳蕨

Polystichum biaristatum
(Bl.) Moore

海拔	中海拔
生態帶	暖溫帶闊葉林
地形	山坡
棲息地	林內　林緣
習性	地生
頻度	偶見

●特徵：莖粗短，斜上生長，莖頂與葉柄基部同被雙色鱗片，鱗片亮褐色、透明、中間具一黑色不透明之寬帶，葉叢生；葉柄長約50cm，草稈色；葉片橢圓狀披針形至卵狀披針形，約與葉柄等長，寬約30cm，二回羽狀複葉，厚紙質，葉軸與羽軸均具褐色小鱗片；羽片長披針形，末端漸尖；小羽片略呈鐮形，基部上側具耳狀突起，邊緣鋸齒狀，多少有芒刺，孢膜圓盾形。

●習性：地生，生長在成熟闊葉林下潮濕富含腐植質之處。

●分布：以東南亞為分布中心，台灣是其最北的分布點，中海拔地區零星可見。

【附註】台產與本種相近的有2種，即九州耳蕨（*P. grandifrons* C. Chr.）和兒玉氏耳蕨（①P.343），三者具有許多共同特色，如葉片較呈草質或紙質，如為革質也不會堅實且具硬尖刺，葉軸頂端都沒有不定芽，葉片寬大且為二回羽狀複葉，以及孢子囊群長在小脈上。九州耳蕨葉柄之鱗片單色且孢子囊群無孢膜，兒玉氏耳蕨葉柄雖具雙色鱗片，不過其葉片質地較偏草質、羽片及小羽片對數較多、葉柄鱗片較大，都與本種不同。

（主）生長在林下潮濕多腐植質之處。
（小）葉柄基部密生雙色鱗片。

20041023・阿里山

20071230・藤枝

高山耳蕨

Polystichum lachenense (Hook.) Beddome

海拔	高海拔	
生態帶	針葉林	高山寒原
地形	山坡	
棲息地	灌叢下	空曠地
習性	地生	
頻度	偶見	

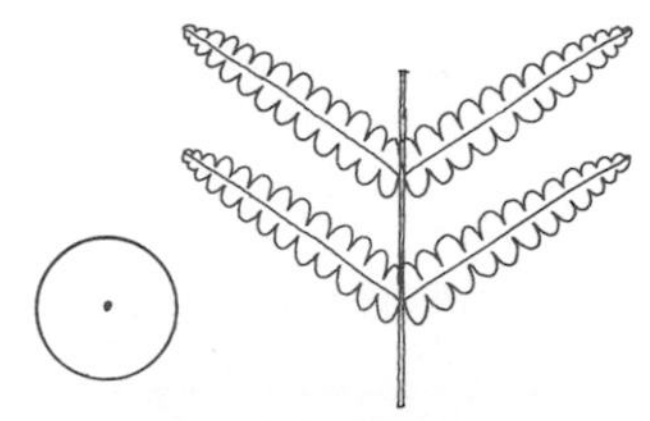

19990701・玉山

19910910・南湖北峰→北山登山口

●**特徵**：莖短，斜上生長，常分枝，葉叢生莖頂，莖頂密被褐色披針形鱗片；葉柄長3~7cm，基部紫褐色發亮，上段草稈色，葉柄基部常宿存；葉片線形，紙質，長8~15cm，寬1~1.5cm，二回羽狀分裂；羽片卵狀三角形，長0.5~1cm，寬0.3~1cm，背面具小鱗片，邊緣具尖齒；孢膜圓形，盾狀著生，在羽軸兩側各一行，能育部分集中在上段羽片。

●**習性**：地生，生長在高山寒原灌叢下或岩石遮蔽處。

●**分布**：喜馬拉雅山東部及其鄰近地區，台灣零星產於高海拔地區。

【附註】本種為典型的高山蕨類，生長在海拔3000公尺以上地區，主要位於岩石環境，野外常見呈片狀生長，亦即其莖雖短而斜上，但沿著岩縫不斷竄生，葉片枯萎後常存留部分葉柄，或許有利於保護莖頂、截留有機物質，以及保持些許濕氣。

（主）葉片線形，二回羽狀分裂，羽片卵狀三角形。
（小）植株直立，常沿岩石縫隙生長。

福山氏耳蕨

Polystichum sinense Christ

海拔	高海拔	
生態帶	高山寒原	
地形	谷地	山坡
棲息地	林緣	空曠地
習性	地生	
頻度	稀有	

●特徵：莖短，斜上生長，莖頂與葉柄密布同樣之淡褐色披針形鱗片，葉叢生；葉柄長10~20cm，草稈色；葉片長橢圓形至披針形，長20~30cm，寬5~8cm，二回羽狀複葉，草質，葉軸亦具與葉柄相同但較窄小的鱗片；羽片三角狀披針形，長2~5cm，寬0.5~2cm，基部羽片較短；背面被線形、先端有腺狀細胞之小鱗片，葉緣具芒刺；孢膜圓形，盾狀著生，於中脈兩側各一排。

●習性：地生，生長在高山寒原之岩石縫中。

●分布：喜馬拉雅山及其鄰近地區，台灣產於海拔3500公尺以上高山寒原地區，稀有。

【附註】本種與高山耳蕨（P.295）、南湖耳蕨（①P.342）均為高山型蕨類，幾乎都出現在森林界線以上的環境，生長在岩石的縫隙中，莖常斜上生長且沿石縫分枝，所以葉片常成群出現。此群耳蕨的葉片一般為較柔軟的草質或紙質，葉緣如有芒刺也不若其他耳蕨屬植物剛硬，高山耳蕨與南湖耳蕨的葉都是二回羽狀分裂，前者羽片長僅1cm，後者長可達1.5cm，而本種則為二回羽狀複葉，羽片長2~5cm。

20050705・南湖大山

20050705・南湖大山

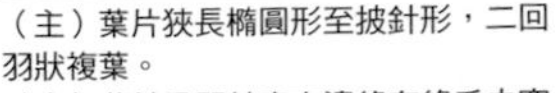

（主）葉片狹長橢圓形至披針形，二回羽狀複葉。
（小）葉軸及羽軸密布邊緣有緣毛之窄披針形淡褐色鱗片。

芒齒耳蕨

Polystichum hecatopteron Diels

海拔	中海拔
生態帶	暖溫帶闊葉林　針闊葉混生林
地形	山坡
棲息地	林內　林緣
習性	地生
頻度	稀有

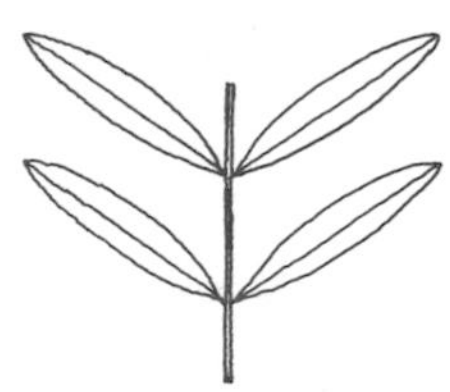

20180502・太平山見晴

●**特徵**：莖短，斜上生長，莖頂與葉柄基部同樣被覆褐色披針形鱗片，葉叢生；葉柄草稈色，長5~15cm；葉片線形，長20~40cm，寬1.5~2.5cm，一回羽狀複葉，紙質；羽片斜方形，長約1cm，寬約0.5cm，基部上側具耳狀突起，基部羽片逐漸短縮並向下反折；羽片邊緣除基部下側外均有芒刺；孢子囊群多集生在中上段之羽片，孢膜圓盾形。

●**習性**：地生，生長在成熟闊葉林下富含腐植質之處。

●**分布**：中國長江流域以南，台灣產於中海拔山區。

【**附註**】本種最重要的特徵在其基部羽片逐漸短縮並向下反折，形態特徵最相近的種類有對生耳蕨、斜羽耳蕨、台灣耳蕨與台東耳蕨（P.298~301）等，都具有一回羽狀複葉的葉形，羽片不分裂，葉軸近頂處無不定芽，此類耳蕨以中國南部為其分布中心，全世界約有34種之多。

20180502・太平山見晴

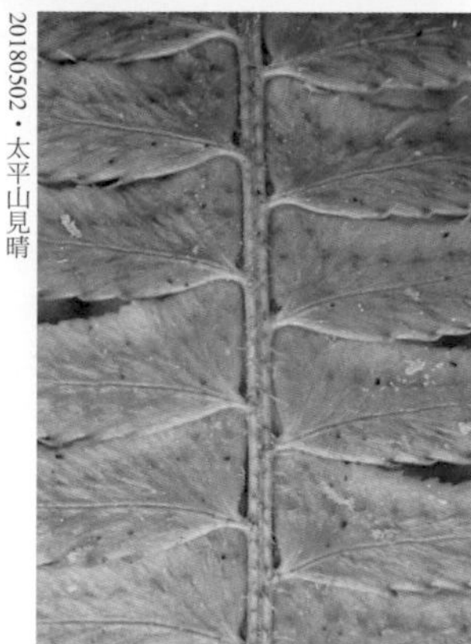

（主）葉片細長，羽片對數極多，可達40~60對。
（小）羽片邊緣具芒刺。

對生耳蕨

Polystichum deltodon (Bak.) Diels

海拔	中海拔
生態帶	暖溫帶闊葉林
地形	山坡
棲息地	林內
習性	岩生
頻度	偶見

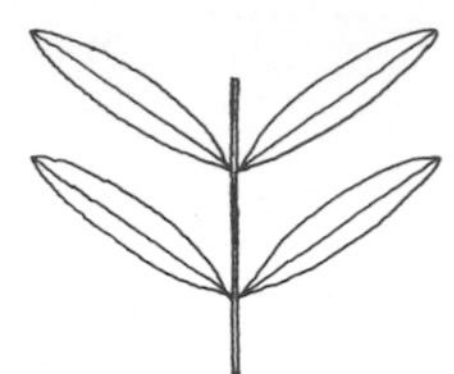

19990829・溪頭

●**特徵**：莖短，直立，莖頂及葉柄基部被覆暗褐色披針形鱗片，葉叢生；葉柄長5~10cm，基部以上疏被鱗片；葉片線形，長15~25cm，寬2.5~3.5cm，薄革質，一回羽狀複葉，基部不窄縮，葉軸疏被褐色小鱗片；羽片通常互生，平展，長1.4~1.8cm，寬0.5~0.8cm，鐮形至斜方形，末端近圓形，具一短芒刺，邊緣略具淺鋸齒；孢子囊群位於小脈頂端，靠近羽片上緣及前緣，孢膜圓盾形。

20040815・南橫

20040815・南橫

●**習性**：生長在林下岩石環境。

●**分布**：中國長江以南至緬甸，東達日本及菲律賓，台灣產於中海拔石灰岩環境。

【附註】本種是石灰岩的指標植物，在台灣的中部及東部較容易發現其蹤跡，本種的羽片上緣平直，有別於斜羽耳蕨的傾斜向上，也不同於台灣耳蕨和台東耳蕨（P.300、301）的彎曲斜上。

（主）葉片線形，基部不短縮，一回羽狀複葉。
（小左）羽片斜方形至近三角形，平展，孢膜盾狀。
（小右）長在闊葉林下潮濕的岩壁上。

斜羽耳蕨

Polystichum obliquum
(Don) Moore

海拔	中海拔	
生態帶	暖溫帶闊葉林	
地形	山坡	
棲息地	林內	
習性	岩生	地生
頻度	稀有	

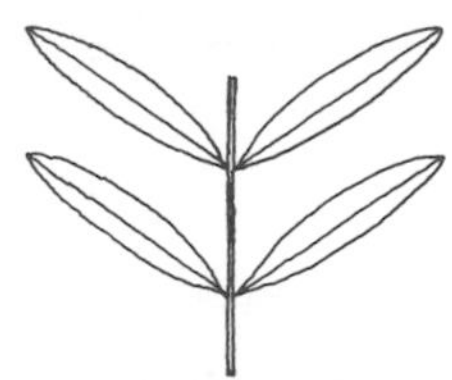

20040815・南橫

●特徵：莖短，直立，莖頂密生亮褐色披針形鱗片，葉叢生；葉柄長5~15cm，禾稈色，基部疏被與莖頂相同之鱗片；葉片披針形，長15~25cm，寬2.5~6cm，一回羽狀複葉，薄革質；羽片斜菱形，下緣斜上，不彎曲，長1.5~3cm，寬7~10mm，向上斜展，邊緣鋸齒狀，略具芒刺；孢膜圓盾形，較靠近羽片外緣。

●習性：岩生或地生，長在成熟闊葉林下的岩石環境。

●分布：喜馬拉雅山東部及其鄰近地區，台灣侷限分布於南部中海拔地區。

【附註】本種亦為石灰岩地區的指標植物，侷限分布於脊樑山脈南坡偏東一帶，與台灣耳蕨（P.300）非常相似，二者都具有斜菱形的羽片，區分重點在羽片的下緣及羽片伸展的角度，本種下緣較平直，羽片斜展向上，而台灣耳蕨的下緣向上彎弓，羽片則較平展。

20040815・南橫

（主）生長在林下具腐植質的岩石上，葉叢生，葉片披針形。
（小）葉為一回羽狀複葉，羽片斜菱形，邊緣多少具芒刺。

台灣耳蕨

Polystichum formosanum Rosenst.

海拔	低海拔　中海拔
生態帶	亞熱帶闊葉林　暖溫帶闊葉林
地形	谷地　山坡
棲息地	林內
習性	岩生　地生
頻度	偶見

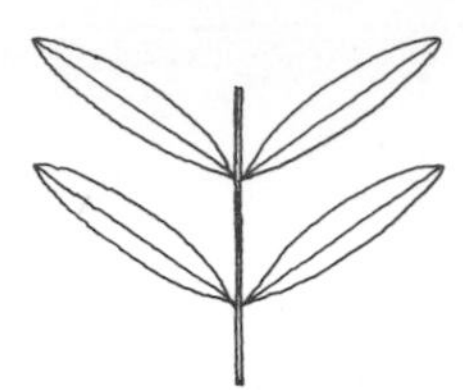

●**特徵**：莖短，直立，莖頂及葉柄基部密被褐色披針形鱗片，葉叢生；葉柄長10~15cm，草稈色；葉片線狀披針形，長15~30cm，寬3.5~7cm，一回羽狀複葉；羽片斜菱形至鐮狀披針形，具柄，長1.5~4cm，寬0.5~1.5cm，下緣向上彎弓，上緣及前緣具銳齒，多少具芒刺，耳尖圓鈍，背面被小鱗片；孢膜圓盾形，靠近羽片上緣及前緣。

●**習性**：主要生長在成熟闊葉林下潮濕、具腐植質之土坡。

●**分布**：琉球群島，台灣產於中、低海拔地區。

【**附註**】本種在全世界數量最多的地方應是台灣，散布在全台中、低海拔發育較成熟的闊葉林下，在各地呈零星分布狀，本種與石灰岩環境較無關係，常見長在土坡上，偶也出現在富含腐植質的岩石上。

20040301・九份二山

2003906・北大武山

20070429・五指山

（主）葉片呈線狀披針形，一回羽狀複葉。
（小左）生長在林下潮濕且富含腐植質的土坡上。
（小右）羽片鐮形，下緣向上彎曲，上緣及前緣具銳齒，孢膜圓盾形，貼近上緣及前緣。

台東耳蕨

Polystichum acutidens Christ

海拔	中海拔	
生態帶	暖溫帶闊葉林	針闊葉混生林
地形	山坡	
棲息地	林內	
習性	地生	
頻度	偶見	

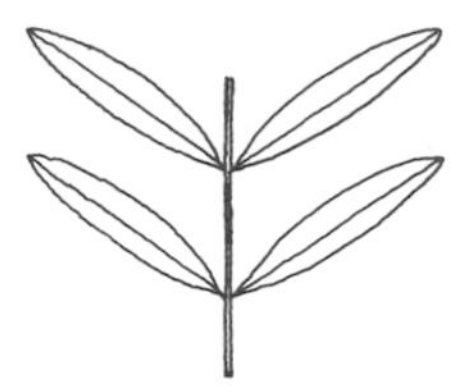

●**特徵**：莖短，直立，莖頂及葉柄基部密布褐色披針形鱗片，葉叢生；葉柄長10~30cm，草稈色，上段疏被鱗片；葉片長披針形，長20~45cm，寬5~10cm，一回羽狀複葉，紙質；羽片鐮狀披針形，長2.5~5cm，寬0.8~1cm，基部上側具明顯的耳狀突起，上緣及前緣呈細鋸齒狀，頂端略具芒刺；孢膜圓盾形，靠近羽片上緣及前緣。

●**習性**：地生，生長在闊葉林下潮濕且多腐植質之處。

●**分布**：中國南部及越南，台灣中海拔地區可見。

【附註】本種在中國是石灰岩地區的指標植物，在台灣則多生長在林下潮濕且富含腐植質的土坡上，但是它在台灣的產地偏中部及東部，此一分布型與台灣許多其他的石灰岩蕨類頗為吻合。

19980821・玉山瓦拉米古道

20070119・高台古道

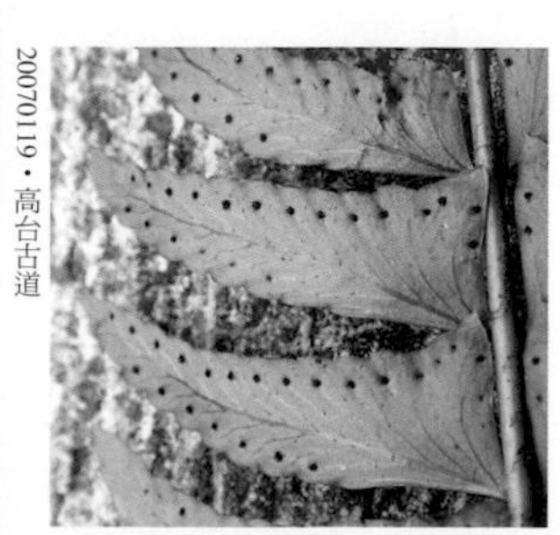

（主）葉片長披針形，一回羽狀複葉。
（小）羽片鐮狀披針形，基部上側明顯具耳狀突起，上緣及前緣可見細鋸齒。

尾葉耳蕨

Polystichum thomsonii (Hook. f.) Beddome

海拔	中海拔	高海拔
生態帶	針闊葉混生林	針葉林
地形	谷地	山坡
棲息地	林內	
習性	地生	
頻度	稀有	

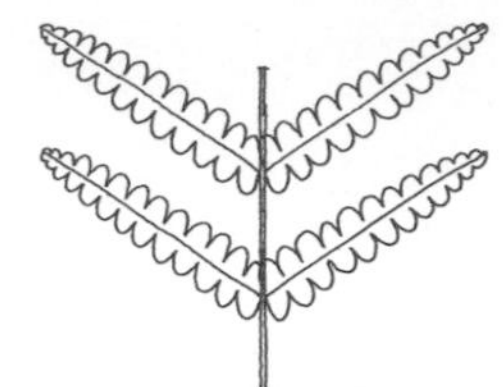

●**特徵**：莖短，直立，密生褐色披針形鱗片，葉叢生；葉柄長5~10cm，草稈色，基部被覆與莖頂相同之鱗片；葉片線狀披針形，草質，長10~20cm，寬1~3cm，二回羽狀分裂，基部通常略窄縮，頂端鈍；羽片橢圓形，長0.5~1.5cm，寬0.3~0.8cm，基部不對稱，上側常形成耳狀裂片，羽片邊緣尖鋸齒狀；孢膜圓盾形，位於羽片上側及前側較近中脈之處。

●**習性**：地生，生長在針葉林下潮濕且具腐植質之處。

●**分布**：喜馬拉雅山東部及其鄰近地區，台灣產於海拔2500至3000公尺地區。

【附註】本種為亞高山型的蕨類植物，生長在針葉林下的溪谷地，潮濕且多腐植質的環境，葉為草質，二回羽狀裂葉，羽片常或深或淺地分裂，羽片基部常不對稱，同一小群的蕨類台產2種，即本種與小耳蕨（*P. inaense* (Tagawa) Tagawa），都具有前述的特徵，不過本種的頂羽片頂端呈尾狀，植株較高大，約20~30cm，而小耳蕨葉片頂端不呈尾狀，植株也較矮小，約10~15cm，產於台東向陽山一帶。

20040814．南橫

20040814．南橫

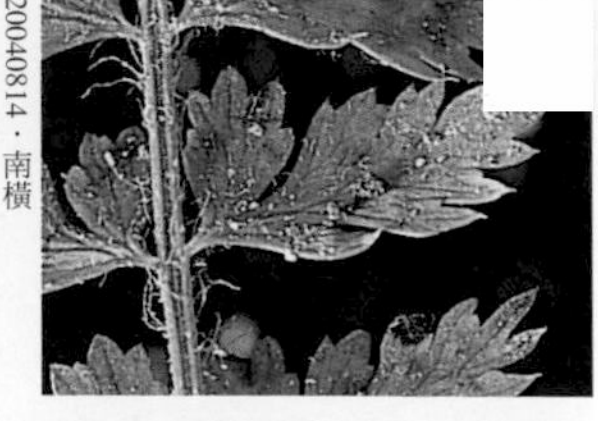

20040814．南橫

（主）葉片線狀披針形，二回羽狀分裂，基部羽片略短縮。
（小左）孢膜盾狀著生於葉背，羽片邊緣分裂或形成鋸齒狀。
（小右）羽片基部不對稱，基部上側常形成耳狀裂片；羽軸表面具溝，且與葉軸之溝相通。

柳葉蕨

Cyrtogonellum fraxinellum (Christ) Ching

海拔	中海拔	
生態帶	暖溫帶闊葉林	
地形	山坡	
棲息地	林緣	空曠地
習性	岩生	
頻度	稀有	

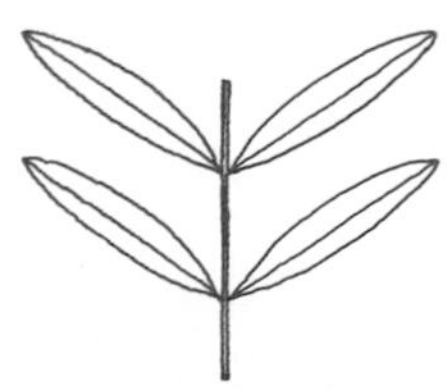

1998040l・天長

1991207・清水山

1991206・清水山

●**特徵**：莖短，直立，與葉柄基部同被卵狀披針形褐色鱗片，葉叢生；葉柄長10~20cm，草稈色；葉片卵形至卵狀披針形，長15~25cm，寬10~15cm，革質，一回羽狀複葉，葉軸被小鱗片，具頂羽片及同形的側羽片3~6對；羽片披針形至卵狀披針形，長7~12cm，寬1~3cm，全緣，末端多少鋸齒狀；葉脈網狀，在羽軸兩側各有一排斜長形網眼，內具單一不分叉之游離小脈，網眼外之葉脈均游離；孢子囊群著生於網眼中游離小脈頂端，羽軸兩側各一排，孢膜圓形，全緣，盾狀著生。

●**習性**：生長在林緣及空曠地岩石地區之岩縫中。

●**分布**：中國西南部，台灣產於南投至花蓮一帶。

【**附註**】柳葉蕨屬全屬均為石灰岩環境的指標植物，全世界約有8種，分布在中國西南部至越南北部，台灣的柳葉蕨亦不例外，產於具有石灰岩的中部與東部。

（主）生長在林緣的岩石環境。
（小左）葉為一回羽狀複葉，具獨立的頂羽片，羽片卵狀披針形。
（小右）葉脈網狀，孢膜圓形，盾狀著生，在羽軸兩側各一排。

狹葉貫眾

Cyrtomium hookerianum
(Presl) C. Chr.

海拔	中海拔	
生態帶	暖溫帶闊葉林	針闊葉混生林
地形	谷地	山坡
棲息地	林內	
習性	地生	
頻度	常見	

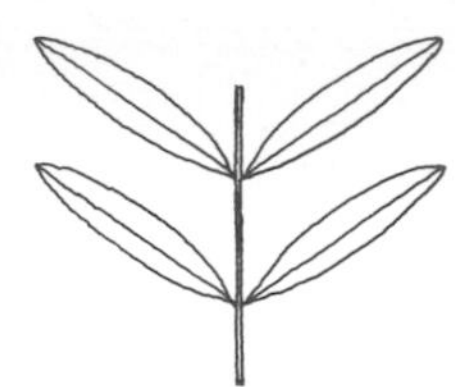

20060708・嘎拉賀

20020501・台大（人工栽植）

20000818・福山

20020501・台大（人工栽植）

●**特徵**：莖短，直立，密生紅褐色披針形鱗片，葉叢生；葉柄長30~50cm，草稈色，幼時覆滿鱗片；葉片披針形至橢圓形，紙質，一回羽狀複葉，長40~80cm，寬15~30cm，向上漸短縮，不具頂羽片；羽片披針形，長10~15cm，寬1.5~2cm，全緣或呈波狀緣，近頂處多少具前傾的小齒；葉脈網狀，在羽軸兩側各約2排網眼，網眼中具單一不分叉之游離小脈；孢子囊群位在網眼之游離小脈末端，孢膜圓盾形，全緣。

●**習性**：地生，生長在成熟闊葉林下富含腐植質之處。

●**分布**：喜馬拉雅山東部及其鄰近地區、日本，台灣產於中海拔地區。

【附註】台產同屬植物中，本種是唯一不具獨立頂羽片的種類，其羽片前端多少具齒，羽軸兩側網眼多為2排，羽片基部上側具不明顯的耳狀突起。

（主）生長在成熟闊葉林下富含腐植質之處，一回羽狀複葉，羽片披針形。
（小左）羽片基部略不等邊，羽軸與葉軸之溝不相通。
（小右上）葉脈網狀，網眼中具單一不分叉之游離小脈，在羽軸兩側各約2排網眼。
（小右下）幼葉密布大小不同的紅褐色鱗片。

大葉貫衆

Cytomium macrophyllum (Makino) Tagawa

海拔	中海拔	
生態帶	暖溫帶闊葉林	針闊葉混生林
地形	山坡	
棲息地	林內	林緣
習性	岩生	地生
頻度	偶見	

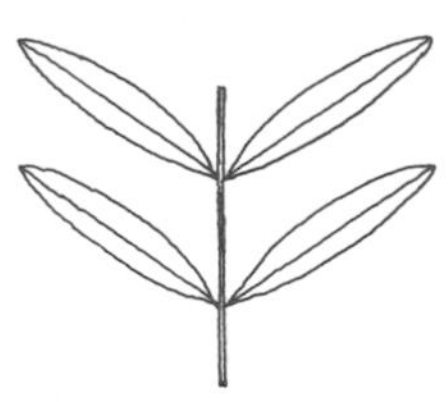

●**特徵**：莖短，直立，與葉柄基部同被黑褐色披針形鱗片，葉叢生；葉柄長15~20cm，草稈色；葉片矩狀卵形，紙質，長25~40cm，寬15~25cm，一回羽狀複葉，具明顯2~3叉之頂羽片；羽片卵形至矩狀卵形，長8~12cm，寬3~4cm，邊緣具不明顯之小齒；葉脈網狀，網眼中具單一不分叉之游離小脈；孢子囊群位在網眼之游離小脈上，不規則散布於羽片背面，孢膜圓形，全緣，盾狀著生。

●**習性**：岩生或地生，生長在林下濕潤、富含腐植質之處。

●**分布**：喜馬拉雅山及其鄰近地區、日本，台灣零星產於中海拔地區。

【**附註**】本種的葉片紙質，不為厚革質，側生羽片基部幾近對稱，基部1~2對側羽片幾近卵形而非矩狀披針形，2~3叉之頂羽片顯著，主要生長在潮濕的針闊葉混生林帶。

20050825・瑞穗林道

19870603・思源埡口

19870403・710林道

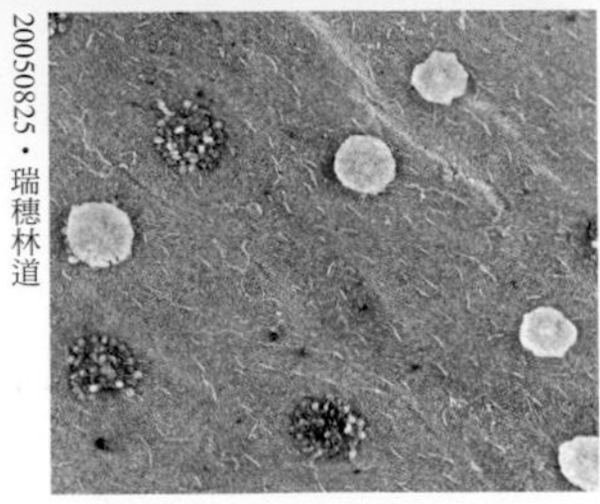

20050825・瑞穗林道

（主）葉片矩狀卵形，一回羽狀複葉，頂羽片三裂。
（中）生長在林下富含腐植質之處。
（小左）孢子囊群小型，不規則散布葉背；羽片邊緣具不明顯之細齒。
（小右）孢膜圓形，全緣，盾狀著生。

台灣貫衆

Cyrtomium taiwanense Tagawa

海拔	中海拔	
生態帶	暖溫帶闊葉林	
地形	谷地	山坡
棲息地	林內	林緣
習性	地生	
頻度	偶見	

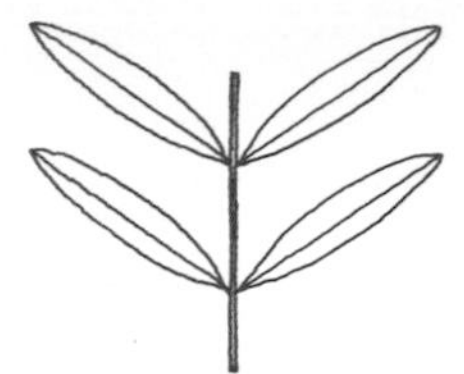

●**特徵**：莖短，直立，與葉柄基部同被褐色披針形鱗片，葉叢生；葉柄長25~35cm，草稈色；葉片矩圓形，一回羽狀複葉，長30~35cm，寬12~16cm，具三裂之頂羽片；側羽片5~7對，矩圓形至矩圓披針形，長11~15cm，寬3~4cm，基部圓弧形，邊緣多少具前傾的小齒，葉脈網狀，網眼中具1~3條單一不分叉之游離小脈；孢子囊群圓形，位在網眼之游離小脈上，孢膜圓形，全緣，盾狀著生，中間突起呈斗笠狀。

●**習性**：地生，生長在成熟林下或林緣半遮蔭處。

●**分布**：台灣特有種，產於屏東及台東交界處之中海拔山區。

【附註】產於中國雲南、西藏的顯脈貫眾（*C. nervosum* Ching & Shing）與本種可能是同種，顯脈貫眾羽片邊緣的小齒向外開張，而本種則是朝向羽片尖端，但台灣的標本及圖片小齒多數前傾。

20040815・南橫

20040815・南橫

20040815・南橫

（主）葉為奇數一回羽狀複葉，頂羽片三裂。
（小左）孢子囊群圓形，位在網眼內游離小脈上，羽片基部圓弧形。
（小右）生長在林下略空曠、富含腐植質之處。

三叉蕨科

Tectariaceae

外觀特徵：葉子多深綠色，質薄，乾後呈深橄欖褐色。葉表羽軸無溝，可見多細胞毛。孢子囊群圓形，位於脈上，孢膜圓腎形。多數種類的葉脈為網狀，有些甚至網眼內尚可見游離小脈。

生長習性：皆地生型，偏好岩石較多的林下環境。

地理分布：廣泛分布熱帶地區，台灣則主要分布於中、低海拔。

種數：全世界有14屬約420種，台灣有6屬29種。

● 本書介紹的三叉蕨科有5屬17種。

【屬、群檢索表】

①裂片凹入處具與葉表垂直之小刺 .... ②
①裂片凹入處不具刺狀突起 .... ③

②小羽軸兩側各具有一排網眼..................................
.... 網脈突齒蕨屬　P.320
②葉脈游離 ....突齒蕨屬　P.319

③孢子囊散生於葉背..
................................沙皮蕨、地耳蕨（三叉蕨屬）
③孢子囊群圓形 .... ④

④葉柄、葉軸、羽軸及小羽軸之背面密布鱗片 .... ⑤
④葉柄、葉軸、羽軸及小羽軸之背面鱗片稀少或無 .... ⑥

⑤最基部一對羽片之最下朝下小羽片向下延長.......
....肋毛蕨屬
⑤最基部一對羽片之兩側小羽片等長...................
....擬鱗毛蕨屬　P.316

⑥葉脈網狀，有時網眼中尚可見游離小脈，或是末裂片最基部之側脈自羽軸分出（具有擬肋毛蕨脈型）。...................................... 三叉蕨屬　P.309
⑥葉脈游離，不具前述之擬肋毛蕨脈型。............
.... 金毛蕨屬　P.322

傅氏三叉蕨

Tectaria fauriei Tagawa

海拔	低海拔
生態帶	熱帶闊葉林
地形	谷地
棲息地	林內　溪畔
習性	地生
頻度	偶見

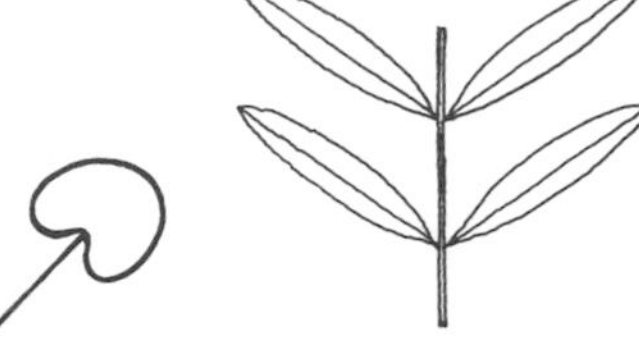

19991207・大同

20090314・台大（人工栽植）

2008 1029・台北植物園（人工栽植）

20090314・台大（人工栽植）

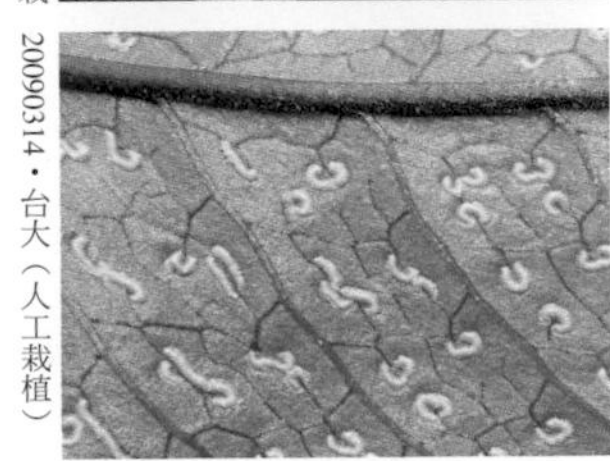

●**特徵**：莖短，直立，莖頂及葉柄基部被覆披針形黑褐色鱗片，葉叢生；葉最基部一對羽片至莖約長40~60cm；葉片五角形，長約50cm，寬約30cm，一回羽狀複葉，葉軸有翅，側羽片2~5對，倒披針形至倒卵狀披針形，長15~25cm，寬約5cm，邊緣波狀或全緣，羽軸基部背面具芽，最基部一對羽片之基部下側叉狀分裂；葉脈網狀，網眼具游離小脈；孢膜圓腎形，不規則散生在羽片主側脈兩側。

●**習性**：地生，生長在季節性乾旱熱帶森林下稍空曠處或林緣，常長在岩石環境。

●**分布**：印度東北部、中南半島及其鄰近的中國地區，南及馬來半島，東北以琉球群島為界，台灣見於中、南部及東部低海拔岩石環境。

【附註】本種屬於葉軸、葉柄具翅的三叉蕨，此群植物台產2種，即翅柄三叉蕨（①P.355）及本種，本種的翅由葉軸往下延伸至葉柄的一半長度或到基部，且羽軸與葉軸交接處背面常可見不定芽，而翅柄三叉蕨葉柄的翅都往下延伸至基部，羽軸基部背面無不定芽。

（主）葉叢生，具三叉狀頂羽片，最基部一對羽片分叉。
（小左）葉柄基部的鱗片黑褐色。
（小右上）葉軸具窄翅，和羽軸交接處之背面常見不定芽。
（小右下）孢膜一般為圓腎形，但也常見不規則形孢膜。

雲南三叉蕨

Tectaria yunnanensis (Bak.) Ching

海拔	低海拔	
生態帶	亞熱帶闊葉林	
地形	山溝	谷地
棲息地	林內	林緣
習性	地生	
頻度	偶見	

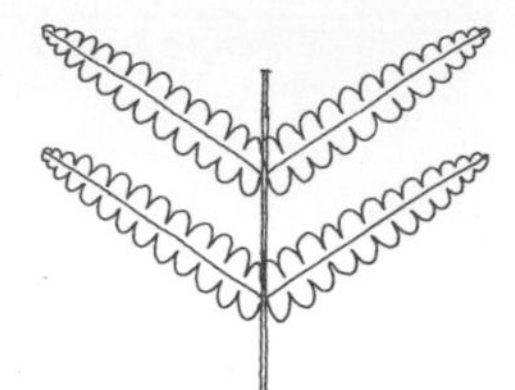

三叉蕨科

三叉蕨屬

●**特徵**：莖粗壯，短而斜上生長，莖頂與葉柄基部同被褐色披針形鱗片，葉叢生；葉柄長50~70cm，暗紫褐色，具光澤；葉片闊三角形，長50~80cm，寬30~50cm，二回羽狀深裂，兩面被肋毛，葉軸暗紫褐色；羽片橢圓狀披針形，長約40cm，寬約15cm，羽軸具闊翅，最基部一對羽片更寬闊；葉脈網狀，網眼內具游離小脈；孢子囊群長在游離小脈上；孢膜圓腎形，大型，在裂片主側脈兩側各一排。

●**習性**：地生，生長在成熟闊葉林下或林緣潮濕、多腐植質的環境。

●**分布**：中國南部及鄰近之中南半島，台灣見於南北兩端的低海拔森林。

【附註】台產三叉蕨屬植物最高大的就是本種，高可達2m或更多，其次是葛氏三叉蕨，高達1.2m，有時觀音三叉蕨也很大型，不過都在瀑布附近且懸垂生長，其餘的種類多高約50cm或更矮小。本種的其他特徵是孢膜大型，在裂片主側脈旁各一排，羽軸和裂片中脈兩側不具中空的弧形網眼。

19990213・烏來雲仙樂園

19980614・烏來雲仙樂園

20040618・新店獅仔尾山

（主）葉片三角形，二回羽狀深裂，最基部一對羽片最大，葉柄、葉軸暗紫褐色。

（中）生長在林緣潮濕多腐植質的環境，植株常超過2m。

（小）羽軸兩側具寬闊的翅，孢膜大型，在裂片主側脈兩側各一排。

觀音三叉蕨

Tectaria coadunata
(Wall. *ex* Hook. & Grev.) C. Chr.

海拔	中海拔	
生態帶	暖溫帶闊葉林	
地形	谷地	山坡
棲息地	林緣	
習性	岩生	
頻度	偶見	

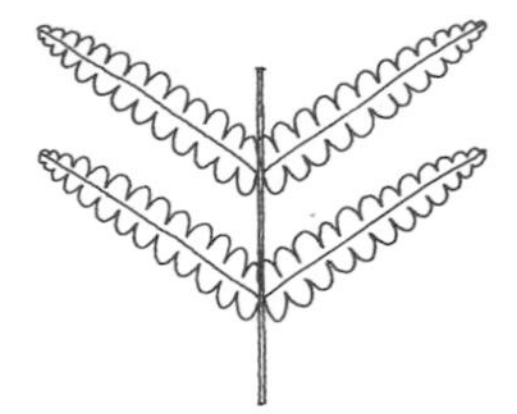

●**特徵**：根莖短匍匐狀，與葉柄基部同被褐色披針形鱗片，葉叢生莖頂；葉柄長12~35cm，亮紫褐色，被細肋毛；葉片卵圓形，長20~60cm，寬10~30cm，一回羽狀複葉至二回羽狀分裂，葉緣可見肋毛；羽軸和裂片中脈兩側具弧形網眼，網眼內一般無游離小脈；孢子囊群大型，在裂片中脈兩側各一排，孢膜圓腎形。

●**習性**：生長在石灰質環境之滴水岩壁上。

●**分布**：喜馬拉雅山東部、中國西南部至中南半島高地，台灣產於中、南部之石灰岩環境。

【附註】本種的習性非常特殊，常見生長在滴水的陡峭岩壁上，鐵線蕨和台灣鳳尾蕨是其伴生植物，三者的葉子皆下垂。本種的孢膜大型，在裂片中脈兩側各一排，全體被毛，甚至長在葉緣，狀似睫毛，羽軸及裂片中脈兩側具弧脈，弧脈之網眼中無游離小脈。台灣另有葛氏三叉蕨（*T. griffithii* (Bak.) C. Chr.），與本種一樣具有弧脈，以及孢膜大型且在裂片中脈兩側各排成一行的特性，不過葛氏三叉蕨的葉緣無睫毛，葉表的脈之間光滑無毛，生長在潮濕環境的土坡上，而不是滴水岩壁，但二者的葉均懸垂。葛氏三叉蕨是中南半島與東南亞的蕨類，台灣產於南部低海拔。

（主）葉片卵圓形，二回羽狀分裂，亦見長在岩壁凹入處較遮蔭潮濕的環境。
（小左）中上段之羽片間有翼片相連。
（小中）葉片及葉軸、羽軸上皆密布肋毛。
（小右）孢膜大型，在裂片中脈兩側各一排，位在弧脈外側的大網眼中的游離小脈上。

19991208・大同

19980307・花蓮新城

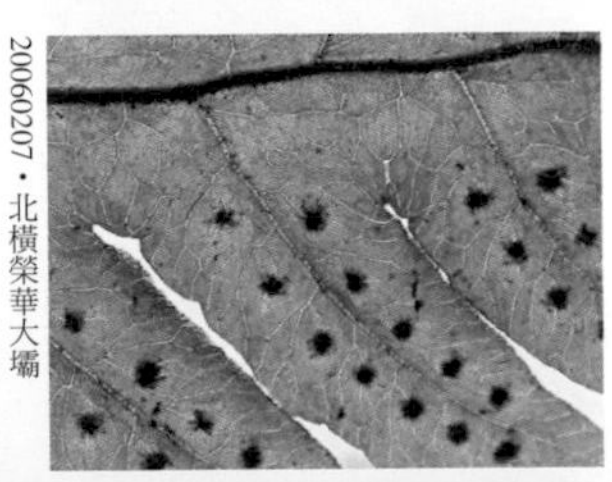

20060207・北橫榮華大壩

20070205・新竹下宇老

變葉三叉蕨

Tectaria brachiata (Zoll. & Mor.) Morton

海拔	低海拔	
生態帶	熱帶闊葉林	
地形	谷地	山坡
棲息地	林內	林緣
習性	地生	
頻度	稀有	

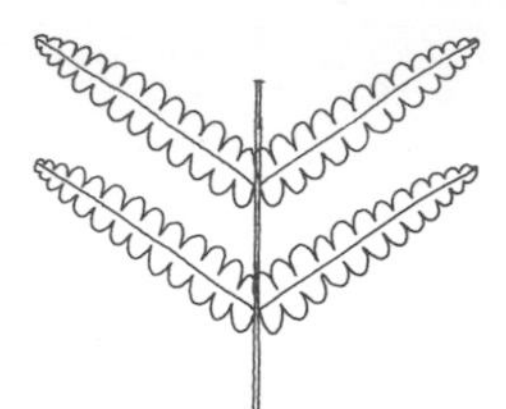

20061008・笠頂山

●**特徵**：根莖短匍匐狀，與葉柄基部同具暗褐色窄披針形鱗片，葉近生，兩型；營養葉柄長20~30cm，草稈色；葉片五角形或卵形，長15~25cm，寬10~20cm，一回羽狀複葉至二回羽狀分裂，葉軸與羽軸之表面有凹溝，密生肋毛；孢子葉柄長30~50cm，葉片長15~25cm，寬8~15cm；葉脈網狀，大部分的網眼無游離小脈，或具單一不分叉的游離小脈；孢子囊群著生在小脈頂端，孢膜圓腎形。

●**習性**：地生，生長在熱帶季節性乾旱森林之地被層。

●**分布**：印度東北部、中國南部、中南半島及東南亞一帶，台灣產於南部低海拔地區。

【**附註**】三叉蕨屬可分成兩大群，一是孢子囊群大型，在裂片側脈兩側各排成一行，另一群是孢子囊群小型，在裂片側脈兩側散生，前者台灣有7種，其中4種在羽軸兩側可見無內藏小脈之弧脈，本種即屬於這4種之一，另三種是觀音三叉蕨（P.311）、葛氏三叉蕨、薄葉三叉蕨（①P.357），本種植株最小，具兩型葉，地生，觀音三叉蕨與薄葉三叉蕨均為岩生之石灰岩植物，葛氏三叉蕨則是地生，但葉片大型，超過1m。

20061008・笠頂山

（主）葉片有時較呈卵形，孢子葉較營養葉窄小。
（小）葉脈網狀，網眼無游離小脈，或具單一不分叉的游離小脈。

屏東三叉蕨

Tectaria fuscipes (Bedd.) C. Chr.

海拔	低海拔
生態帶	熱帶闊葉林
地形	谷地　山坡
棲息地	林內
習性	地生
頻度	偶見

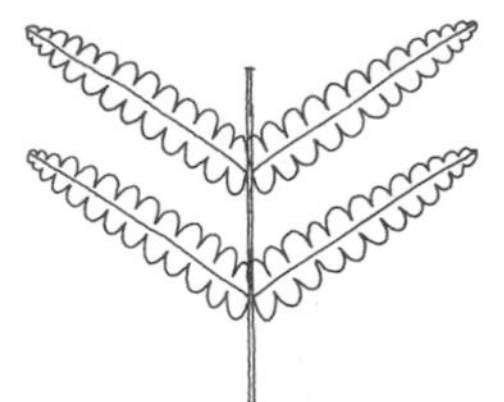

20040101・連雲瀑布

●**特徵**：莖短，直立，莖頂及葉柄基部被同樣的黑色披針形鱗片，葉叢生；葉柄長15~25cm，淡褐色，密被短毛；葉兩型，營養葉葉片長25~35cm，寬15~20cm，二回羽狀分裂，基部的羽片較大；羽片長約10cm，寬3.4~4cm，基部羽片具柄；羽軸、葉軸及葉脈兩面皆密被肋毛；葉脈沿羽軸及裂片中脈兩側連結成網眼，網眼中不具游離小脈，網眼外有游離脈；孢子葉較細長，葉脈游離，孢膜圓腎形，位於游離小脈末端。

●**習性**：地生，生長在季節性乾旱的熱帶森林下略空曠、有腐植質之處。

●**分布**：中南半島、印度、斯里蘭卡，北達中國南部，台灣見於南部低海拔森林。

【**附註**】本種是台產三叉蕨屬具擬肋毛蕨脈型植物中最特殊的一種，葉柄基部具煤黑色鱗片，其他種類都是褐色，本種是兩型葉，有較寬闊的營養葉及較狹窄的孢子葉，其他種類則具同形葉，且本種營養葉的葉脈在羽軸和裂片中脈兩側常可見網眼，其他種類皆為游離脈。

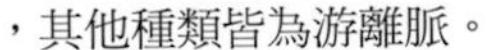

20030115・曾文水庫

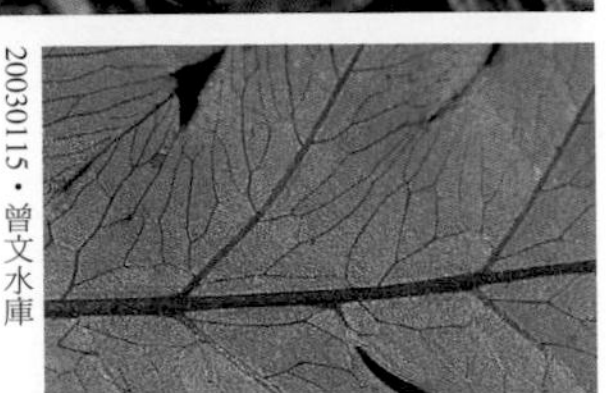

20071229・扇平

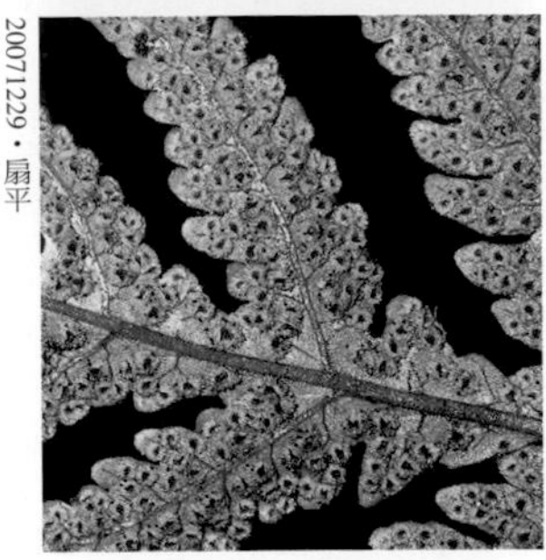

（主）孢子葉的裂片較營養葉的窄小。
（小上）營養葉的羽軸及裂片中脈兩側常具網眼。
（小下）孢子葉背面可見圓腎形孢膜。

南洋三叉蕨

Tectaria dissecta
(Forst.) Lellinger

海拔	低海拔
生態帶	熱帶闊葉林
地形	谷地
棲息地	林內
習性	地生
頻度	偶見

●**特徵**：莖短，直立，莖頂與葉柄基部被覆同樣的褐色披針形鱗片，葉叢生；葉柄長20~30cm；葉片闊卵形至闊卵狀披針形，長40~60cm，寬20~40cm，二回羽狀複葉至三回羽狀深裂，薄紙質，葉軸具鱗片與肋毛；羽片長14~18cm，寬6~8cm，最基部羽片之基部朝下小羽片較大且羽狀深裂，甚至形成獨立的小羽片；羽軸、小羽軸及脈上被肋毛；葉脈游離，孢膜圓腎形，位於裂片側脈之前側側脈頂端。

●**習性**：地生，生長在熱帶雨林下遮蔭且富含腐植質之處。

●**分布**：東南亞熱帶地區和太平洋島嶼，也產於印度，台灣主要產於屏東及台東，蘭嶼常見。

【**附註**】本種是台產三叉蕨屬具擬肋毛蕨脈型植物中體型最大、葉片分裂度最高的種類，高可達1m，其餘種類都不過50cm，本種葉片基部可達三回羽狀複葉至四回羽狀分裂，葉片中段則是二回羽狀複葉至三回羽狀分裂，葉片常呈闊卵形至闊卵狀披針形，其餘種類葉片常呈狹長的卵狀披針形，葉片基部至多三回羽狀分裂，葉片中段常是二回羽狀深裂至二回羽狀複葉。

20061101・扇平

20061010・新店（人工栽植）

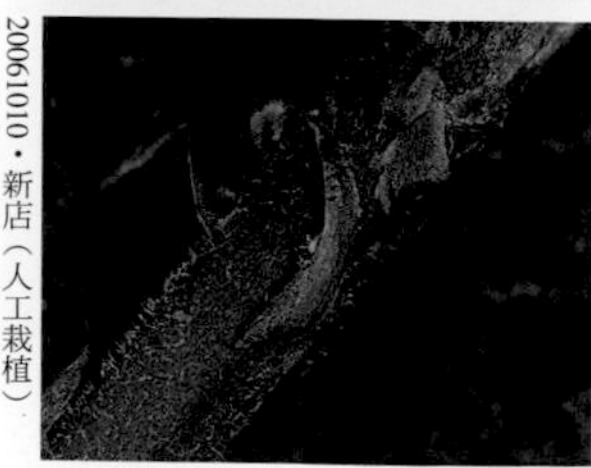

20061010・新店（人工栽植）

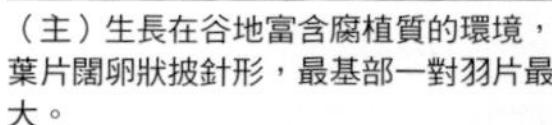

（主）生長在谷地富含腐植質的環境，葉片闊卵狀披針形，最基部一對羽片最大。
（小上）葉軸密布鱗片及肋毛，孢膜圓腎形，位在裂片側脈上。
（小下）葉柄具有褐色披針形鱗片及短毛。

高士佛三叉蕨

Tectaria kusukusensis (Hayata) Lellinger

海拔	低海拔
生態帶	亞熱帶闊葉林
地形	谷地　山坡
棲息地	林內
習性	地生
頻度	偶見

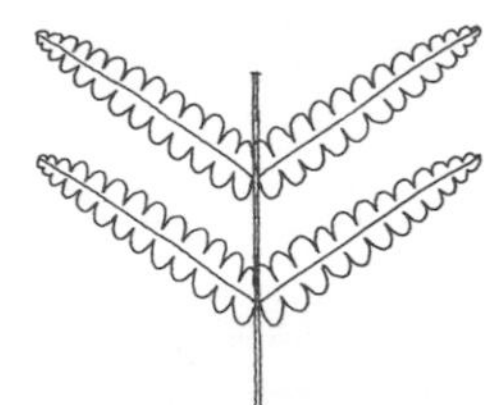

●**特徵**：莖短，直立，與葉柄基部被同樣的褐色披針形鱗片，葉叢生；葉柄長12~20cm，葉片披針形，長30~50cm，寬15~20cm，二回羽狀深裂，厚紙質，葉軸與葉柄兩面均被長肋毛；羽片長約8~10cm，寬2~3cm，最基部一對羽片之基部數對朝下小羽片較大且呈羽裂；孢膜圓腎形，位於裂片基部前側側脈頂端。

●**習性**：地生，生長在成熟闊葉林下潮濕且富含腐植質之處。

●**分布**：琉球群島至海南島、越南等地，台灣主要產於南北兩端低海拔天然林。

【附註】本種全株密被肉眼可見之白色長肋毛，尤其是在葉軸和羽軸，其他具擬肋毛蕨脈型植物均被短肋毛，肉眼較不易觀察。本種葉柄基部具褐色鱗片，有別於屏東三叉蕨（P.313）的黑色鱗片，葉片呈狹長披針形，有別於分裂度較細、葉形較偏闊卵形至闊卵狀披針形的南洋三叉蕨，本種葉片較厚而排灣三叉蕨（①P.356）的葉片則很薄且不具毛。

1985l217・鹿寮溪

19860128・萬里得山

20030210・台大（人工栽植）

20090409・台北植物園（人工栽植）

（主）葉片二回羽狀深裂，最基部一對羽片的基部下側小羽片明顯較上側長。
（小左上）生長在林下腐植質堆積較厚的地方。
（小左下）孢子囊群圓形，位於裂片基部前側側脈頂端。
（小右）裂片最基部的下側小脈出自羽軸而非裂片中脈。

頂囊擬鱗毛蕨

Dryopsis apiciflora
(Wall. *ex* Mett.) Holttum & Edwards

海拔	中海拔
生態帶	針闊葉混生林
地形	谷地　山坡
棲息地	林內
習性	地生
頻度	常見

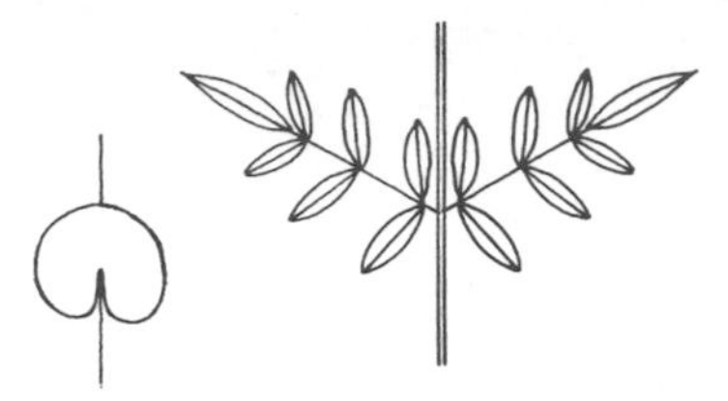

三叉蕨科

擬鱗毛蕨屬

19910911・小雪山莊

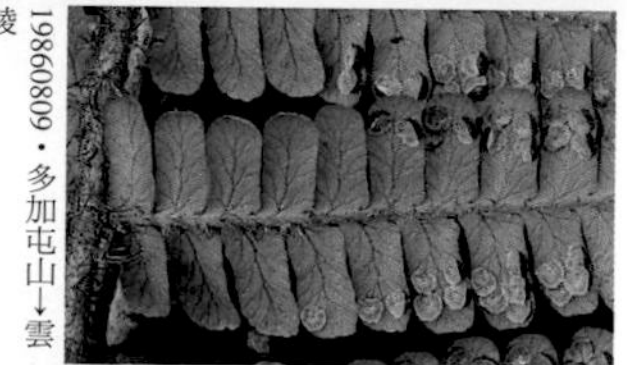

19860809・多加屯山→雲稜

20050820・阿里山

●**特徵**：莖短直立狀，與葉柄、葉軸同樣被覆褐色披針形鱗片，葉叢生莖頂；葉柄長15~25cm；葉片橢圓狀披針形，長40~70cm，寬20~30cm，二回羽狀深裂至複葉，堅紙質，最基部一對羽片略短縮；羽片長披針形，長8~15cm，寬1.5~2cm，無柄，羽軸表面有溝但不與葉軸的溝相通，背面可見帽形鱗片；小羽片（裂片）幾乎與羽軸垂直，圓截頭，孢膜大型，位在側脈之前側脈上，且集中在小羽片之上半段。

●**習性**：地生，生長在雲霧帶林下富含腐植質之處。

●**分布**：喜馬拉雅山東部、中國雲南及緬甸北部，台灣見於中海拔之檜木林帶。

【**附註**】擬鱗毛蕨屬是三叉蕨科中最像鱗毛蕨科的一群，其二回羽狀深裂至複葉、橢圓狀披針形的葉形都指向鱗毛蕨家族的特徵，尤其是羽軸表面具較深的溝，而一般三叉蕨家族成員是不具溝或僅具淺溝，且該處密布肋毛，擬鱗毛蕨屬只在溝邊突起部分頂端具肋毛。本種最重要的辨識特徵是：羽軸背面具帽形鱗片，且孢膜集生在小羽片上半段。

（主）生長在林下富含腐植質之處，葉片橢圓狀披針形。
（小左）小羽片無柄，孢膜大型，位在小羽片上半段。
（小右）葉柄可見多細胞毛及鱗片，幼嫩時白色至淺褐色，成熟後轉為褐色。

川上氏擬鱗毛蕨

Dryopsis kawakamii
(Hayata) Holttum & Edwards

海拔	中海拔
生態帶	針闊葉混生林
地形	谷地　山坡
棲息地	林內
習性	地生
頻度	偶見

●**特徵**：莖短而直立，與葉柄、葉軸同樣被覆褐色披針形鱗片，葉叢生莖頂；葉柄長10~15cm，表面具淺溝；葉片橢圓狀披針形，長25~40cm，寬10~15cm，基部略窄，二回羽狀複葉至三回羽狀淺裂；葉軸及羽軸背面密生褐色帽形鱗片；羽片窄披針形，長6~10cm，寬1.5~2cm，基部2~3對羽片略短；小羽片橢圓形，鈍頭，淺裂，表面密生肋毛；孢膜圓腎形，位在小羽片側脈近頂處。

●**習性**：地生，生長在霧林帶林下富含腐植質之處。

●**分布**：台灣特有種，普遍存在中海拔檜木林帶。

【附註】羽軸背面具帽形鱗片的特徵出現在部分鱗毛蕨及擬鱗毛蕨，台灣有2種擬鱗毛蕨屬植物具帽形鱗片，即本種與頂囊擬鱗毛蕨，都生長在檜木林帶，本種的小羽片常淺裂，後者則是全緣或僅具波浪狀之淺圓齒。

1910907・多加屯山↓雲稜

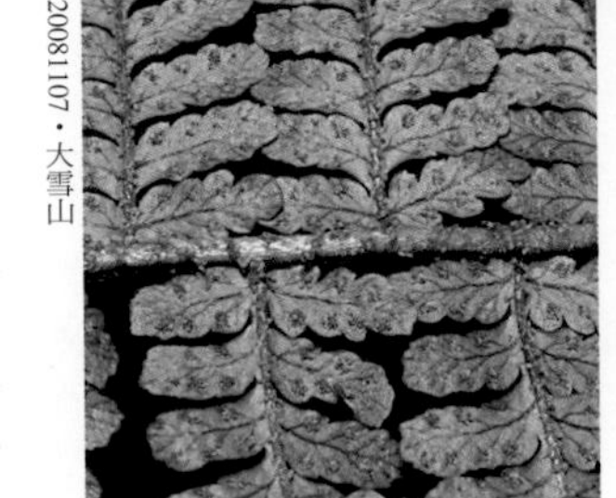

20081107・大雪山

20081107・大雪山

（主）生長在檜木林下富含腐植質處，葉片橢圓狀披針形，基部羽片略短。
（小左）葉軸及羽軸背面皆密布帽形鱗片。
（小右）莖頂幼葉及成熟葉之葉柄密布褐色鱗片，保護幼葉越過酷寒的冬天。

白鱗擬鱗毛蕨

Dryopsis maximowicziana
(Miq.) Holttum & Edwards

海拔	中海拔
生態帶	暖溫帶闊葉林
地形	谷地　山坡
棲息地	林內
習性	地生
頻度	瀕危

19990712・李棟山

●特徵：莖短而直立，莖頂與葉柄同被褐色披針形鱗片，葉叢生；葉柄長15~40cm，草稈色，鱗片開展；葉片卵狀披針形，長35~80cm，寬25~50cm，三回羽狀分裂至複葉，紙質；葉軸密生與葉柄相似但較窄之鱗片；羽片長10~25cm，寬2~5cm，最基部一對羽片下側小羽片較上側長，羽軸表面被有肋毛，背面被鱗片，沿小羽軸和葉脈有腺體；末裂片具齒緣，葉脈游離，末裂片側脈不分叉，孢膜圓腎形，邊緣撕裂狀，位於基部側脈上。

●習性：地生，生長在成熟闊葉林下腐植質較豐富處。

●分布：中國東部及日本南部，台灣產於中部中海拔山區。

【附註】本種是台產擬鱗毛蕨屬中，葉片分裂度最細的種類，三回羽狀分裂至複葉，且其最基部一對羽片下側小羽片較長，同屬的其他種類最基部一對羽片兩側大致對稱。

20030426・李棟山

20090412・李棟山

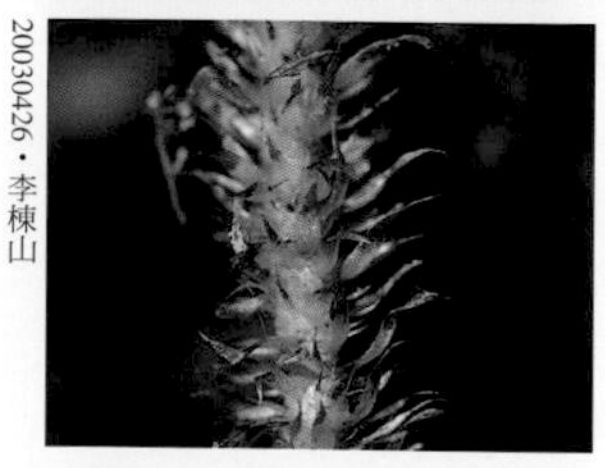

20030426・李棟山

（主）葉片卵狀披針形，三回羽狀複葉，最基部一對羽片下側小羽片較長。
（小左）葉軸和羽軸密布鱗片和毛，表面具彼此不相通的淺溝。
（小右上）孢膜圓腎形，邊緣撕裂狀，位於裂片基部之側脈上。
（小右下）葉柄具開展的鱗片，幼時色淡，老葉時轉呈褐色。

突齒蕨

Pteridrys cnemidaria (Christ) C. Chr. & Ching

海拔	低海拔	
生態帶	熱帶闊葉林	
地形	山溝	谷地
棲息地	林內	
習性	地生	
頻度	稀有	

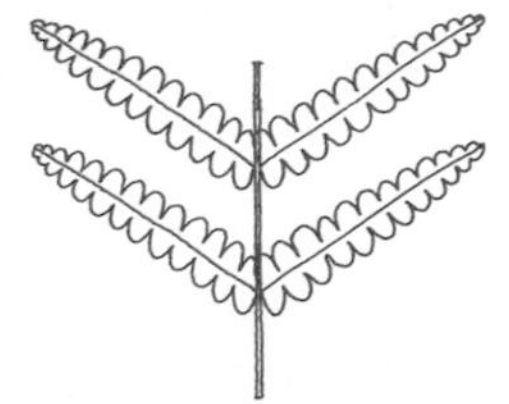

19880529・蝙蝠洞

19880529・蝙蝠洞

20090314・台大（人工栽植）

●特徵：莖短，斜上生長，莖頂及葉柄基部密被褐色披針形鱗片，葉叢生；葉柄長30~50cm，綠色；葉片橢圓形，長80~100cm，寬40~45cm，基部數對羽片略短縮，二回羽狀深裂；羽片長20~30cm，具長柄；裂片鐮狀披針形，末端鈍尖，邊緣具淺齒；裂片之側脈1~3叉，孢膜圓腎形，位於前側側脈中間。

●習性：地生，生長在季節性乾旱森林之林下溪溝邊。

●分布：印度東北部至中南半島，北及中國南部，台灣僅見於曾文水庫一帶。

【附註】從本種之地理分布、生長習性以及數量，約略可看出本種是以中南半島為分布中心的蕨類，台灣是它的分布邊緣，也見證台灣南部蕨類的特性── 多分布北緣種類，多稀有種。本種的特徵是裂片凹入處基部向上隆起，並具一枚三角形小尖齒，葉脈游離，葉軸及羽軸表面均向上隆起，無溝，且光滑無毛，植株高大，可達1.5~2m，羽片深裂幾達羽軸，基部具長柄，裂片尖頭。

（主）生長在林下溪溝邊的環境。
（小左）基部數對羽片略短縮，羽片平展，具長柄。
（小右）孢膜圓腎形，位在裂片每組側脈之前側側脈中間，每組側脈通常僅具一枚。

網脈突齒蕨

Pleocnemia rufinervis (Hayata) Nakai

海拔	低海拔
生態帶	亞熱帶闊葉林
地形	山坡
棲息地	林內　林緣
習性	地生
頻度	常見

三叉蕨科

網脈突齒蕨屬

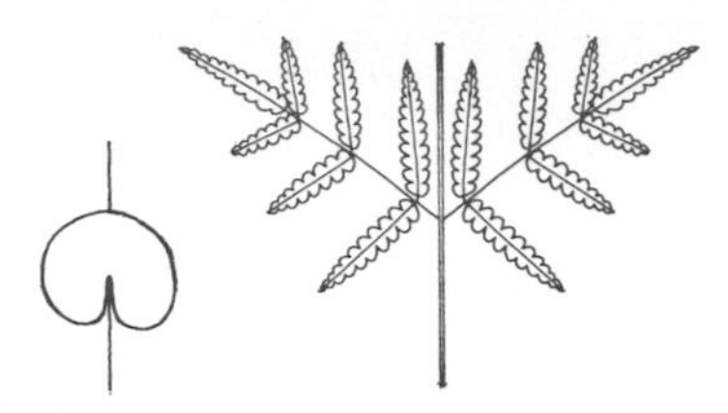

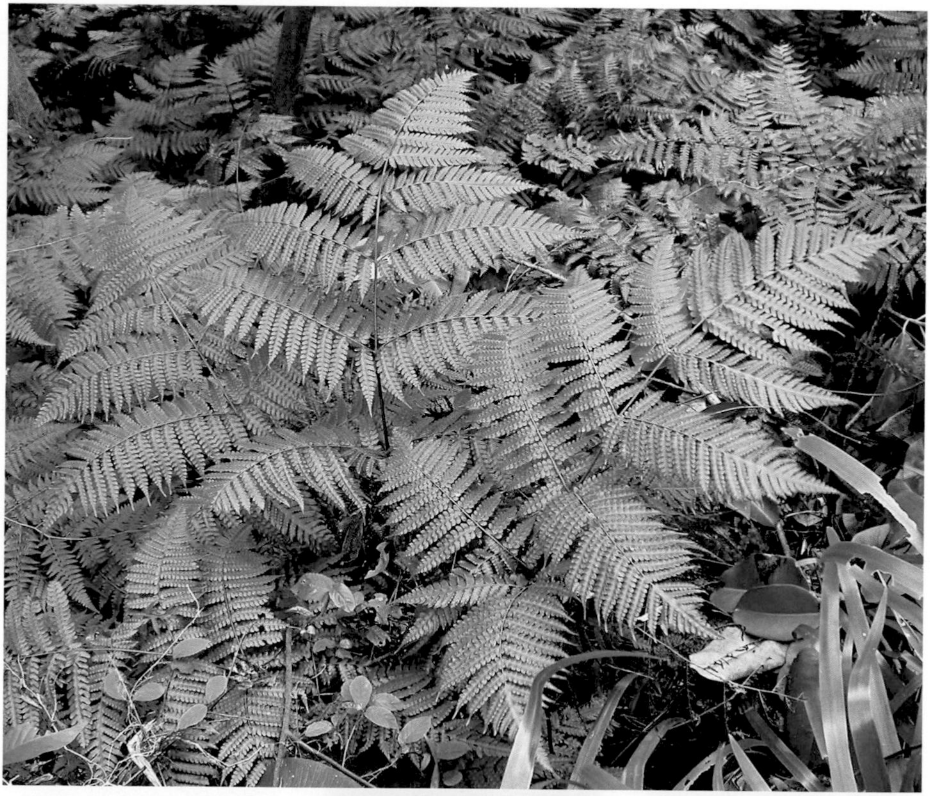

20051224・圓通寺

●**特徵**：根莖徑4~5cm，匍匐狀，葉叢生莖頂，莖頂與葉柄基部同被亮褐色線狀披針形鱗片，老時轉為暗褐色；葉柄長50~70cm，葉片闊卵狀三角形，長寬近似，約60~90cm，紙質，二回羽狀複葉至三回羽狀分裂；各級主軸表面隆起且密被肋毛；羽片長30~45cm，寬15~25cm，最基部一對羽片

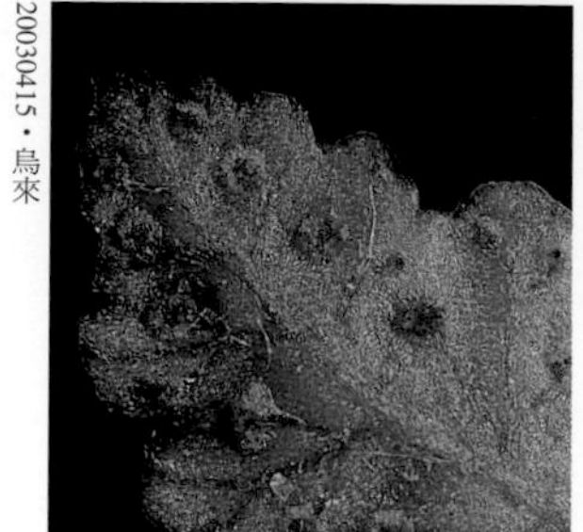

20030415・烏來

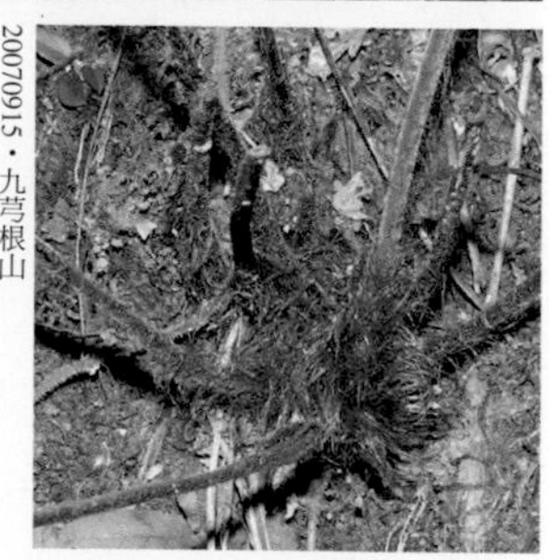

20070915・九芎根山

（主）葉片闊卵狀三角形，三回羽狀分裂，最基部一對羽片最基部下側小羽片明顯較長。

（小左）孢膜圓腎形，葉背密布黃色紡錘形腺體。

（小右）莖頂及葉柄基部密布紅棕色鱗片。

（右頁小上）末裂片凹入處基部具斜向上之突齒。

的最基部下側小羽片最長且羽狀深裂，並常有獨立的小羽片；小羽片長矩形，先端漸尖，長約10m，寬2~3cm，羽狀中裂，末裂片凹入處具斜上突起之短齒；葉脈背面具紡錘形之黃色腺體，羽軸、小羽軸兩側各具一排網眼，網眼中無游離小脈，網眼外為游離脈；孢膜圓腎形，著生在游離脈上，早凋。

●習性：地生，生長在林緣或林下較開闊處。

●分布：台灣特有種，普遍存在台灣低海拔山區。

【附註】台灣還有另一種網脈突齒蕨屬植物──黃腺羽蕨（*P. winiti* Holtt.），該種分布在中國南部、中南半島以及印度東北部，其習性與外形均與本種相似，主要的差異是無孢膜，本屬植物莖頂之鱗片可由亮褐色隨著年齡轉變成暗褐色，背面脈上的黃色腺體可以是極稀疏、色淡至密生且色彩鮮豔。

20041105・金瓜寮溪

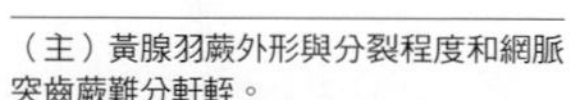

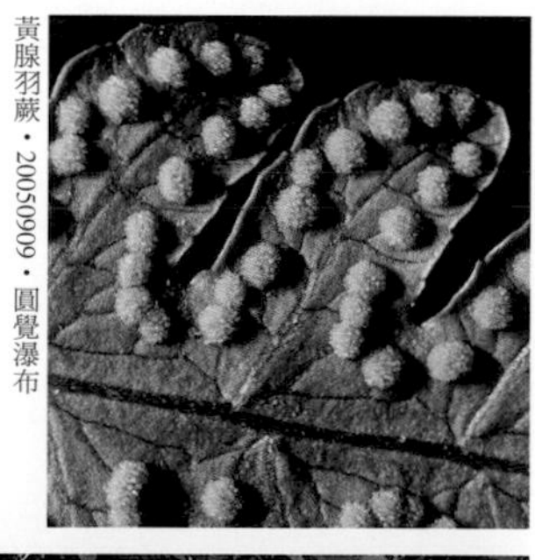

黃腺羽蕨・20050909・圓覺瀑布

（主）黃腺羽蕨外形與分裂程度和網脈突齒蕨難分軒輊。
（小）黃腺羽蕨葉背可見圓球形的孢子囊群和黃色的腺體。

黃腺羽蕨・19881109・台大植物系蔭棚（人工栽植）

金毛蕨

Lastreopsis tenera
(R. Br.) Tindale

海拔	中海拔
生態帶	暖溫帶闊葉林
地形	山坡
棲息地	林緣
習性	岩生
頻度	偶見

三叉蕨科

金毛蕨屬

●**特徵**：根莖短橫走狀，與葉柄基部被覆同樣的褐色披針形鱗片，葉近叢生；葉柄長15~20cm，密布短針狀毛；葉片五角形，長寬約略相等，20~30cm，紙質，三回羽狀分裂至複葉，全體密被針狀毛與腺毛；最基部一對羽片最大且其最基部朝下小羽片特別長；小羽片基部下延，與羽軸之窄翅相癒合；葉脈游離，孢膜圓腎形，小型，位在每組側脈之前側脈上。

●**習性**：生長在岩石環境之岩縫中。

●**分布**：菲律賓至澳洲一帶及其鄰近的太平洋島嶼，台灣見於南投、花蓮一帶之石灰岩地區。

【**附註**】金毛蕨屬種類最多的地方是在澳洲及其鄰近的熱帶地區，本種是該屬分布最北的種類，由此可略窺台灣的地理位置是台灣蕨類多樣性的重要原因之一。金毛蕨屬一般都具有橫走莖，葉片長寬約略相等，小羽片基部下延並與羽軸之窄翅相連，植物體常被腺毛，台灣只產本種一種，是石灰岩地區的指標植物。

20040210・南橫

20051009・小出山

20051009・小出山

（主）生長在石灰岩壁上。
（小左）葉片五角形，最基部一對羽片最大。
（小右）植物體密布針狀毛與腺毛，小羽片基部下延，與羽軸之窄翅相連。

蹄蓋蕨科

Woodsiaceae

外觀特徵：葉柄基部具有膜質、不透明之鱗片，往上通常光滑無鱗片；其基部橫切面可見兩條維管束，向上癒合成U字形。葉多為一回以上之羽狀複葉，大部分葉軸傾向肉質狀，略帶紫紅色。葉表之葉軸與羽軸通常具深縱溝，且互通。葉脈游離，少有網狀脈或小毛蕨脈型。孢子囊群多為長形，長在脈上，大多具孢膜，主要有背靠背雙蓋形、J形或馬蹄形、香腸形與線形四種。

生長習性：以林下之地生型最多，偶亦可見岩縫植物，大多成叢生長。

地理分布：廣泛分布世界各地，尤以熱帶、亞熱帶山地潮濕林下最多，台灣產於中、低海拔林下。

種數：全世界約有20屬680種，台灣有14屬73種。

● 本書介紹的蹄蓋蕨科有9屬43種。

【屬、群檢索表】

①葉兩型……莢果蕨屬
①葉同形……②

②葉脈結合，形成網眼。……③
②葉脈游離……⑥

③具與側羽片同形之頂羽片……④
③不具頂羽片……⑤

④羽片全緣，具橫長形網眼。……腸蕨屬
④羽片淺裂，具小毛蕨型之脈。……安蕨屬 P.339

⑤葉脈網狀……假腸蕨屬
⑤葉脈為小毛蕨型……**雙蓋蕨屬菜蕨群**

⑥岩生植物，葉柄基部膨大，密布紅棕色鱗片。……腫足蕨屬
⑥岩生或地生，葉柄基部不膨大，亦無紅棕色鱗片。……⑦

⑦植株在葉軸和羽軸間，或在葉柄上具關節。……⑧
⑦植株不具關節……⑨

⑧葉三角形至卵形，單葉或多回羽狀複葉，關節在葉片與葉柄交接處。……**羽節蕨屬** P.362
⑧葉線形，一回羽狀複葉，關節在葉柄上。……岩蕨屬 P.363

⑨孢子囊群不具孢膜……貞蕨屬 P.359
⑨孢子囊群具孢膜……⑩

⑩孢膜長在孢子囊群之下，鱗片形。……⑪
⑩孢膜長在孢子囊群之上，線形、馬蹄形或腎形。……⑫

⑪葉僅有鱗片而無毛……冷蕨屬 P.360
⑪葉除鱗片外尚具有多細胞柔毛……亮毛蕨屬

⑫葉軸與羽軸表面上之溝相通……⑬
⑫無羽軸、羽軸表面不具溝，或是葉軸與羽軸表面上之溝不相通。……⑮

⑬孢膜馬蹄形、J形、圓腎形或腎形。……**蹄蓋蕨屬** P.325
⑬孢膜為線形，在同一葉片中偶可見背靠背雙蓋形。……⑭

⑭一回羽狀複葉至三回羽狀裂葉，孢膜線形，在同一葉片中可見背靠背雙蓋形。……**雙蓋蕨屬短腸蕨群** P.343
⑭三至四回羽狀裂葉，孢膜線形，位於葉脈單側。……軸果蕨屬 P.353

⑮單葉至一回羽狀複葉……⑯
⑮葉片至少二回羽狀中裂……⑰

⑯羽片披針形，基部不具耳狀突起，具頂羽片。……**雙蓋蕨屬雙蓋蕨群** P.340
⑯羽片鐮形，基部多少具耳狀突起，不具頂羽片。……**雙蓋蕨屬毛柄蹄蓋蕨群** P.352

⑰基部數對羽片向下逐漸短縮……擬蹄蓋蕨屬亞蹄蓋蕨群
⑰葉片至多僅基部一對羽片略短……⑱

⑱ 葉柄和葉軸密布多細胞毛……擬蹄蓋蕨屬假蹄蓋蕨群 P.356
⑱ 葉柄和葉軸具窄鱗片，偶見多細胞毛。……擬蹄蓋蕨屬假鱗毛蕨群 P.354

紅苞蹄蓋蕨

Athyrium nakanoi Makino

海拔	中海拔	
生態帶	針闊葉混生林	
地形	谷地	山坡
棲息地	林內	
習性	地生	
頻度	偶見	

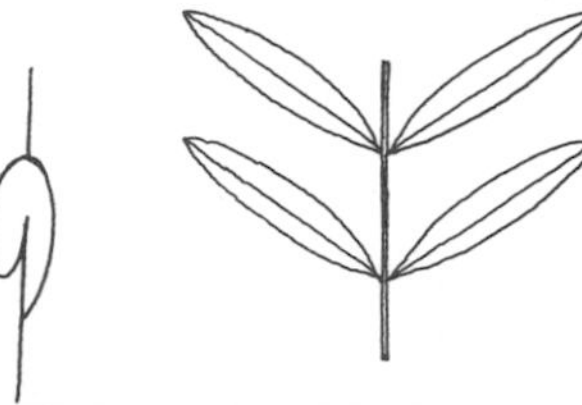

19901208・鴛鴦湖

20050721・巴福越嶺古道

20050731・巴福越嶺古道

●**特徵**：莖短直立狀，被淡褐色披針形鱗片，葉叢生；葉柄長2~5cm，紫褐色，亦具與莖頂相同之鱗片，往上漸疏；葉片披針形，長5~20cm，寬2~3cm，一回羽狀複葉，葉軸之背面具棍棒狀短腺毛；羽片橢圓狀披針形，長1~1.5cm，寬0.5~1cm，基部1~2對略短並下撇，羽軸表面不具針刺，羽片邊緣具圓齒，基部具朝上之耳狀突起；孢膜腎形、J形或馬蹄形，邊緣齒裂，位於羽片中脈與邊緣之間。

●**習性**：地生，生長在林下遮蔭、潮濕、富含腐植土之處。

●**分布**：喜馬拉雅山東部、中國西南部及日本，台灣產於中海拔地區。

【**附註**】本種是台產蹄蓋蕨屬植物當中，唯一具有典型一回羽狀複葉的物種，另有2種，宿蹄蓋蕨（①P.372）與蜜腺蹄蓋蕨（P.326）乍看也很像，不過它們羽片基部的耳狀裂片是獨立的，葉子的分裂程度也較傾向二回羽狀深裂。本種屬喜馬拉雅山東部的蕨類。

（主）常見生長在檜木林帶富含腐植質的土坡上。
（小左）葉軸可見蹄蓋蕨甚具特色的短棍棒狀單細胞腺毛。
（小右）同一羽片上即可見到腎形、J形及馬蹄形等多樣的孢膜。

密腺蹄蓋蕨

Athyrium puncticaule (Bl.) Moore

海拔	中海拔	
生態帶	暖溫帶闊葉林	
地形	山溝	谷地
棲息地	林內	
習性	地生	
頻度	稀有	

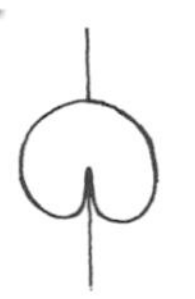

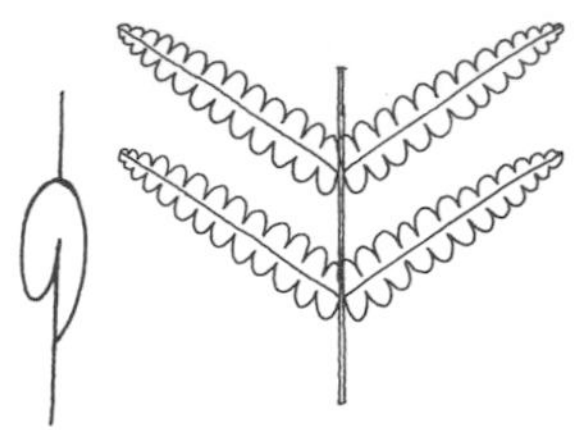

20050109・浸水營

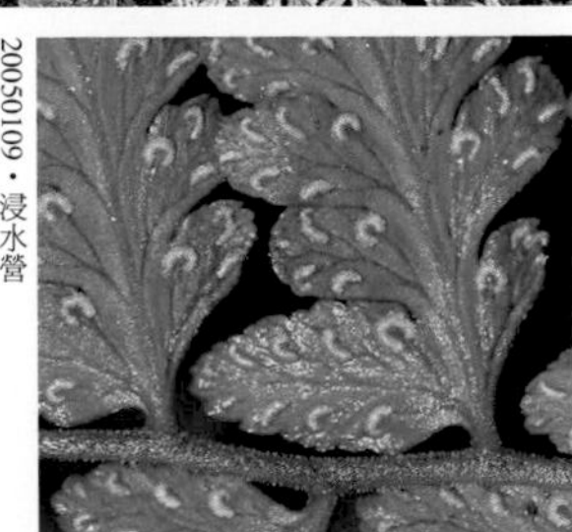

20050109・浸水營

●**特徵**：莖短直立狀，頂端具褐色披針形且邊緣全緣之鱗片，葉叢生；葉柄長10~15cm，被覆單細胞腺毛，基部具與莖頂相同之鱗片；葉片披針形，一回羽狀複葉到二回羽狀分裂，至多羽片基部上側小羽片游離；長20~40cm，寬8~10cm，葉軸亦被覆單細胞棍棒狀短腺毛；羽片斜長三角形，具短柄；基部數對羽片略短，最基部一對羽片經常下撇；羽軸表面無刺，密被單細胞棍棒狀短腺毛；孢膜圓腎形至J形或是短線形，邊緣齒裂，上有腺毛。

●**習性**：地生，生長在林下潮濕且多腐植質的地被層。

●**分布**：以東南亞為分布中心，西及印度、斯里蘭卡，北以喜馬拉雅山東部至台灣南部為界，台灣產於南部雲霧帶闊葉林。

【**附註**】本種葉形介於紅苞蹄蓋蕨（P.325）與宿蹄蓋蕨（①P.372）之間，由分裂程度觀之，本種較近似紅苞蹄蓋蕨，但常呈二回羽狀中裂，且羽片及裂片頂端較尖，羽片基部朝上之裂片也常幾近獨立形成小羽片，本種與紅苞蹄蓋蕨相同的是葉軸及羽軸密被棍棒狀短腺毛，此一特徵則不見於與本種外形近似的宿蹄蓋蕨，且後者的葉形通常都呈二回羽狀複葉。

（主）生長在林下潮濕且富含腐植質的地被層。
（小）羽軸背面可見單細胞短腺毛。

日本蹄蓋蕨

Athyrium niponicum
(Mett.) Hance

海拔	中海拔
生態帶	暖溫帶闊葉林
地形	谷地　山坡
棲息地	林內
習性	地生
頻度	偶見

19850910・太平山

19980408・特富野

19980408・特富野

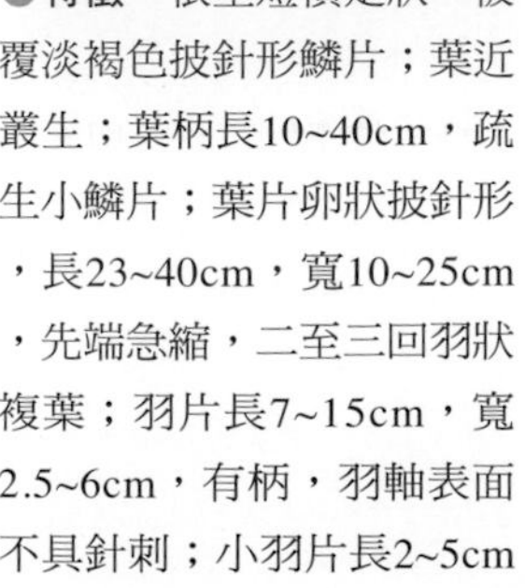

●**特徵**：根莖短橫走狀，被覆淡褐色披針形鱗片；葉近叢生；葉柄長10~40cm，疏生小鱗片；葉片卵狀披針形，長23~40cm，寬10~25cm，先端急縮，二至三回羽狀複葉；羽片長7~15cm，寬2.5~6cm，有柄，羽軸表面不具針刺；小羽片長2~5cm，寬0.5~1.5cm，無柄或具短柄，邊緣呈鈍齒緣或淺裂，小羽軸表面不具針刺；孢膜淡褐色，橢圓形、J形或馬蹄形，邊緣呈不規則撕裂狀。

●**習性**：地生，生長在林下潮濕多腐植質之處。

●**分布**：以東亞為分布中心，東達日本、韓國，西至喜馬拉雅山東部，南及台灣，台灣於中海拔山區可見。

【**附註**】台灣的蹄蓋蕨屬植物中，只有本種與亞德氏蹄蓋蕨的莖呈橫走狀，其餘的種類均為短直立莖，故莖的生長方式是鑑定本種的重要依據，亞德氏蹄蓋蕨的莖較長，葉較遠生，而本種的莖較短，葉較近生，有時近似叢生狀。

（主）葉二至三回羽狀複葉，葉片卵狀披針形，生長在林下。
（小上）羽軸表面不具針刺。
（小下）孢膜大多為J形，邊緣不規則撕裂狀。

亞德氏蹄蓋蕨

（假冷蕨）

Athyrium atkinsonii Bedd.

海拔	中海拔	高海拔
生態帶	針闊葉混生林	針葉林
地形	谷地	山坡
棲息地	林內	林緣
習性	地生	
頻度	偶見	

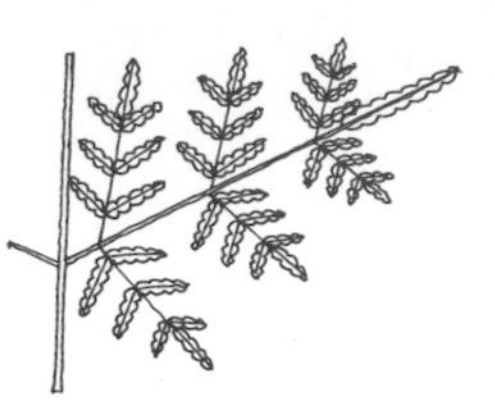

20020806・昆陽→合歡山

20020806・昆陽→合歡山

20020806・昆陽→合歡山

●**特徵**：根莖粗短而橫臥，葉近生；葉柄長15~40cm，草稈色，基部被覆淺褐色披針形鱗片，上段至葉軸具披針形至線形淺褐色小鱗片；葉片三角形至卵圓形，長30~50cm，寬10~30cm，三至四回羽狀裂葉；羽片披針形，長10~17cm，寬4~8cm，具柄；小羽片具短柄；末裂片邊緣淺齒狀；葉脈游離；孢膜圓腎形，邊緣呈撕裂狀，孢子囊群成熟後會將孢膜推擠至一側，狀似下位孢膜。

●**習性**：地生，生長在針葉林下或林緣多腐植質環境。

●**分布**：喜馬拉雅山東部、中國西南部、韓國、日本，台灣產於中、高海拔山區。

【**附註**】本種之所以被稱為假冷蕨，是因為其圓形孢子囊群在年輕時由位於一側之圓腎形孢膜自上方包覆，可是孢子囊群成熟後會將上位孢膜擠壓至下側，狀似下位孢膜，而下位孢膜是冷蕨屬（P.360）的特徵。

（主）生長在針葉林下潮濕處，常與玉山箭竹混生。
（小左）羽片明顯具柄，葉軸與羽軸的表面具溝且相通。
（小右）孢膜基部著生，成熟後會被壓在孢子囊群下面。

高山蹄蓋蕨

Athyrium silvicolum Tagawa

海拔	中海拔
生態帶	暖溫帶闊葉林
地形	山坡
棲息地	林內
習性	地生
頻度	偶見

20040211・利嘉林道

20031202・向天池

19950625・東眼山

19950625・東眼山

●**特徵**：莖短直立狀，頂端被覆淡褐色至暗褐色披針形鱗片，葉叢生；葉柄長20~35cm，基部被覆與莖頂相同之鱗片；葉片闊卵形或三角狀卵形，長20~40cm，寬15~30cm，二回羽狀複葉；羽片披針形，長9~20cm，寬2~5cm，有柄，羽軸表面具粉綠色、軟的長刺；小羽片略呈斜長方形，淺裂，至多裂到葉緣與小羽軸間距的一半，基部不對稱，朝上一側略呈耳狀突起，小羽軸表面亦具軟刺；孢膜長橢圓形、短線形或J形，緊貼小羽軸。

●**習性**：地生，生長在暖溫帶闊葉林下。

●**分布**：喜馬拉雅山東部至中國西南部，以及日本一帶，台灣中海拔地區可見。

【附註】本種雖名為高山蹄蓋蕨，然而並不產於高山，也未見於針葉林，其主要生長環境是在海拔500至1500公尺的暖溫帶闊葉林，如台北近郊的大屯、七星山區。台灣植物的中文名基本上也會尊重其發表的優先性，不過在首次發表時有其時空背景的限制與考量，難免有所差錯，本種的中文命名問題似也指出，台灣的生物中文名需要更審慎地重新處理。

（主）二回羽狀複葉，葉片闊卵形，最基部一對羽片略短縮。
（小上）羽軸及小羽軸的表面具粉綠色、軟的長刺。
（小中）孢膜線形，偶見J形，緊靠小羽軸。
（小下）本種屬於暖溫帶闊葉林的林下植物。

細葉蹄蓋蕨

Athyrium iseanum Ros.
var. *angustisectum* Tagawa

海拔	中海拔	
生態帶	暖溫帶闊葉林	針闊葉混生林
地形	谷地	山坡
棲息地	林內	
習性	地生	
頻度	偶見	

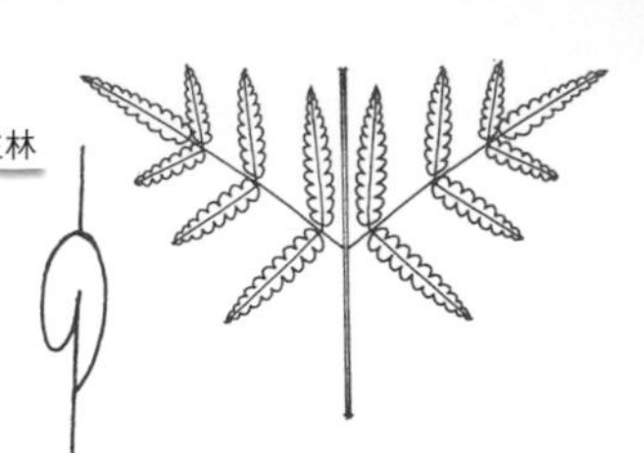

20040814・南橫

20040814・南橫

20040814・南橫

●**特徵**：莖短而直立，被褐色披針形鱗片，葉叢生其上；葉柄長15~30cm，紅褐色至草稈色，基部被覆與莖頂相同之鱗片；葉片卵形，長20~30cm，寬10~15cm，三回羽狀深裂，草質；羽片披針形至長披針形，長5~10cm，寬2.5~3.5cm，具柄，羽軸表面具粉綠色、軟的長刺；小羽片長1.5~2cm，寬0.5~1.5cm，具短柄，小羽軸表面亦具長刺；孢膜橢圓形、J形或馬蹄形，位於側脈基部。

●**習性**：地生，生長在林下遮蔭、富含腐植質之處。

●**分布**：中國長江流域及日本一帶，台灣產於中海拔山區。

【**附註**】由拉丁文學名可以知道台灣產細葉蹄蓋蕨其實是一個變種，與原種有若干形態上的差異，例如葉片背面不具芽，葉片與小羽片較寬，羽軸背面的腺毛較稀疏，由小羽軸分出的裂片較窄、較尖、排列也較疏鬆等，原種的葉子到冬天會凋萎，並利用不定芽越冬，此一現象在台灣尚未被發現，本變種與原種之分布範圍略同，但較偏溫暖的南方，台灣則只見變種而未見原種。

（主）生長在岩壁上腐植質堆積處。
（小上）葉為三回羽狀深裂，羽軸及小羽軸表面具長刺。
（小下）小羽片具短柄，孢膜多呈肥短的橢圓形、J形及馬蹄形。

生芽蹄蓋蕨

Athyrium strigillosum
(Moore *ex* Lowe) Moore *ex* Salomon

海拔	中海拔
生態帶	針闊葉混生林
地形	谷地　山坡
棲息地	林內
習性	地生
頻度	偶見

●特徵：莖短直立狀，被深褐色披針形鱗片，葉叢生其上；葉柄長20~30cm，基部被與莖頂相同之鱗片；葉片披針形至橢圓狀披針形，長25~40cm，寬10~15cm，二回羽狀複葉，草質，葉軸背面近頂端具一至數枚不定芽；羽片披針形，長6~10cm，寬2~4cm，羽軸表面具長刺；小羽片長10~15mm，寬6~10mm，邊緣具銳鋸齒，小羽軸表面亦具刺；葉脈游離；孢膜橢圓形、長條形或J形，靠近小羽軸。

●習性：地生，生長在林下遮蔭、潮濕且富含腐植質之處。

●分布：喜馬拉雅山東部、中國西南部，東達日本，台灣中海拔地區可見。

【附註】本種亦屬東喜馬拉雅山的蕨類之一，而有此地理分布屬性的蕨類，在台灣多半生長在檜木林帶，本種即是最佳例證。本種也是全台蹄蓋蕨屬植物中，唯一具備不定芽的種類。

19980926・玉山國家公園

19981113・新人崗

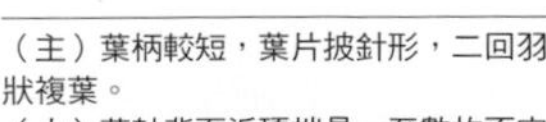

（主）葉柄較短，葉片披針形，二回羽狀複葉。
（小）葉軸背面近頂端具一至數枚不定芽。

山蹄蓋蕨

Athyrium vidalii
(Franch. & Sav.) Nakai

海拔	中海拔
生態帶	暖溫帶闊葉林　針闊葉混生林
地形	山坡
棲息地	林內　林緣　空曠地
習性	地生
頻度	偶見

●**特徵**：莖短直立狀，頂端密被褐色至淡褐色窄披針形鱗片，葉叢生其上；葉柄長8~25cm，淡褐色，基部被覆與莖頂相同之鱗片；葉片闊卵形至三角狀卵形，長18~35cm，寬15~25cm，二回羽狀複葉，先端急縮，葉軸與羽軸表面縱溝具腺毛；羽片長披針形，長7~15cm，寬1~2cm，具短柄，基部羽片通常較短且較寬，羽軸表面具褐色硬短刺；小羽片長1~2cm，寬約0.5cm，呈鋸齒緣或細鋸齒緣；孢膜腎形、馬蹄形或J形，長1~2mm。

●**習性**：地生，生長在林下較空曠處、林緣或開闊地。

●**分布**：以東亞為分布中心，包括日本、韓國及中國長江流域中、下游，台灣中海拔地區可見。

【附註】本種在台灣為典型的冬天落葉型植物，與紫萁（①P.80）習性相同，春季常見其叢生狀挺立的新葉，在台灣的分布範圍應屬檜木林帶可是不產檜木之處，亦即環境較偏中性，僅偶爾有霧之處。本種的羽軸表面有短刺，孢膜較多J形，葉柄基部鱗片較偏淡色，小羽片下先出，加上急縮的葉片頂端，都是最佳的辨識特徵。

20030720・馬海濮

20041024・馬海濮

20041024・馬海濮

（小）葉片三角狀卵形，二回羽狀複葉，頂端急縮是它的特徵，常見生長在林緣。
（小左）中部羽片基部之小羽片下先出，軸溝內具棍棒狀短腺毛。
（小右）羽軸表面具短刺。

逆羽蹄蓋蕨

Athyrium reflexipinnum Hayata

海拔	高海拔
生態帶	箭竹草原 / 針葉林 / 高山寒原
地形	山坡
棲息地	林內 / 灌叢下 / 林緣
習性	地生
頻度	常見

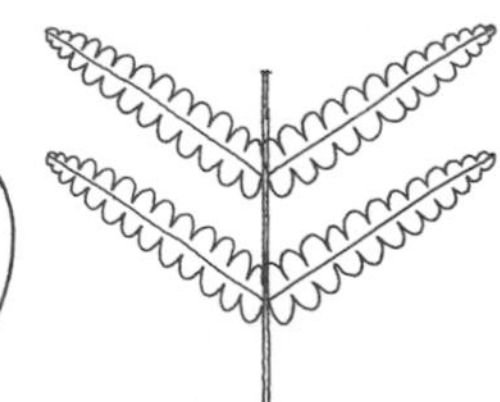

●**特徵**：莖短直立狀或斜上生長，莖頂被覆深褐色窄披針形鱗片，葉叢生；葉柄長5~20cm，草稈色，略帶紫紅色，基部被覆與莖頂相同之鱗片；葉片披針形，長15~30cm，寬5~12cm，二回羽狀中裂，葉軸與羽軸表面密被單細胞棍棒狀腺毛；中段羽片長2~7cm，寬約1cm，羽軸表面具短刺，下段羽片常下撇；葉脈游離，孢膜腎形、J形或短線形，邊緣撕裂狀，在末裂片中脈與葉緣之間或較靠近中脈。

●**習性**：地生，生長在針葉林下或林緣，或在高山灌叢下。

●**分布**：以台灣為分布中心，北及日本與韓國，台灣產於高海拔地區。

【附註】本種為典型的高山型蕨類，常見生長在冷杉林帶或高山寒原之灌叢下，在此一環境尚稱常見，然形態變異頗大，其最重要的辨識特徵是羽片下撇，以及其葉軸與羽軸表面具單細胞棍棒狀腺毛，此二特徵是對生蹄蓋蕨（①P.371）不具備的，對生蹄蓋蕨較常出現在鐵杉林帶，二者在全世界都以台灣為分布中心，族群都很龐大，其相互之關係尚需更深入的探討。

19910812・南湖圈谷

19990604・翠峰

（主）葉為二回羽狀中裂，葉軸及葉柄常呈紫紅色，基部羽片常下撇。
（小）羽片裂入約1/2，葉軸和羽軸表面具溝且相通。

三回蹄蓋蕨

Athyrium fimbriatum (Hook.) Moore

海拔	中海拔
生態帶	針闊葉混生林
地形	谷地　山坡
棲息地	林內
習性	地生
頻度	偶見

●**特徵**：莖短而直立，被紅褐色披針形鱗片，葉叢生；葉柄長20~25cm，泛紫褐色，罕見草稈色，基部被覆與莖頂相同之鱗片；葉片草質，卵狀披針形至卵圓形，三回羽狀分裂至複葉，長30~55cm，寬7~25cm，中段羽片基部上側小羽片比下側大，基部羽片略短縮；羽片披針形至鐮形，長5~15cm，寬2.5~5cm，具2.5~3mm長之柄，羽軸表面僅末端可見短刺；小羽片長13~25mm，寬6~12mm；孢膜馬蹄形至J形，邊緣撕裂狀。

●**習性**：生長在林下遮蔭處，富含腐植質的土坡。

●**分布**：喜馬拉雅山東部、印度北部、緬甸北部、中國西南部及日本南部，台灣產於針闊葉混生林帶。

【附註】小蹄蓋蕨（或稱七星山蹄蓋蕨）（*A. minimum* Ching）與本種之主要區別特徵為，羽軸上具短刺但不具腺毛，而本種之羽軸表面，尤其在靠近葉軸處常密布單細胞棍棒狀腺毛，羽軸上通常無刺；不過野外觀察顯示，羽軸上有無刺以及有無腺毛的特徵並不安定，加上七星山出現檜木林帶的物種，應也極為合理。

20030821・觀霧

20040814・南橫

20040814・南橫

（主）葉片卵狀披針形，三回羽狀深裂至複葉，本種是蹄蓋蕨屬中葉子分裂較細的種類。
（小左）孢膜多馬蹄形或J形。
（小右）葉軸泛紫紅色，具溝，與羽軸之溝相通。

耳垂蹄蓋蕨

Athyrium auriculatum
Serizawa

海拔	中海拔
生態帶	暖溫帶闊葉林
地形	山溝 谷地 山坡
棲息地	林內 林緣
習性	地生
頻度	偶見

20051205・北大武山

20051205・北大武山

●**特徵**：莖短直立狀，被黑褐色至黑色窄披針形鱗片，葉叢生；葉柄長15~25cm，基部被覆與莖頂相同之鱗片；葉片三角形，長20~25cm，寬16~20cm，二回羽狀複葉，紙質，葉軸與羽軸被棍棒狀腺毛；羽片明顯具柄，羽軸表面具硬短刺，羽片基部之小羽片上先出；小羽片長15~22mm，寬8~10mm，頂端圓鈍，兩側淺裂；孢膜短線形，偶亦見J形，近小羽軸。

●**習性**：地生，生長在林下半遮蔭處或林緣。

●**分布**：台灣特有種，產於中、南部中海拔山區。

【附註】本種屬於台灣南坡的種類，由其分布特性推測，有可能亦產於菲律賓，本種的重要特徵包括羽軸表面具短刺，孢膜多為短線形且貼近小羽軸，葉柄基部具黑色窄披針形鱗片，羽片顯著具柄，羽片基部之小羽片上先出。由本種羽軸上之短刺、葉柄基部具黑色窄披針形鱗片以及短線形孢膜可知，本種屬於阿里山蹄蓋蕨群，該群除了阿里山蹄蓋蕨（P.337）外，尚包含小葉蹄蓋蕨、軸果蹄蓋蕨（P.336）、紅柄蹄蓋蕨（①P.370）、倉田氏蹄蓋蕨、假軸果蹄蓋蕨（P.338）、溪谷蹄蓋蕨（①P.375）。

（主）葉片卵狀三角形，生長在林緣半遮蔭處。
（小）二回羽狀複葉，羽片具柄，小羽片基部不等邊且以一點著生羽軸上，孢膜短線形，貼近小羽軸。

軸果蹄蓋蕨

Athyrium epirachis
(Christ) Ching

海拔	中海拔
生態帶	暖溫帶闊葉林
地形	谷地 山坡
棲息地	林內
習性	地生
頻度	稀有

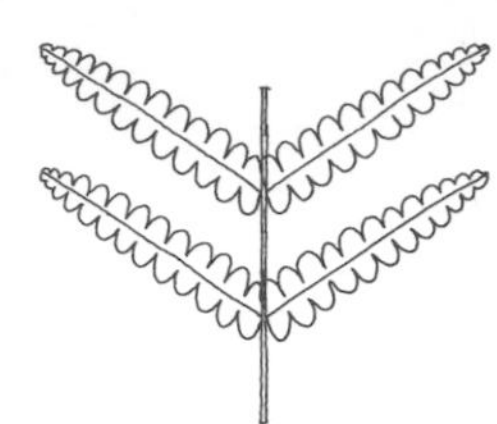

●**特徵**：莖短而直立，莖頂與葉柄基部密布線狀披針形鱗片，鱗片中央深褐色，邊緣淺褐色；葉叢生莖頂；葉柄長15~25cm，帶淡紫紅色；葉片長披針形，長15~50cm，寬5~30cm，二回羽狀深裂至複葉，羽片基部之裂片獨立；羽片長4~14cm，寬2~4cm，20對左右，柄極短或不具柄，羽軸表面具短硬刺，背面具褐色短柱形腺毛；小羽片（裂片）橢圓形至長橢圓形，長12~20mm，寬5~8mm，邊緣鋸齒狀；葉脈游離；孢膜橢圓形，偶見J形或馬蹄形，常貼近羽軸或小羽軸。

●**習性**：地生，生長在中海拔樟殼林下較中性的環境。

●**分布**：中國西南地區，台灣產於中海拔山區。

【附註】外形極似本種的小葉蹄蓋蕨（*A. leiopodum* (Hayata) Tagawa），文獻指出其裂片頂端圓鈍，葉緣具小鋸齒，而本種裂片頂端較尖且裂片全緣，不過據了解裂片的形狀從尖頭至圓鈍頭都在其變異的範圍，裂片的鋸齒緣亦同，由重鋸齒至不明顯的淺鋸齒都有，所以兩者應是相同的種類。

19990403・新人崗

20050123・特富野古道

19990403・新人崗

（主）葉片長披針形，二回羽狀深裂，生長在中海拔闊葉林下。
（小左）葉片寬披針形，比較偏小葉蹄蓋蕨的變化範圍。
（小右）羽片基部的裂片幾乎獨立為小羽片，裂片橢圓形。

阿里山蹄蓋蕨

Athyrium arisanense (Hayata) Tagawa

海拔	中海拔
生態帶	暖溫帶闊葉林　針闊葉混生林
地形	谷地　山坡
棲息地	林內
習性	地生
頻度	常見

20041024・馬海濮

●**特徵**：莖短直立狀，被覆黑褐色窄披針形鱗片，葉叢生莖頂；葉柄長12~18cm，草稈色，基部被與莖頂相同之鱗片；葉片卵形至卵狀三角形，長25~30cm，寬10~15cm，二回羽狀複葉，草質，基部羽片較短；羽片披針形，長5~10cm，寬4~8cm，無柄或具極短之柄，羽軸表面具短刺，背面具褐色棍棒狀腺毛；小羽片長橢圓形，基部朝上一側稍呈耳狀；葉脈游離，孢膜橢圓形，有時呈J形，貼近羽軸或小羽軸。

●**習性**：地生，生長在林下遮蔭富含腐植質之處。

20030426・馬海濮

●**分布**：以台灣為分布中心，日本也有，台灣主要產於海拔約2000公尺之針闊葉混生林帶。

【**附註**】本種堪稱台灣最普遍常見的蹄蓋蕨，常出現在檜木林帶多腐植質的環境，葉形變化雖大，但仍可由下列特徵辨識：羽軸表面與小羽軸交接處具短刺，小羽片以寬闊的基部著生在羽軸上，葉為草質，葉片主要為卵狀三角形，羽軸背面有棍棒狀腺毛，以及葉柄基部具窄披針形黑褐色鱗片。

20041024・馬海濮

19990911・馬海濮

（主）葉片卵形至卵狀三角形，二回羽狀複葉。
（小左）生長在林下多腐植質堆積處。
（小右上）羽軸表面具短刺。
（小右下）孢膜橢圓形至J形。

光蹄蓋蕨

Athyrium otophorum (Miq.) Koidz.

海拔	中海拔	
生態帶	暖溫帶闊葉林	針闊葉混生林
地形	谷地	山坡
棲息地	林內	
習性	地生	
頻度	偶見	

蹄蓋蕨科

蹄蓋蕨屬

●**特徵**：莖短而直立，被黑褐色窄披針形鱗片；葉叢生莖頂；葉柄長15~25cm，淡紫紅色，多少具光澤，基部具與莖頂相同之鱗片；葉片卵形至三角狀卵形，長20~40cm，寬15~25cm，二回羽狀複葉，厚草質至革質；羽片披針形，先端漸尖，長7~12cm，寬約2.5cm，無柄或具極短之柄，羽軸表面具硬短刺，背面光滑無毛；小羽片長1~2cm，寬約0.5cm，基部緊縮至約1/3的寬度或更窄；孢膜線形至J形。

●**習性**：地生，生長在檜木林帶較中性之闊葉林下。

●**分布**：本種是東亞的植物，主要分布在中國、韓國與日本，台灣產於海拔2000至2500公尺的針闊葉混生林一帶。

【附註】與本種極為相似的另有2種，即假軸果蹄蓋蕨（*A. pubicostatum* Ching＆Z. Y. Liu）與倉田氏蹄蓋蕨（*A. kuratae* Serizawa），假軸果蹄蓋蕨葉柄基部的鱗片同本種一樣為黑褐色，不同於倉田氏蹄蓋蕨的淡褐色，不過本種羽軸背面光滑無毛最具特色，另兩種則具棍棒狀短腺毛。

20050425・姑子崙山

20050425・姑子崙山

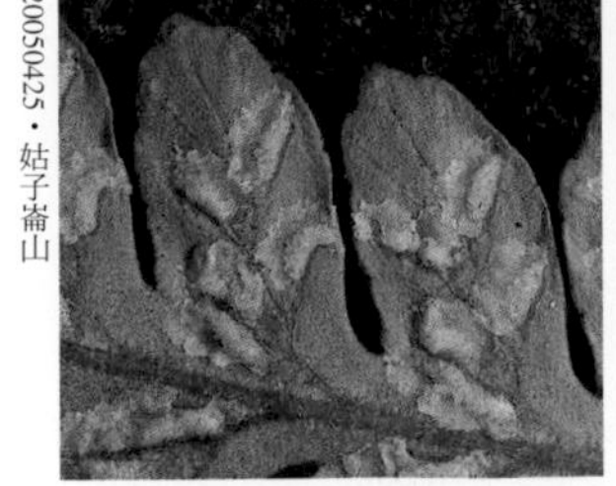

20050425・姑子崙山

（主）生長在林下遮蔭或林緣稍空曠的環境。

（小左）孢膜為線形至J形，邊緣不規則。

（小右）羽軸及葉軸呈暗紅色，軸溝相通。

安蕨

Anisocampium cumingianum Presl

海拔	低海拔		
生態帶	熱帶闊葉林		
地形	山溝	谷地	
棲息地	林內	林緣	溪畔
習性	地生		
頻度	瀕危		

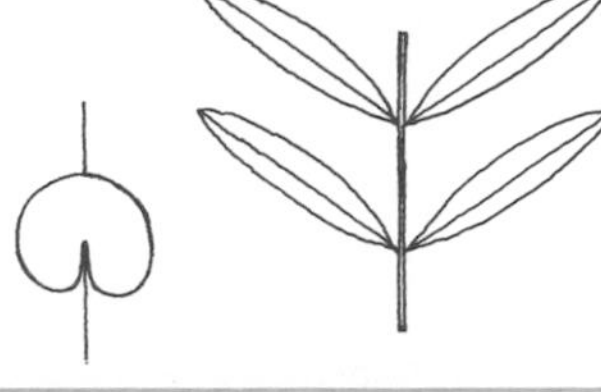

●**特徵**：莖短而直立，莖頂被覆褐色披針形鱗片；葉叢生，多少呈肉質狀，全株無毛；葉柄草稈色，長10~25cm，基部密布與莖頂相同之鱗片；葉片卵圓形，長15~30cm，寬10~20cm，一回羽狀複葉，最基部一對側羽片多少短縮；頂羽片披針形，獨立，側羽片鐮形，2~6對，葉軸、羽軸之表面具凹溝且彼此相通；羽片淺裂，裂片具齒緣；葉脈呈小毛蕨脈型，相鄰裂片之基部1~3對小脈靠合形成網眼，其餘為游離脈，網眼內無游離小脈；孢膜圓腎形，生於裂片之側脈上，邊緣具睫毛，在孢子囊群成熟過程中易脫落。

●**習性**：生長在季節性乾旱的森林下小溪畔坡地。

●**分布**：中南半島，北達中國雲南南部，南及印度南部與斯里蘭卡，東以菲律賓北部及印尼為界，台灣產於南部低海拔山區。

【**附註**】安蕨屬植物乍看之下近似鱗毛蕨亞科植物，例如具有脈上生的圓腎形孢膜，全株光滑無毛，不具金星蕨科的單細胞針狀毛，也不具有三叉蕨亞科的多細胞肋毛，不過本屬植物體肉質狀則是蹄蓋蕨科的特徵，近年來細胞學及遺傳學的研究也指出安蕨屬於蹄蓋蕨科。

19990716・社皆坑溪

19990716・社皆坑溪

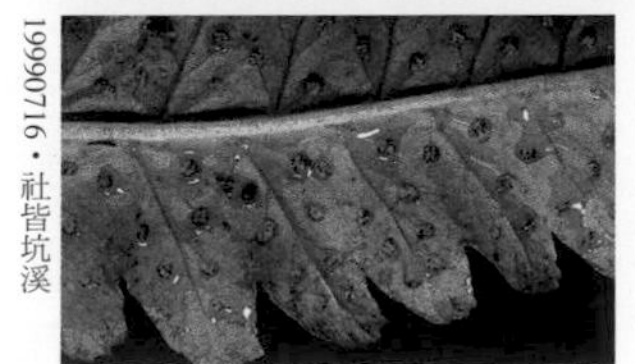

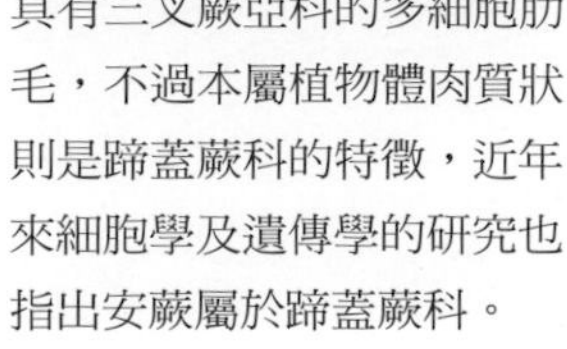

19990716・社皆坑溪

（主）葉為一回羽狀複葉，多少呈肉質狀，頂羽片獨立而顯著，羽片淺裂。
（小左）孢膜圓腎形，在裂片中脈兩側各一排。
（小右）生長在林下溪溝邊的土坡上。

厚葉雙蓋蕨

Diplazium crassiusculum Ching

海拔	中海拔
生態帶	暖溫帶闊葉林
地形	山坡
棲息地	林內
習性	地生
頻度	瀕危

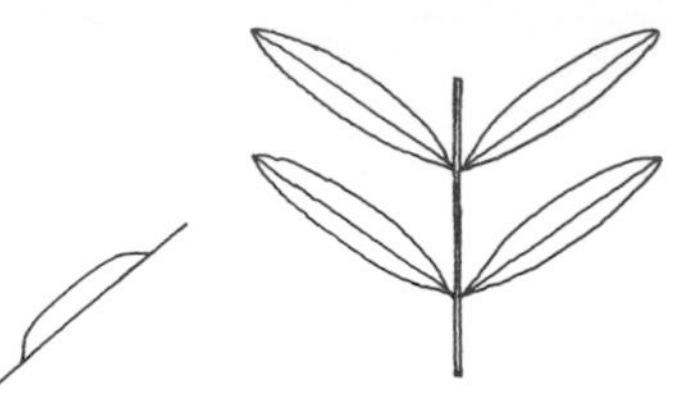

●**特徵**：根莖短横走狀至斜生，黑色，上覆黑褐色披針形具齒緣的鱗片，葉近叢生；葉柄長15~40cm，基部黑色，具與莖頂相同之鱗片；葉片闊卵形，長20~40cm，寬10~25cm，奇數一回羽狀複葉，堅草質；頂羽片與側羽片同形、等大，側羽片通常2~4對，長橢圓狀披針形，長14~20cm，寬2~5cm，全緣，基部圓楔形，具柄；羽片側脈每組3條，罕見4條；孢膜長線形，單生，位於每組側脈最外側的側脈上，靠近羽軸。

●**習性**：地生，生長在林下遮蔭處。

●**分布**：中國南部及日本南部，台灣目前僅見於北部中海拔山區。

【附註】本種最主要的特徵是孢膜單生，而不是如一般雙蓋蕨具有背靠背孢膜。本種羽片的側脈近羽軸處即行分叉，內側之小脈再行分叉一次。而本種的孢膜只出現在每組側脈的最外側小脈，其他小脈則無。

20060909・北插天山

20060909・北插天山

（主）生長在闊葉林下潮濕、富含腐植質之遮蔭處，葉為奇數一回羽狀複葉，頂羽片與側羽片同形。
（小）孢膜長線形，單生，與羽軸斜交，僅出現在羽片每組側脈的最外側小脈，靠近羽軸。

隱脈雙蓋蕨

Diplazium aphanoneuron Ohwi

海拔	低海拔
生態帶	亞熱帶闊葉林　東北季風林
地形	山坡
棲息地	林內
習性	地生
頻度	偶見

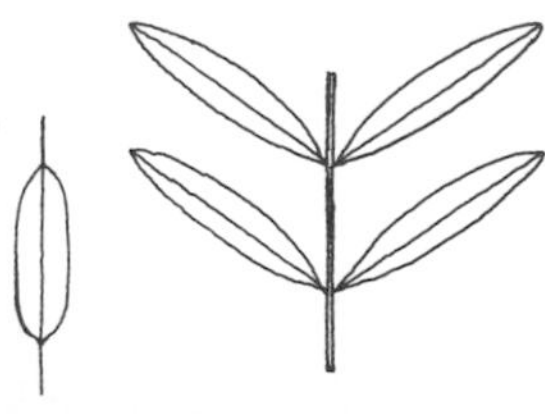

20040618・新店獅仔頭山

●**特徵**：根莖橫走狀，黑色，具許多分枝，與葉柄基部同樣被覆黑色披針形具齒緣的鱗片，葉近生；葉柄長25~40cm，草稈色，基部黑色；葉片長15~40cm，寬10~20cm，奇數一回羽狀複葉，革質；頂羽片與側羽片同形，側羽片通常2~4對，卵狀披針形或橢圓形，長14~18cm，寬3~5cm，全緣，具柄；羽片之側脈不顯著，孢膜長線形。

●**習性**：地生，生長在林下多腐植質的環境。

20040807・新店獅仔頭山

●**分布**：日本南部及中國海南島，台灣北部低海拔地區可見。

【**附註**】與本種最相近的應為細柄雙蓋蕨（①P.377），二者的生長習性與葉形都很相似，不過本種的葉片較厚，葉脈不明顯。

20040618・新店獅仔頭山

（主）外形與習性酷似細柄雙蓋蕨，都長在低海拔闊葉林下富含腐植質之處。
（小左）側羽片末端略具尾尖。
（小右）左為隱脈雙蓋蕨，脈不顯著，孢子囊群位在羽片外緣；右為細柄雙蓋蕨，脈明顯可見，孢子囊群佔滿羽片。

馬鞍山雙蓋蕨

Diplazium maonense
Ching

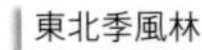

海拔	低海拔	
生態帶	亞熱帶闊葉林	東北季風林
地形	山坡	山頂
棲息地	林內	林緣
習性	地生	
頻度	偶見	

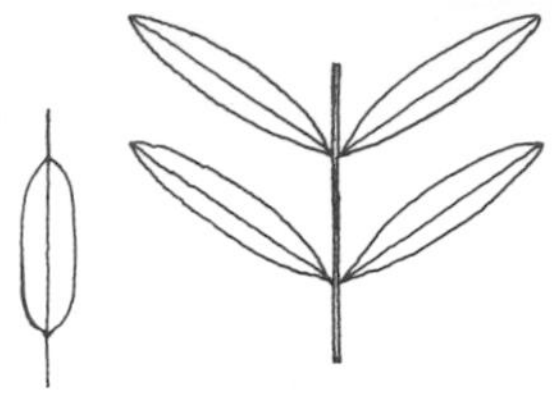

20000822・內湖

20090214・新山夢湖

20090214・新山夢湖

19940802・新山夢湖

●**特徵**：根莖橫走，黑色，具許多分枝，上覆黑褐色披針形具齒緣的鱗片，葉近生；葉柄長15~45cm，草稈色，基部黑色，具與莖相同之鱗片；葉片長15~50cm，寬10~20cm，奇數一回羽狀複葉，革質；頂羽片基部瓣裂，或具1~1.5cm長的側羽片；側羽片3~7對，長橢圓形至橢圓狀披針形，長10~15cm，寬1.5~2.5cm，具柄，邊緣具淺圓齒，側脈明顯，每組有5~7條；孢膜長線形，位在側脈兩側，兩兩成對。

●**習性**：地生，生長在闊葉林下或林緣半遮蔭處。

●**分布**：中國南部，台灣北部低海拔地區可見。

【附註】裂葉雙蓋蕨（① P.378）外形與本種最相似，二者的頂羽片基部都會瓣裂，甚至形成獨立的小型羽片，不過本種的羽片邊緣具明顯淺圓齒，裂葉雙蓋蕨的葉緣則是全緣。

（主）葉為奇數一回羽狀複葉，頂羽片基部瓣裂。
（小左）長在多腐植質的森林地被層。
（小中）孢膜長線形，通常背靠背雙生一對，與羽軸斜交。
（小右）葉脈明顯可見，羽片邊緣具淺圓齒。

大羽雙蓋蕨

Diplazium megaphylla
(Bak.) Christ

海拔	低海拔	中海拔	
生態帶	熱帶闊葉林	亞熱帶闊葉林	暖溫帶闊葉林
地形	山溝	谷地	
棲息地	林內	林緣	
習性	地生		
頻度	稀有		

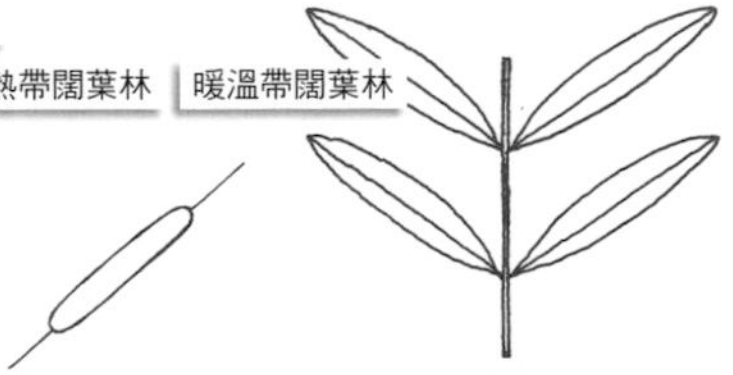

19980517·花蓮亞泥

●**特徵**：莖粗壯，短而直立，被暗褐色窄披針形鱗片，葉叢生；葉柄長45~60cm，基部密生鱗片；葉片橢圓形至卵狀披針形，長50~80cm，寬25~40cm，一回羽狀複葉，多呈肉質狀；側羽片7~10對，羽片長10~25cm，寬2~4cm，有短柄，基部下側心形，上側截形，先端漸尖，邊緣具寬大的淺圓齒；孢膜線形，通常單生，位於羽片側脈所分出的小脈上，不規則開裂。

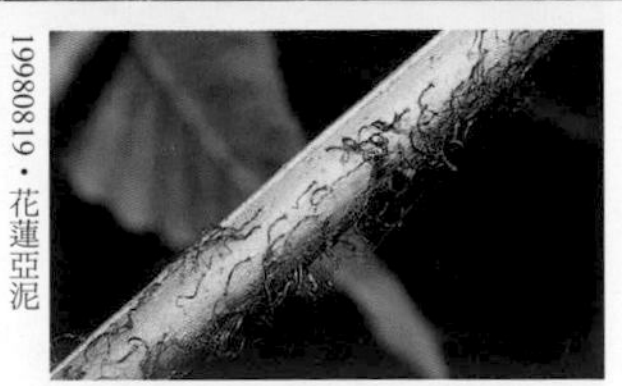

19980819·花蓮亞泥

19980819·花蓮亞泥

●**習性**：地生，生長在林下或林緣之溪溝及谷地。

●**分布**：中國西南部及鄰近之中南半島，台灣產於花蓮、南投之石灰岩山區。

【附註】本種的特點在一回羽狀複葉，羽片具顯著之短柄，羽片基部兩側大略對稱，不具突起的小耳片，葉片頂端急縮且羽裂漸尖，不具真正的頂羽片，莖粗壯，短直立狀，本種在台灣形體非常特殊，並無相近的種類。

（主）長在季節性乾旱森林之溝谷地區，植株高達1.5m，葉片卵狀披針形。
（小左）葉柄基部被覆黑褐色纖維狀鱗片。
（小右）羽片基部下側心形，上側截形，葉緣具大型淺齒緣，葉脈游離，孢子囊群線形。

鋸齒雙蓋蕨

Diplazium wichurae (Matt.) Diels

海拔	低海拔	中海拔
生態帶	暖溫帶闊葉林	
地形	谷地	山坡
棲息地	林內	林緣
習性	地生	
頻度	偶見	

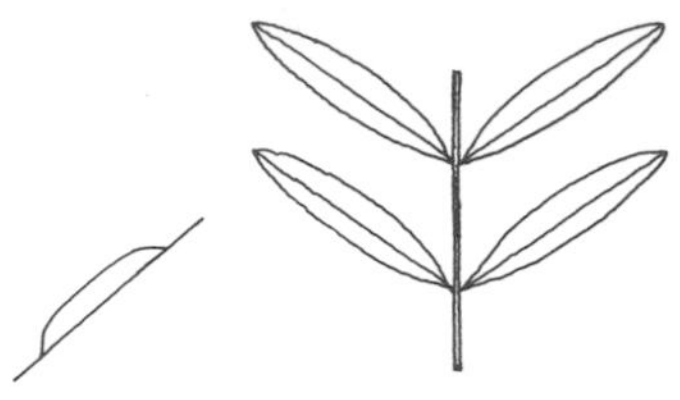

●特徵：根莖長匍匐狀，頂端具披針形褐色鱗片，葉遠生；葉柄長20~30cm，基部暗褐色；葉片披針形，長25~40cm，寬10~18cm，亞革質，一回羽狀複葉，側羽片12~18對，鐮形，長6~8cm，寬1~1.5cm，具柄，基部上側有三角形的耳狀突起，葉緣重鋸齒，三角形大鋸齒上具銳尖的小鋸齒；孢膜線形，很少成對出現。

●習性：地生，生長在闊葉林下或林緣略遮蔭、潮濕、多腐植土之處。

●分布：東亞為其分布中心，台灣產於中海拔的成熟森林。

【附註】假鋸齒雙蓋蕨（*D. okudairai* Makino）與本種非常近似，無論是習性與外形，不過假鋸齒雙蓋蕨的葉為厚草質，葉緣的三角狀重鋸齒不顯著，葉緣鋸齒鈍尖，羽片頂端不呈尾狀，葉片上半段的羽片以羽柄下延的窄翅相互連通，基部羽片的柄亦具窄翅；而本種的葉近革質，葉緣的三角狀粗鋸齒上尚可見銳尖的小鋸齒，羽片先端尾狀，除葉片近頂處外，所有的羽片都是獨立的

1988126・樂樂

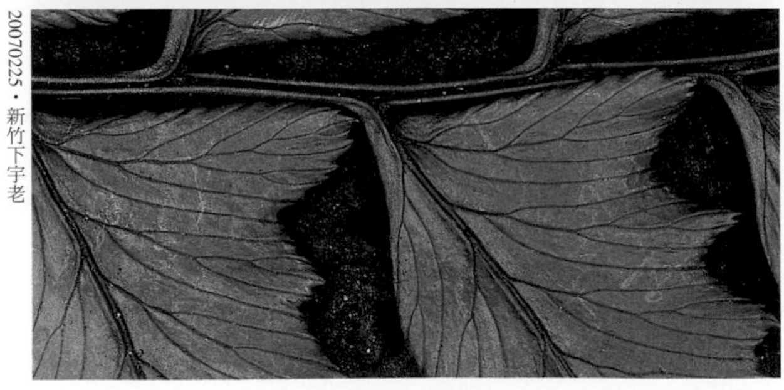

20070225・新竹下宇老

20070225・新竹下宇老

（左頁主）生長在林下步道旁多腐植質之土坡上，葉為一回羽狀複葉，不具頂羽片，側羽片鐮形。

（左頁小）羽軸及葉軸的表面具深溝，彼此相通。

（小）羽片基部上側具耳狀突起，孢膜線形，通常單生，位於每組側脈最前側支脈的中間位置。

，羽柄無翅。假鋸齒雙概蕨目前僅知產於八通關古道南投段海拔約2000公尺左右的山區。

假鋸齒雙蓋蕨・20051118・八通關古道

假鋸齒雙蓋蕨・20051118・八通關古道

假鋸齒雙蓋蕨・20051118・八通關古道

（主）假鋸齒雙蓋蕨生長在潮濕的土壁上。

（小上）假鋸齒雙蓋蕨的孢膜線形，位在羽軸側脈之一側，罕見成對。

（小下）假鋸齒雙蓋蕨的葉軸中上段可見窄翅。

廣葉深山雙蓋蕨

Diplazium petri Tard.-Blot.

海拔	低海拔	中海拔
生態帶	東北季風林	暖溫帶闊葉林
地形	山坡	
棲息地	林內	
習性	地生	
頻度	常見	

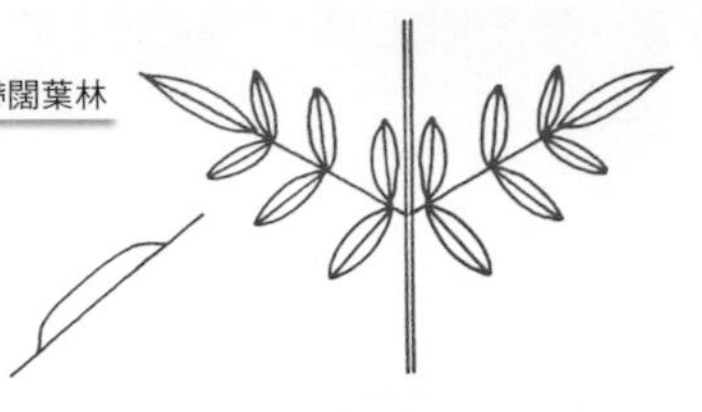

20081205・絹絲瀑布

20040618・新店獅仔頭山

20030415・烏來山下

20060508・草楠

●**特徵**：根莖橫走，黑色，莖頂被黑褐色披針形鱗片，葉近生；葉柄長30~50cm，基部黑色且具與莖頂相同之鱗片；葉片卵狀三角形，長30~50cm，寬20~30cm，二回羽狀複葉，頂端羽裂；羽片長15~25cm，寬2~5cm，有柄；小羽片長1.5~2.5cm，邊緣鋸齒狀；孢膜線形，較貼近小羽軸。

●**習性**：地生，生長在闊葉林下富含腐植質的環境。

●**分布**：日本、中國南部、中南半島以及菲律賓，台灣低、中海拔山區可見。

【**附註**】產於印度東北部、中國南部及越南北部的鐮羽雙蓋蕨（*D. griffithii* T. Moore）與本種可能是同種，鐮羽雙蓋蕨的羽片鐮形，羽片基部的下側小羽片較大，獨立小羽片僅1~2對，罕見3對，而本種在台灣羽片平展至鐮形都有，羽片基部由兩側對稱至極度不對稱，獨立小羽片1~8對不等。

（主）葉片呈卵狀三角形，二回羽狀複葉。
（小左）生長在林下多腐植質的環境。
（小中）羽片具柄，小羽片則無柄。
（小右）小羽片邊緣鋸齒狀，孢膜線形，較貼近小羽軸。

長孢雙蓋蕨
（鱗柄雙蓋蕨）

Diplazium squamigerum (Mett.) Mastum

海拔	中海拔	
生態帶	針闊葉混生林	
地形	谷地	山坡
棲息地	林內	林緣
習性	地生	
頻度	稀有	

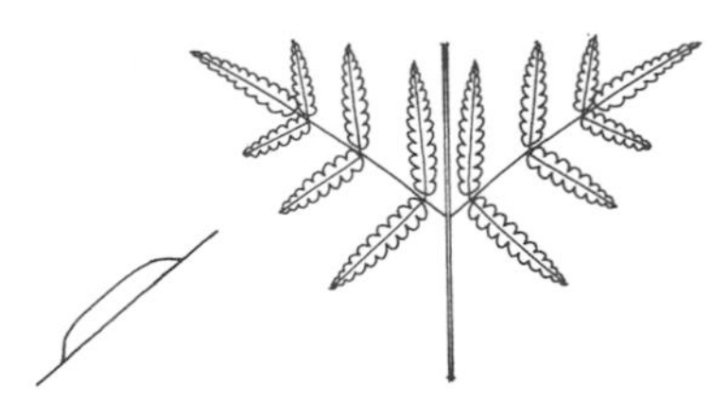

●**特徵**：莖短，斜生，被覆黑褐色至黑色披針形鱗片，葉叢生；葉柄長15~40cm，具褐色鱗片；葉片闊卵狀三角形，長30~35cm，寬25~30cm，二回羽狀複葉至三回羽狀分裂，葉軸疏被褐色小鱗片；羽片長15~23cm，寬10~13cm，最基部一對最大，有柄，近對生；小羽片長3.5~4.5cm，寬1.5~2cm，無柄，基部楔形或近心形，以一點著生於羽軸上；孢膜線形，略呈彎弓狀，較貼近小羽軸。

●**習性**：地生，生長在林下或林緣略遮蔭處。

●**分布**：印度北部、中國及日本，台灣產於中海拔山區，罕見。

【附註】台灣有一些生長在較高海拔的蕨類，到了冬天葉子會凋萎，稱為夏綠型蕨類，這一型的蕨類溫帶地區較常見，在台灣則不太引人注意，除本種外，山蹄蓋蕨（P.332）、紫萁亦屬此類。本種的葉形在雙蓋蕨屬中顯得非常突出，既像等邊正三角形，又有一點像闊卵形，三回羽狀分裂，最特別的是貼近小羽軸且略呈彎弓形的

19910911・雲稜→多加崙山

20040814・南橫

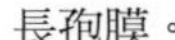

長孢膜。

20040814・南橫

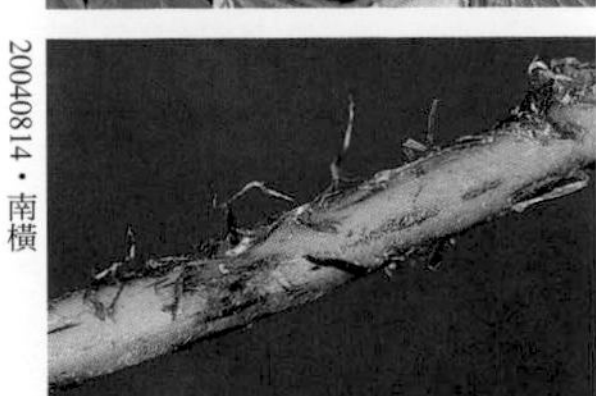

20040814・南橫

（主）生長在林緣略遮蔭處，葉片闊卵狀三角形，二回羽狀複葉。
（小左）孢膜長，略呈彎弓狀，貼近小羽軸。
（小右上）葉軸、羽軸表面具溝且彼此相通。
（小右下）葉柄上具褐色線狀披針形鱗片。

疏葉雙蓋蕨

Diplazium laxifrons Rosenst.

海拔	低海拔	
生態帶	熱帶闊葉林	亞熱帶闊葉林
地形	谷地	山坡
棲息地	林內	
習性	地生	
頻度	偶見	

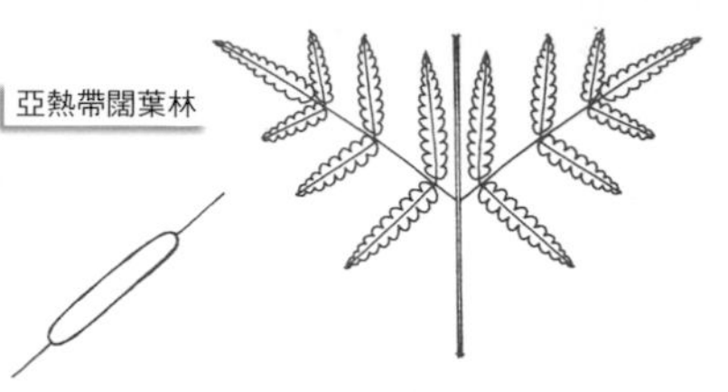

20031206・泰安溫泉

20031206・泰安溫泉

20031206・苗栗橫龍古道

20031206・泰安溫泉

●**特徵**：莖粗而直立，呈樹幹狀，高可達30~40cm，先端緊貼黑褐色長鱗片，葉叢生；葉柄長達1m，光滑不具鱗片，具堅硬之短刺突起；葉片闊橢圓形，長約150cm，寬約100cm，厚草質，三回羽狀深裂；羽片披針形，長約60cm，寬約20cm，基部羽片略短，小羽片長約10cm，寬約2.5cm，明顯具短柄；孢膜長線形，位於末裂片叉狀側脈之前側小脈上。

●**習性**：地生，常綠的大型雙蓋蕨，生長在林下遮蔭富含腐植質之處。

●**分布**：中國南部及印度北部，台灣產於中南部低海拔山區。

【**附註**】本種屬於大型的雙蓋蕨，此類植物一般都生長在林下較潮濕、多腐植質的環境，本種高達2.5m，其辨識特徵包含：莖頂鱗片貼伏狀，葉柄基部通常不具鱗片，葉為三回羽狀深裂，小羽片基部不對稱、具柄，生長在中南部低海拔地區。

（主）大型雙蓋蕨，葉片闊橢圓形。
（小上）葉為三回羽狀深裂，小羽片明顯具短柄。
（小中）末裂片邊緣具淺齒，孢膜長線形。
（小下）具樹幹狀之直立莖，高可達30~40cm。

中華雙蓋蕨

Diplazium chinensis
Bak.

海拔	低海拔
生態帶	熱帶闊葉林
地形	谷地　山坡
棲息地	林內
習性	地生
頻度	稀有

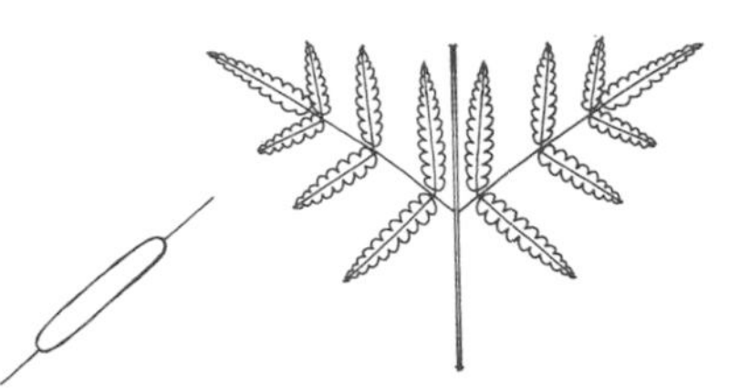

20070805・墾丁

●**特徵**：根莖短匍匐狀，與葉柄基部同樣被覆黑褐色披針形鱗片，葉近生；葉柄長20~50cm，綠色，基部褐色；葉片三角形，長與寬大略相等，約30~60cm，三回羽狀分裂，草質；中段羽片披針形，長20~30cm，寬10~15cm，多少具柄，最基部一對羽片最大；小羽片長5~8cm，寬1.5~2cm，無柄，羽狀分裂；孢膜長橢圓形，位在靠裂片基部之脈上。

●**習性**：地生，生長在林下略遮蔭空曠的環境。

●**分布**：日本、琉球、南韓以及中國，台灣產於恆春半島。

【**附註**】本種目前僅見於墾丁的高位珊瑚礁森林，國外報導本種屬夏綠型植物，但在台灣都是常綠植物。本種的葉雖為三回羽狀分裂，但並非大型的雙蓋蕨，植株高約50cm而已，台灣大多數具有三回羽狀分裂葉形的雙蓋蕨，葉均大型，長至少1m，可達2~3m。本種莖與葉柄基部的鱗片全緣，但葉柄基部的鱗片極易脫落。

20070805・墾丁

（主）生長在林下較空曠處，葉片正三角形至長三角形，三回羽狀分裂。
（小）小羽片以寬闊的基部著生在羽軸上，羽軸具窄翅，孢膜長橢圓形，位在裂片基部。

台灣雙蓋蕨

Diplazium taiwanense Tagawa

海拔	低海拔	
生態帶	亞熱帶闊葉林	
地形	谷地	山坡
棲息地	林內	林緣
習性	地生	
頻度	偶見	

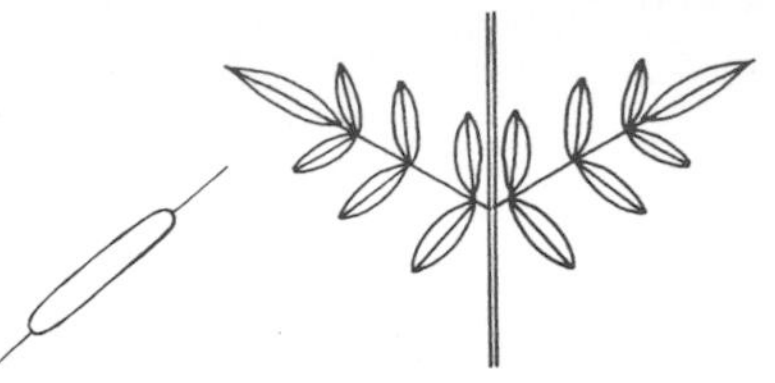

●**特徵**：根莖橫走狀，與葉柄基部同樣被覆黑色披針形有齒緣的鱗片，葉疏生；葉柄長20~40cm；葉片卵狀三角形，長50~70cm，寬35~60cm，二回羽狀複葉；羽片具柄，小羽片長4~8cm，寬約2cm，淺裂至中裂，基部楔形；葉脈游離，孢膜長橢圓形，位於裂片中脈之兩側並與中脈斜交。

●**習性**：地生，生長在竹林或次生林林下開闊處或林緣較中性的環境。

●**分布**：日本南部，台灣產於北部低海拔次生林。

【附註】本種與綠葉雙蓋蕨（①P.383）非常近似，二者都是中型的雙蓋蕨，高約1m，葉都為二回羽狀複葉，小羽片至多淺裂而不深裂，莖與葉柄基部的鱗片都是黑色且邊緣有小鋸齒，不過本種葉柄除了基部有鱗片外，中上段亦可見鱗片，基部羽片的柄較長，且小羽

20031019・隆嶺古道

20041003・台北動物園

（主）葉片呈卵狀三角形，二回羽狀複葉。
（小）北部低海拔次生林常見植株成片生長。
（右頁小左）羽片具柄，小羽片淺裂，頂端尾尖，基部楔形。
（右頁小右）孢子囊群長橢圓形，位在裂片中脈與邊緣之間。

19990619・外平林農場

20031019・隆嶺古道

片的基部楔形，而綠葉雙蓋蕨的葉柄僅基部有鱗片，基部羽片的柄甚短，且小羽片的基部截形或略呈心形。另有2種亦屬於這一群的植物── 琉球雙蓋蕨（*D. okinawaense* Tagawa）和邊生雙蓋蕨（*D. conterminum* Christ），它們的基本特徵同綠葉雙蓋蕨，但琉球雙蓋蕨的孢子囊群較貼近小羽片中脈及裂片主脈，邊生雙蓋蕨的孢子囊群較靠近裂片邊緣，而綠葉雙蓋蕨和本種一樣是位在裂片中脈與葉緣之間。

琉球雙蓋蕨・20040814・隆嶺古道

琉球雙蓋蕨・20040814・隆嶺古道

邊生雙蓋蕨・20061011・金瓜石

（上主）琉球雙蓋蕨葉片寬披針形，二回羽狀複葉。
（上小）琉球雙蓋蕨的孢膜粗短，貼近小羽軸。

（下主）邊生雙蓋蕨外形與琉球雙蓋蕨難分軒輊。
（下小）邊生雙蓋蕨的孢子囊群長橢圓形，位在靠近裂片外緣的側脈末端。

邊生雙蓋蕨・20040814・隆嶺古道

毛柄雙蓋蕨

Diplazium pullingeri (Bak.) J. Sm.

海拔	中海拔
生態帶	暖溫帶闊葉林
地形	谷地　山坡
棲息地	林內
習性	地生
頻度	偶見

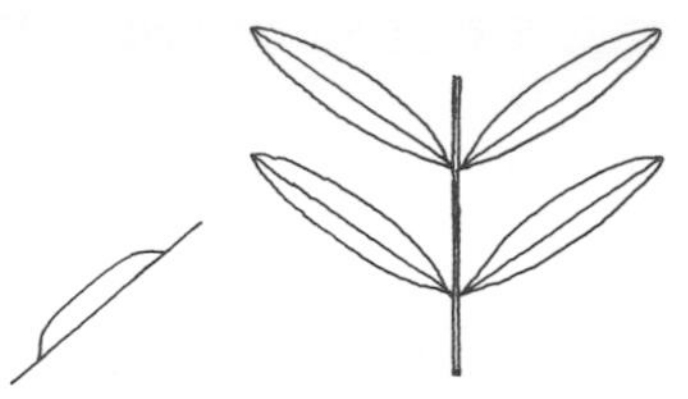

20040618・新店獅仔頭山

20040618・新店獅仔頭山

20090405・陽明山

20090405・陽明山

●**特徵**：莖短直立狀或斜生，與葉柄基部同樣疏被褐色披針形鱗片，葉叢生莖頂；葉柄長10~25cm，基部深褐色，密布肋毛；葉片橢圓狀披針形，長25~40cm，寬12~15cm，一回羽狀複葉，頂端羽裂漸尖，基部羽片較短，朝下反折，葉軸及羽軸均密布肋毛；羽片鐮形，長4~8cm，寬約1cm，基部上側具耳狀突起；孢膜長約0.5cm，長線形，位在葉脈之一側。

●**習性**：地生，生長在林下遮蔭、富含腐植質之處。

●**分布**：中國南部、日本南部及越南北部，台灣中海拔成熟闊葉林可見。

【附註】本種最特殊的是全株被多細胞長毛，蹄蓋蕨科具有這兩項特徵的有假蹄蓋蕨群及亞蹄蓋蕨群，不過此二群的孢膜多少都有一脈具背靠背雙孢膜的現象，本種則全為單孢膜，至於蹄蓋蕨科的兩大屬，雙蓋蕨屬及蹄蓋蕨屬，葉面都不具多細胞長毛，所以本種目前雖置於雙蓋蕨屬中，但其分類地位一直以來都有很大的爭議。

（主）生長在富含腐植質之處，葉片橢圓狀披針形，一回羽狀複葉，不具頂羽片。
（小左）羽片鐮形，基部上側可見耳狀突起。
（小中）葉軸、葉肉滿布白色長毛。
（小右）葉柄密布白色長毛。

台灣軸果蕨
（花蓮蹄蓋蕨）

Rhachidosorus pulcher
(Tagawa) Ching

海拔	中海拔	
生態帶	暖溫帶闊葉林	
地形	谷地	山坡
棲息地	林內	
習性	地生	
頻度	稀有	

20051105・豐山

●**特徵**：莖短而直立，頂端密布窄披針形褐色鱗片；葉叢生莖頂，植株高約2m；葉柄長約1m，草稈色，基部具與莖頂相同之鱗片；葉片三角狀卵形，長約1m，寬約80cm，三回羽狀分裂至複葉；羽片披針形，長約40cm，寬15~20cm，具柄；小羽片長8~12cm，寬4~5cm，具柄；末裂片頂端鈍，周緣淺裂或具疏鈍齒；孢膜線形，貼近裂片中脈或是小羽軸。

●**習性**：地生，生長在闊葉林下的山谷地帶。

●**分布**：中國雲南，台灣產於花蓮及嘉義、高雄一帶。

【**附註**】本種的葉子外形與大小近似大葉類的雙蓋蕨，如奄美雙蓋蕨或擬德氏雙蓋蕨（①P.382、386）等，但是葉子的質地為草質，與一般大葉類的雙蓋蕨大異其趣，加上本種黃褐色、厚膜質的孢膜兩端略尖，以及孢膜貼近裂片中脈或小羽軸等特性，使得本種有別於一般的雙蓋蕨；分子生物學的證據亦顯示，本種及其相關種類其實代表一個有別於蹄蓋蕨與雙蓋蕨的獨立屬，稱為軸果蕨屬。

（主）葉片三角狀卵形，三回羽狀分裂至複葉。

南洋假鱗毛蕨

Deparia boryana
(Willd.) M. Kato

海拔	中海拔	
生態帶	暖溫帶闊葉林	
地形	谷地	山坡
棲息地	林內	
習性	地生	
頻度	偶見	

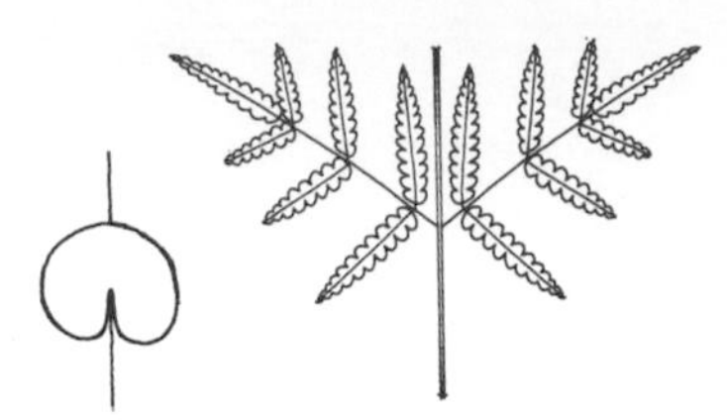

蹄蓋蕨科

擬蹄蓋蕨屬・假鱗毛蕨群

●**特徵**：根莖短橫走或斜生，與葉柄基部同具深褐色披針形鱗片；葉叢生，植株高約1~2m；葉柄長可達1m，葉片卵形，長80~120cm，寬40~80cm，三回羽狀深裂，各回主軸表面疏被小鱗片及蠕蟲狀毛；羽片披針形，長20~40，寬5~10cm，具柄；小羽片披針形，長3~7cm，寬1~2cm，無柄，末端漸尖，周緣羽狀深裂；葉脈游離，脈於表面具有刺；孢膜圓腎形。

●**習性**：地生，生長在闊葉林下潮濕且多腐植質之處。

●**分布**：中國南部、中南半島、菲律賓以南至印尼，西至印度、斯里蘭卡甚至非洲，台灣中海拔地區偶見。

【**附註**】假鱗毛蕨、假蹄蓋蕨、亞蹄蓋蕨在蹄蓋蕨科算是親源關係最近的三群，其共同特徵是羽軸表面有溝，但與葉軸的溝不相通，且三群都具有多細胞毛或是蠕蟲狀毛，近代的分類系統加上分子生物學的證據，趨向將此三群及其他一些零星物種合併成擬蹄蓋蕨（*Deparia*）這一屬。

1990829・溪頭

1990829・溪頭

1990829・溪頭

（主）生長在林下潮濕富含腐植質之處，葉片卵形，三回羽狀深裂。
（小左）羽軸有溝但不明顯，且不與葉軸的溝相通。
（小右）孢子囊群圓形，孢膜圓腎形，羽軸可見窄翅。

東亞假鱗毛蕨

Deparia unifurcata
(Bak.) M. Kato

海拔	中海拔
生態帶	暖溫帶闊葉林
地形	谷地
棲息地	林內
習性	地生
頻度	稀有

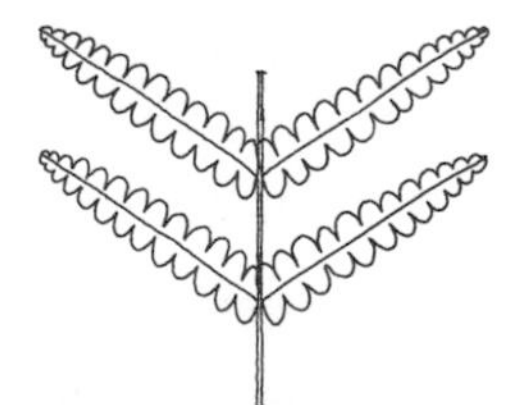

19991206・清水山登山口

●**特徵**：根莖長橫走狀，與葉柄基部同具披針形暗褐色鱗片，葉遠生；葉柄長15~30cm，草稈色，上段具線形鱗片；葉片卵形或長卵形，長30~45cm，寬25~30cm，二回羽狀深裂；羽片長橢圓形至橢圓狀披針形，長10~25cm，寬3~6cm，具短柄或無柄，基部羽片較短；末裂片長橢圓形，孢膜圓腎形，脈上生，位於裂片中脈與葉緣間。

●**習性**：地生，生長在闊葉林下潮濕、遮蔭且土壤肥沃處。

●**分布**：中國、日本，台灣中海拔地區可見。

【**附註**】本種以東亞溫暖潮濕地區為其分布中心，台灣只產於南投、花蓮一帶，罕見，本種與南洋假鱗毛蕨一樣，在葉的各回主軸上都具蠕蟲狀毛，且各回主軸表面都具有溝但不相通，本種葉為二回羽狀深裂，而南洋假鱗毛蕨則是三回羽狀深裂。

20050829・瑞穗林道

（主）生長在林下多腐植質處，葉片卵形，二回羽狀深裂。
（小）末裂片長橢圓形，孢膜圓腎形，位於裂片中脈與葉緣之間。

假蹄蓋蕨

Deparia petersenii
(Kunze) M. Kato

海拔	低海拔	中海拔	
生態帶	亞熱帶闊葉林		
地形	平野	山坡	
棲息地	林緣	空曠地	路邊
習性	地生		
頻度	常見		

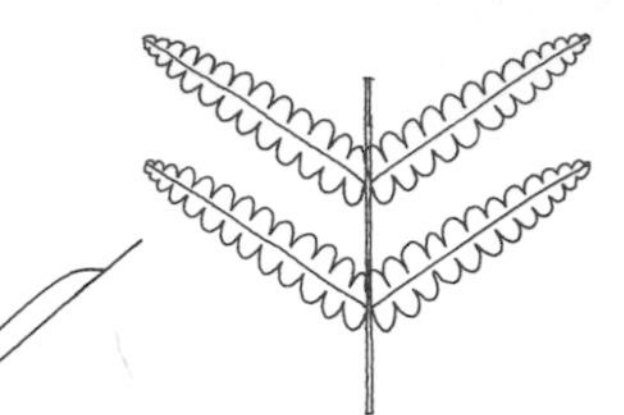

●**特徵**：根莖長而橫走，具寬披針形褐色鱗片，葉疏生；葉柄長10~30cm，基部具鱗片；葉片寬線形、窄披針形、披針形、橢圓狀披針形至闊披針形，長15~40cm，寬4~20cm，二回羽狀淺裂至複葉，草質，基部羽片多少較短，有時會略為下撇，葉軸及羽軸表面具溝，但溝

20061011・金瓜石

20001215・菁山自然中心

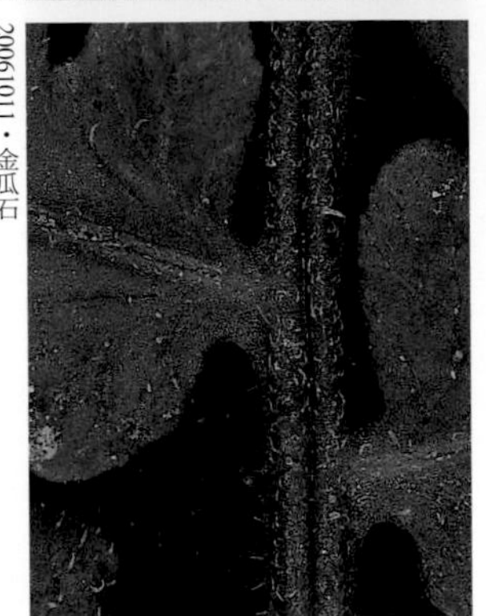

20061011・金瓜石

19981008・內雙溪

20061011・金瓜石

20061011・金瓜石

不相通；羽片披針形或橢圓狀披針形，長3~10cm，寬1~3cm，裂片或小羽片全緣至淺齒緣；孢膜線形，位在裂片或小羽片側脈朝上一側，僅在最基部之側脈具背靠背孢膜。

●**習性**：地生，生態耐受度極寬，生長在都會區、開墾地，至林緣略遮蔭的環境，從平地至海拔2500公尺的高山，都可以看到它的蹤跡。

●**分布**：東亞、南亞、東南亞、大洋洲，台灣中、低海拔地區常見。

【附註】台灣屬於雜草型的蕨類不多，一般常見的有密毛小毛蕨、小毛蕨、野小毛蕨、腎蕨、毛葉腎蕨、大金星蕨等，不過當中排行第一的則非本種莫屬，因為有人跡的地方就有它的存在，且大部分雜草型蕨類多出現在低海拔地區，能邁入海拔2500公尺山區的可能就只剩本種了。昆明假蹄蓋蕨（*D. longipes* (Ching) Shinohara）與本種很像，紀錄產於思源埡口的步道旁森林邊緣，其特徵是根莖長匍匐狀，葉片長三角形，基部不短縮，中段以下羽片之基部淺心形或截形，裂片先端鈍圓。

19990213・烏來雲仙樂園

（左頁主）葉常為披針形或闊披針形，二回羽狀淺裂至複葉。
（左頁小上）葉形變化大，有時可以看到卵形的葉片。
（左頁小下）葉軸及羽軸表面之溝明顯，但不相通。
（小左上）羽片常深裂至羽軸，呈二回羽狀複葉。
（小右上）孢膜線形，邊緣不規則；各裂片常僅最基部之側脈兩側皆具孢膜，其餘側脈則僅具一枚孢膜。
（小右下）葉柄密布毛和鱗片。
（小左下）在稍遮蔭且潮濕處常可見假蹄蓋蕨草皮。

羽裂單葉雙蓋蕨

Deparia × tomitaroana
(Masam.) R. Sano

海拔	低海拔
生態帶	熱帶闊葉林
地形	谷地　山坡
棲息地	林內
習性	地生
頻度	稀有

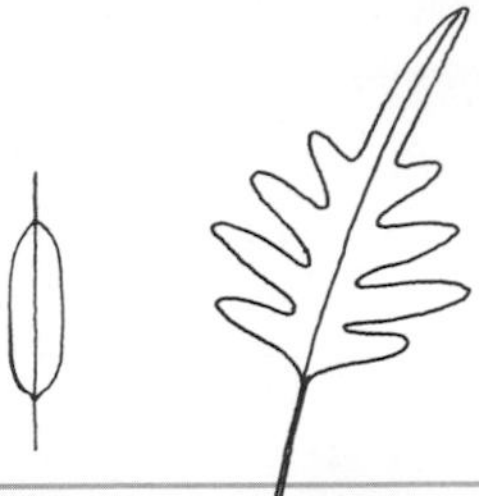

20071214・鹿野

●**特徵**：根莖長匍匐狀，被黑色窄披針形鱗片，葉遠生；葉柄長5~15cm，基部具與莖相同之鱗片；葉片長橢圓狀披針形至線狀披針形，兩端漸尖，單葉，長10~25cm，寬1~2cm，亞革質，中段以下常羽狀分裂至深裂，在基部並形成數對獨立的羽片；孢膜長橢圓形至線形，單一或背靠背成對，位於中脈與葉緣之間。

●**習性**：地生，生長在林下遮蔭、潮濕且富含腐植質之處。

●**分布**：中國、日本，台灣南部低海拔地區可見。

【**附註**】本種被證實是假蹄蓋蕨（P.356）和單葉雙蓋蕨（①P.376）的雜交種，分子生物學的研究指出，單葉雙蓋蕨的親源關係其實較近假蹄蓋蕨群而非雙蓋蕨屬，另由形態學的比較研究，例如葉軸切面與毛被物，亦得出同樣的結論。

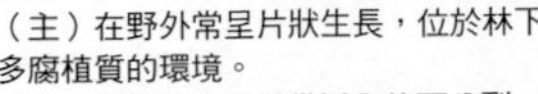

20071214・鹿野

20061205・蘭嶼

（主）在野外常呈片狀生長，位於林下多腐植質的環境。
（小上）葉片上半段幾近全緣不分裂。
（小下）葉片中段以下邊緣明顯瓣裂，孢膜線形，單一或背靠背成對著生於側脈上。

貞蕨

Cornopteris decurrenti-alatum (Hook.) Nakai

海拔	中海拔
生態帶	暖溫帶闊葉林
地形	谷地　山坡
棲息地	林內
習性	地生
頻度	稀有

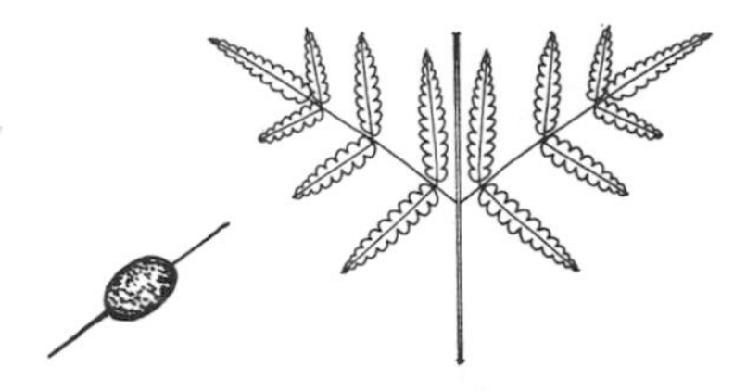

19880626・塔塔加

20090617・台大植物標本館

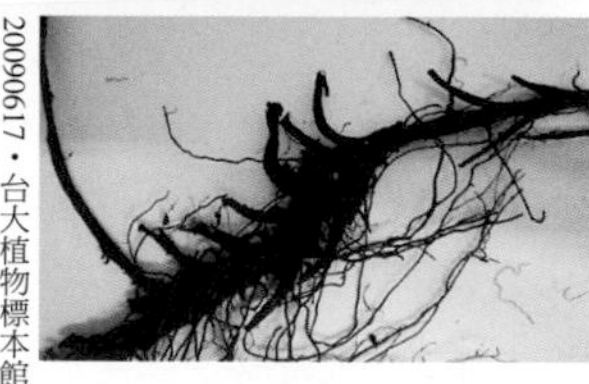

●**特徵**：根莖匍匐狀，長而橫走，被橢圓狀披針形之褐色鱗片，葉疏生；葉柄泛紫紅色，肉質，長20~40cm，疏被褐色披針形鱗片；葉片薄草質，橢圓狀披針形、卵形至三角狀披針形，長25~45cm，寬15~30cm，二回羽狀深裂或三回羽狀分裂，無毛或略被毛，羽軸及葉軸表面具角狀肉刺；羽片披針形，長10~15cm，寬4~6cm，近對生，羽軸多少具窄翅；小羽片先端圓鈍，邊緣具淺齒，基部的小羽片明顯短縮；孢子囊群橢圓形至線形，位在小脈上，不具孢膜。

●**習性**：地生，生長在林下遮蔭且富含腐植質之處。

●**分布**：中國、韓國、日本，台灣中海拔地區可見。

【**附註**】貞蕨屬植物都不具有孢膜，羽軸上有角狀肉刺，植物體肉質且泛紫紅色，肉質且泛紫紅色的特徵有時也出現在蹄蓋蕨屬。貞蕨屬台產3種，大葉貞蕨（①P.391）是唯一具有圓形孢子囊群的，其餘兩種則是橢圓形至線形；莖長橫走狀的是本種，莖短而直立的是黑柄貞蕨（①P.392），二者除了莖的特徵差異較為顯著之外，其餘都很相似。近年有報導在北橫發現菲律賓貞蕨（*C. philippinensis* M. Kato），其孢子囊群橢圓形，莖短直立，葉三回羽狀分裂，葉片頂端長漸尖，末裂片2~3mm寬，而黑柄貞蕨與本種的葉片頂端短漸尖，末裂片4~5mm寬。

（主）生長在林下地被層，外形酷似黑柄貞蕨，但為走莖，所以葉片明顯彼此分開。
（小）貞蕨的長走莖。

冷蕨

Cystopteris fragilis (L.) Bernh.

海拔	高海拔	
生態帶	高山寒原	
地形	山坡	峭壁
棲息地	灌叢下	
習性	岩生	地生
頻度	稀有	

●**特徵**：根莖短橫走狀，莖頂與葉柄基部被覆披針形褐色鱗片，外被宿存之葉柄基部，葉近叢生；葉柄長4~8cm，栗褐色；葉片披針形至窄披針形，長8~12cm，寬2~4cm，二回羽狀複葉，草質，基部羽片有時略短縮，羽片卵形，長約1.5cm，寬約1cm，先端短漸尖或鈍尖；末裂片邊緣具粗鋸齒或淺裂；葉脈游離，小脈伸達鋸齒先端；孢子囊群圓形，位在小脈上，孢膜薄，寬卵形，基部著生，前緣不規則齒裂，被壓於孢子囊群下側。

●**習性**：生長在岩屑坡地或岩壁之縫隙中。

●**分布**：泛北極圈之高緯度地區，往南延伸到較低緯度的高山上，台灣產於高海拔之高山寒原地區。

【**附註**】本種為典型的高山蕨類，生長在森林界線以上的高山寒原，通常位在灌叢下，或岩屑坡地，或較陡峭岩壁的岩縫中，台灣產的個體通常較其他地區高緯度的同種植株為小，這或許是台灣高山環境較嚴苛所致。

19910909・南湖溪

19910812・南湖圈谷

20070703・玉山主峰

（主）常見生長在岩壁縫中，葉片窄披針形。
（小左）葉小型，羽片卵形或菱形。
（小右）孢膜被壓在孢子囊群下側。

寬葉冷蕨

Cystopteris moupinensis Franch.

海拔	高海拔	
生態帶	針葉林	
地形	谷地	山坡
棲息地	林內	林緣
習性	岩生	地生
頻度	偶見	

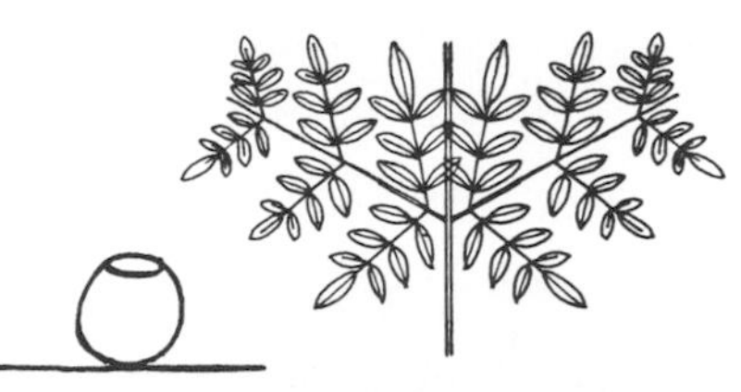

●**特徵**：根莖細長而橫走，與葉柄基部同被少數灰褐色闊卵形的鱗片及毛；葉柄長8~15cm；葉片闊卵形至卵圓形，長6~15cm，寬4~8cm，三回羽狀深裂至複葉，草質，兩面無毛；羽軸、葉軸表面具溝，且彼此的溝相通；羽片長3~4cm，寬1~2cm，具柄；小羽片具短柄，裂片邊緣鋸齒狀；孢子囊群圓形，脈上生，孢膜壺形，下位著生，開口朝外。

●**習性**：岩生或地生，生長在高山針葉林林下或林緣。

●**分布**：喜馬拉雅山東部、中國西南部及日本，台灣見於海拔約3000公尺之山區。

【**附註**】本種常見生長在高海拔的冷杉林帶及鐵杉林帶，海拔3000公尺左右的林下，因為該海拔是台灣所有溪流的源頭，高海拔的針葉林一般都比中、低海拔的森林乾旱，只有在山溝谷地區其生物相會比較豐富，這種環境也是台灣原生種山椒魚的原鄉。

20000809・合歡山

19920813・三六九→雪山主峰

20020806・昆陽→合歡山

20030815・中霸

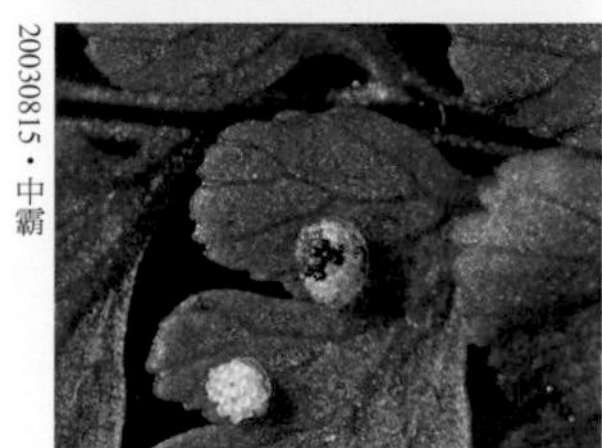

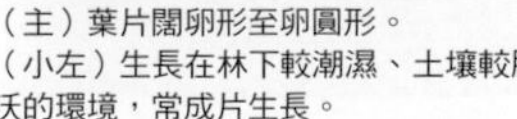

（主）葉片闊卵形至卵圓形。
（小左）生長在林下較潮濕、土壤較肥沃的環境，常成片生長。
（小右上）葉軸與羽軸之溝相連通，小羽片近菱形。
（小右下）孢膜壺形，下位著生，開口朝向外側。

羽節蕨

Gymnocarpium oyamense (Bak.) Ching

海拔	高海拔	
生態帶	針葉林	
地形	谷地	山坡
棲息地	林內	林緣
習性	岩生	地生
頻度	稀有	

●**特徵**：根莖長匍匐狀，具褐色寬披針形鱗片，葉遠生；葉柄長10~20cm，草稈色，近基部具鱗片，先端以關節與葉片相連；葉片長三角形，長8~18cm，寬7~13cm，一回羽狀深裂，下段裂片略呈鐮形，裂片長4~7cm，寬1~2cm，邊緣淺鈍齒狀；孢子囊群線形，不具孢膜，位在裂片中脈與葉緣之間。

●**習性**：岩生或地生，生長在針葉林下小溪溝邊。

●**分布**：喜馬拉雅山東部、日本以及東南亞高山，台灣高海拔山區可見。

【**附註**】本種是一典型的高山型蕨類，只發現在台灣大型溪流的源頭，海拔約3000至3200公尺冷杉林帶的下緣，被發現的次數屈指可數。冷杉林帶可發展至3600公尺，可是基本上大部分地區，就如同3500公尺以上的高山寒原一樣，都是很乾旱的，有了寒原高山灌叢及冷杉林上帶的涵養水源，到了冷杉林下帶才開始滲水，所以冷杉林下帶的溝谷地是欣賞高山蕨類的好地方。

20050510・梅峰（人工栽植）

20050727・基納吉山

20050727・基納吉山

（主）葉片長三角形，一回羽狀深裂，下段裂片多少呈鐮形。
（小左）生長在林下小溪溝邊。
（小右）孢子囊群線形，不具孢膜，位在裂片中脈與葉緣之間。

岡本氏岩蕨

Woodsia okamotoi Tagawa

海拔	高海拔
生態帶	高山寒原
地形	谷地　山坡
棲息地	空曠地
習性	岩生
頻度	稀有

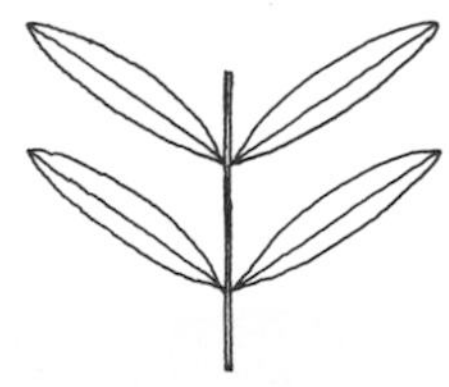

19810808・玉山國家公園

●**特徵**：莖短，斜生，被覆宿存的葉柄基部，葉叢生莖頂；葉柄長3~5cm，基部可見窄披針形鱗片，中段具關節；葉片窄披針形，長4~7cm，寬1~2cm，一回羽狀複葉，草質；側羽片8~10對，平展，橢圓狀卵形，頂端圓鈍，基部截形，幾乎無柄，上下兩面具毛，羽片邊緣圓齒狀；孢膜脈上生，位於葉緣與中脈之間，下位。

●**習性**：生長在岩石環境之岩縫中。

●**分布**：台灣特有種，生長於高海拔地區。

【**附註**】本種是典型的高山寒原植物，至少都在海拔3500公尺以上，所在環境非常空曠，只見岩石少見土壤，是非常缺水的地方，所以當地的蕨類都生長在岩壁的縫隙中，利用岩縫所保留的些許濕潤作為高山植物地下部分的避難所，本種植株密被毛，推測應也是防止水分過度蒸發散所發展出來的。

19810808・玉山國家公園

（主）植株基部可見叢生、宿存之葉柄，葉片窄披針形，一回羽狀複葉，羽片邊緣具圓齒。
（小）葉兩面被毛，葉柄及葉軸栗褐色發亮。

#【名詞解釋】

莖

挺空直立莖

莖直立向上生長，但通常不具分枝，也不具有形成層，所以不會像樹木一樣不斷地橫向加粗，也不會形成年輪。具有明顯挺空直立莖的蕨類植物，都可以稱為「樹蕨」。

短直立莖

莖直立，但是很短，莖頂接近地面，不會形成樹幹。

斜生莖

又稱亞直立莖。較短直立莖長，但不會直立，而是傾臥，莖頂朝上。

橫走莖

莖橫向生長，莖頂朝水平方向，葉在莖上散生，長在地表者稱「匍匐莖」，長在地下者稱「地下莖」。

攀緣莖

莖的起始點發源自地面，並沿著樹幹爬升，或懸空而僅枝條末端附掛在樹枝上。

纏繞莖

莖的起始點發源自地面，地上莖繞著樹幹或樹枝生長，有時可與地表之莖分離。

塊莖

莖為球形，內貯藏水分及養分以備不時之需，莖表面具有鱗片及根，也可長出匍匐莖或新葉。

葉的生長方式

叢生

葉集生在莖頂，是直立莖種類的特色。

近生

短匍匐莖之植株其葉與葉之間距離較短，葉片幾近並排，但不為叢生狀。

遠生

長匍匐莖或具長而橫走地下莖之植株，其葉與葉間距較大，常形成疏落散生狀。

葉的質地

革質

質地較硬且厚，表面較為光亮。

亞革質

質地厚但較不堅硬，介於肉質與革質之間。

肉質

葉厚，富含水分，但質地不硬。

紙質

質地像紙一般較乾且薄，多少較硬。

草質

質地薄，易因失水而變軟、萎縮。

膜質

葉很薄，多少透明，葉脈清晰可見。

葉緣

全緣

葉的邊緣不具任何形態之缺刻。

鋸齒

葉的邊緣如鋸齒般。

分枝、排列

二叉分枝

分叉的兩枝相等大小，這是石炭紀時期樹木狀蕨類的主要特徵，此一特徵至今仍留存在松葉蕨科、石松科等擬蕨類，部分真蕨類之葉或葉脈也具有二分叉的現象。

假二叉分枝

二分叉的分叉點具有休眠芽，所以只是看起來像二分叉，如裡白科及海金沙屬植物。

上先型

由葉片基部往上第二對及第二對以上之羽片，其基部最靠近葉軸之小羽片朝上生長。

下先型

由葉片基部往上第二對及第二對以上之羽片，其基部最靠近葉軸之小羽片朝下生長。

背腹性

指莖或葉上下兩面顯著不同，朝下一面稱背面，朝上一面稱腹面（即表面或近軸面）。

兩型葉

有些蕨類具有兩型葉，即長孢子的葉子與不長孢子的葉子其形狀及生長方式均不相同，孢子葉專司生產及傳播孢子之責，而營養葉專營養分之製造，前者通常較窄長，後者較開展，裂片也較寬闊。

羽軸溝

有些蕨類的葉軸、羽軸或小羽軸表面上會有溝，這些溝的存在與否，以及是否相通，是部分類群的分類依據，但是這些特徵容易在乾燥之後引起誤判。葉軸和羽軸的溝相通是大部分鱗毛蕨科及蹄蓋蕨科成員的特徵，而有溝不通或不具溝的則屬金星蕨科或三叉蕨科之特徵。

葉脈

游離脈

葉脈游離，不會連結成網狀。

網狀脈

葉脈形成網狀，可見網眼。

網眼

指網狀脈的網目。

游離小脈

有些網狀脈的網眼內，會有小脈出現，小脈只有一端與網目相連。

假脈

與葉脈不相連之束狀厚壁細胞或異形細胞，狀似葉脈，但不具葉脈之輸導功能，膜蕨科假脈蕨屬及鳳尾蕨科之部分種類可見。

回脈

為假脈之一種，由葉緣向內延伸，例如部分觀音座蓮屬植物。

小毛蕨脈型

相鄰兩裂片最基部一對側脈相連結，並由連結點向缺刻處伸出一條小脈。

實蕨脈型

在羽軸的兩側具有弧脈，弧脈上方又會伸出一至少數幾條小脈的脈型，通常主側脈之兩側也會有相同的情況發生。

擬肋毛蕨脈型

屬於同一末裂片的小脈，其最基部的小脈不是出自該末裂片的中脈，而是出自羽軸。

毛被物

毛被物是毛和鱗片的統稱，是表皮細胞的衍生物，其生長位置可能在植株的任何部分，但形態變異極大，只有長在莖頂端或葉柄基部的毛被物形態較為穩定，而特徵描述時多以葉柄基部者為準，主要是因為觀察葉柄較不會傷害蕨類，而莖頂則是一棵蕨類最脆弱的部分。

毛

單列細胞之表皮附屬物，有單細胞毛與多細胞毛之分。

單細胞毛：僅具單一細胞之毛。

多細胞毛：由至少兩個細胞組成之毛。

針狀毛：頂端尖、不彎曲的毛，如單細胞針狀毛是金星蕨科的主要特徵。

肋毛：多細胞毛的一種，部分細胞會產生皺縮的現象，在三叉蕨科植物的羽軸上經常可見。

星狀毛：多細胞毛的一種，毛呈放射狀排列在單一點上。

腺毛：具有腺體的毛。毛一般都是透明無色的，且其外形通常都是細長而具有尖頭，不過也有一些毛呈黃色、紅色、橘色等各種色彩，其外形亦有別於一般所謂「毛」的概念，有圓形、棒形，或「毛」狀但各細胞較呈方形而非長方形或線形，且頂細胞具圓頭而非尖頭，這些有顏色的、具圓頭的毛統稱為「腺毛」。

綿毛：長而柔軟略有捲曲之毛。

刺毛：狀似針刺之毛，如鳳尾蕨屬、突齒蕨屬、實蕨屬、蹄蓋蕨屬之全部或部分種類具有與葉表不在同一平面之刺狀毛。

鉤毛：折曲狀的毛，僅見於金星蕨科的的鉤毛蕨屬。

絨毛：短而柔軟之毛，質地如絨布般。

剛毛：狀似剛硬之毛。

緣毛：毛通常生長在葉或鱗片表面，但也有較特殊的是長在葉或鱗片之邊緣，這種毛特稱為「緣毛」。

黏毛：具有黏性的毛

鱗片

具多列細胞之表皮附屬物。

寬鱗片：細胞縱向排列之行列數多排，乍看之下不易計數，外形常為披針形或卵形。

窄鱗片：細胞縱向排列之行列數常僅數行，有時僅鱗片基部具二至三行細胞，有時鱗片極為細長，形成毛狀鱗片。

單色鱗片：鱗片由中心至邊緣只有一種顏色。

雙色鱗片：鱗片的中央部位顏色較深，邊緣則顏色較淺。

窗格狀鱗片：鱗片側邊之細胞壁不透明，呈黑色或深褐色，而細胞本身卻非常透明，狀如窗格一般。

透明鱗片：鱗片細胞壁透明，鱗片看起來像薄膜一樣。

帽形鱗片：蕨類絕大多數的鱗片都是扁平的，可是有少數如鱗毛蕨屬中的部分種類則具有中央拱起的鱗片，狀似帽形，亦稱為泡狀鱗片。

孢子囊、孢子囊群及相關構造

孢子囊是由表皮細胞發育而來，許多孢子囊集合在一起稱為孢子囊群，是真蕨類的特徵，其外形與衍生物則為分類的重要依據。

孢子

配子體世代的最開始，萌發後長成配子體。

孢子囊

蕨類植物產生孢子的組織，由一圓球形囊狀物，囊狀物中的許多孢子，以及囊狀物基部之柄共同組成，可以分成兩大類：

1.厚壁孢子囊：由數個表皮細胞共同發展出來的，孢子囊壁細胞多層，沒有厚壁細胞之分化，囊內孢子數量極多，柄通常不顯著。

2.**薄壁孢子囊**：由一個表皮細胞所衍生的，孢子囊壁僅具一層細胞，有厚壁細胞之分化，囊內孢子數量常為64枚，基部通常都具有長柄。

環帶

孢子囊上一排壁加厚的細胞，具有拉開孢子囊和彈射孢子的功能。

側絲

孢子囊之間的不孕性構造，它和孢子囊一樣，是由同一始源細胞分裂形成的，有的分化成孢子囊，有的則分化成不含孢子的不孕性構造，這些夾雜在孢子囊間的不孕性構造可以保護孢子囊。

孢子囊果

僅見於具有異型孢子的水生蕨類，其孢子囊群為一球形或近似球形之構造物所保護，此構造物即稱為「孢子囊果」。

孢子囊穗

擬蕨類植物中，孢子葉集生於枝條末端所形成之緊縮構造。

孢子囊群

一群孢子囊集生在一起，由於孢子囊群的形狀在科間或屬間差異明顯，因此可做為分類之依據。孢子囊群的孢子囊成熟方式有齊熟、漸熟、混熟三種。齊熟是指整群孢子囊同時成熟；漸熟是指孢子囊群內的孢子囊依某一特定方向漸序成熟；混熟則是指同一孢子囊群的各個孢子囊其成熟時間都不一致，且沒有方向順序。混熟型孢子囊群的孢子因成熟時間錯開，可以有較長的傳播期，其繁衍下一代的機會也比較高，所以是較進化的一種形態特徵。

孢子囊托

孢子囊群著生之基座，通常稍突出於葉背，僅少數呈指狀突起，如桫欏科及膜蕨科。

孢膜

孢子囊群外側之保護構造，是孢子囊群的一部分，其外形及著生方式隨著類群不同而有差異。

假孢膜

由葉緣反捲所形成之孢子囊群外側保護構造，其為葉肉的一部分，不屬於孢子囊群的組織，所以稱為「假」孢膜。

孢子囊群的生長位置

真蕨類的孢子囊群一般都是長在葉背，長在脈上或脈頂端，也有長在邊緣或邊緣附近的，而這些孢子囊群都在小脈頂端。

正邊緣生

孢子囊群就長在葉緣上，例如：膜蕨科、蚌殼蕨科及碗蕨屬。

亞邊緣生

孢子囊群極靠近葉緣，但其位置仍與葉緣維持一小段距離，其孢膜多為管形、寬杯形，或與葉緣平行之線形，稀為腎形。

特殊構造

根支體

是卷柏科所特有的一種構造，發展自主莖或主莖與分枝的交接處，常呈透明無色，向下生長，其構造與功能較近似高等植物的支柱根，協助抓地及支撐，觸地之後向下長出分枝的根。

氣生根

根一般都長在地下，且與主根、支根有關，而與主、支根無關的根稱為「不定根」，氣生根為不定根的一種，從挺空的莖上長出，且與空氣接觸，蛇木板即為氣生根的集合體。

腐植質收集葉

為一種特化之葉片，通常葉片成熟後短時間內即喪失行光合作用的能力，並由綠色轉為褐色，其功能主要是用來承接自上方落下之有機物及水分，此為著生植物演化出來的特殊生存機制。

氣孔帶

氣孔帶是植物體表面氣孔聚集之處，色淡，常呈線形，偶亦見呈球狀或指狀突起。例如筆筒樹與觀音座蓮，其葉柄側面的淡色線條即為氣孔帶，又如瘤足蕨屬在葉柄基部之球狀突起，與鉤毛蕨屬羽片基部之指狀突起也都是氣孔帶。

關節

是植物捨棄葉片組織的構造，由外形觀之，關節只是羽片基部或葉片基部的一條線，此線兩邊顏色通常不一樣；就內部構造而言，它是一群排成層狀的不透水厚壁細胞，當發育成熟時可以完全阻隔其內外通道。具此構造的多為著生植物，例如水龍骨科及骨碎補科成員在根莖和葉柄交接處具有關節，此可能是適應乾旱的機制，缺水時拋棄葉片以減少水分的耗損。岩蕨亦具有關節，但是它的關節在葉柄上，切口為斜面，全世界只有岩蕨有此現象。另一具有關節的類群是腎蕨，其關節在羽片和葉軸之間，故環境乾旱時腎蕨只見剩下葉軸。

托葉

為葉的一部分，長在葉柄基部，為片狀構造，但形狀變化很大，托葉通常較其餘部分之葉子更早成熟，且將其包被，具有保護作用，在雙子葉植物托葉較常見，在蕨類中則很少見，只出現在厚囊蕨類，即瓶爾小草和合囊蕨二科。合囊蕨科的托葉較厚且硬，老葉掉落後仍然宿存，瓶爾小草科的托葉則呈膜質鞘狀。

不定芽

一般而言，植物的芽都長在枝條頂端或葉腋，而不出現在前述兩處的芽則稱為「不定芽」。可能是生長環境與演化壓力的關係，蕨類植物常會利用不定芽進行無性繁殖，例如鞭葉鐵線蕨在葉頂端具不定芽；實蕨屬的不定芽則長在頂羽片主軸背面；稀子蕨的不定芽長在軸上；東方狗脊蕨的不定芽廣泛分布在葉表面；星毛蕨的不定芽則位於羽片與葉軸交接處。

休眠芽

此一字眼在蕨類中通常是出現在具有假二叉分枝的裡白科與海金沙屬植物，這兩群植物的特色是其最基部一對羽片或小羽片常最先發育成熟，而同一片葉子或羽片的其餘部分仍維持在幼芽時期，狀似休眠一般。

泌水孔

植物體會利用葉脈末端將多餘的鹽分或礦物質隨著水分排出體外，這些擠出來的小水滴乾後會留下礦物質結晶，在小脈的末端（即泌水孔）形成白點，由於大多靠近葉緣，這也是某些蕨類其葉緣具有白點的原因。

翅（翼片）

葉柄、葉軸或羽軸兩側，可見綠色或無色、極窄的葉肉組織，特稱為「翅」或「翼片」。

【蕨類學名組成元素】

以拉丁文發表的國際通用名稱，至少包含三個部分，即屬名、種名及命名者。以下就本書出現的幾種情形，略加說明。

〔例一〕

蕗蕨 *Hymenophyllum* *badium* Hook. & Grev.（見63頁）

①　②　③

① 第一個斜體字「*Hymenophyllum*」是蕗蕨的「屬名」，字頭須用大寫。

② 第二個斜體字「*badium*」是蕗蕨的「種名」，一律用小寫。

③ 正體字「Hook. & Grev.」則是命名者的姓氏，用「&」串聯，表示是由兩位命名者共同發表。

〔例二〕

翅柄鳳尾蕨 *Pteris grevilleana* Wall. *ex* Agardh（見135頁）

①　②

① *ex* 之前的正體字「Wall.」是原始命名者的姓氏（但未正當發表）。

② *ex* 之後的正體字「Agardh」則是正式發表的命名者姓氏。

〔例三〕

大葉水龍骨 *Goniophlebium raishanense* (Rosenst.) Kuo（見152頁）

①　②

① 括號內是原命名者的姓氏，原作者在發表時用的是另一個屬的屬名。

② 屬名轉移者的姓氏。

〔例四〕

攀緣鱗始蕨*Lindsaea merrillii* Copel. subsp. *yaeyamensis* (Tagawa) Kramer（見109頁）

①　②　③　④

① 正體字「subsp.」表示「亞種」。

② 其後的斜體字「*yaeyamensis*」即為亞種名。

③ 括號內的正體字「Tagawa」是亞種名之原命名者的姓氏。

④ 最後的正體字「Kramer」則是亞種名的轉移者。

〔例五〕

細葉蹄蓋蕨 *Athyrium iseanum* Ros. var. *angustisectum* Tagawa（見330頁）

①　②　③

① 正體字「var.」表示「變種」。

② 其後的斜體字「*angustisectum*」即為變種名。

③ 正體字「Tagawa」則是變種名原命名者的姓氏。

〔例六〕

網脈實蕨 *Bolbitis* × *laxireticulata* K. Iwatsuki（見258頁）

①

① 學名中出現「×」，指本種為雜交種。

【中名索引】

五劃

六劃

七劃

八劃

九劃

十劃

十一劃

十二劃

十三劃

十四劃

十五劃

十六劃

十七劃

十八劃

十九劃

二十一劃

二十三劃

二十五劃

【學名索引】

A

B

C

D

E

G

H

L

M

N

O

P

R

S

T

W

後記

以前在野外帶隊講植物，最常被問的一個問題就是「可不可以吃」，幾乎每講必問，後來就慢慢發展出一套對應的方法，答案是「要看你的演化程度」。此話怎麼說呢？原因是綠色植物對人類非常重要，我們呼吸所需要的氧氣要靠它們，我們生活所需要的能量直接或間接來自它們，綠色植物可說是目前地球上唯一的媒介，可以將太陽能轉變成眾多生物生活所需的能量，所以說地球自有植物以來就是動物覓食的對象，植物似乎難逃其宿命。不過，數億年來植物也因應發展出獨特的解決方式，其中最讓人津津樂道的，就是不同類的植物各自擁有不同的化學成分，這也是為何樟樹有樟樹的味道，薄荷有薄荷的味道，而化學成分對動物而言就是有毒物質，因此數億年來動物也忙著突破植物所發展出來的防禦策略，有的專注在某些特定的對象，如無尾熊只吃尤加利，貓熊只吃竹子；有的則將一生中大部分的能量用來處理較多種植物的化學成分，如羚羊、鹿等動物；而人類則介於中間，人類熟悉常吃的植物，不過百來種，人類對於不熟悉的植物，隨著個人和體質而有不同的反應，全賴個人的演化程度。不同類植物會有不同的化學成分這一件事情，可說是自然界中的植物所發展出來最佳的防禦策略，所以數億年來植物仍生生不息，在野外常見植物的葉片被毛蟲嚙食，可是蕨類植物往往最不受影響，蕨類植物是化學防禦策略的高手。

帶隊講植物時另一個

常被問的問題就是「有什麼用」，用處不外乎可食、藥用、建材等，或其他與日常生活有關，可用金錢衡量其價值的事項。很顯然，一般人總認為不需用錢買的似乎就不具價值，就是沒有用，因此綠色植物免費為我們釋放氧氣，因為沒有計價，所以我們常有意無意地忽視它們的存在。蕨類不是人類的主食，也不是主要的建材，可供藥用的也不多，看似無用，不過我可以很肯定的講，如果台灣沒有蕨類，我一定覺得很不自在，因為台灣與蕨類是一體的兩面，因為全世界蕨類花樣最多、數量最多的地方就是台灣，這種價值很難用金錢衡量，存在本身就是一種價值，在四億多年的演化洪流，蕨類是生命自行尋找出路的最佳例證，尤其在台灣，這種價值恐怕也很難衡量吧！

2001年我與遠流台灣館合作推出《蕨類入門》與《蕨類圖鑑1》，2010年推出本書原版《蕨類圖鑑2》。今年（2020）則將三書重新修訂，根據較新的分類系統，整合統一「科」與「屬」的範疇，例如鱗毛蕨和三叉蕨由「亞科」提升為「科」；金星蕨科、鱗毛蕨科底下部分的分「群」提升為「屬」。此外，有些種類的地理分布也作了變更，補充近年新發現的棲息地。

透過《蕨類觀察入門》與《蕨類觀察圖鑑1&2》，希望可以讓大家在現在的時間切面與台灣的空間當中，窺見數億年來蕨類演化的洪流，以及台灣所扮演的角色。與蕨類邂逅本身就是一種因緣，能夠與同好一起研究蕨類、欣賞蕨類，更是我這一生莫大的收穫。

【致謝】

本書得以完成要感謝許多人鼎力相助，包括提供照片與陪同野外調查的黃婉玲、黃俊溢、林美蓉、陳家慶、劉威廷，以及蕨類研究室歷年來的助理及研究生：許天銓、張和明、劉以誠、翁茂倫、王力平、陳應欽、賴嬿如、簡鋸榮、江宜樺、余建勳、陳奐宇、蘇聲欣、吳維修、楊凱雲、鍾國芳、黃詩硯、高美芳等人，協助相關研究工作及拍攝影像，如果沒有這些工作夥伴所累積的資料，相信本書應無法順利誕生。

【圖片來源】（數目為頁碼）

●全書照片（除特別註記外）／蕨類研究室提供
●17下、19左、19右四、20中、24中、25中下、26下、27右一、69小右、70小、71中、86小、179小右下／陳家慶提供
●31主、35小右、38小下、80小右上、83小右、91主、94、96小中、102小左、115小左、115小右、128主、131小左、131小右、134小、157小左、164小下、171小右、187小、193主、201小、225、228主、235小右、241小左下、244小左、278小下、291主、300小右、305主、305小右、312、313主、322小左、322小右、355小、360小右、361小右下／黃俊溢提供
●31小、54小左、54小右、61主、67、69主、69小左、71主、73小、74主、99小左、99小右、122、126、178主、186、213主、213小右下、233、246、263小右、296、335、340、349主、353主、358主、358小上、362小左、362小右／許天銓提供
●34小下、40小右上、40小右下、44小、45小、50主、59小、63小右、69小右、71小、72主、75中、75小、77小、91小左、91小右、98小右下、107主、109小左、109小右、116小下、117小、118主、120小、121小上、121小下、129主、130小下、132主、133小下、135小右下、136、137小上、137小下、138、139小下、140主、143小右、154小左、156小右、162小、165小上、167小左、168主、168小下、176小左、176小右上、178小右、180主、199小右上、199小右下、200主、202主、202小左、203小右、204主、208小右、230小右、245主、250小右上、250小右下、251小左、251小右下、252小左、252小右、253、255小右下、256小右上、257小右、258、264、266主、266小左、267主、270小左、272小右、283小右下、286小右、288小右、289小右、292小中、292小右、293小中、294、301小、304主、309小左、309小右上、309小右下、311小右、313小下、315小左下、316小右、317小左、317小右、318小右上、319小右、320主、320小下、321小上、321小下、342小中、342小右、346主、346小右、352小中、352小右／黃婉玲提供
●128小、141小左、147小右、199主、199小左／林美蓉提供
●172主、326／劉以誠提供
●285／劉威廷提供
●291小／張和明提供
●2、3、28、380、381、全書科名頁、全書葉的分裂方式與分裂程度小圖、孢子囊集生的形狀與各類孢膜小圖／黃崑謀繪

蕨類觀察圖鑑2 進階珍稀篇

作者／郭城孟

總編輯／黃靜宜
主　編／張詩薇
內頁美術設計／郭倖惠
封面美術設計／張小珊工作室
行銷企劃／叢昌瑜

發行人／王榮文
出版發行／遠流出版事業股份有限公司
地址：104005 台北市中山北路一段11號13樓
電話：(02)2571-0297
傳真：(02)2571-0197
郵撥：0189456-1
著作權顧問／蕭雄淋律師
輸出印刷／中原造像股份有限公司
□ 2020年2月1日 新版一刷　□ 2022年4月10日 新版二刷

定價700元（缺頁或破損的書，請寄回更換）

ISBN 978-957-32-8708-7

YLib.com 遠流博識網 http://www.ylib.com E-mail:ylib@ylib.com

【本書為《蕨類圖鑑2》之修訂新版，原版於2010年出版】

國家圖書館出版品預行編目(CIP)資料

蕨類觀察圖鑑. 2, 進階珍稀篇／郭城孟著.
-- 初版. -- 臺北市 : 遠流, 2020.02
384面 ; 21×14.7公分. --（觀察家）
ISBN 978-957-32-8708-7（平裝）

1.蕨類植物 2.植物圖鑑
378.133025　　108022641